高科实用电力电子技术丛书

常用电力电子变流设备调试与维修基础

李 宏 著

盛祖权 审

科学出版社

北京

内 容 简 介

本书是“高科实用电力电子技术丛书”之一，详细介绍常用电力电子变流设备调试的基本问题、电力电子变流设备的调试方法和步骤、电力电子变流设备共用基本单元及其调试，并全面介绍以整流管、晶闸管及全控型电力电子器件为主功率器件的电力电子变流设备的常见电路拓扑结构和典型工作波形。内容丰富，取材面广，富有代表性，图文并茂，通俗易懂。

本书是从事电力电子变流设备及特种电源设计、调试、安装、制造及研究开发的技术人员不可多得的实用参考书，亦适合工科院校电力电子及相近专业的广大师生学习参考。

图书在版编目(CIP)数据

常用电力电子变流设备调试与维修基础/李宏著；盛祖权审. —北京：科学出版社，2011

(高科实用电力电子技术丛书)

ISBN 978-7-03-029816-4

Ⅰ.常… Ⅱ.①李…②盛… Ⅲ.①电力电子学-变流器-调试②电力电子学-变流器-维修 Ⅳ.TM46

中国版本图书馆CIP数据核字(2010)第251332号

责任编辑：刘红梅 杨 凯 / 责任制作：董立颖 魏 谨

责任印制：赵德静 / 封面设计：YOLEN’S

北京东方科龙图文有限公司 制作

http://www.okbook.com.cn

科学出版社 出版

北京东黄城根北街16号

邮政编码：100717

http://www.sciencep.com

北京天时彩色印刷有限公司 印刷

科学出版社发行 各地新华书店经销

*

2011年2月第 一 版 开本：B5(720×1000)

2011年2月第一次印刷 印张：17

印数：1—4 000 字数：337 000

定 价：38.00元

(如有印装质量问题，我社负责调换)

前 言

电力电子技术是电工技术的重要分支，是当今世界各发达国家竞争的一个高技术领域。由于采用电力电子技术可以达到广泛的节能效果，实现生存环境及电网的绿色化，所以在人类日益面临能源危机、环境危机和人口危机等多重危机的时代，电力电子技术已经变得越来越重要，越来越受到各国政府的重视，与人们的日常生活越来越密不可分。

电力电子技术的组成可分为三大部分，即电力电子器件(由于至今我们已批量使用的电力电子器件几乎都用半导体材料制成，所以这类器件在行业内又称为电力半导体器件)、电力电子变换技术(Power Conversion)和为实现电力电子变换所涉及的控制技术。其中，电力电子变换包括对电能的三大要素(频率、电压、电流)进行量值与类型的变换和对交流电相数的变换。三者中电力电子器件是基础，控制技术是手段，而实现电力电子变换(又称功率的变换)是目的。若用一个人来表示电力电子技术的话，可以把电力电子器件看做人的健康身体，控制技术是人的大脑和四肢，电力电子变换技术则是具有健康身体的人在大脑指挥下完成各种工作取得的良好效果。

虽然电力电子技术的专业术语对于许多非电力电子专业的人来说有点陌生，但电力电子变换在人类的生活中可以说无处不在，无时不用。1955 年美国通用电气公司(General Electronic Company)发明了人类第一只电力整流二极管，标志着电力电子技术的诞生，1970 年地球上有了电力电子技术的 Newell 定义，经过几十年的发展，已经有 40 多种电力电子器件可供从事电力电子变流设备设计、制造及维护的工程师根据用途、容量及性价比进行选用。各种电力电子变换技术的应用已经深入到工业、农业、交通运输、国防和社会生活的各个方面，其典型的应用领域包括电化学、直流牵引、直流传动、交流传动、电机励磁、电火花加工、电镀、电冶、电磁合闸、充电、中频及高频感应加热、交流及直流不间断电源、开关电源、稳压电源、电力电子开关、高压静电除尘、直流输电、无功补偿、风力发电、环境保护、家用电器、储能电站、航空器控制、感应电能传输、空间探测、遥测遥感、交通运输、火灾预防、医疗卫生、防盗报警等。所以，日本一位很有名望的教授早在 20 世纪 80 年代初就称：离开了电力电子技术，人们的生活将黯然失色。尽管电力电子变流技术的应用领域千差万别，但我们可以将其变换从大的方面分为交流到直流、直流到交流、直流到直流、交流到交流四种。应当看到，由于应用电力电子器件在一定的控制手段下实现某一特定功能的电力电子变换是根据最终使用者的应用需求指标，由从事电力电子变换技术设计及制造的工程师经过设计、装配、调试后交付最终用户使用的，而且在使用单位几乎都是作为设备进行管理和应用的，所以通常我们给某种电力电子变换装置冠以习惯称呼——电力电子设备。如用于有色金属加工行业的直流电弧炉用电力电子设备，用于冶金行业的中频感应加热用电力电子设备，用于电化学行业的电解电力电子设备，用于机械加工行业的电镀电力电子设备等。再则，在这些电力电子设备应用过程中，总有电流（大小、交直流种类）的变化，为实现这种变化，常常称电力电子设备为电力电子变流设备。还应看到，由于这些电力电子变流设备在设计、生产及提交用户时，一般需配套前级设备与后级设备（如电解用整流设备需配套前级降压用整流变压器与后级进行负载隔离的大电流直流刀开关等），故对同一系统多了一种称呼——电力电子成套装置。

在国内从事电力电子变流设备研究和生产的企事业单位有近千家，电力电子变流设备的用户几乎遍布全国各工业及民用企事业单位。鉴于我国电力电子变流设备的研制开发与生产及全民的掌握程度相对于发达国家还比较落后，许多单位的应用与维护调试人员都遇到过在电力电子变流设备的调试和维修中不能很快查出设备运行不正常原因的问题。国内至今还没有解决这些问题的系统参考书，所以我根据多年从事电力电子变流设备研究、设计、调试和维修的经验写下本书，以期给这一领域的下列人员：

- 电力电子设备设计、制造企业的设计人员及现场调试人员；
- 电力电子设备使用单位从事设备运行管理和维护的人员；
- 上述两种单位的操作及装配人员；
- 高等院校的教师、研究生、本科生以及中等专业学校的师生；
- 各种职业培训学校的教师及学员。

提供实用的有价值的参考资料，并能为他们的工作带来一点方便，达到抛砖引玉的效果。

1983年，我从西安交通大学毕业后，到西安电力电子技术研究所（原西安整流器研究所）工作，从此与电力电子技术结下不解之缘。在该所工作的10年中，主要从事电力电子器件的可靠性和电力电子变流设备的研究和开发工作，并有幸参与国家“六五”、“七五”攻关课题，这些经历锻炼了我的工程设计能力，使我终生受益。1992年，我调入西安石油大学工作，是我人生的又一转折，在学校我把所学的知识及工程经验与工作实际进行结合，总结提高，致力于从事电力电子变流装置的开发与设计工作，陕西高科电力电子有限责任公司为我的研究和工作提供了一个良好的工作平台，保证了我的课题组及研究生得到很好的试验条件和经费支持，延续了我的电力电子技术情缘。

大学毕业至今近30年来，我从事过变频器、开关电源、感应加热用中频电源、交流调压、交流调功、电化学、环境保护、有色冶金等类型的电力电子变流设备的科研及设计、调试工作，亲自设计或主持设计的电力电子变流设备种类达几十个品种，已投入国内有色冶金、化工、钢铁、煤矿、核工业、国防、航天、航空等行业使用的总计有1000多台套。其中不乏有用于核聚变研究的中国环流二号(HL-2A)16套磁场电源系统,有亚洲唯一的用于4700m高海拔地区的30kA大电流整流系统,有用于某国防重点试验项目中的国内首套75kW高精度(0.5‰)无刷直流电动机调速系统,以及用于某国防重点试验项目中的8相位电源……亦曾有幸主持了近40种电力电子变流设备控制板的研制及改进定型工作,这些控制板累计在国内使用达30 000多块。不可否认的是,因电力电子变流设备的种类繁多,内部结构千差万别,所用元器件不尽相同,使用领域多种多样,功率容量有大有小,要逐个归纳总结全面系统地介绍其调试与维修技术是十分困难的,也是无法实现的。如何在众多的电力电子变流设备中提炼总结,写出真正可以解决读者工作中实际问题的实用资料,是编写本书的真正困难所在。考虑到在国民经济各部门中使用量的多少,本书力求以国内工农业生产中使用量大、应用面广的电力电子变流设备为主线,而不追求面面俱到,对近几年新出现的电力电子器件及以这些器件为主开关器件的处于研发阶段的电力电子变流设备或在国民经济中使用量较小的电力电子变流设备没有涉猎,热切希望读者能理解我的这一良苦用心!

电力电子变流设备调试及维修的基本问题,是各种电力电子变流设备调试与维修中都会遇到的,具有普遍性,所以作为一部分重要内容在本书的第1章进行较全面的讨论。内容包括电力电子变流设备调试的目的和意义、调试前应做的准备工作、调试的一般要求及一般步骤、电力电子变流设备维修的基本问题。

尽管电力电子器件的种类多种多样,不同的电力电子器件有各自的使用技巧,使用不同电力电子器件的电力电子变流设备会有不同的控制技术和不同的电路构成及调试方法,但归纳分析便会发现,各种电力电子变流设备有许多相同的控制单元。本书的第2章将阐述电力电子变流设备共用基本单元的调试,包括电力电子变流设备通用的控制电路及其调试、晶闸管类电力电子变流设备的触发器、电力电子变流设备的通用控制电路的调试举例。

电力整流二极管的发明,标志着地球上产生了一个新的边缘学科——电力电子学,使人类可以方便地应用电力电子器件完成从交流到直流的变换,使体积庞大且效率低下的汞弧整流器等器件退出了历史舞台,以整流二极管为主功率器件进行交流到直流变换的电力电子变流设备是最简单的一类电力电子变流设备,也是使用量最多、装机容量最大的电力电子变流设备,因而本书的第3章将探讨主功率器件为整流二极管(简称为整流管)的结构、特性、符号和分类,以及常用主电路结构及正常工作波形。

晶闸管的发明在电力电子技术的发展中有着划时代的意义,它的诞生使人们可以利用电力电子器件实现从交流到直流可控整流的梦想。如今它仍然占据着可控电力电子器件家族中单只功率容量(额定耐压乘以额定通态电流)最大的霸主地位,在巨型电力电子变换设备(如直流输电、电化学用直流电力电子变流设备等)中,它仍然是当今不可不用的电力电子器件。主功率器件为晶闸管的电力电子变流设备在我国国民经济各部门中的装机数量及容量仅次于主功率器件为整流二极管的设备，这类设备的主电路结构众多，调试也比主功率器件为整流二极管的电力电子变流设备复杂，因而在本书的第 4 章将分析晶闸管类电力电子变流设备的基本问题。内容包括晶闸管的基本知识，晶闸管电力电子变流设备使用、调试及维修中遇到的几个共性问题，常用晶闸管类电力电子变流设备主电路的基本结构及正常工作波形。

全控型电力电子器件的发明可以看做电力电子器件的第二次飞跃，正因为有了这一良好的基础，变频类电力电子变流设备才进入工业及民用和国防等领域，使更高效和更合理的用电成为可能。第 5 章介绍变频类电力电子变流设备的分类和几个关键概念及维修的基本问题。

为便于读者直接选用经众多单位使用成熟的电力电子变流设备控制板及电力电子变流设备，在本书的附录中简介了国内研制并已批量使用的电力电子变流设备控制板、驱动板和电力电子变流设备的主要性能和参数。

在本书的写作过程中，陕西高科电力电子有限责任公司提供了许多珍贵的参考资料和实例资料，该公司的工程技术人员根据他们多年来在 1000 多台套电力电子变流设备设计、制造、调试与可靠运行过程中的经验总结，提供了许多经过实际运行检验并在多台电力电子变流设备中使用、证明鲁棒性和可靠性都很好的可直接应用的原理图及电路参数；西安电力电子技术研究所的盛祖权教授仔细审阅了本书书稿，并提出了许多修改意见；陕西高科电力电子有限责任公司的祝海燕同志参与了书中大量的文稿整理和绘图工作，张瑞平、赵正富、卓党政、张攀峰、马晓平、和肖等对本书的许多电路进行了实用检验并提出了有益的建议；我的研究生冯广义、杭发琴、邢隆、赵栋、李岩、王昆、范柳絮、徐婷、江林、郝浩、岳清涛、董瑾、张仰维、杨宏亮、赵家贝、唐媛芬等参与了部分电路的研究与实验及画图工作，在此一并感谢！在本书付梓之际，我还要感谢我贤惠的妻子梁萍，多年来她一直无怨无悔地支持我的研究及开发工作，并提供了很多帮助，对本书的出版做了间接的、有益的工作。

本书为“高科实用电力电子技术丛书”之一，因资料有限，加之自身的学术修养及技术水平有限，书中定有一些纰漏及不妥之处，恳请读者及国内电力电子行业的专家斧正，并提出宝贵的意见，望阅读本书的专家学者及同仁不吝赐教！指正意见与建议请寄西安市电子二路 18 号西安石油大学自动化系，李宏收，邮编 710065，亦可发电子邮件至 lihong@xsyu.edu.cn 直言相告。对书中介绍的电力电子变流装置实例电路有新的改进方案或更好的建议，亦可与陕西高科电力电子有限责任公司技术部进行交流和探讨（电话：029-81679180，网址：www.sgk.com.cn，Email：sgk@sgk.com.cn）。

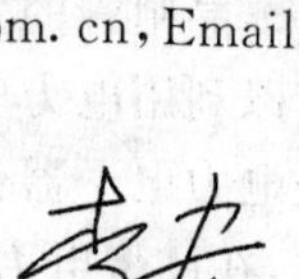

目录

第1章 电力电子变流设备调试与维修的基本问题

第2章 电力电子变流设备共用基本单元的调试

第5章 变频类电力电子变流设备

附录 电力电子变流设备介绍及选型

第1章 电力电子变流设备调试与维修的基本问题

1.1 概 述

电力电子变流设备广泛应用于工农业生产、交通运输、国防、航空航天、石油冶炼、核工业及能源工业的各个领域，大到几百兆瓦的直流输电装置，小到日常生活中的家用电器，到处都可以看到它的身影。虽然各种电力电子变流设备的使用领域千差万别，功率大小不尽相同，控制手段各有千秋，但其使用目的都可以归结为进行电能的形式变换。这种变换的目的在于改善供电质量和用电效率，实现最合理用电，提高产品性能，使人们的生活水平更高、生活环境更舒适。另有一个共同点就是各种电力电子变流设备都要经过设计、生产、装配、出厂前的分部分调试、整机调试及在使用现场与负载匹配的调试，以满足用户使用要求，实现最佳的适应负载性能。

电力电子变流设备的调试是其电气性能的试验和电气参数的调整之统称。电力电子变流设备的维修是在对原运行的电力电子变流设备出现故障后进行故障原因查找、排除故障、使其重新正常运行的整个过程的总称。本章先介绍电力电子变流设备调试的定义、分类及目的，然后阐述电力电子变流设备调试前应做的准备工作，电力电子变流设备对调试的一般要求，电力电子变流设备调试的一般步骤等基本问题，然后讨论电力电子变流设备维修的目的和意义，电力电子变流设备维修的基本问题。

1.2 电力电子变流设备调试的基本问题

1.2.1 调试的定义

电力电子变流设备调试是指对某一按设计指标制作完工的电力电子变流设备进行电气性能的试验和部分或全部参数调整的全过程。例如，应用兆欧表（俗称摇表）测试主电路对外壳的绝缘电阻，用专用的耐压设备检测主电路对外壳的耐压水平，负载后测试记录各部件温升，对过载、短路保护进行检验等，这些都是电气性能试验；而按用户要求的指标整定保护动作门槛值（常用的有过流、过压、缺相、过温、欠压、欠流、短路等），整定放大器或调节器的参数（如放大器的放大倍数，闭环调节器的比例、积分、微分系数），则属于部分或全部参数调整。

1.2.2 调试的分类

电力电子变流设备的调试可按不同的方法分为不同的类型，常用的分类方法有以下几种：

1. 按是整套设备调试还是零部件调试来分

可分为零部件调试、部分电路调试、整机调试和系统调试（又称为整套设备调试）。

所谓零部件调试又可以称为零部件检验，即按设计人员提出的电力电子变流设备所用元器件清单，对采购回来的元器件按使用说明书进行复检，检验其是否达到了出厂及说明书所说的指标。应特别注意的是，这里所说的零部件是有着广泛含义的，既可以指一块电表、一个电容、一个变压器、一个控制器，也可以指一台小型的电力电子变流设备。比如恒压供水用电力电子变流设备中所用的变频器，对恒压供水用电力电子变流设备这种电力电子变流系统来讲便是一个零部件了。

在零部件调试结束的基础上，按设计意图把所用零部件按整个电力电子变流设备的总设计进行装配，完成配线后，分部分进行调试的过程称为部分电路调试。主控制板的调试便是这种调试的一个实例，主控制板是把电阻、电容、晶体管、运算放大器、专用控制芯片、稳压电源等电子零部件按电路原理设计加工成印刷电路板并安装完成后的产物，是整个电力电子变流设备的核心。几乎所有的电力电子变流设备调试的第一步都是先调试主控制板，包括检验主控制板是否达到了设计的性能指标、整定保护动作门槛值等。再如继电操作电路的调试，通常是在主电路不带电的情况下，试验合、分闸功能，保护后继电操作电路的动作及指示是否正常。

整机调试是在各部分电路都调试正常无误的基础上，对整个电力电子变流设备总体性能的调试，这种调整实际上是综合考虑各部分电路之间的协调与匹配问题。例如，对带有闭环调节的电力电子变流设备而言，在反馈检测单元与给定积分单元分别调试完成后，要使整个电力电子变流设备达到指标，还要把反馈检测单元与给定积分单元的输出调节相匹配，并综合处理放大倍数、控制精度、动态响应时间与稳定性的矛盾。这种调试是整个电力电子变流设备调试中最关键的，也是最有学问的阶段，它要求从事调试的工程技术人员必须具有良好的系统综合与协调能力、丰富的现场调试经验，以及良好的分析、解决工程问题的能力。经常会听到有的工程师讲自己对电力电子变流设备各部分的电路调试都可以得心应手，但在整个电力电子变流设备调试中却感到力不从心。笔者认识一位在无线电遥控方面很有造诣的高级工程师，曾打破过无线电航模飞行控制世界纪录，退休后受聘于某民营公司从事中频感应加热用晶闸管电力电子变流设备的设计与调试工作，所设计的设备结构及外观都堪称完美，但设计的首批10台设备到用户现场就是调试不出来，后来由一位从事设备维修的技术员把问题解决了。由此可见，整机调试对调试人员现场经验及系统综合能力的要求是很高的。

系统调试是指按用户的要求把整个工程项目中的所有电力电子变流设备协调配合调试的过程。举例来讲，一个年产5万吨电解锌的车间，所用的电力电子变流设备有高压开关柜、整流变压器、整流柜、控制柜、大电流传感器、直流刀开关、冷却水循环装置等，其中每一个环节都是一个单独的电力电子变流设备，这种调试过程包括从高压输入（一般为35kV、10kV、6.3kV或110kV）到用户在电解槽两端获得需要的电压和电流的全过程。可见，系统调试是整个工程中全部电力电子变流设备的调试，所以可以称为整套设备调试，这往往要求各生产厂家相互协调和配合，对调试的总调人员的技术水平和综合协调能力的要求就更高了。

2. 按调试的地点来分

可以分为在生产厂家的调试和用户使用现场的实际负载调试，前者又分为出厂前调试和型式试验。

出厂调试是电力电子变流设备生产厂家在电力电子变流设备组装检验完工后按产品检验规范和用户供货要求及有关国家标准，对电力电子变流设备的性能逐项进行出厂前的必要调整、试验，以确认产品的电气性能指标是否合格，是否达到了国家标准的要求，是否满足用户供货指标要求，保证产品的质量，严把质量关，方便用户使用。

型式试验一般是指电力电子变流设备生产厂家在一种新型电力电子变流设备试制完成或在某种电力电子变流设备产品生产数批后，对产品的性能、质量进行全面考核试验，以确认产品的技术性能水平和质量优劣的整个试验过程。实际上电力电子变流设备的设计阶段要做许多试验验证设计思想实施的可能性和一些计算的正确性，但对设计的全面验证还是要通过产品的型式试验完成。

由于电力电子变流设备最终要在工农业生产中实际使用，其设计、制造及出厂调试一般都是按照国家标准中规定的通用技术条件及与用户方签订的技术协议、检验调试规范进行的。尽管出厂调试对这些要求与规范都进行过一遍甚至几遍的检验，但这并不等于该电力电子变流设备完全能满足用户负载的使用要求，即与用户负载性能完全匹配。其原因在于使用现场情况甚为复杂，各种电力电子变流设备同时运行，有的还会相互产生很大的干扰；有些设备的负载特性很难在生产厂家根据实际运行状态进行模拟（如输出几万安[培]电流的电化学用整流类电力电子变流设备），而出厂调试中周围一般没有像使用现场中那样的同时运行的多种较大功率的电力电子变流设备。因此，即使出厂时做了充分的调试，大部分电力电子变流设备仍然必须在用户现场进行与负载适配的调试，如按负载的实际额定值重新整定电力电子变流设备的电流截止值、过电流及过电压的保护动作值；还有很多电气参数，特别是动态参数，必须在实际应用现场根据生产工艺的要求和实际条件进行调试整定。这便是电力电子变流设备制造与使用行业中通常所说的用户现场调试，该调试阶段主要是对已经出厂调试的电力电子变流设备的性能及参数重新进行检验和验证及参数整定，使其更好地与用户负载及现场工作环境相适应，达到最佳的运行状态。

3. 按是否带负载来分

按这种分类方法可以把电力电子变流设备的调试分为空载调试与负载调试。所谓空载调试是指电力电子变流设备的输出开路或带可使设备正常工作的极小负载(如晶闸管整流类电力电子变流设备带可使晶闸管维持导通的较小负载)时，对该设备的性能进行调试与验证，这种调试往往在出厂调试与用户现场调试中都会遇到，但由于这种调试输出电流未达到用户需要的实际运行电流，更无法超过用户使用的实际电流，所以对有些保护或性能(如过流保护、电流闭环调节性能)是无法进行检验的。负载调试是指在空载调试正常的条件下，使电力电子变流设备的输出电流在用户需求的额定电流与电压下运行来试验或整定其参数的全过程。这种调试一般是为了检验设备的负载能力、长期运行的可靠性、各零部件的发热情况等。

4. 按开环与闭环调试来分

这种分类方法仅适合于工作时为闭环运行的电力电子变流设备，这类设备在调试中一般先进行开环调试，然后进行闭环调试。所谓开环调试是指先把闭环调节器改为跟随器或者放大倍数为1的放大器，并断开反馈通道而调试好电力电子变流设备的各种参数、保护性能，然后接入实际反馈信号，再进行闭环调节器参数的调节与整定，综合考虑与处理动态过程响应时间、输出稳定性、超调量、静态误差、振荡次数之间的矛盾，使整个电力电子变流设备的性能能够更好地满足用户的使用需求。

1.2.3 调试的目的

电力电子变流设备调整试验的主要目的表现在以下几个方面：一是验证电力电子变流设备设计、生产的合理性；二是检查所用元器件的性能是否达到了该电力电子变流设备对它们的要求；三是检查生产厂家的工艺及选用导线等是否达到了该设备必须具备的性能；四是及时发现设计、生产及元器件存在的不足和缺陷，从而针对这些不足和缺陷进行整改，使之达到满意的工作状态；五是通过调试和参数调节使电力电子变流设备与负载特性达到最完美的匹配，实现最佳运行，使设备的运行工作点及运行条件和状态都尽可能达到最佳。

1.2.4 调试前应做的准备工作

尽管电力电子变流设备的复杂程度不同，调试人员的调试水平不同，电力电子变流设备调试过程时间有长有短，但总体来讲在电力电子变流设备调试之前应做充分的准备，只有这样才能使调试过程有章可循、有条不紊，并使调试时间极大缩短，达到事半功倍的效果。电力电子变流设备调试前的准备可分为以下三部分。

1. 人员准备

由于电力电子技术属于电力电子器件、电力电子变换技术及应用电力电子器件实现电力电子变换所用的控制技术三者相结合的边缘学科，所以对电力电子变流设备的调试人员提出了一定的要求，这些要求在调试前就必须做好准备，即调试前的人员准备。

首先，电力电子变流设备的调试人员应当懂得电力电子技术的基本原理，熟练掌握待调试设备所用的电力电子变流电路和工作过程，以及电工仪器、测量仪表、电控元器件及各种电力电子器件的基本结构与工作机理；其次，电力电子变流设备的调试人员还应熟悉所要调试设备的器件及常用控制元器件的参数、引脚功能和使用方法，并具备一定的机电安装与电气安全知识。具有这些基本素质的技术人员是电力电子变流设备调试的人力基础。

2. 技术准备

为了缩短电力电子变流设备的调试时间，保证调试质量，提高调试工作的效率与成功率，除了在调试前做好调试人员的准备外，还需进行充足的技术准备。

1）阅读相关图纸和资料

调试人员应充分了解要调试的电力电子变流设备的性能特点、工作原理、电路结构、元器件的具体安装位置，认真阅读该电力电子变流设备的所有图纸和使用说明书，一定要看懂其电气原理图，在阅读图纸和资料时要学会比较。一般来说，每一种新的电力电子变流设备都是在原有技术和已有产品的基础上发展起来的，要抓住各类设备的相同点和不同点进行分析，找出要调试的设备与曾经调试过的设备的相同点和不同点；特别是对采用微型计算机或可编程控制器 PLC、工业控制机等控制的电力电子变流设备，要充分熟悉其编程思想与源程序，做到融会贯通，只有这样才会在调试中得心应手。

2）明确技术条件、技术指标

电力电子变流设备的技术条件是产品设计、调试、使用的基本依据，分为通用、专用两大类。根据技术条件的标准颁布单位又分为国家标准、部颁标准、行业规范标准、地区标准、企业标准等几类。首先，对供需双方针对该台电力电子变流设备的技术协议中无约定的应按国家标准、部颁标准及行业规范标准、企业标准进行设计和调试，有约定的指标应按供需双方签订的技术协议所规定的技术条件进行设计和调试。

电力电子变流设备的调试人员要充分了解与理解要调试的设备的通用技术条件，熟练掌握调试规范，明确设备应达到的技术性能指标，只有这样才能做到有的放矢，提高调试效率，缩短调试时间。

3）学习或编制调试大纲

电力电子变流设备的调试大纲要以产品的技术条件和技术指标及设计（试制）任务书为依据进行编写，是指导调试的重要文件。一般应由产品设计人员编制，试制产品的调试大纲常由有经验的调试人员和设计人员共同编制。调试大纲应明确电力电子变流设备调整试验的项目、方法、使用的仪器仪表、试验设备等;还应包括调试中保障人身、设备安全的必要措施。调试大纲是产品鉴定的主要文件,因此,调试人员在调试前必须认真学习调试大纲,熟练掌握与理解调试大纲的内容。

3. 物质准备

电力电子变流设备调试中需对一些元器件的参数进行调整,对个别性能参数不好的还需进行更换,这必然要用到检验电力电子变流设备性能的仪器仪表。在调试现场还需对运输过程中振动或松动的螺丝进行检查和紧固。另外,还需连接用户负载与要调试电力电子变流设备之间的主母线及控制线、信号线。这就决定了电力电子变流设备调试前还需准备必要的工具。一般电力电子变流设备生产厂家的调试人员应自带电子元器件、轻便的仪器仪表和检测设备常用的简单工具。专用的仪器仪表及测量设备,由用户方与生产厂家协商解决,一般来讲应由用户自行解决,若用户没有这些专用仪器、仪表或工具,可由生产厂家协助解决。

电力电子变流设备调试过程中常用的工具有扳手、螺丝刀、压线钳、电烙铁,常用的仪器仪表有摇表、绝缘耐压测试仪、输出电流电压测试仪表、接触式或红外非接触式温度测试仪表、示波器,专用设备如各种专用调试台、电力电子器件均流或均压测试设备,以及各电力电子变流设备制造厂根据本单位产品的特点自行制造的专用调试设备。

1.2.5 调试的一般要求

电力电子变流设备调试的一般要求主要表现在以下几个方面。

1. 根据待调试设备的容量、试验条件及图纸检查校核

在调试时要反复核对与校验待调试电力电子变流设备的容量、保护动作值,核对与相关设备之间的接线及所用试验设备、测量仪器仪表之间的接线是否合理、正确,且要特别注意以下几个方面的问题:

① 二次接线在端子上的压接应紧固,在同一接线螺钉上一般不压接3个以上的线头。

② 所有二次接线不得有不经过端子板的中间接头。

③ 所有接线应与接地金属部分绝缘隔开。

④ 接线螺丝的平垫圈和弹簧垫圈应齐全,线头的绕向及垫圈的大小应符合工艺要求。

2. 调试所用仪器仪表及专用设备应准确无误

为保证所调试的电力电子变流设备的调试效果与电气性能,在调试过程中应保证调试所用的仪器仪表性能良好;其误差应在规定的范围内;选择合适的量程,使其使用在满刻度20%以上部分;对于易受外界磁场影响的仪表(如电动式与电磁式仪表),应放置在离大电流导线1m以外进行测量;被测量值与温度有关的,必

须准确测量被测物的温度，如被测物温度不易直接测量时，可通过测量环境温度的方法间接测量。

3. 调试中应特别注意人身安全及设备安全

由于电力电子变流设备一般都为弱电控制强电的电能变换产品，一般输入及输出电压相对较高，而且输出电流也相对较大，所以电力电子变流设备的调试过程中应特别注意人身安全与设备安全，特别是进行绝缘和耐压试验应按规范标准进行。操作人员应穿绝缘鞋、戴绝缘手套，地上应铺绝缘橡胶垫块等。

4. 调试中的数据处理

电力电子变流设备的电气性能检验要依据测量与记录数据来判别，所以，数据的处理要采用大家公认的方法。测量读数时一般应取 3 次或 3 次以上读数的算术平均值。测绘各种特性曲线时，在变化率较大的工作区段应测定足够的点数以保证描绘成平滑的曲线。

电力电子变流设备的调试中应认真做好原始记录，并随时审核判断，对可疑之处应当复查复调。参数记录应准确，记录必须保证真实性，重要数据的记录应有最少 3 人签字，即记录、复核、批准 3 栏的签字应完整无误，要杜绝弄虚作假。数据有更改之处应有更改人的亲笔签字。

5. 调试中元器件的更换、整定与处理

电力电子变流设备调试中若发现所采用的电器元件有损坏，则应及时更换、复调。试验设备不得带病运行，在调试中试验设备、仪器仪表发生故障必须修复或更换后进行复调复测。需要整定的参数如可调电阻、可调电感、可调电容，必须在整定后采取锁紧、加封或给予明显标志等措施。调试完设备后应复查被调试电力电子变流设备各处接线是否良好，确保无误后拆除调试时的临时接线。

1.2.6 调试的一般步骤

电力电子变流设备的类型众多，系列极为繁杂，各种电力电子变流设备按所在大类来分又可分为多个子系列，同一电力电子变流设备的使用领域也会有很大不同。每个品种每个系列设备使用场合的差异决定了不同电力电子变流设备的调试步骤也有很大的不同。即使是同一类别、同一系列的电力电子变流设备，随着使用场合的不同，其调试步骤也有很大的差别。本节仅给出在各种电力电子变流设备调试中都会遇到的调试问题的步骤，而针对具体类别的电力电子变流设备的详细调试步骤将在后续章节中讨论。

1. 检查调试文件的合理性与调试前准备的充分性

在进行外观检查及配线检查之前，应检查调试文件（即调试大纲）编制是否合理，是否满足要求，调试前的准备是否充分，确认无误后再进行调试。

2. 安装质量的检查

由于电力电子变流设备通常输入或输出电流都较大，功率不会太小，运行中在大电流的作用下，不可避免地会有振动。所以调试前必须对电力电子变流设备的安装质量进行检查，此检查主要包括以下几个方面的内容：

① 安装是否水平垂直，地基是否固定牢靠。一般电力电子变流设备是放置在平台上的，对变流柜与控制柜应与平台上的底座或预埋件焊接牢靠，保证运行中不会因振动受力而使螺丝松动或影响接插件的接触可靠性，避免安装不牢靠，造成油浸冷却的渗漏油或水冷却的漏水。

② 大电流输出的电力电子变流柜或配套变压器引出线与外部用户系统母线之间加软连接过渡安装时，大电流输出的电力电子变流柜或配套变压器引出线与外部用户系统母线之间加软连接（又称伸缩结），以确保不是硬碰硬连接造成强力扭曲变形、导致接触面接触不良导致发热或漏水渗油。

③ 水冷或油冷的电力电子变流器引出端头不应受长期应力。对油冷或水冷的电力电子变流器（如整流变压器）一般是用密封圈穿过外壳引出或堵漏的，要保证安装的母排或外接的管线（冷却水管）具有可靠的支撑与固定措施，确保运行中不造成连接处长期受应力变形导致断裂或漏油渗水。

④ 检查冷却油（或水）管的畅通情况。对强油冷或水冷的电力电子变流设备，要检查安装的外接或内部油（水）管是否可靠畅通，是否有造成油（水）流不通的死结，是否渗漏，油（水）流量及油（水）压是否足够，一般水冷设备水压应既不低于0.1MPa，又不大于0.25MPa。

⑤ 安装场所是否空气流通。安装场所的散热条件是必须检查的一个重要环节，要保证安装电力电子变流设备的场所空气流通，不应是密封的或空气流动性很差的闷罐子式房间。

⑥ 是否有易燃易爆介质检查。安装场所是否有易燃易爆气体或粉尘的存在，是调试通电前必须检查的，也是保证调试后电力电子变流设备运行长期稳定可靠的根本。

⑦ 安装场所是否存在腐蚀或破坏绝缘的介质及湿度检查。对要调试的电力电子变流设备安装场所是否存在腐蚀或破坏绝缘的介质进行检查，若真存在腐蚀性气体或破坏绝缘的介质，必须先进行防腐处理后再进行后续工作，同时应检查安装场所的湿度，湿度过大（超过90%）应先采取除湿措施后再进行后续调试。

⑧ 绝缘距离的检查。对高电压输入或输出的电力电子变流设备，要检查安装场所的层高及爬电距离，必须满足要求，确保在绝缘距离要求的范围内无裸露或绝缘强度不足的其他金属或导电物体存在。

⑨ 接地可靠性的检查。要检查电力电子变流设备外壳及应接地点的可靠接地情况，确保接地电阻足够小。

3. 设备外观及接线正确性的检查

对电力电子变流设备外观的检查主要是查看电力电子变流设备的结构是否合理，设计制造中外观是否有缺陷，运输或保管过程中是否有损伤（如碰伤、掉漆等）。

对接线正确性的检查主要是对照该电力电子变流设备的电气原理图、安装位置图、配线图及元器件明细表，检查设备内部各元器件的安装位置、安装方法、连线线号标记、元器件标识是否与图纸相符，接线是否牢固，导线、汇流排规格截面积选择是否合理，以初步检查判断可否进行通电调试。

4. 绝缘性能检验与测试

一般电力电子变流设备的调试在查线无误后，便先进行绝缘性能检验。绝缘性能指标是电力电子变流设备长期可靠运行、保障人身安全的根本，所以，电力电子变流设备通电调试前必须进行绝缘性能检验与测试。绝缘性能检验与测试分绝缘电阻测试和绝缘强度试验两种，绝缘电阻测试通常采用500V、1000V或2000V兆欧表(俗称摇表)。具体使用哪种摇表要视电力电子变流设备的额定输出工作电压而定，对输出电压低于500V的，多用500V摇表；输出电压高于500V而小于1000V的，多用1000V摇表；输出电压大于1000V而小于2000V的，常用2000V摇表；输出电压大于2000V的就很少用摇表测绝缘电阻了。将电力电子变流设备的主电路中不等电位点短接成等电位点，然后用一摇表测量其对外壳或主电路中电位严格绝缘部分(如变压器一次与二次)之间的绝缘电阻。通常，对额定输入及输出电压小于500V的电力电子变流设备，绝缘电阻最少应不低于2MΩ；输出电压大于500V而小于2000V的电力电子变流设备，绝缘电阻应不低于10MΩ。

绝缘强度试验是采用专用的耐压设备测量主电路对外壳或主电路电位严格绝缘部分(如变压器一次与二次)之间对外壳的绝缘耐压。对额定输入及输出电压小于1000V的电力电子变流设备，绝缘耐压最低应不低于2500V；对输入或输出电压较高的电力电子变流设备，绝缘强度电压的测试值应更高，如一次额定工作电压为10kV的整流变压器，国标规定其对外壳及一次对二次的绝缘耐压应不小于35kV，50Hz，1min；一次额定工作电压为35kV的整流变压器，国标规定绝缘强度试验电压应不低于60kV，50Hz，且应在1min内无打火及闪烁现象发生。由于绝缘强度试验耐压与环境湿度和漏电流密切相关，同一电力电子变流设备随漏电流定义与环境湿度的不同往往有不同的耐压水平，这一点应特别注意。通常，允许漏电流大，则绝缘耐压水平高，反之则降低。另外要特别注意的是，因为电力电子变流设备的绝缘试验是超过额定输入或输出电压参数的试验，故同一电力电子变流设备的绝缘强度试验不可反复多次进行。为保证试验不给该电力电子变流设备的性能造成损害，国标规定出厂时按100％耐压指标进行测试，而复检时仅测试至额定指标的80％。例如，对一次额定工作电压为10kV的整流变压器，出厂绝缘耐压试验电压额定值应为35kV，50Hz，1min；但在用户现场的复检耐压试验，电压按80％×35kV测试(即试验至28.8kV)便满足要求了，这一点必须加以注意。

5. 控制单元电路调试

控制单元电路一般包括控制电路板、控制插件，老式的电力电子变流设备还有控制插件箱以及微机控制单元或PLC控制系统等。通常电力电子变流设备在出厂调试前需先对控制电路板、控制插件和控制电路箱进行检验和调试，对微机控制单元及PLC控制系统先进行软硬件检验和调试，并对这些部分的性能参数、工作波形、保护特性进行调试与检验。只有在确保其电气性能无误后，才可装入电力电子变流设备。一台电力电子变流设备运行性能与工作特性的好坏，主要取决于控制单元的性能。控制单元就如同电力电子变流设备的心脏，是设备运行的控制核心、指挥中心与神经中枢，有经验的电力电子变流设备设计和调试人员都极其重视控制单元的调试工作。

6. 主电路的调试

电力电子变流设备主电路的调试通常分为空载、轻载及负载调试，一般先进行空载试验或按电力电子变流设备的工作情况接较小的负载进行轻载试验。这是因为有的电力电子变流设备使用的电力电子器件通常需要通过一定的电流才能正常工作（如晶闸管只有通过阳极的电流大于擎住电流才可正常导通），只有在这种条件下，才可对主电路部分进行调试。空载或轻载调试主要是整定过压保护门槛、检验该电力电子变流设备的电气绝缘性能、各电力电子器件的耐压能力、串联电力电子器件的均压情况。在轻载调试后，为检验各电力电子器件的负荷性能还需进行负载试验，这种试验一般需按调试规范来进行。对特大容量的电力电子变流设备，受生产厂家负载能力及供电电源功率容量的限制，常采用额定工作电压而输出电流较小的轻载调试和额定输出电流而输出电压较低（多用短路试验）的负载试验相结合的调试方法。负载调试主要是整定过流保护门槛，检查运行后各部件的发热及散热情况、并联元器件的均流情况，这种调试一般在电力电子变流设备生产厂家有负载条件时在出厂调试时进行，当生产厂家无条件时便直接在用户现场调试中带实际负载进行。

7. 整机调试及系统调试

整机调试是指在分部分调试、控制单元调试、主电路调试都正常的条件下，按调试规范或试验大纲进行电力电子变流设备整体性能的全面调整试验，以满足用户使用需求。系统调试是指把经整机调试后的电力电子变流设备与用户负载及用户系统中的其他设备配合进行整个系统所有设备的联调过程，如中频熔炼系统中对中频感应加热用晶闸管类电力电子变流设备自身的调试属于整机调试，而把中频感应加热用晶闸管类电力电子变流设备与供电变压器、中频熔炼炉、铸钢设备和轧制一定规格的钢材产品的设备进行联调的过程称为系统调试。

1.3 电力电子变流设备维修的基本问题

1.3.1 基本概念

由于电力电子变流设备是各种电力电子器件按一定的工作原理和电路结构组合成的一个有机整体，一台电力电子变流设备中所用的电力电子器件种类较多，要保证这些器件长期可靠地工作,必须定期对其进行维护,如清理其上面的落灰、紧固其固定螺栓等。现场工作环境处于不断的变化中(如环境温度、湿度的变化,供电电网电压的波动,用户负载的变化等),决定了电力电子变流设备在经过一定的时间运行后,必然会出现一定的与设计或运行参数不一致的工作状态,甚至会出现因其内部某一元器件参数严重发生变化(如损坏)而使该电力电子变流设备不能正常运行的状况。由于电力电子变流设备控制的负载正在工作,所以要求在短时间内把该电力电子变流设备重新进行参数调整或对已损坏或参数性能严重变劣的元器件进行更换,使其重新达到正常的运行状态,这两者的结合便是电力电子变流设备维修的基本概念。

1.3.2 目的和意义

电力电子变流设备维修的目的和意义表现在三个方面:一是缩短用户系统的停机时间,尽可能减小系统停产造成的损失,提高使用效率;二是定期对电力电子变流设备中已老化或性能下降的电力电子器件进行更换与修复,增强整个电力电子变流设备的运行可靠性,延长其可靠运行的工作时间;三是修旧利废,降低生产成本与设备投资,减小使用电力电子变流设备的企业运行成本,提高投入产出率,最大化地提高企业效益。

1.3.3 维修前的准备

与电力电子变流设备调试前的准备一样,电力电子变流设备维修也应有充分的准备,这种准备同样可分为维修人员准备、技术准备和物质准备。人员准备就是要具有对待维修电力电子变流设备的工作原理充分了解的技术人员,该技术人员要对该设备所用电力电子元器件的性能特点、正常工作时的输入输出特性、工作波形了如指掌。技术准备就是要有待维修的电力电子变流设备的说明资料及图纸资料,要明确需维修电力电子变流设备的技术条件和指标。物质准备就是要有用于现场判别该电力电子变流设备故障及引起运行参数不良的仪表仪器(如示波器、万用表)、进行拆装固定调节的常用工具(如螺丝刀、扳手、电烙铁等)及必要的元器件(如电阻、电容、二极管、稳压管、集成电路、接插件、控制线、电力电子器件等)。

1.3.4 维修步骤

一般来说,电力电子变流设备故障或性能下降主要是受所用电力电子器件性能下降的影响,控制程序(软件)受干扰变乱的概率通常较小,所以,电力电子变流设备维修通常采取以下几个步骤:一是维修人员要仔细分析电力电子变流设备的有关技术资料,充分理解原电力电子变流设备的工作原理、工作波形和工作过程;二是要查阅待维修电力电子变流设备的运行记录,特别是从正常运行变得不正常的故障现象记录,对照原技术资料从电路原理上分析故障产生的可能原因,逐步缩小故障原因的范围,最终确定造成故障的电力电子器件或控制软件程序;三是拆下这些怀疑有故障的电力电子器件，测试其性能或重新检查有关控制软件程序；四是更换这些已坏或性能变差的电力电子器件或重新调试控制软件程序；五是重新对电力电子变流设备参数进行调整及设定，重新检验设备的运行状况是否达到了原设计与运行指标，若已达到了原正常运行与工作状态，则该电力电子变流设备的维修工作便告结束，维修目的也就达到了。

第2章　电力电子变流设备共用基本单元的调试

2.1　概　述

电力整流二极管的发明标志着电力电子技术学科的诞生。自20世纪60年代电力整流二极管及晶闸管的发明至今，经过近50年的发展，目前可供人类使用的电力电子器件有普通晶闸管、快速晶闸管、光控晶闸管、非对称晶闸管、高频晶闸管、逆导晶闸管、门极可关断晶闸管GTO、电力晶体管GTR、绝缘栅场效应晶体管MOSFET、绝缘栅控双极型晶体管IGBT、注入增强栅晶体管IEGT、静电感应晶体管SIT、静电感应晶闸管SITH、集成门极换向晶闸管IGCT、联栅晶体管GAT、快速二极管、高频二极管、MOS双门极发射极关断晶闸管EST、固态继电器、智能功率模块IPM等近50个品种，真可谓琳琅满目。这使得如今的电力电子变流行业的工程师可以应用不同的器件实现同一变流功能，更促进了电力电子变流设备设计与制造技术的飞速发展。尽管随着所应用电力电子器件的不同，实现同一功能的电力电子变流设备的电路构成有很大区别，但从大的方面来看，可以把各种电力电子器件构成的电力电子变流设备分为交流-交流、交流-直流、直流-直流、直流-交流等四大变换类别。大到几千兆瓦的直流输电类电力电子变流设备，小到几瓦的电池充电用电力电子变流设备，电力电子行业的设计工程师选用主功率器件从来没有能像今天这样随心所欲。然而应当看到，不同电力电子器件的参数定义和应用技术还是有很大差异的。不同的电力电子器件，由于自身功率容量的限制，也仅能用于一定范围及一定类别的电力电子变流设备。不同用途、不同功率容量的电力电子变流设备会有其特殊的应用问题和调试方法。虽然应用电力电子器件制作的电力电子变流设备千差万别，功率容量大小各异，控制手段各有千秋，其主电路结构有可能完全不同，工作机理差异较大，使用领域和使用目的不尽相同，但这些电力电子变流设备中有很多基本控制单元电路却是相同的，也是必不可少的。各种电力电子变流设备都要用到的基本控制单元有控制工作电源、反馈信号检测、闭环调节器、信号放大器及隔离电路、保护电路、功率放大电路等，因而本章专门对几乎各种电力电子变流设备都要使用的这些相同的单元电路加以讨论，并介绍其调试方法。

2.2 通用的控制电路及其调试

电力电子变流设备通用的控制电路指各种电力电子变流设备都可以使用的控制电路，从大的方面可以把其分为保护电路、触发（驱动）电路、信号检测与处理电路、放大器电路和调节器电路、供控制系统使用的工作电源等。下面分别介绍这些电路的常用结构及调试方法，而把晶闸管类电力电子变流设备要用的触发器电路及主功率器件为全控型电力电子器件的设备中应用的驱动电路单独加以介绍。

2.2.1 控制系统常用的工作电源及调试

电力电子变流设备要正常工作必须有触发器（或驱动电路）、保护电路、给定积分器、信号检测及处理单元，这些单元电路要正常工作必然要有使它们正常工作的供电电源，这便是我们此处所指的各类电力电子变流设备控制系统常用的工作电源。

1．工作电源的结构

如今电力电子变流设备控制系统常用的工作电源可分为线性电源与开关电源两大类。

1）线性电源

图2.1示出了电力电子变流设备中常用的线性电源的一般结构，这种电源具有可靠性高、工作稳定的优点，但却存在功耗较大、体积相对较大的缺点。图2.1中变压器T用来进行电压匹配，起降压作用，电容 $C_1 \sim C_8$ 起滤波作用，而三端稳压器完成线性稳压功能。一般随用户控制单元选用工作电源具体电压值的不同，正电源可选7805、7806、7809、7812、7815，负电源相应地可选7905、7906、7909、7912、7915等。要特别注意的是，78××后面的××表示该三端稳压器输出正电压的稳定值，79××后面的××则表示输出负电压的稳定值。78××与79××系列三端稳压器的输入最高电压绝对值为35V，而要保证输出电压的稳定，其输入输出最少要留有2.5～3.5V的压差，也就是说，若选用7812及7912作为图2.1中的正负三端稳压器，则三端稳压器相应的最低输入电压分别为+14.5V与−14.5V，而最高输入电压为+35V与−35V。输入电压高虽然可使输出电压适应电网电压降低幅度变化的稳定性增强，但却使该三端稳压器的功耗增加了，因此，三端稳压器的输入电压一般不希望选得太高。图2.1中 U_0 用来供晶闸管类电力电子变流设备使用的触发器输出脉冲功放与隔离部分使用。图2.1(a)所示电路中共用四个二极管以两个单相双半波整流获得正负两路直流输出，图2.1(b)应用了两个单相桥式整流获得正负两路直流输出。相比之下，后者变压器二次侧的电压为前者的一半，且可用于 $+U$ 与 $-U$ 绝对值不相等的场合。

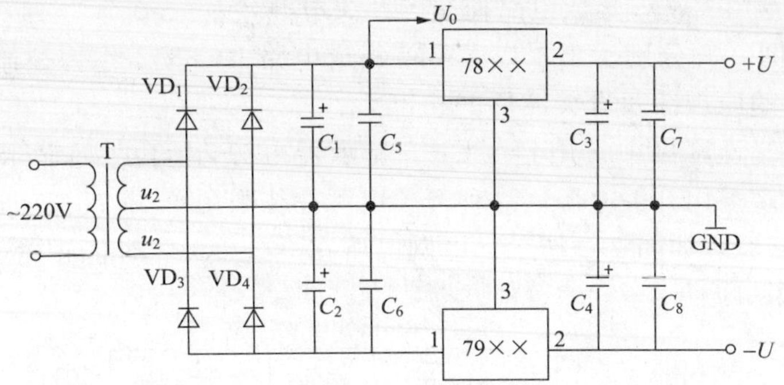

(a) 单相双半波整流后稳压获得正、负控制电源

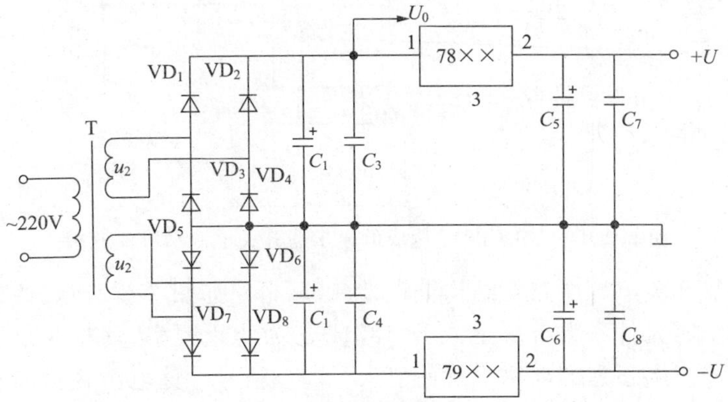

(b) 两个单相桥单独整流后稳压获得正、负控制电源

图 2.1 电力电子变流设备常用的线性电源的一般结构

2）**开关电源**[1]

近年来，随着电力电子技术中的功率集成电路与专用 PWM 控制集成电路技术的不断发展和进步，可用于控制系统进行谐波抑制和实现良好电磁兼容的滤波器发展极为迅速，所有这些都为电力电子变流设备的控制系统应用开关电源奠定了坚实的基础，所以，现在从事电力电子变流设备设计和使用的工程技术人员越来越喜欢使用开关电源了。这些开关电源可分为三大类：第一种以 PWM 集成电路为控制核心外配以分立器件和功率开关进行开关变换，以开关变压器进行隔离和降压，而以肖特基二极管整流、电容滤波来获得直流输出；第二种为应用集闭环调节、PWM 脉冲形成及开关变换于一体的三端 PWM 开关（如 TOPS 三端 PWM 开关集成电路、SPS 智能电源开关，详见参考文献[1]），外配以开关变压器实现电压匹配及隔离，而以肖特基二极管整流、电容滤波来获得直流输出；第三种是把整流开关变换调节隔离和高频整流滤波等环节全部封装在一个模块内的模块电源（如 VI-ARM 模块、PH 模块，详见参考文献[1]）。由于模块电源使用中不需要调试，因而本书中不作介绍。

(1) 应用专用 PWM 集成电路控制的开关电源

图 2.2～图 2.5 分别示出了以 PWM 集成电路 UC3842 作为控制核心实现的两种开关电源的原理图及有关波形。

在工业控制计算机中常用到 9″CRT 显示器电源，由于这种显示器要求体积小、重量轻，故多采用开关电源。这种开关电源往往采用单端、反激式结构，并用变压器隔离，电路原理如图 2.2 所示。电网电压在 90～260V 时能正常工作，最大输入功率为 30W。

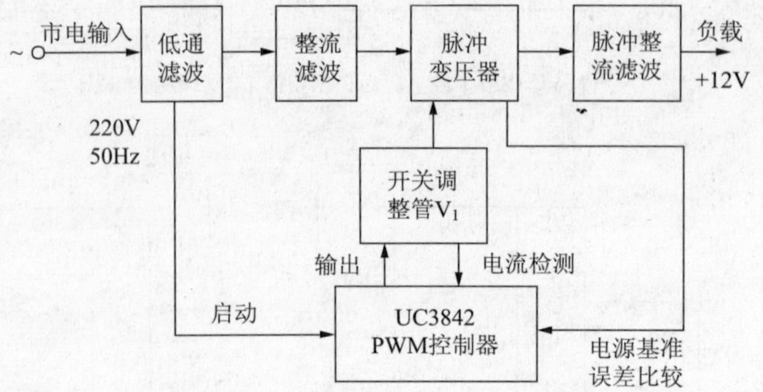

图 2.2 应用 UC3842 构成的显示器开关电源系统的原理

该显示器开关电源电路在结构上设计新颖，电路如图 2.3 所示，该电路工作频率由外接的阻容元件参数等决定为 18 432Hz。为防止频率、负载及市电电压波动变化对显示器产生强烈的电磁干扰而引入了同步信号。该电源各构成部分的工作原理可分析如下。

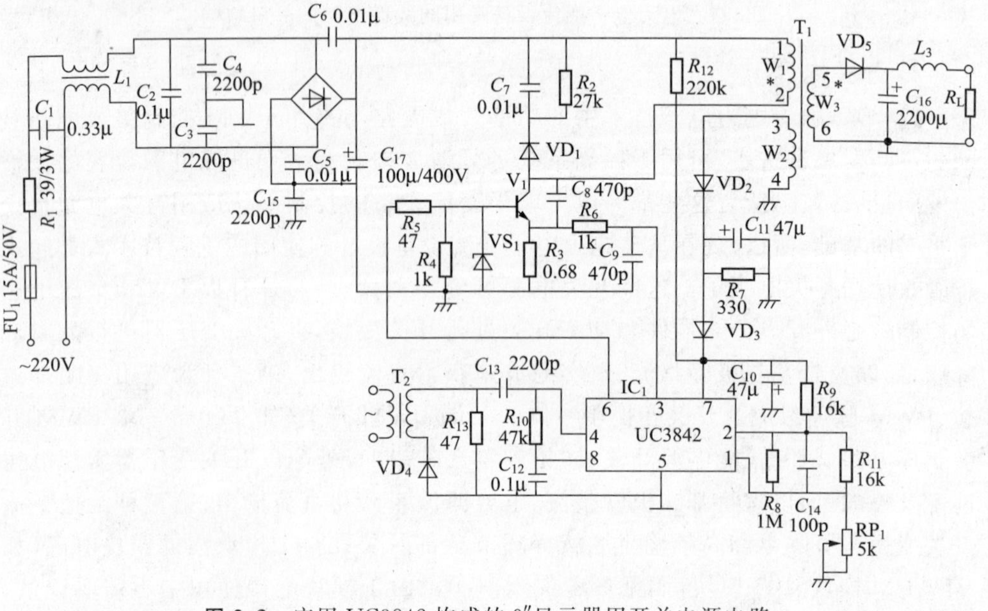

图 2.3 应用 UC3842 构成的 9″显示器用开关电源电路

① 启动电路：电网交流 220V 电压，先经桥式整流、电容滤波后产生 310V 的直流电压，再经 220kΩ 电阻 R_{12} 与电阻 R_9、R_{11}、RP_1 分压限流后启动 UC3842 和开关电源工作，工作后反馈线圈 W_2 感应的高频交流电压经整流后再向 UC3842 供电。

② 振荡电路：在振荡器振荡信号控制下，脉宽调制脉冲波形一般如图 2.4 所示。在调制脉冲上升沿到来时，该信号经电阻 R_5 并通过稳压管 VS_1 稳压后，为晶体管 V_1 提供基极偏流，使 V_1 逐渐导通，感应电势使变压器储能，负载靠电容供电。

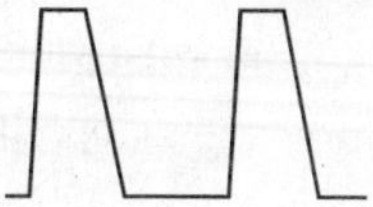

图 2.4 脉宽调制波形

在控制脉冲的下降沿，晶体管 V_1 基极电压下降，集电极电流减小，V_1 迅速截止，直至下一次脉冲上升沿到来时，V_1 才能重新导通，周而复始。感应电势向电容及负载供电。W_2 产生的电压经整流滤波后为 UC3842 提供工作电压及采样电压，W_3 产生输出负载电压。

从该电路原理分析可知，由于开关管 V_1 与二极管 VD_5 导通状态相反，故称为单端反激式变压器隔离型开关电源。

③ 稳压电路：反馈绕组 W_2 电压整流滤波后，一方面为 IC_1（UC3842）供电，另一方面，经取样电阻 R_9、R_{11} 及 RP_1 的一部分分压，送到 IC_1（UC3842 内部集成的）误差放大器反相端（引脚 2）调整脉冲宽度。

R_3 为开关管 V_1 集电极电流检测电阻。电流流过时产生的压降经低通滤波后送到 IC_1 的引脚 3，该信号与 UC3842 内部误差放大器输出信号作为集成于 IC_1 内部的 PWM 比较器的两个输入端的输入信号，PWM 比较器正是对这两个信号进行比较后产生调制脉宽变化的脉冲信号。

稳压电路的工作过程为：若由于某种原因使输出电压上升时，则 IC_1 的引脚 2 采样电压上升，在固定频率下 PWM 输出占空比下降，晶体管 V_1 导通比下降，二次绕组 W_2、W_3 感应电压下降，输出电压下降，达到额定电压。反之，若输出电压下降，使晶体管 V_1 导通比上升，输出电压升高，使之达到额定值。

④ 保护电压：如果因为某种原因（如输出短路）而过流，开关管 V_1 的集电极电流将有较大的增加，R_3 两端电压升高，IC_1 的引脚 3 电压升高（正常值约为 0.3V）。当其超过 1V 即电流超过 1.47A 时，IC_1 的 PWM 比较器输出高电平，使 PWM 锁存器复位，关闭输出，IC_1 的引脚 6 无输出，使晶体管 V_1 截止，从而保护开关电源主电路中的电力电子器件不因过流而损坏。

如果电网发生过压情况，市电电压在 260V 以上，IC_1 无法调节导通比，变压器输出绕组电压要大大增加，IC_1 的引脚 7 电压 U_{CC} 增加，引脚 2 电压上升，关闭输出。

如果交流电网输入发生欠压（$<90V$），IC_1 的引脚 1 电压下降，当其下降到 1V（正常值约为 3.4V）以下时，PWM 比较器输出高电平，造成 PWM 锁存器复位，关闭输出。

⑤ 输入电路：C_1、L_1、C_2～C_6、C_{17} 组成低通滤波器，其作用是抑制电网上来的

外界高频干扰，以保证显示器不受其影响，同时对开关电源本身产生的高频干扰进行抑制，以免污染电网。其中，电容 C_3、C_4 组成共模滤波环节，滤除两线间的非对称共模干扰；旁路电容 C_1、C_2 用于滤除差模干扰，L_1 用来衰减共模干扰。R_1 为消磁电阻，它的冷态电阻小，热态电阻大。C_{17} 为工频滤波电容，用来削弱工频调制干扰。

与变压器一次绕组 W_1 并联的 RC 阻尼网络 R_2、C_7 及与开关管 V_1 并联的电容 C_8 都是消除反向尖峰电压的保护电路。

UC3842 的结构和特点决定了它适用于 20～50W 小功率开关电源的控制。图 2.5 给出了这种应用的一个例子——应用 UC3842 作为控制核心芯片来实现三相绝缘栅控双极型晶体管逆变器中栅极驱动电路的多路开关电源。图 2.5 中利用 UC3842 误差放大器和比较器组成双闭环控制：来自检测绕组的代表输出电压的反馈信号从引脚 2 输入，在误差放大器中与 2.5V 基准电压比较后产生误差电压，作为电流比较器输入。另一个是一次绕组电流（通过 R_3 检测）反馈信号从引脚 3 进入，在电流比较器中与误差电压比较，控制 IC_1 内部的 R-S 触发器，产生 PWM 信号，从引脚 6 输出，经功率开关驱动高频变压器的一次绕组。闭环控制的结果是使输出电压在负载等因素变动情况下仍能得到稳定输出。

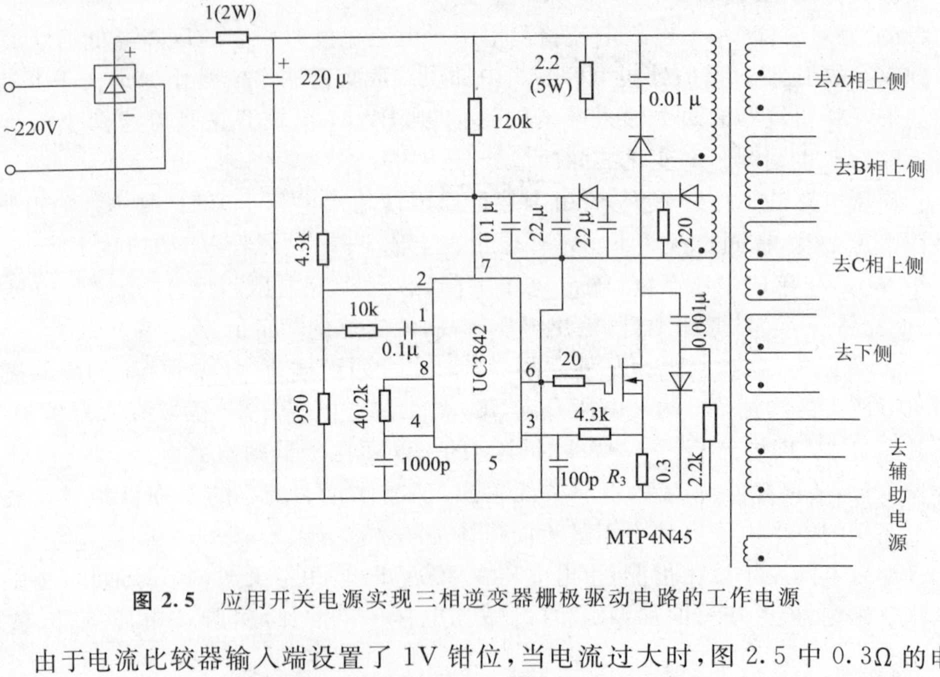

图 2.5 应用开关电源实现三相逆变器栅极驱动电路的工作电源

由于电流比较器输入端设置了 1V 钳位，当电流过大时，图 2.5 中 0.3Ω 的电阻上的电压超过 1V，脉宽调制器立即关闭，达到限流保护的目的。再加上欠电压保护，使以 UC3842 为主控制芯片的开关稳压电源能稳定可靠地工作。

该例振荡器频率约为 45kHz，采用高频铁氧体 E 型磁心制作高频输出变压器，体积大为减小。六个二次绕组中的三个绕组输出经各自的整流滤波电路后分别为三相逆变器中三个共集电极的 IGBT 器件各自的驱动电路提供电源,一个绕组输出经整流滤波电路后为三相逆变器中三个共发射极的 IGBT 器件各自的驱动电路提供共用的电源,另一路作为辅助电源。图 2.5 中未画出整流和滤波部分。此开关电源可直接用于 220V 电网供电情况,不必使用输入变压器隔离,但采用的 N 沟道电力 MOSFET 漏-源极额定电压应不低于 500V。

类似电路也可用于以电力晶体管(或 MOSFET)为主功率器件构成的较大功率 H 桥四个功率开关基极(栅极)驱动电路的工作电源,还可用于直流电动机或步进电动机的相绕组驱动和控制系统。

(2) 应用三端 PWM 功率开关实现的开关电源[1]

三端 PWM 功率开关种类众多,本章仅以美国 Power Integrations 公司生产的 TOPS 三端 PWM 开关集成电路为例说明这种开关电源。这里还应说明的是,若在图 2.6～图 2.8 中开关变压器二次增加多个绕组便可获得多路独立的电源。

① 应用 TOPS 三端 PWM 开关集成电路制作的输出 7.5V、15W 的二次反馈反激式开关稳压电源。此电源的实际电路如图 2.6 所示,该电源交流输入电压范围为 85～265V(有效值)。只要改变高频变压器一次、二次匝数比,该电源的输出电压就可以改变。交流输入电压经 U_2 和 C_1 整流和滤波后,产生直流电压。该电压加到变压器 T_1 一次绕组一端,一次绕组的另一端接到 TOPS 开关内电力 MOSFET 的漏极。R_1、C_2 和 VD_1 组成钳位电路,把变压器漏感引起的脉冲前沿尖峰电压钳位到安全值,T_1 输出线圈两端电压经 VD_2 整流和 C_3 滤波后,产生 7.5V 输出电压。偏置线圈两端电压经 VD_3 整流、L_1 和 C_4 滤波产生 11V 偏置电压。廉价的标准电感 L_1 滤去偏置电压脉冲前沿的尖峰,使反馈电压能够更好地跟踪 7.5V 输出电压。稳压管 VS_1 和 TOPS 开关控制脚(CONTROL)电压 U_C 共同决定偏置电压,R_2 和 R_7 与决定占空比传输函数的 TOPS 开关的控制电路共同决定直流控制电路的增益。C_6、R_2 和 R_7 与控制脚动态阻抗共同决定控制电路的极点,R_3 和 C_6

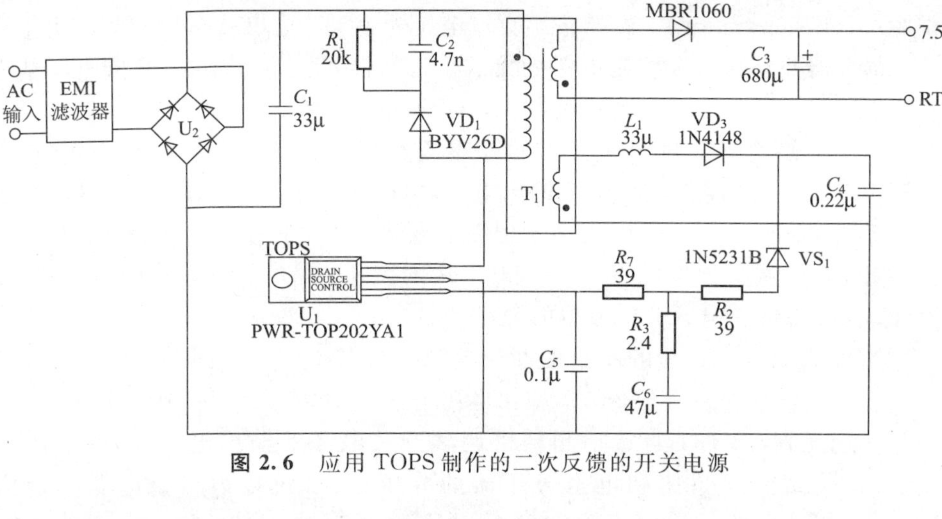

图 2.6　应用 TOPS 制作的二次反馈的开关电源

决定控制电路的零点。C_6 还决定自动恢复间隔，C_5 滤除栅极充电开关电流。为了简化，该电路中没有给出射频干扰和输入瞬变抑制电路，该电源系统的工作过程如下：

交流输入电源接通后，芯片内部的电流源开始对 C_6 充电，直到 C_6 两端电压上升到控制电压 U_C 的上限值。此时，内部电流源关断，TOPS 开关开始工作。在初始几个周期内，芯片内的限流电路通过减小脉冲占空比来限制峰值漏极电流。同时，输出电压和偏置电压开始上升，当输出电压和偏置电压达到稳定值后，控制脚电流由电容 C_6 提供。稳压管 VS_1 给控制脚提供的电流用于调整占空比，以使开关电源达到稳定工作点，在稳定工作状态下，C_6、R_3 和控制脚动态阻抗完成控制回路的补偿作用。C_6 的容量应当保证 C_6 放电时两端电压下降到控制电压下限值以前，开关电源能达到稳定状态。如果因输出负载电流过大或输入电压过低，开关电源才能达到稳定状态，那么 C_6 放电到控制电压下限值时，输出 MOSFET 将关断，并且开始自动恢复过程。

TOPS 开关通过检测内部输出 MOSFET 的峰值漏电流来完成过流保护，当输出电流过大时，脉冲占空比由外电压控制转换为内部限流电路控制，TOPS 开关通过限制峰值漏电流使输出电压下降。这样，将引起流过稳压管 VS_1 的控制电流下降到 0，因此，在 C_6 两端电压达到自动恢复工作下限值（其值与欠压锁定值相同）以前，控制脚的全部电流都由 C_6 提供。此时，开关电源关断，开始自动恢复过程。C_6 的容量决定输出过载的时间，负载过大时，TOPS 开关将反复不断地进入自动恢复过程，只有过载状态消除后，开关电源才能达到稳定状态。

开关电源发生过压和超温状态保护后，只有切断电源输入电压，让 C_6、C_4 和 C_5 放电，使控制脚电压低于通电复位门限，过压和超温锁存器才能复位。利用开路集电极或开路漏极器件，使控制电压低于通电复位门限，也能使过压和超温锁存器复位。

② 采用光耦合器反馈的简单开关电源。其原理图如图 2.7 所示。该电源的交流输入电压范围为 85～265V，输出直流电压为 7.5V，输出功率为 15W。由于采用了光耦合器并且在次级控制电路中接入了稳压器，所以该电源的输出电压精度和调整率都优于图 2.6 所示的开关电源。

图 2.7 中偏置绕组两端电压经 VD_3 整流和 C_4 滤波后，产生 11V 偏置电压。稳压管 VS_1 和光耦合器 VLC 决定输出电压，电阻 R_2、光耦合器的电流传输比、影响占空比的传输函数和 TOPS 开关的控制电流共同决定控制电路增益，C_6 与控制脚动态阻抗决定控制电路的极点，R_3 和 C_6 决定控制电路的零点，C_6 决定自动恢复间隔，C_5 滤除门极充电开关电流中的尖峰。

③ 采用光耦合器反馈的高精度开关电源。其电路原理如图 2.8 所示。该电源交流输入电压范围为 85～265V，输出电压为 15V，输出功率为 30W。

并联稳压器 TL431 直接检测精密调整开关电源的输出电压，调整变压器一次、二次绕组的匝数比和电阻分压器的分压比，都可以改变该电源的输出

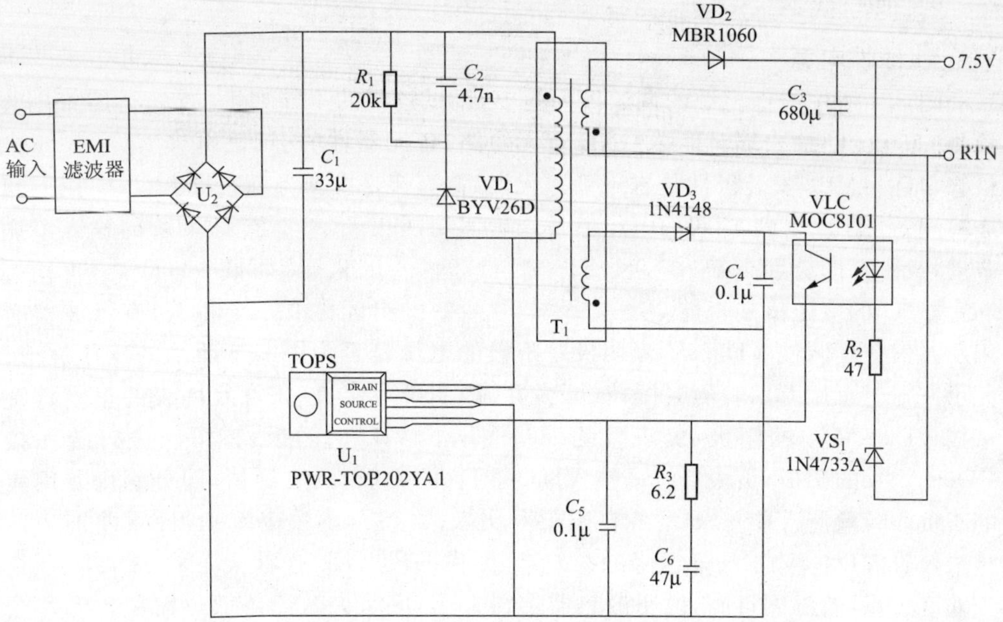

图 2.7 应用 TOPS 制作的光耦合器反馈的简单开关电源

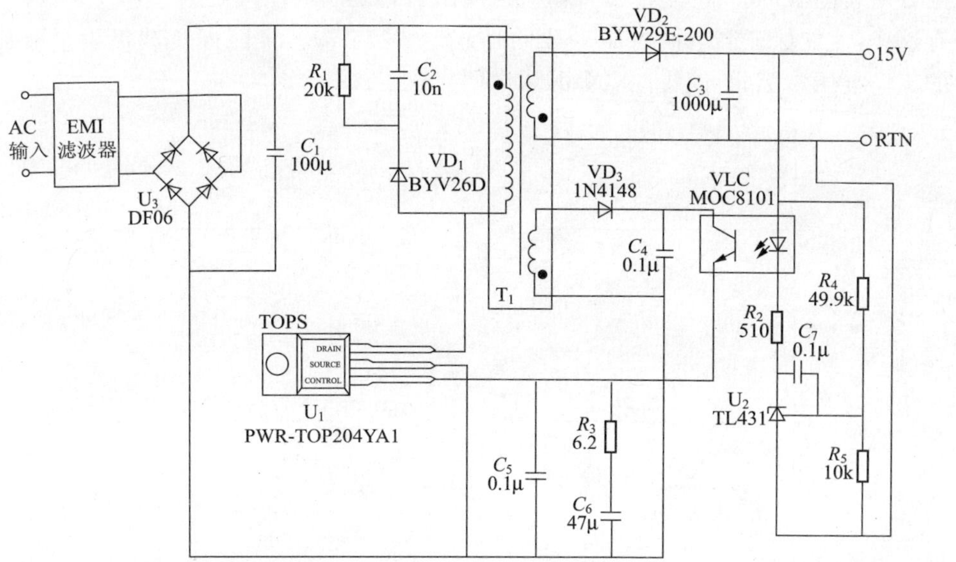

图 2.8 应用 TOPS 制作的光耦合器反馈的高精度开关电源

电压。

并联稳压器 TL431(U_2)通过控制光耦合器中发光管的电流,稳定开关电源的输出电压。正常工作时,应使并联稳压器 TL431 输入脚电压保持在 2.5V,R_4 和 R_5 组成的分压器决定精确的输出电压,C_7 和 R_4 补偿频率响应,R_2 限制光耦合器中发光管的电流并且决定低频增益。

2. 调　试

1) **线性电源**

图 2.1 所示线性电源的调试极为简单，调试过程的步骤如下：首先是用万用表检测 $+U$ 和 $-U$ 输出端对地端 GND 有无短路，各元器件的引脚、电容 $C_1 \sim C_4$ 及二极管 $VD_1 \sim VD_4$ 安装极性是否正确。无误后，直接送变压器 T 一次电压。用万用表检测 U_0 与电容 C_2 两端的电压值是否确实与所用 78×× 与 79×× 的输入电压范围相适应(即分别高于 78××+2.5V 与|79××|+2.5V 而低于 35V)。再检查 $+U$ 与 $-U$ 的电压值是否与 78×× 及 79×× 的输出标称值完全相符，有示波器时用示波器分别测试 $VD_1 \sim VD_4$ 阴极对阳极的电压是否为图 2.9 所示的反压波形，无示波器时可用万用表的电压挡(可为直流，亦可为交流，注意万用表的正表臂统一接 $VD_1 \sim VD_4$ 的阳极，负表臂统一接 $VD_1 \sim VD_4$ 的阴极，亦可正表臂统一接 $VD_1 \sim VD_4$ 的阴极，负表臂统一接 $VD_1 \sim VD_4$ 的阳极)测电压值，即分别用万用表的正负表臂量测 $VD_1 \sim VD_4$ 各自阳极对阴极的电压，读数应差别很小(差别主要是二极管 $VD_1 \sim VD_4$ 导通压降的误差)。工作一段时间，查看 78×× 与 79×× 是否温度过高，若温度过高，说明散热器选得太小，应增大散热器散热面积。另外在 78×× 与 79×× 带用户需要的负载时，使供电电压下降(可用调压器实现)15%，用万用表测试 78×× 与 79×× 输入与输出引脚之间的压降是否不小于 2.5V。只有这样，才能保证当电网电压为最低时，78×× 与 79×× 能向负载提供足够稳定的工作电压。至此，该线性电源的调试便完成了。

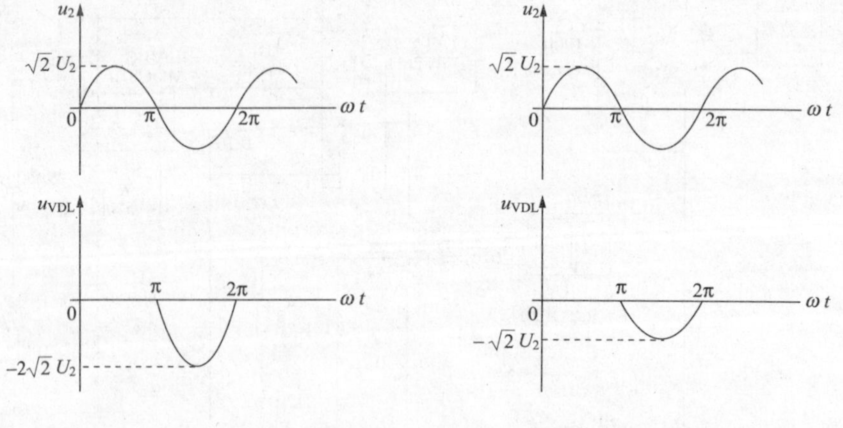

(a) 图2.1(a)中整流管的反压波形　　(b) 图2.1(b)中整流管的反压波形

图 2.9　图 2.1 所示线性电源正常工作时整流二极管的反压波形

2) **开关电源的调试**

图 2.2、图 2.3 及图 2.5～图 2.8 所示开关电源的调试与图 2.1 所示线性电源的调试过程基本类似，但有很大的不同，其调试过程如下：

① 在输入～220V 未接通的条件下，用万用表电阻挡测试图 2.3 与图 2.5 各电

源直流输出引脚对自身地是否有短路现象，检查图中的电容极性，额定电压是否与通电后所加电压相符，检查二极管的极性是否与设计相符，应确保无误，并保证图中不应连接的电路接点之间绝缘距离足够大且没有短路问题。

② 对图 2.3 与图 2.5 所示的以 UC3842 为核心控制单元的开关电源接通供电的交流 220V 电源，先用万用表测试单相整流桥的输出电压(即图 2.3 中电容 C_{17} 与图 2.5 中 220μF 电容两端电压)应为 310V，再用万用表测试 UC3842 引脚 7 工作电压，其值应不小于 12V。用示波器观测 UC3842 的引脚 6 对引脚 5(示波器正输入端接引脚 6，地端接引脚 5)，波形应为图 2.10 所示的高频 PWM 波形，其工作频率可通过 UC3842 引脚 4 与引脚 8 之间所接电阻及引脚 4 对引脚 5 所接电容的值方便调节。再用示波器观察图 2.3 中的电力晶体管 V_1 集-射极间或图 2.5 中电力场效应晶体管漏-源极间的电压波形 u_{CE} 或 u_{DS}，应为 UC3842 引脚 6 对引脚 5 所示波形的补脉冲波形，即当 UC3842 引脚 6 对引脚 5 波形为 PWM 脉冲的高电平时，该波形 u_{CE} 或 u_{DS} 应为低电平，反之亦然。进行此种观测时，要特别注意示波器输入电压的衰减及示波器工作电源的隔离问题。u_{CE} 或 u_{DS} 高电平应为 310V，而低电平实际为电力晶体管或电力场效应管的通态管压降，应接近 0V，波形的前后沿应干净利落，陡度较好，且从低电平变为高电平时的电压过冲并不高。若电压过冲太高，则应改变图 2.3 中 C_7 与 R_2 的值或图 2.5 中的 2.2Ω 电阻与 0.01μF 电容的值。图 2.10 给出了用示波器观察到的波形。其中 u_{65} 为 UC3842 引脚 6 相对于引脚 5 的电压波形，u_{CE}(或 u_{DS})为图 2.3 中电力晶体管 V_1 集-射极或图 2.5 中电力场效应晶体管漏-源极之间的波形，而 u_{12} 为开关变压器一次侧主绕组两端的电源波形。再用示波器观察主开关变压器二次侧各绕组的波形，应与图 2.10 中 u_{12} 的波形除幅值不同外形状完全相同。用万用表测各绕组整流后的输出电压值，应为用户原来设计的值。若输出电压值高于设计值，则应增加输入到 UC3842 引脚 2 的等效电压反馈值，使输出直流电压降低；反之，若输出电压值低于设计值，则应减小加到 UC3842 引脚 2 的等效电压反馈值，使输出直流电压升高，直到满足输出直流电压达到用户的设计值。在经过上述调整后，使该开关电源在额定负载条件下运行一段时间(如 2 小时)，测试各元器件的温度(特别是开关变压器、电力开关晶体管或电力 MOSFET 的温度)是否在满意的范围内。一般变压器及电力

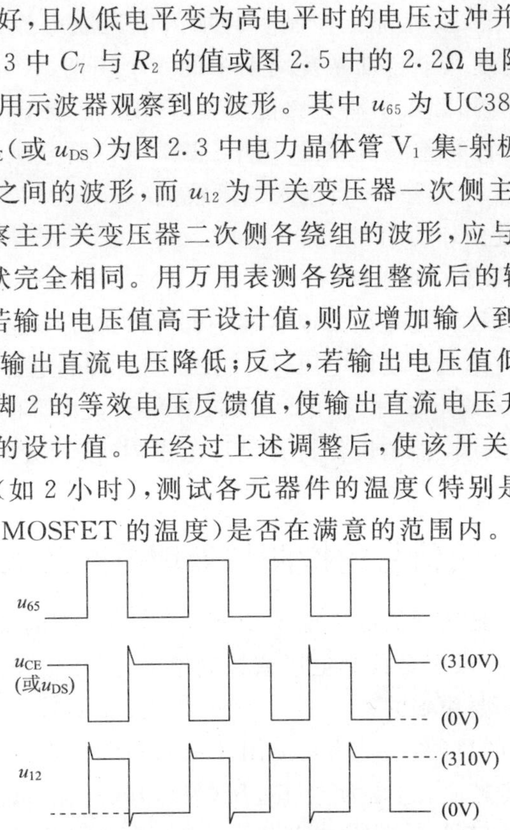

图 2.10 应用 UC3842 控制的开关电源正常工作时的主要波形

电子器件外壳温度不应高于+65℃。至此，图 2.3 与图 2.5 中的开关电源的调试便结束了。

③ 对于图 2.6～图 2.8 应用 TOPS 三端 PWM 开关实现的开关电源，其调试过程与应用 UC3842 作为控制核心的开关电源几乎完全相同，区别仅在于图 2.10 中的 u_{65} 在图 2.6～图 2.8 中无法直接测到，而 u_{CE} 或 u_{DS} 变为图 2.6～图 2.8 中 TOPS 三端 PWM 开关的 DRAIN 与 SOURCE 两个引脚之间的电压。要调节输出直流电压的大小，可通过改变图 2.6～图 2.8 中电阻 R_2 的阻值实现。TOPS 三端 PWM 开关应用中应注意的关键问题如下：

· TOPS 三端 PWM 开关的源极引脚(SOURCE)引线应非常短，旁路电容要尽可能靠近源极引脚和控制极引脚，同时源极引脚应单点接地。

· TOPS 三端 PWM 开关关断时，为了减小漏-源极间峰值电压和漏极冲击激励振荡电压，漏感较大的高频变压器一次侧必须加入阻尼电阻或钳位电路。

· 测试时，TOPS 三端 PWM 开关不能直接插入加有高电压的集成电路插座内。在印刷电路板上，控制引脚外接电容能够把较大的浪涌电流传输到触发器和关断锁存器，从而关断 TOPS 三端 PWM 开关。

· 在某些条件下，从外部给控制引脚加入电压或电流，能够使 TOPS 三端 PWM 开关永远保持在八个自动恢复周期中的一个周期，并且能够防止开关电源重新工作。控制引脚和源极引脚短路能够使 TOPS 三端 PWM 开关电源芯片复位，为了避免出现这个问题，应先接通 TOPS 开关的控制电源，然后加入漏极电压。

· 在自动恢复工作过程中，当输入电压较低(＜20V)时，控制引脚电流很小，这样将增加自动恢复循环的周期。

· 交流输入电源短时间中断后，开关电源再次开始工作前，TOPS 三端 PWM 开关进入自动恢复过程。这是因为电容器中储存的能量不能立即泄放完，并且当控制引脚电压低于内部通电复位电压时，接在控制引脚的电容器不能放电。

· 开关电源轻载或空载时，TOPS 三端 PWM 开关内部的输出电力 MOSFET 导通时间很短。为了使输出电压保持在设计范围内，该开关电源必须外加一个很小的负载。

2.2.2 电压、电流信号的检测与处理电路及调试

无论是整流类还是逆变类电力电子变流设备，其工作的实质都是实现电能的转换，所应用的控制手段多是控制电压或控制电流，所以电压、电流的检测是各种电力电子变流设备都要用到的。

电压、电流检测的目的：一是为构成闭环控制的调节提供反馈信号，以实现电压或电流的闭环稳定控制；二是为进行过压(欠压)或过流(或欠流)及短路故障情况下的保护提供取样信号；三是对电力电子设备运行时的电压、电流等工况参数的实时显示提供检测信号。

1. 电路结构

1) 电流检测电路

电力电子变流设备常用的电压、电流检测可分为交流检测与直流检测两种,也可分为直接检测与隔离检测。常用的检测元器件有电阻、互感器、霍尔传感器。图 2.11 给出了电流检测常用的五种电路。

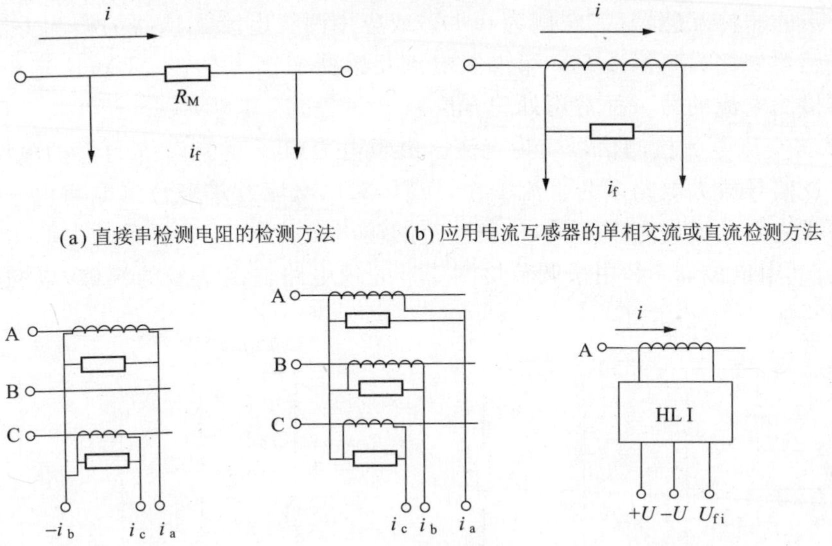

(a) 直接串检测电阻的检测方法　(b) 应用电流互感器的单相交流或直流检测方法

(c) 应用两个电流互感器检测三相交流电流　(d) 应用三个电流互感器检测三相交流电流　(e) 应用霍尔电流传感器检测交流或直流电流

图 2.11　电力电子变流设备中常用的电流检测电路

应注意的是,图 2.11(c)与(d)仅适合于交流电流的检测,而图 2.11(a)、(b)、(e)既适用于交流电流的检测,又适用于直流电流的检测。在这五种常用检测电路中,图 2.11(a)仅可用于小电流的检测。由于电流过大时,为了尽可能降低检测电路的功耗与体积,要求测量电阻 R_M 阻值甚小,十分难加工,同时电阻本身在通电时发热而使阻值变化影响测量效果。这种电路还有一个缺点就是主电路与控制电路电位上不隔离,一则容易引起干扰而影响控制效果;二则会因检测电路不隔离使控制板及显示部分工作电位抬高;三则受检测电阻分布电感的影响,检测电流的动态快速性较差。图 2.11(c)应用两个交流电流互感器来获得三相电流的检测,其中 B 相电流利用 A 相与 C 相电流的叠加自动生成,降低了检测环节的成本,简化了检测电路的结构。图 2.11 的电路中,在检测电流 i 相同的条件下,图 2.11(e)所示电路的成本与投资最高,检测三相电流时需用三个霍尔电流传感器,但该电路的检测精度、线性度和检测电流的上升率最高。应特别注意的是,图 2.11(b)~图 2.11(d)所示的检测方法因受电流互感器线性度、精度及反应速度的限制,在电流很小时,检测电路输出的线性度不如图 2.11(e)所示电路好。

2）**电流检测信号的处理电路**

① 将电流信号转换为电压信号。为了防止电流互感器二次侧开路产生的高压损坏电力电子变流设备的控制回路及检测回路，图 2.11 所示电路的一个共同特点是把电流信号均变为电压信号，这是电力电子变流设备电流检测的常用处理方法之一。还应注意的是，图 2.11(b)～图 2.11(d)所示的应用电流互感器的检测方法中，由于国产标准互感器二次侧电流都为 5A，为了降低检测回路的损耗，常采用定做特殊的非标互感器(二次侧为 0.1A)或应用两级电流互感器的检测方法，即第一级互感器变比为××A/5A，第二级电流互感器变比为 5A/0.1A，这是应用电流互感器检测电流的另一种常用处理方法。

② 将交流电流检测信号变为直流。由于电力电子变流设备的保护电路、调节器电路及信号放大电路多为直流工作，所以，对以交流方式来检测电力电子变流设备输入或输出电流的方案来说，检测环节的输出常用图 2.12 所示的电路将其变换为直流，其中电位器 RP 用来调节检测信号处理电路输出信号的幅值，以利与后续电路的匹配。

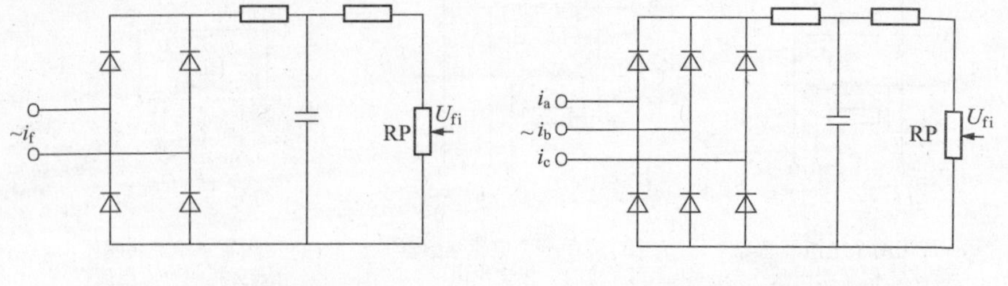

(a) 检测单相交流电流　　(b) 检测电路输入为三相交流电流

图 2.12　将交流信号变为直流等效电压的常用电路

3）**电压检测电路**

电力电子变流设备常用的电压检测电路也分为交流和直流检测两种，还可分为直接检测与隔离检测。直接检测就是在电路中以电阻分压的形式获得测量电压。隔离检测的元器件有电压互感器、霍尔电压传感器。图 2.13 给出了电压检测常用的五种电路原理图。

图 2.13(a)所示电路既适用于交流亦适用于直流电压检测，其成本最低。这种电路的缺点在于被检测电路与检测输出电位上不隔离，一则有可能引起控制板的干扰；二则有可能造成控制板及显示单元参考电位上升；三则受电阻中分布电容的影响，检测电压的动态反应速度较慢。图 2.13(b)、图 2.13(c)及图 2.13(e)适用于交流电压的检测，不可用来检测直流电压，一般用于被测量电压不是很高的场合。若测量电压过高，则多采用图 2.13(d)所示的两级检测方法，此时第一级用标准的电压互感器 T_1，第二级才用到用户自行设计的电压互感器。由于标准电压互感器二次侧统一为 100V，所以变压器 T_2 的一次电压应设计为 100V，二次电压可按需求设计。图 2.13(e)应用霍尔电压传感器是五种检测线路中造价最高的，但检测的线性度及精度

也最高,既可用来检测直流电压,又可用来检测交流电压。用来检测三相交流电压时需用图 2.13(a)与图 2.13(e)所示的三个相同的电路。由于霍尔电压传感器只有在一次电流达到额定电流时检测精度才最高,所以,使用中要特别注意使霍尔电压传感器一次侧的串联电阻阻值与霍尔电压传感器内阻之和满足所加电压达到额定值,从而使流过霍尔电压传感器一次侧的电流达到额定值,只有这样才能获得良好的检测精度与很高的检测线性度。同样应注意的是,图 2.13 所示的检测方法中因受电压互感器检测精度、线性度和反应速度的限制,当系统工作电压较低时,图 2.13(a)～图 2.13(d)所示电路的检测线性度与精度不如图 2.13(e)所示电路。

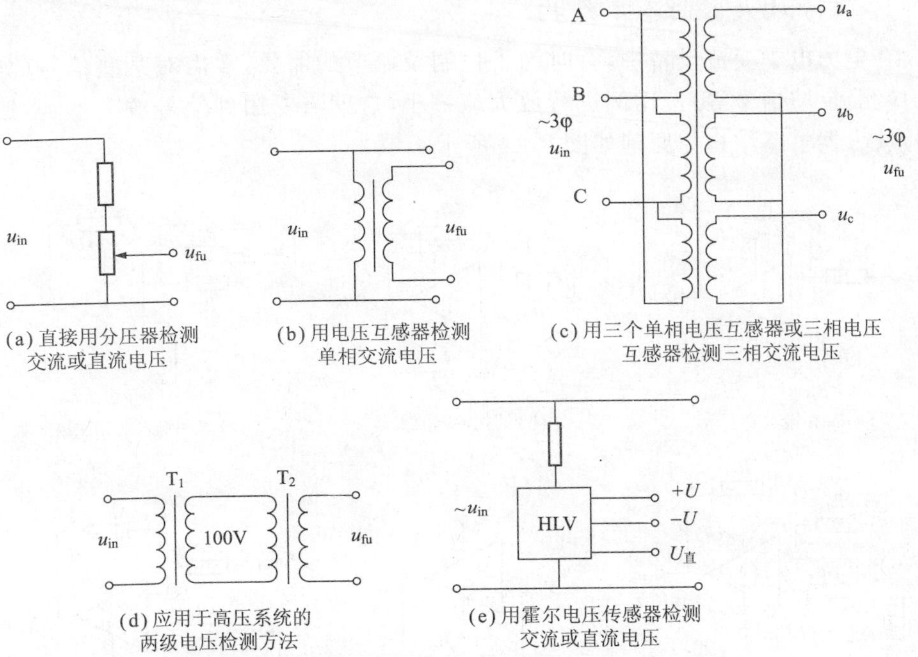

(a) 直接用分压器检测交流或直流电压

(b) 用电压互感器检测单相交流电压

(c) 用三个单相电压互感器或三相电压互感器检测三相交流电压

(d) 应用于高压系统的两级电压检测方法

(e) 用霍尔电压传感器检测交流或直流电压

图 2.13 电力电子变流设备中常用的电压检测方法

4) **电压检测信号的处理电路**

对于电压检测信号的处理电路,一方面要防止电压互感器(或变压器)二次侧的短路,通常的做法是在二次侧串联保险丝(又称熔断器);另一方面要把交流电压检测电路输出的交流信号整流成直流,供主控制板中闭环调节环节或保护环节使用,这种把交流整流成直流的电路原理与图 2.12 完全相同。

2. 电路调试

从图 2.11～图 2.13 可以明显看出,电力电子变流设备所用的电压、电流检测与检测信号处理电路十分简单,因此其调试也十分方便。调试过程可分为以下几个步骤:

① 检查所用电压或电流互感器(或变压器)的一次与二次电压或电流是否与需要的值相符,检查电压检测电路中的分压电阻值或电流互感器二次侧的串联电

阻值及功耗是否满足设计中需要得到的电压或电流检测值。

② 在上述检查结果无误时，在电力电子变流设备正常运行时，用示波器观测电压(或电流)检测电路及检测信号的输出波形，幅值应与本书第3章中介绍的单相桥式及三相桥式二极管整流电路的输出波形完全一致。

③ 调节检测信号处理电路输出电位器的输出电压，使检测信号处理电路的输出与用户系统电路需要的参数相适应。

2.2.3 信号放大器电路及调试

1. 信号放大器的基本结构

在电力电子变流设备中，有时为了控制及调节的需要，常需对某些信号(如给定、检测、反馈信号等)按比例进行放大或缩小，这就需要用到信号放大器，常用的信号放大器电路结构与原理如图2.14所示。

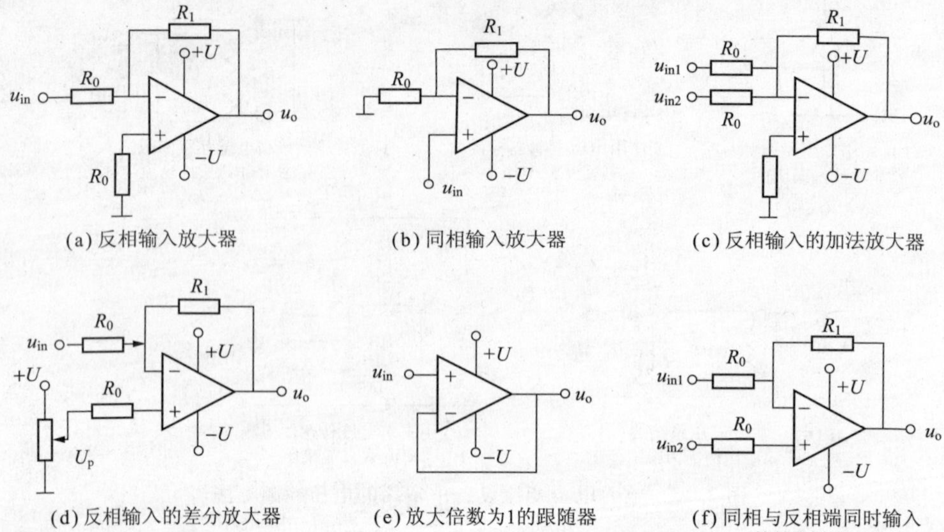

(a) 反相输入放大器　(b) 同相输入放大器　(c) 反相输入的加法放大器

(d) 反相输入的差分放大器　(e) 放大倍数为1的跟随器　(f) 同相与反相端同时输入的差分放大器

图2.14 电力电子变流设备常用的信号放大器电路

2. 输入与输出关系

表2.1给出了这几种常用信号放大器电路的输入、输出关系，从图2.14及表2.1可明显看出，图2.14(a)既可对输入信号进行放大，又可对输入信号进行缩小；图2.14(b)仅可用作信号放大，其输出总比输入大；图2.14(c)既可用作加法器，又可用作减法器，当u_{in1}与u_{in2}极性相同时，该电路为加法器，而当u_{in1}与u_{in2}极性相反时，该电路便变为减法器；图2.14(d)为常用的差分器，它可把随时间增加的输入信号变为随时间下降的信号，且随着u_{in}与位置U_p极性的不同组合，可获得图2.15所示的输入与输出关系；图2.14(e)为通常所说的跟随器，这种电路多用来减小后级电路对前级电路的拉电流，降低输出阻抗，提高输出电路的负载能力；图2.14(f)

利用了运算放大器的同相端与反相端同时输入，当 u_{in1} 与 u_{in2} 为同极性时，该电路结构为减法放大器，而当 u_{in1} 与 u_{in2} 为相反极性时，该电路结构为加法放大器。

表 2.1 电力电子变流设备常用信号放大器的输入输出关系

电路名称	原理结构图	输入、输出关系	备注
反相输入放大器	图 2.14(a)	$u_o=-(R_1/R_0)u_{in}$	$R_1>R_0$ 时，$\|u_o\|>u_{in}$； $R_1<R_0$ 时，$\|u_o\|<\|u_{in}\|$
同相输入放大器	图 2.14(b)	$u_o=[1+(R_1/R_0)]u_{in}$	不论 R_1 与 R_0 之比为何值，$u_o>u_{in}$
加法器	图 2.14(c)	$u_o=-(R_1/R_0)(u_{in1}+u_{in2})$	u_{in1} 与 u_{in2} 同极性
减法器	图 2.14(c)	$u_o=-(R_1/R_0)(u_{in1}-\|u_{in2}\|)$	u_{in1} 与 u_{in2} 反极性，$u_{in1}>0$，$u_{in2}<0$
		$u_o=-(R_1/R_0)(\|u_{in1}\|-u_{in2})$	u_{in1} 与 u_{in2} 反极性，$u_{in1}<0$，$u_{in2}>0$
差分放大器	图 2.14(d)	$u_o=U_p[1+(R_1/R_0)]$ $-u_{in}(R_1/R_0)$	随 u_{in} 与偏置 U_p 极性的不同，输入与输出关系分别如图 2.15(a)～图 2.15(d)所示
跟随器	图 2.14(e)	$u_o=u_{in}$	输出无条件跟随输入
减法器	图 2.14(f)	$u_o=-(R_1/R_0)u_{in1}$ $-[1+(R_1/R_0)]u_{in2}$	u_{in1} 与 u_{in2} 为同极性
加法器	图 2.14(f)	$u_o=(R_1/R_0)\|u_{in1}\|$ $+[1+(R_1/R_0)]u_{in2}$	u_{in1} 与 u_{in2} 为不同极性，$u_{in1}<0$，$u_{in2}>0$
		$u_o=-\{(R_1/R_0)u_{in1}$ $+[1+(R_1/R_0)]\|u_{in2}\|\}$	u_{in1} 与 u_{in2} 极性不同，$u_{in1}>0$，$u_{in2}<0$

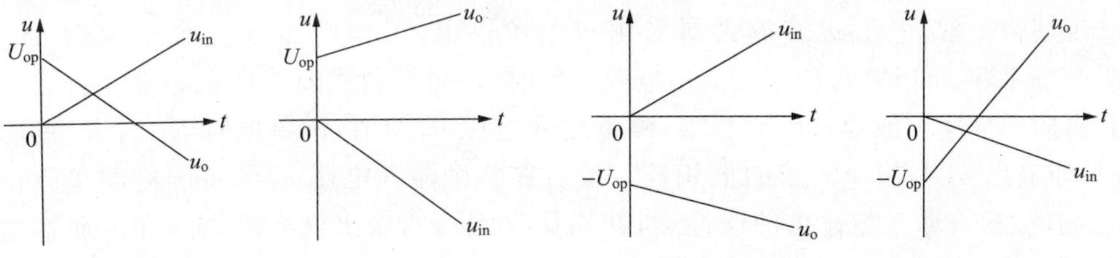

(a) $u_{in}>0,U_p>0$, $u_o=U_{op}-(R_1/R_0)u_{in}$　(b) $U_p>0,u_{in}<0$, $u_o=U_{op}+(R_1/R_0)|u_{in}|$　(c) $u_{in}>0,U_p<0$, $u_o=-U_{op}-(R_1/R_0)u_{in}$　(d) $U_p<0,u_{in}<0$, $u_o=-U_{op}+(R_1/R_0)|u_{in}|$

注：$U_{op}=[1+(R_1/R_0)]|U_p|$。

图 2.15 差分器随 u_{in} 极性不同的输入、输出特性

3. 应用注意事项

① 不论是同相输入还是反相输入的放大器，其输出电压的绝对值最大不会超过运算放大器的工作电源电压，而输入电压的最大绝对值幅值则应不超过 $|u_{inmax}|<u/k$。式中，放大倍数 k 对反相输入放大器为 R_1/R_0，而对同相输入放大器为 $1+(R_1/R_0)$。等效输入电压对同相输入及反相输入放大器都为 u_{in}，而对加法器和减法器分别为 $u_{in1}+u_{in2}$ 和 $u_{in1}-u_{in2}$，U 为该放大器的工作电源电压。

② 为保证电力电子变流设备常用运算放大器输入输出关系工作在线性段，通

常应满足使输出电压的幅值范围在(1/10～2/3)U,这里U为运算放大器的供电电压。

③ 为保证运算放大器的线性及稳定工作,电力电子变流设备常用的运算放大器之放大倍数不可过大,一般应在50倍以内,在输入信号过小需放大倍数较大的场合,应采用多级放大的方法。

④ 为了尽可能减小输入信号零漂的影响,电力电子变流设备中的运算放大器应尽可能选用不需调零的运算放大器,在必须使用调零运算放大器的场合,则应先确认调零无误后,再使用运算放大器对信号进行放大。

⑤ 由于运算放大器有频带、快速性及精度的差别,所以使用中针对不同的应用系统应选用与该系统性能相匹配的运算放大器。对高频工作或需要输入与输出延迟小的应用场合,则应选用高速运算放大器;对输入信号极小(如温度控制系统热电偶检测输出的mV级信号)的应用,则应尽可能选用低零漂、高精度的运算放大器。

⑥ 还应注意的是,高速运算放大器内部应用的放大器件多为电力场效应晶体管,这就决定了有高速放大特性的运算放大器的抗干扰性能比低速放大器的差,其输入阻抗更高,内部压降较低速运算放大器要大,且带负载能力也比低速运算放大器弱。

4. 信号放大器的调试

从图2.14可以看出,电力电子变流设备中常用信号放大器的电路是比较简单的,所以其调试也比较简单。一般调试过程为:首先检查该运算放大器的供电电源电压是否正常,一般运算放大器采用双电源供电,工作电压常选取±5V、±6V、±9V、±12V、±15V几种。在工作电源正常时,将运算放大器按印刷板插座标记的方向插到插座上或焊在印刷板上,测量输入电压u_{in}的值,调节电阻R_1与R_0的阻值,使输出u_o与用户需求的值相符。最后在整个输入电压u_{in}的范围内测量输出u_o的值,检查输入与输出的线性度,并确认放大器的输出没有进入饱和区而造成输入信号在输出级出现没有变化的死区。

2.2.4 保护电路及调试

电力电子变流设备的常用保护电路有过电压保护、过电流保护、短路保护、缺相保护、欠流保护、过热保护等,所有这些保护电路都是通过故障信号与正常工作信号的比较来进行的。通常故障信号由检测电路获得,而正常工作信号便是用户设定的保护电路参考基准或门槛值。

1. 保护电路的结构

1) 过电压保护

图2.16示出了电力电子变流设备中常用的过电压保护电路,其中图2.16(a)与图2.16(b)分别给出了应用电阻R与电容C的串联网络及压敏电阻进行输入或

输出尖峰过电压的保护，就是通常我们所说的尖峰（又称浪涌电压）吸收电路；图 2.16(c)与图 2.16(d)分别给出了将电阻 R 与电容 C 的串联网络及压敏电阻用作

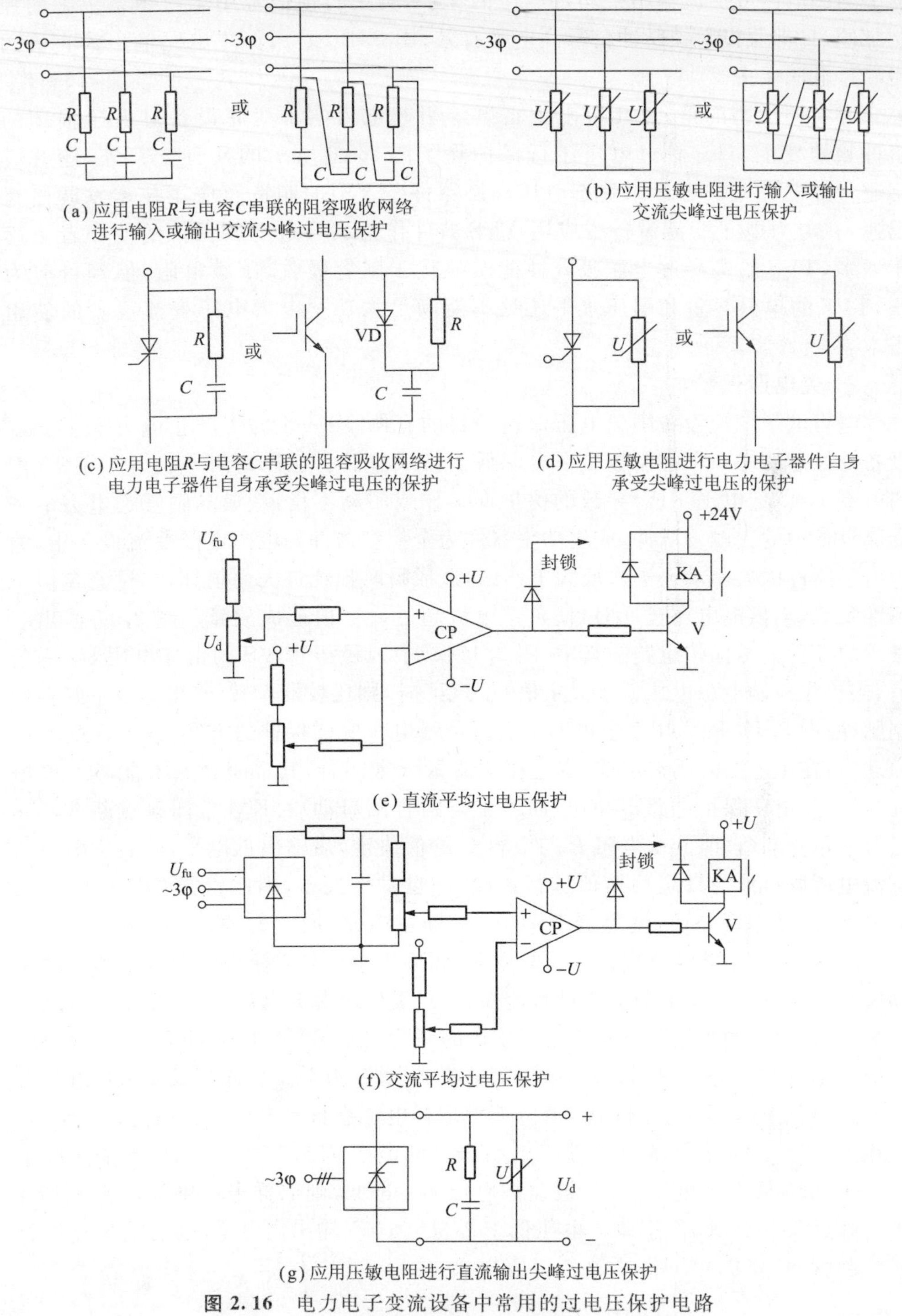

(a) 应用电阻R与电容C串联的阻容吸收网络进行输入或输出交流尖峰过电压保护

(b) 应用压敏电阻进行输入或输出交流尖峰过电压保护

(c) 应用电阻R与电容C串联的阻容吸收网络进行电力电子器件自身承受尖峰过电压的保护

(d) 应用压敏电阻进行电力电子器件自身承受尖峰过电压的保护

(e) 直流平均过电压保护

(f) 交流平均过电压保护

(g) 应用压敏电阻进行直流输出尖峰过电压保护

图 2.16 电力电子变流设备中常用的过电压保护电路

电力电子变流设备中其他电力电子器件通断引起电路中 $L\mathrm{d}i/\mathrm{d}t$ 变化，给本电力电子器件造成的尖峰过电压的抑制电路；图 2.16(e)与图 2.16(f)分别用于直流回路的平均过电压或交流输出平均过电压的保护，其中封锁信号用来封锁系统中的控制脉冲，且都假设封锁脉冲信号高电平有效；图 2.16(g)用作主电路输出为直流的尖峰过电压保护。

应强调说明的是，近几年由于雷电等引起电力电子变流设备过电压损坏的事件频繁发生，对这种过电压进行保护除了图 2.16 所示的几种方案外，还有应用避雷器的方案。近年来瞬态电压抑制器件(TVS)的制造及应用技术发展极为迅速，在电力电子变流设备中应用 TVS 器件作为尖峰过电压保护的使用者正逐年增多，TVS 的尖峰过电压吸收性能明显优于阻容吸收、压敏电阻，但到目前为止，TVS 的单只容量和耐压水平还远不能满足大功率电力电子变流设备的使用需求[2]。

2) **欠电压保护**

电力电子变流设备中欠电压保护的目的有两个：一是为了防止电力电子变流设备的控制核心——控制板工作电源低于极限值而引起控制信号状态不正常(即高电平不高，低电平不低)导致的保护误动作或驱动不良，造成晶闸管类电力电子变流设备中的丢触发脉冲，或主功率器件为全控型器件的电力电子变流设备中，电力电子器件因欠驱动而进入放大工作区，造成瞬时损耗过大而损坏；二是避免恒功率性负载，当供电电压过低时，使负载电流超过设定值造成故障。图 2.17 给出了常用的几种欠压保护电路。其中，图 2.17(a)中因稳压管 VS 的击穿电压 U_Z 为定值，当工作控制电源电压低于设定值 U_p+U_Z 时，则比较器翻转，输出高电平封锁控制脉冲；图 2.17(b)为用于主电路中进行母线电压取样保护的方案，该方案的工作原理为：在主电路合闸启动前，因主接触器 KM 未闭合，其常闭触点闭合，555 输出高电平，欠电压保护电路不动作，而当主电路合闸启动后，KM 常闭触点断开，555 延时一定时间(该时间由电阻 R 与电容 C 的值决定)后输出低电平，此后主电路的直流电压取样值与设定门槛值进行比较，一旦发生欠压，则比较器 CP 翻转，输出高电平，使晶体管导通，继电器 K 动作，分断主电路，同时封锁控制脉冲；图 2.17(c)为利用欠电压继电器进行保护的方案；图 2.17(d)中全控型电力电子器件的驱动电路自身可对工作电源电压进行监控，一旦发生电源欠电压，则封锁驱动电路输出脉冲，其中实例为法国汤姆逊公司生产的 GTR 驱动芯片 UAA4002 的内部逻辑框图，UAA4002 为一双列直插 16 引脚的集成电路，有关工作原理及使用特点见参考文献[4]；图 2.17(e)为利用一片 555 对取样电压进行欠电压保护的监控电路，其工作过程为：当取样电压正常时，555 引脚 2 的电压高于 $1/3U_{CC}$，引脚 6 电压高于 $2/3U_{CC}$，555 输出低电平，一旦被监控电压 U_M 过低，则取样电压降低，555 引脚 2 电压降得低于 $1/3U_{CC}$，引脚 6 电压低于 $2/3U_{CC}$，555 输出高电平，继电器 K 动作封锁控制脉冲，分断主电路，并进行报警指示。

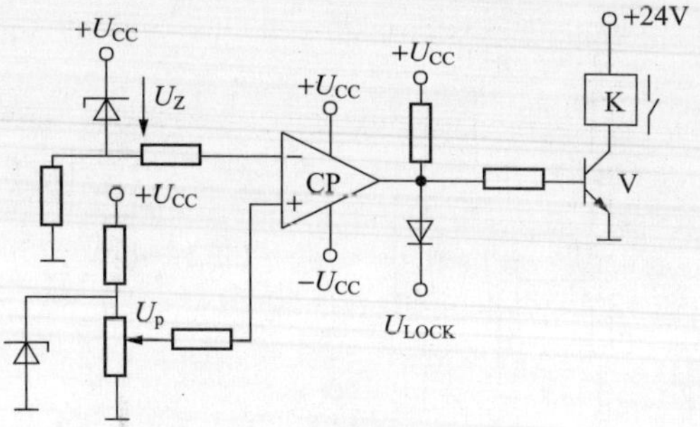

(a) 利用稳压管和比较器进行控制电源欠电压保护

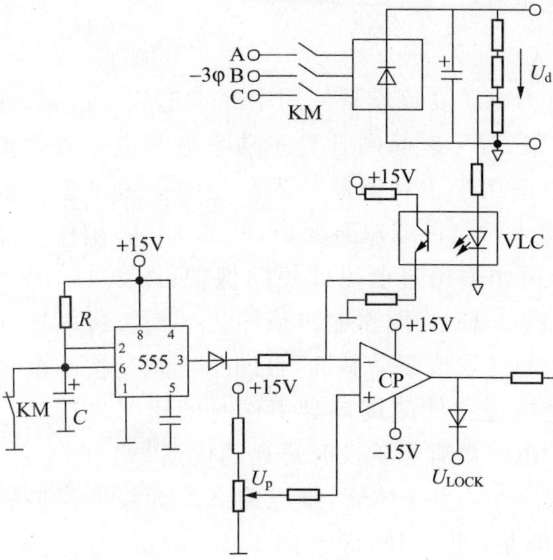

(b) 利用稳压管和比较器进行主电路欠电压保护

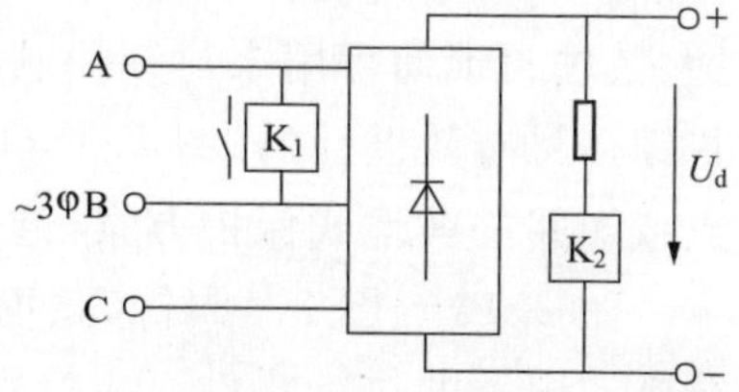

(c) 利用欠压继电器进行欠电压保护
(K_1与K_2分别为交直流欠压继电器)

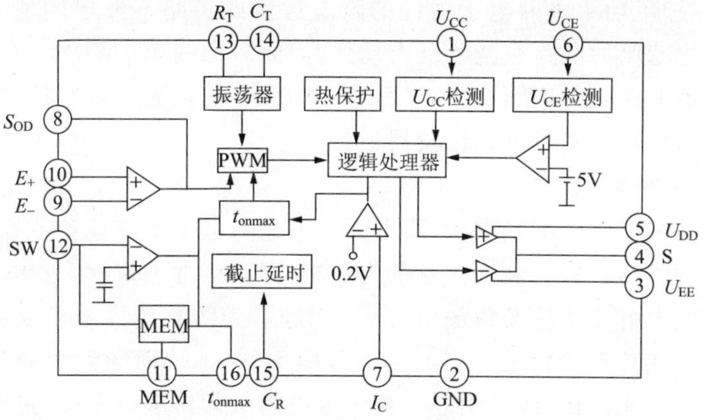

(d) 驱动电路自身带有欠电压保护功能

图 2.17 常用欠电压保护电路

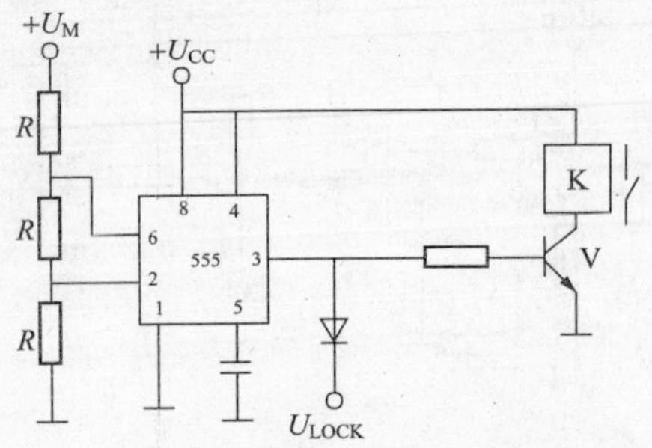

(e) 利用555对取样电压进行欠电压保护

续图 2.17

3) **过流、短路保护**

过流(过电流,又称过载)是各类电力电子变流设备使用中经常遇到的故障,图 2.18 给出了常用的过电流保护电路方案,对于以晶闸管为主功率电力电子器件的设备画出了这些电路的原理图,其实也适用于主功率器件为其他电力电子器件的电力电子变流设备。图 2.18(a)用作输入过电流或短路保护;图 2.18(b)用作直流回路的过电流或短路保护;图 2.18(c)用作输出过电流或短路保护;图 2.18(d)用作抑制尖峰过电流保护;图 2.18(e)与图 2.18(f)用作输出或输入平均值过电流保护,其中封锁信号用来封锁控制电路中的触发或驱动脉冲,且图示电路是按高电平封锁信号有效设计的;图 2.18(g)为全控型器件应用自身工作时的压降进行过电流或短路的就地式保护方案,这种保护电路具有保护及时迅速的优点。

图 2.16 与图 2.18 中 CP 均为比较器,V 为晶体管,继电器 KA 为故障保护后分断主电路的执行器件。应特别注意的是,图 2.18(a)～图 2.18(c)所示的过流、短路保护电路用于主功率电力电子器件为全控型器件(如 IGBT、MOSFET、IGCT、IEGT)的电力电子变流设备时,仅可用作主功率器件失效后防止事故扩大的保护,要保护主功率电力电子器件的瞬态过流或短路不致损坏是来不及的。这些电路要求故障保护电路在微秒级内动作,因而多用图 2.18(d)与图 2.18(g)所示的电子式保护电路。对于图 2.18(e)而言,电流检测多使用高速霍尔电流传感器,执行电路中的比较器多用高速比较器。

4) **缺相保护电路**

由于所有电力供电都是三相,所以大功率电力电子变流设备不管功用何在、功率大小、应用领域如何,其输入供电都为三相,因而正常工作时,三相电网每相提供的功率应为电力电子变流设备输出功率的 1/3。为防止电力电子变流设备从多相运行变为缺一相甚至单相运行引起电流分配不均匀,从而导致个别电力电子器件因过流性能下降或损坏,或者引起三相供电电网负荷严重不平衡,造成供电中断等故障,一般的电力电子变流设备中都设计有缺相保护电路。常用的缺相保护电路有通过检测电压或电流进行保护的两种方案。电压检测方案具有检测电路体积

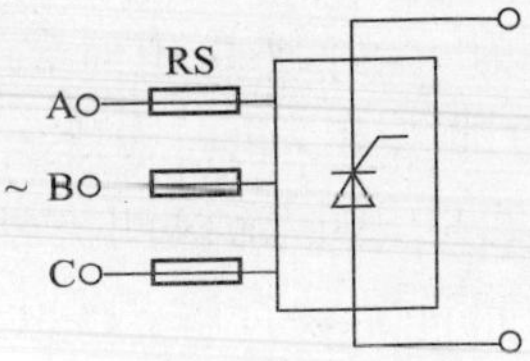

(a) 应用快速熔断器RS进行输入过电流或短路保护

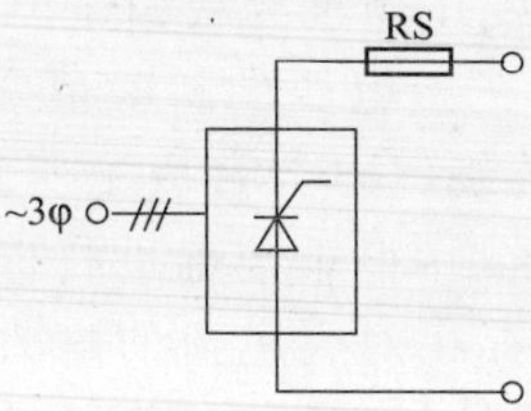

(b) 直流回路过电流或短路保护

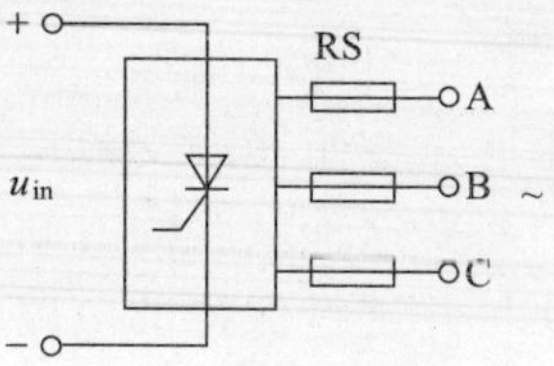

(c) 应用快速熔断器RS进行输出过电流或短路保护

(d) 应用串联电感抑制尖峰过电流保护

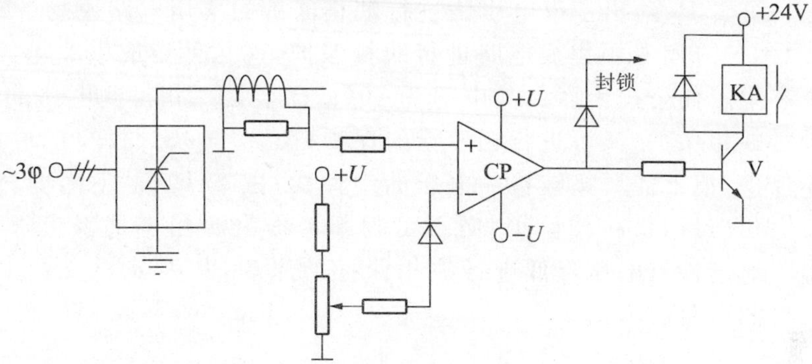

(e) 输出为直流的平均值过电流保护

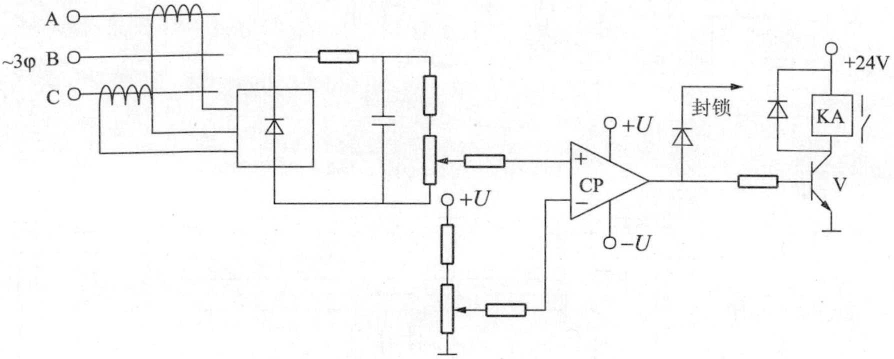

(f) 输出或输入交流平均值过电流保护

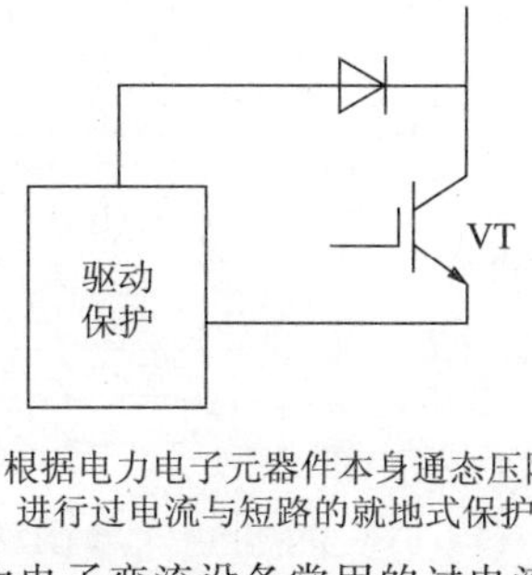

(g) 根据电力电子元器件本身通态压降进行过电流与短路的就地式保护

图 2.18 电力电子变流设备常用的过电流保护电路

小的优点，但对交流电动机或变压器进行缺相保护时，若变压器或交流电动机的一次绕组为三角形接法，由于三相电压的瞬时值之和为 0，当缺一相时，另外两相通过变压器或交流电动机的绕组自行合成了所缺的那一相，此时就发生了缺相。受这种电路固有缺点的影响，很难准确进行保护。应用电流检测方法检测缺相并进行保护的电路，虽然存在对大电流的电力电子变流设备检测保护电路成本高、体积较大的缺点，但保护的可靠性是以电压法检测缺相的保护电路无法比拟的。

图 2.19 给出了以电压法进行缺相保护的实用电路原理。图 2.19(a)～图 2.19(c)应用专用集成电路进行缺相保护，这几种集成电路由陕西高科电力电子有限责任公司生产。其中图 2.19(a)需要接三相检测电压的中性线，它既可进行缺相保护，又可进行相序错的保护；图 2.19(b)同样可以进行相序错及缺相保护，但不需要接被检测电压的中性线；图 2.19(c)不需要被检测电压的零线，但仅可用作缺相保护，而不可判断工作电源相序是否正常；图 2.19(d)给出了通过检测电压降低进行缺相保护的原理，其中 u_a、u_b、u_c 来自三相交流电压检测电路的输出。

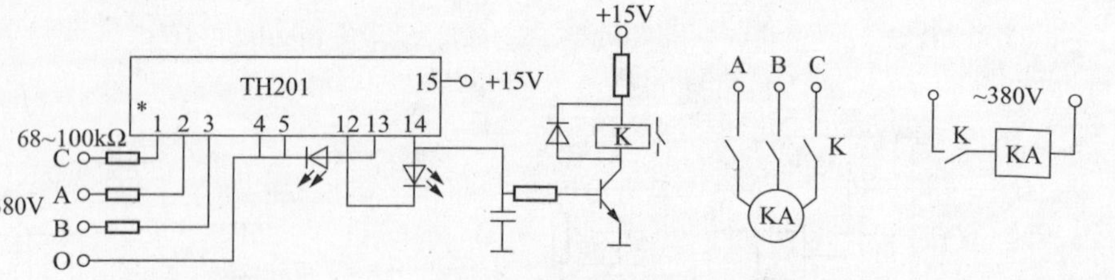

(a) 应用专用集成电路TH201进行缺相保护

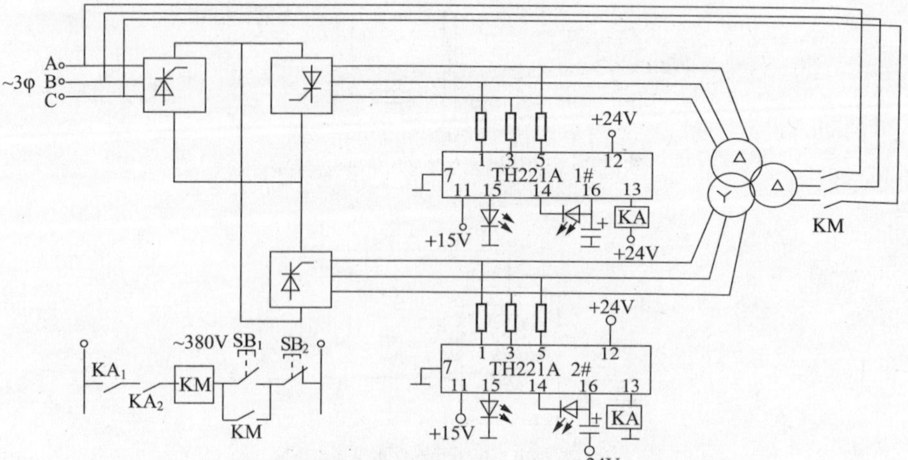

(b) 应用专用集成电路TH221A进行缺相保护

图 2.19 应用专用集成电路以电压法进行缺相保护的电路原理

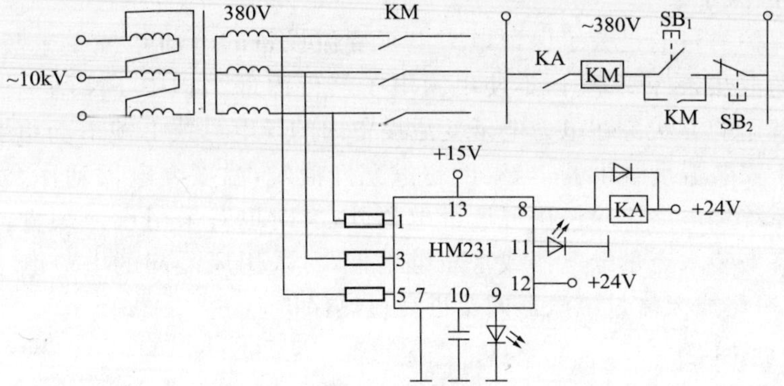

(c) 应用专用集成电路HM231进行缺相保护

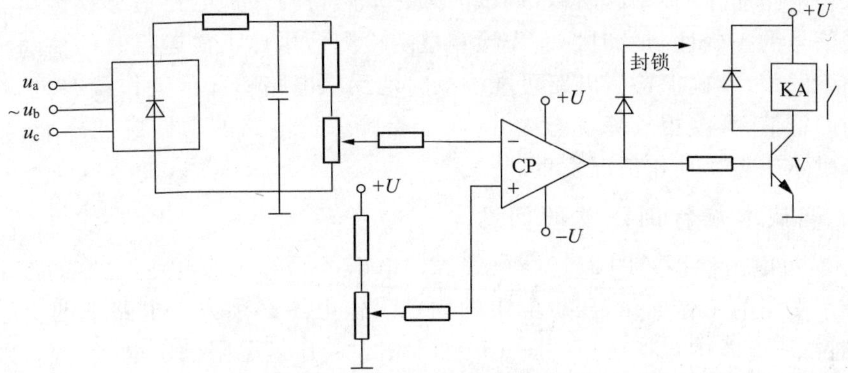

(d) 通过缺相时电压降低进行缺相保护

续图 2.19

图 2.20 给出了以电流法进行缺相保护的电路原理，从该图可以明显看出，这种缺相保护电路实际上是在缺相时使流过所缺相的电流为 0，从而使整流输出电压降低来进行缺相保护的。CP 为比较器，V 为功放晶体管，而 KA_L 为中间继电器，它作为执行器件用来在缺相后对外报警或分断主电路。

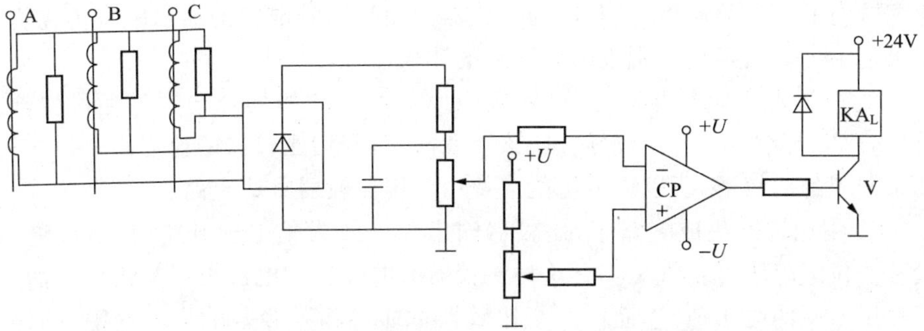

图 2.20 以电流法进行缺相保护的电路

5）过热保护

过热保护的目的是为了保证电力电子变流设备的冷却系统发生故障后，电力电子器件的散热条件变差时，不使电力电子器件内部结构中PN结的温度超过允许结温。常用的方法是在电力电子变流设备内的导电母线上或电力电子器件自身的散热器上安装温度继电器，当温度超过允许值时，温度继电器动作，对外报警或分断用户系统主电路。除使用温度继电器外，有时也对采用水冷却方式的电力电子变流设备安装水流量继电器或水压继电器，对采用风冷却的电力电子变流设备使用风温、风压或风流量继电器间接进行过热保护。

2. 电路调试

由图2.11～图2.20可知，电力电子变流设备的常用保护电路中故障信号的检测是保护电路动作的基础，所以，调试的第一步是检验保护电路信号检测单元输出的检测信号的正确性与及时性。先检查整定检测信号在正常运行时的值与模拟故障条件下的值，应确保检测电路可准确及时地反映电路的正常工作状态，然后整定保护的门槛值，并模拟故障状态3～5次。检验保护电路的动作应准确无误，在正常运行时不应有误动作情况发生。

3. 调试中应特别注意的问题

① 对过电压保护的图2.16(a)～图2.16(d)所示的几种电路，电容的额定电压不应小于电路的工作电压，压敏电阻的额定工作电压必须大于电路中的实际工作电压，通常取电路中工作电压的1.15～1.3倍。若压敏电阻额定电压太高，则保护性能变差，但若压敏电阻额定电压与电路中工作电压过于接近，则会造成电路频繁保护动作，导致压敏电阻损坏，带来反复更换的麻烦。

② 当使用比较器作为故障是否发生、是否进行保护的判断器件[如图2.16(e)与图2.16(f)、图2.18(e)与图2.18(f)、图2.19(d)及图2.20]时，应充分保证比较器同相端与反相端的输入阻抗相同或相近。只有这样，比较器的工作才会正常，否则有可能出现使比较器输出状态不变化的不正常情况。这也说明了在比较器反相端设定了好几伏的门槛电压，比较器同相端悬空，输入电压为0，但比较器输出总不能翻转为低电平的原因，这是因为比较器同相端信号前级的输出阻抗为无穷大，因而出现了因输入阻抗差别过大而导致的比较器工作失调。

③ 比较器有高速及低速之分，使用中应针对不同的场合选用与工作特性、频带、快速性要求相适应的比较器。应该注意的是，专用比较器的速度高于以运算放大器来实现的比较器，所以应尽可能多使用专用比较器集成电路。

④ 专用比较器集成电路中，比较器输出级一般为集电极开路门，所以输出级必须接上拉电阻才可正常工作。这种比较器的前级工作电源可以与输出级的工作电源选用不同的电压值，因而同一个比较器可通过输入级与输出级选用不同的工作电源实现电平变换；而以运算放大器实现的比较器内部输入与输出级工作电源是相通的，无法实现电平变换，因此没有这种功能，这一点应特别注意。

⑤ 普通比较器内部电路多用晶体管，尽管其翻转速度较慢，但属电流型器件，所以抗干扰性能及负载能力相对较强；而高速比较器内部电路多为场效应晶体管，翻转速度快，但属电压型器件，因而抗干扰性能及负载能力比低速比较器要弱，使用中要合理选用，特别是要从印刷板布线、工作电源抗干扰去耦等方面下工夫解决干扰问题，加强使用时的鲁棒性与可靠性。

2.2.5 闭环调节器电路及调试

电力电子变流设备常用来根据用户的需求对系统的某一参数通过电压或电流进行控制。为了获得良好的控制效果，常需对被控制量构成闭环控制，从而获得恒流、恒压、恒温或恒功率控制特性。这种稳定某一输出量的控制特性的获得，必然要用到反馈控制理论中的给定、输出量的反馈和闭环调节器。

1. 电路结构

常用的闭环调节器有比例调节器、积分调节器、惯性调节器、比例-积分调节器和比例-积分-微分调节器。图 2.21～图 2.23 给出了这几种调节器的电路原理。图 2.21(a)所示的比例调节器，其输出是输入误差 $U_e=U_g-U_f$ 的 K 倍。这种调节器是靠有差调节的，所以它是给定与反馈的有差调节器，其放大倍数 $K=R_1/R_0$ 越大，给定与反馈的误差越小，闭环系统的稳定性就越差。图 2.21(c)～图 2.21(g)均属于稳态无差的闭环调节器。图 2.21(c)由于没有比例部分，所以尽管可以实现稳态无差，但相对图 2.21(d)～图 2.21(g)所示的几种调节器调节速度要慢一些。图 2.21(g)与图 2.21(h)所示的闭环调节器积分与比例放大倍数可单独调节。表 2.2 给出了这几种调节器的有关参数，具有在实际工程调试中使用更方便的优点。图 2.21(b)所示的调节器由于不可能使反馈回路的电阻为无穷大，所以也存在一些静态误差。图 2.21 所示调节器的共同特点是输入都在放大器的反相端，给定与反馈极性相反。图 2.22 给出了给定与反馈极性相反、均在同相端输入的几种常用调节器的电路原理。图 2.23 给出了当给定与反馈同极性时的常用闭环调节器的电路原理，它们分别具有与图 2.21 相对应的调节器的特性。表 2.3 给出了与图 2.23 对应的闭环调节器的传递函数。

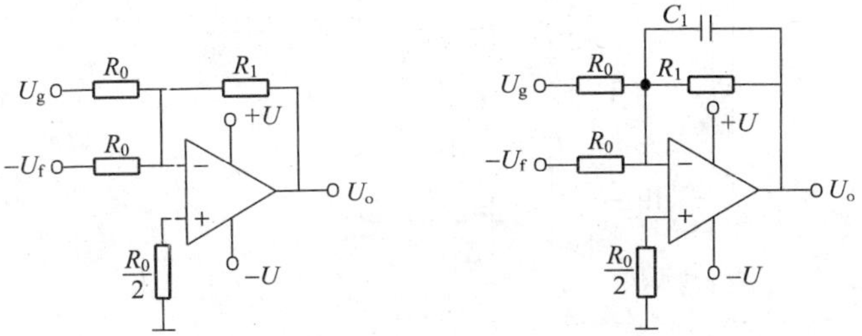

(a) 比例调节器　　(b) 惯性调节器

图 2.21 反相输入闭环调节器

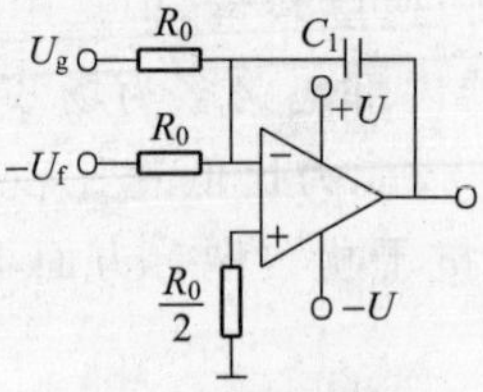

(c) 积分调节器

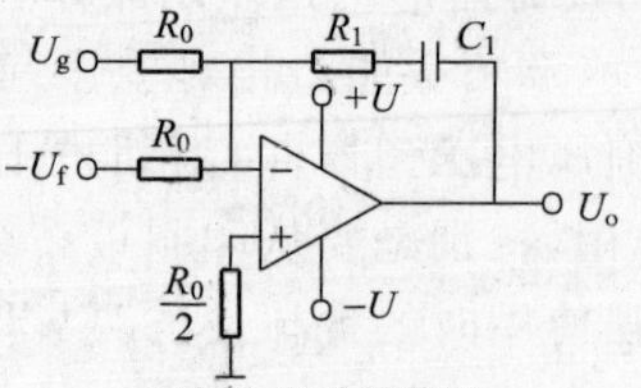

(d) 比例-积分调节器

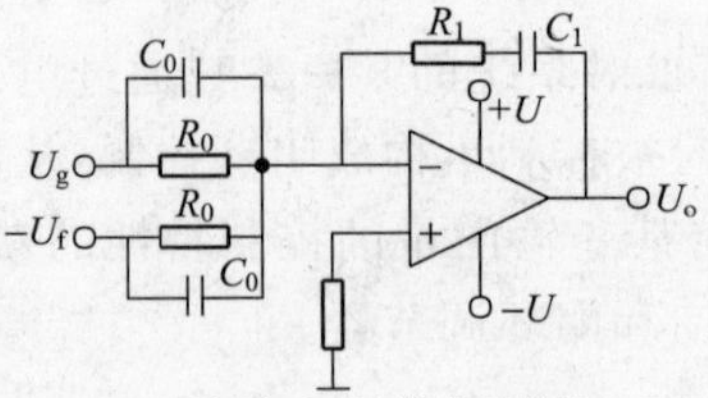

(e) 比例-积分-微分调节器

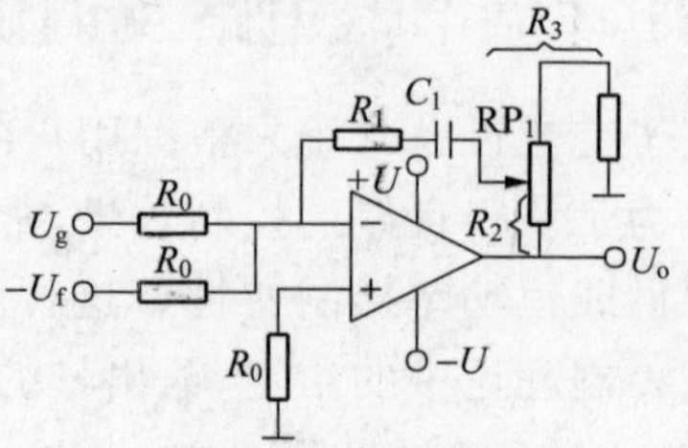

(f) 比例与积分参数可调的比例-积分调节器

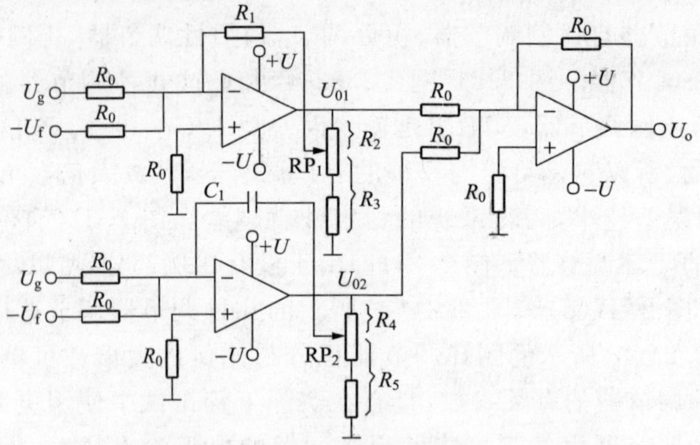

(g) 比例与积分参数可单独调节的比例-积分调节器

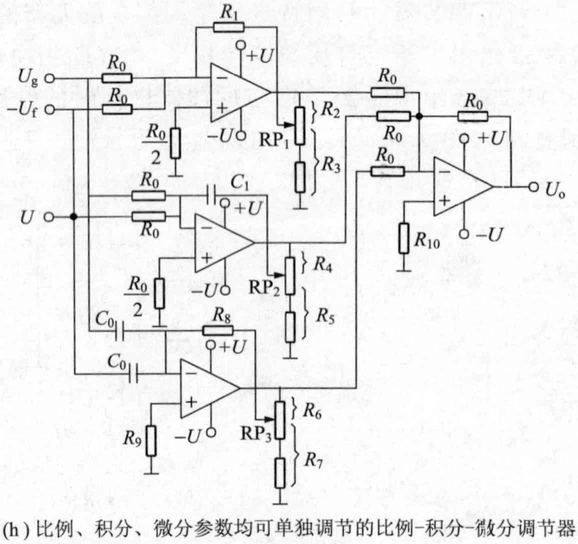

(h) 比例、积分、微分参数均可单独调节的比例-积分-微分调节器

续图 2.21

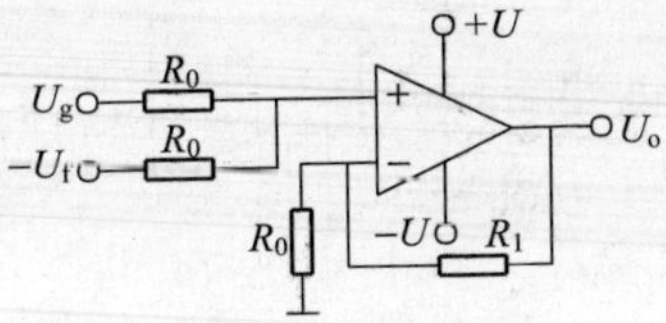

(a) 比例调节器

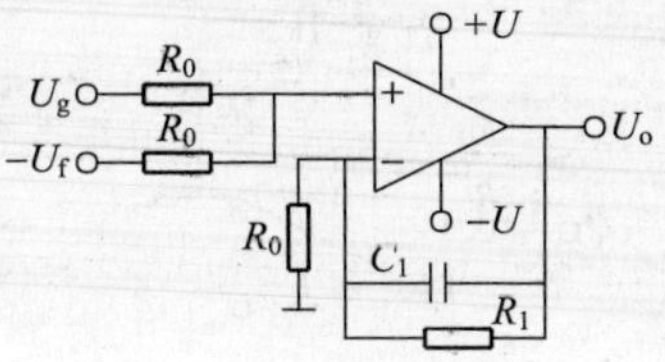

(b) 惯性调节器

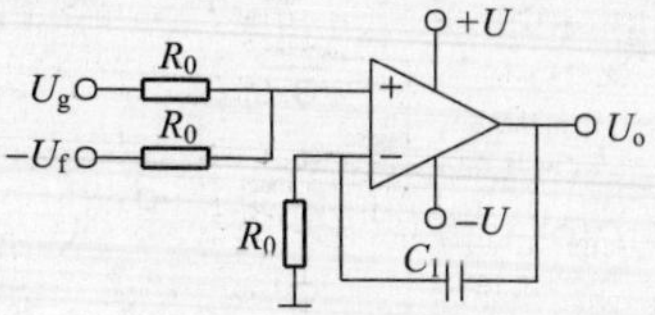

(c) 积分调节器

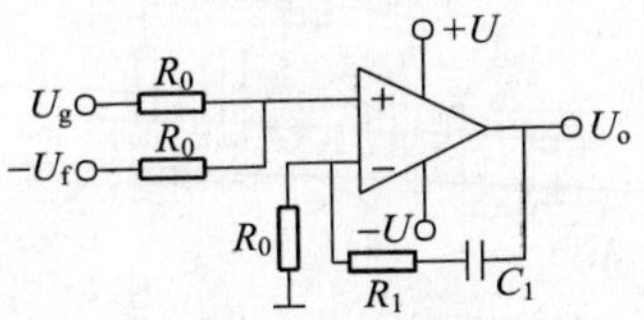

(d) 比例-积分调节器

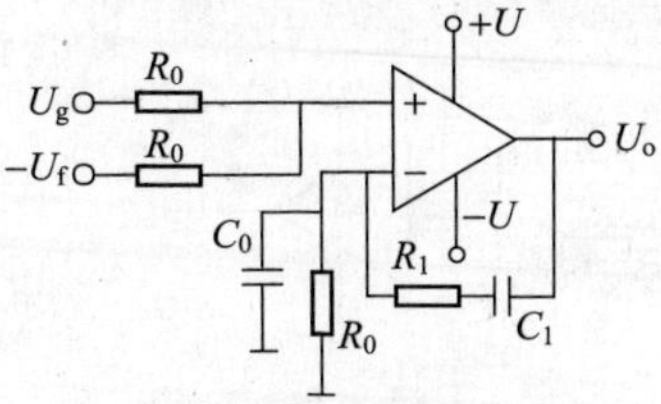

(e) 比例-积分-微分调节器

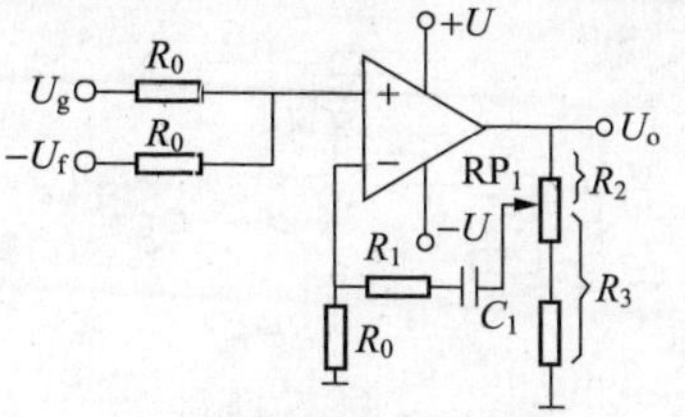

(f) 比例与积分参数可调的
比例-积分调节器

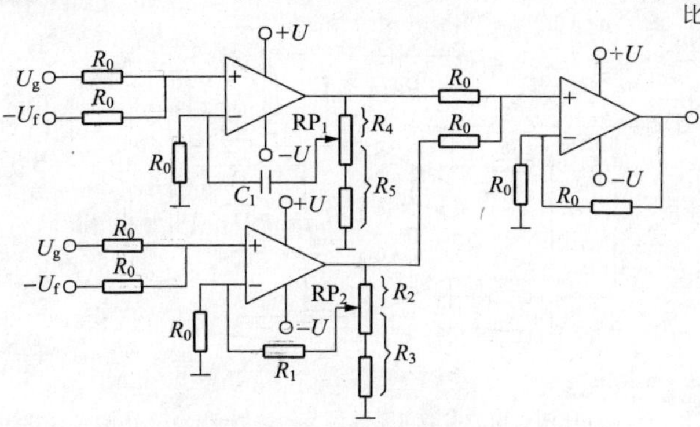

(g) 比例与积分参数可单独调节的比例-积分调节器

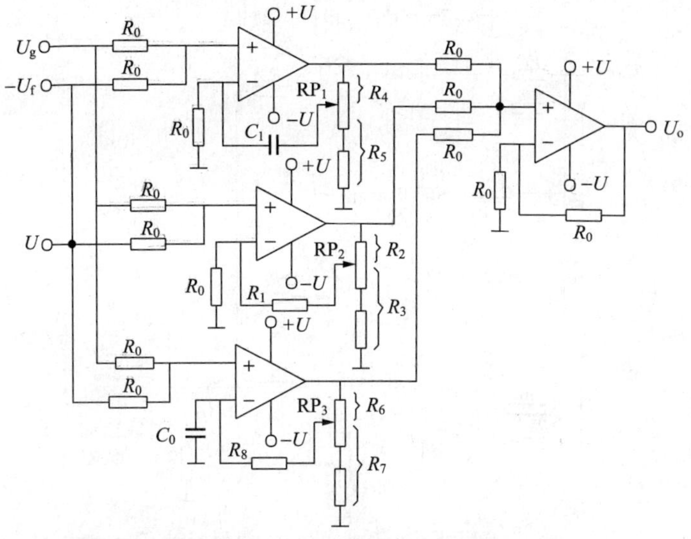

(h) 比例、积分、微分参数均可单独调节的比例-积分-微分调节器

图 2.22 同相输入闭环调节器

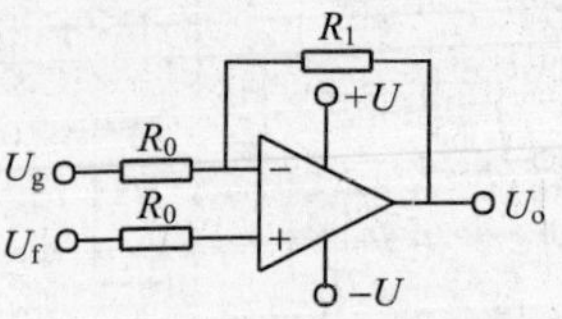

(a) 比例调节器

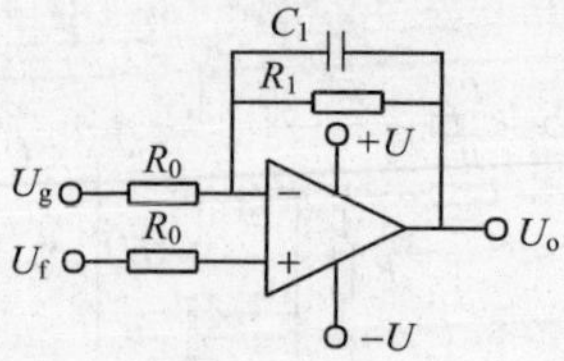

(b) 惯性调节器

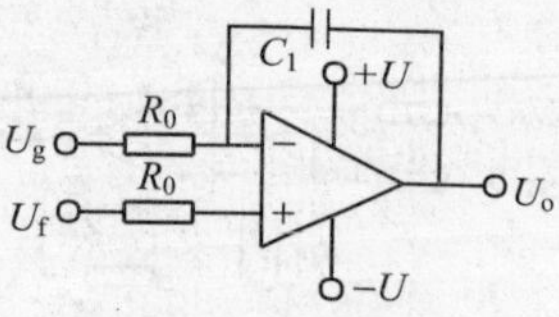

(c) 积分调节器

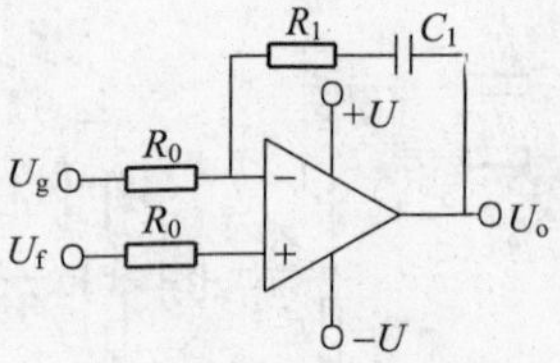

(d) 比例-积分调节器

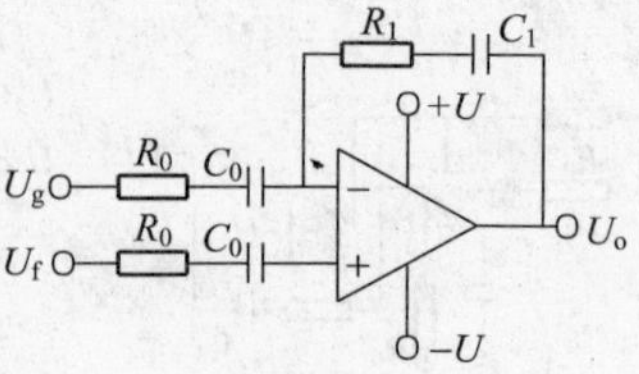

(e) 比例-积分-微分调节器

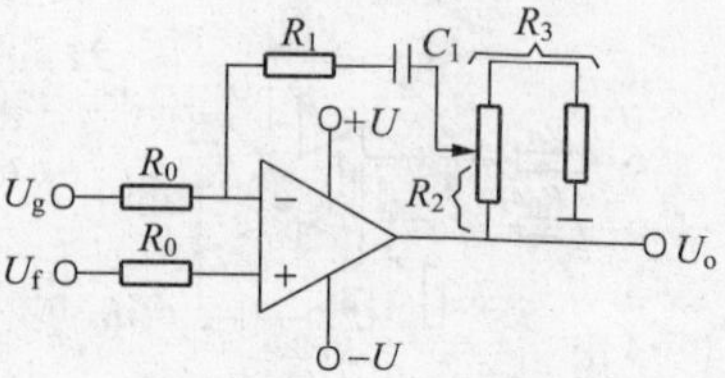

(f) 比例与积分参数可调的比例-积分调节器

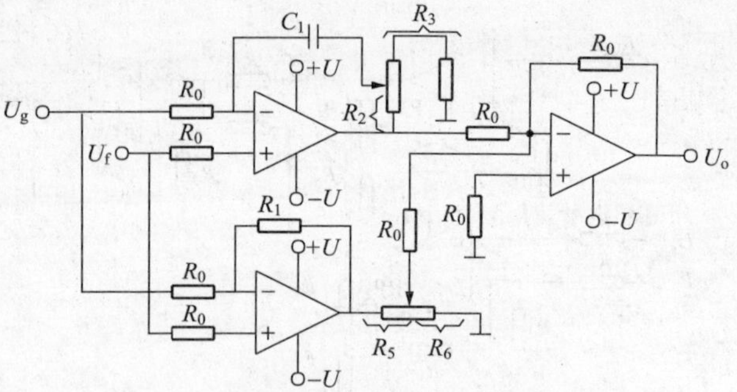

(g) 比例与积分参数可单独调节的比例-积分调节器

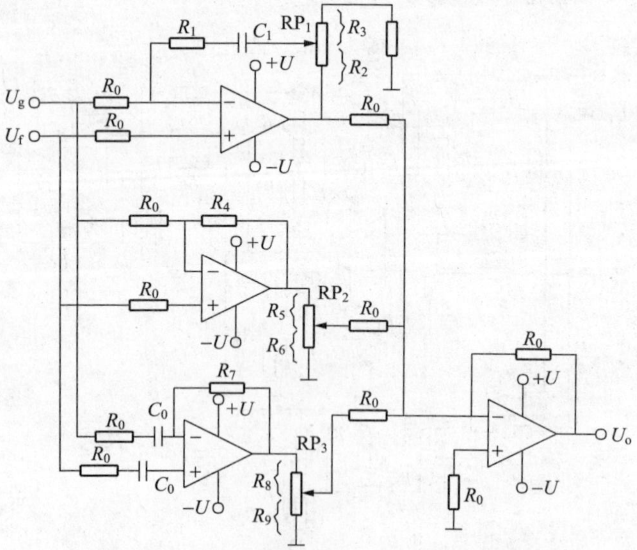

(h) 比例、积分、微分参数均可单独调节的比例-积分-微分调节器

图 2.23　给定与反馈同极性的闭环调节器

表 2.2 常用调节器的传递函数和决定性能的参数与所用元器件值的关系

分类	调节器名称	原理图	输入输出传递函数 $W(S)=\frac{U_{o(S)}}{U_{g(S)}-U_{f(S)}}$	比例系数 K	积分系数 T_i	微分系数 T_D
反相输入调节器	比例调节器	图 2.21(a)	$-K$	$\frac{R_1}{R_0}$		
	惯性调节器	图 2.21(b)	$-\frac{K}{1+T_iS}$	$\frac{R_1}{R_0}$	R_1C_1	
	积分调节器	图 2.21(c)	$-\frac{1}{T_iS}$		R_0C_1	
	比例-积分调节器	图 2.21(d)	$-\left(K+\frac{1}{T_iS}\right)$	$\frac{R_1}{R_0}$	R_0C_1	
	比例-积分-微分调节器	图 2.21(e)	$-\left(K+T_DS+\frac{1}{T_iS}\right)$	$\frac{C_0}{C_1}+\frac{R_1}{R_0}$	R_0C_1	R_1C_0
	比例-积分参数可调的比例-积分调节器	图 2.21(f)	$-\left(K+\frac{1}{T_iS}\right)$	$\frac{R_1(R_2+R_3)}{R_0R_3}$	$\frac{R_0C_1R_3}{R_2+R_3}$	
	比例-积分参数可单独调节的比例-积分调节器	图 2.21(g)	$-\left(K+\frac{1}{T_iS}\right)$	$\frac{R_1(R_2+R_3)}{R_0R_3}$	$\frac{R_0C_1R_5}{R_4+R_5}$	
	比例、积分与微分参数均可单独调节的比例-积分-微分调节器	图 2.21(h)	$-\left(K+\frac{1}{T_iS}+T_DS\right)$	$\frac{R_1}{R_0}\cdot\frac{R_2+R_3}{R_3}$	$\frac{R_0C_1R_5}{R_4+R_5}$	$\frac{(R_6+R_7)R_8C_0}{R_7}$
同相输入调节器	比例调节器	图 2.22(a)	K	$1+\frac{R_1}{R_0}$		
	惯性调节器	图 2.22(b)	$1+\frac{K}{1+T_iS}$	$\frac{R_1}{R_0}$	R_1C_1	
	积分调节器	图 2.22(c)	$1+\frac{K}{T_iS}$	1	R_0C_1	
	比例-积分调节器	图 2.22(d)	$K+\frac{1}{T_iS}$	$1+\frac{R_1}{R_0}$	R_0C_1	
	比例-积分-微分调节器	图 2.22(e)	$K+\frac{1}{T_iS}+T_DS$	$\frac{C_0}{C_1}+\frac{R_1}{R_0}+1$	R_0C_1	R_1C_0
	比例-积分参数可调的比例-积分调节器	图 2.22(f)	$K+\frac{1}{T_iS}$	$\frac{R_2+R_3}{R_3}\cdot\left(1+\frac{R_1}{R_0}\right)$	$\frac{R_0C_1R_3}{R_2+R_3}$	
	比例-积分参数可单独调节的比例-积分调节器	图 2.22(g)	$K+\frac{1}{T_iS}$	$2\left[\frac{R_2+R_3}{R_1}\left(1+\frac{R_1}{R_0}\right)+\frac{R_4+R_5}{R_5}\right]$	$\frac{2R_0C_1R_5}{R_4+R_5}$	
	比例、积分与微分参数均可单独调节的比例-积分-微分调节器	图 2.22(h)	$K+\frac{1}{T_iS}+T_DS$	$2\left[\frac{R_2+R_3}{R_3}\left(1+\frac{R_1}{R_0}\right)+\frac{R_4+R_5}{R_5}+\frac{R_6+R_7}{R_7}\right]$	$\frac{2R_0C_1R_5}{R_4+R_5}$	$\frac{2(R_6+R_7)R_8C_0}{R_7}$

表 2.3 给定与反馈同极性的闭环调节器及输入输出关系

分类	调节器名称	原理图	输入输出关系
同相与反相两端同时输入调节器	比例调节器	图 2.23(a)	$U_{o(S)}=\frac{R_1}{R_0}(U_{f(S)}-U_{g(S)})+U_{f(S)}$
	惯性调节器	图 2.23(b)	$U_{o(S)}=\frac{R_0}{R_1}\cdot\frac{1}{1+R_1C_1S}(U_{f(S)}-U_{g(S)})+U_{f(S)}$
	积分调节器	图 2.23(c)	$U_{o(S)}=\left(1+\frac{1}{R_1C_1S}\right)U_{f(S)}-\frac{1}{R_0C_1S}U_{g(S)}$
	比例-积分调节器	图 2.23(d)	$U_{o(S)}=\frac{R_1C_1S+1}{R_0C_1S}(U_{f(S)}-U_{g(S)})+U_{f(S)}$
	比例-积分-微分调节器	图 2.23(e)	$U_{o(S)}=\frac{C_0(R_1C_1S+1)}{C_1(R_0C_0S+1)}(U_{f(S)}-U_{g(S)})+U_{f(S)}$
	比例积分参数可调的比例-积分调节器	图 2.23(f)	$U_{o(S)}=\frac{R_2+R_3}{R_3}\left[\frac{R_1C_1S+1}{R_0C_1S}(U_{f(S)}-U_{g(S)})+U_{f(S)}\right]$
	比例-积分参数可单独调节的比例-积分调节器	图 2.23(g)	$U_{o(S)}=\left(K_1+\frac{1}{T_iS}\right)(U_{g(S)}-U_{f(S)})-K_2U_{f(S)}$ $K_1=\frac{R_5+R_6}{R_6}\cdot\frac{R_1}{R_0}$ $K_2=\frac{R_5+R_6}{R_6}+\frac{R_2+R_3}{R_3}$ $T_i=\frac{R_1C_1R_3}{R_2+R_3}$
	比例、积分与微分参数均可单独调节的比例-积分-微分调节器	图 2.23(h)	$U_{o(S)}=\left(K_1+\frac{1}{T_iS}+T_DS\right)(U_{g(S)}-U_{f(S)})-K_2U_{f(S)}$ $K_1=\frac{R_5+R_6}{R_6}\cdot\frac{R_1}{R_0}$ $K_2=\frac{R_2+R_3}{R_3}+\frac{R_5+R_6}{R_6}+\frac{R_9}{R_8+R_9}$ $T_i=\frac{R_3C_1R_0}{R_2+R_3},T_D=\frac{R_7C_0R_9}{R_8+R_9}$

2. 调　试

根据反馈控制理论，要使整个闭环系统稳定，必须是负反馈系统，所以，电力电子变流设备常用的闭环调节器调试的第一步是先在开环系统调试过程中测量反馈量的极性。对图 2.21 与图 2.22 所示的反馈与给定为不同极性的闭环调节器而言，应确保反馈量 $-U_f$ 与给定量 U_g 极性相反（即 U_g 为正时，$-U_f$ 应为负，而 U_g 为负时，$-U_f$ 应为正），而对图 2.23 所示的反馈与给定为同极性的闭环控制系统，应确保 U_g 与 U_f 极性相同（即 U_g 与 U_f 必须同为正极性或同为负极性），只有这样才可从开环进入闭环调试。在闭环系统调试时，首先应将 U_g 与 $-U_f$ 的绝对值调节得基本接近；其次调节反馈支路电阻与电容（如 R_1、C_1）与输入支路阻抗（如 R_0）之间的适配关系，有时还需要对反馈支路中的电阻与电容（如 C_1 与 R_1）进行参数更换，折中处理给定与输出之间的误差、调节器调节的快速性、超调量、振荡次数、过渡过程时间之间的关系，使闭环调节系统超调量、过渡过程时间、振荡次数、稳态误差等指标最优，最佳地满足用户系统的需求。

3. 调试中应注意的问题

① 电力电子变流设备调节器的参数与所控制的闭环系统固有特性有着密切关系。一般来讲，当所控制系统输入输出延迟时间较短、过渡过程很快时，其要求的开环放大倍数便相对要大一些，而积分时间相对要短一些。

② 在闭环调节器的参数整定中，线性反馈控制原理中曾给出了按动态结构图进行串联校正或并联校正来确定调节器参数的方法(见参考文献[30])，但这要求测量被控制对象及中间控制单元各自的时间常数并建立被控制对象系统动态结构图和经线性化处理后的传递函数，画出整个控制系统的动态结构图。有些负载的时间常数在现场往往无法进行测试，有些控制对象的工作特性不是线性的，近似线性化后获得的控制对象传递函数与负载的实际传递函数差别很大，所以，按此传递函数计算或仿真获得的闭环调节器的参数与最终调试获得的闭环调节器参数差别往往很大。在工程实际调试时，常常采用“反复试凑”的方法来确定闭环调节器的参数，这种方法的实质是先设定一个电容 C_1 与电阻 R_1 的参数并观察控制系统输出的稳定性与给定的误差、过渡过程时间、超调量、振荡次数，然后改变 R_1 或 C_1 的值，把同样的测试值与前述的值比较，使调节器控制性能向好的调节方向改变，以最终确定一组准最优的闭环调节器参数。

③ 有时在闭环调节器的反馈输入支路中增加对反馈量的滤波，有利于闭环系统的稳定；而有时反馈输入支路中仅有一点点滤波也会引起闭环系统的振荡，此时，则不应对反馈系统进行滤波。是否对闭环系统的反馈量增加滤波环节不能一概而论，要根据不同的系统采用不同的处理方法。

④ 微分作用使用得合理能抑制闭环调节系统的超调量，减小过渡过程中的振荡次数，但微分作用过强将引起被控制系统振荡加剧，所以，一般微分作用不能太强，微分反馈通常应占整个反馈量的1/10～1/5。

⑤ 闭环调节器的放大倍数越大，闭环调节过程越快，稳态误差越小，但越容易引起整个系统的振荡，所以，闭环调节器的放大倍数要折中考虑，通常闭环调节器的放大倍数不大于1～2。

⑥ 闭环调节器的开环放大倍数与闭环调节的稳态误差关系极大，开环放大倍数越大，稳态误差越小，但过大的开环放大倍数会引起超调量增大，振荡次数增加，因而闭环调节器的开环放大倍数一般不取无穷大，而选为100以内。

2.2.6 给定积分器电路及调试

为了防止电力电子变流设备在突加给定时引起负载电压或电流状态的骤变，造成电力电子变流设备中主功率电力电子器件承受过电流或过电压冲击而损坏，或虽不能造成器件的冲击损坏，但引起生产机械的瞬时冲击影响使用寿命，因而在电力电子变流设备控制电路中常常增加单元电路，将突加的阶跃给定变为随时间缓慢上升的斜坡给定，实现此功能与目的的控制单元电路就是给定积分器。

1. 电路结构

图2.24给出了电力电子变流设备中常用的几种给定积分器的电路原理。图2.24(a)应用电阻R与电容C构成延迟网络，利用电容两端电压不能突变的原理实现给定积分，积分时间由电阻R和电容C的乘积决定。该电路的优点是电路简单；缺点表现在要使积分时间延长，必须应用大电阻值的电阻及大电容量的电容，受电阻值与电容容量的限制，积分时间不可能很长，且一旦电阻与电容值确定，积分时间便成为固定值，要改变积分时间就必须更换电阻或电容值，应用很不方便。图2.24(b)与图2.24(c)所示电路亦可实现对给定电压U_g的积分，但同样存在要使积分时间变长就得使电阻R与电容C的数值较大，同时输出电压U_o将随U_g不变为0一直朝着负电源电压$-U$的方向积分。图2.24(b)～图2.24(e)所示电路都具有比图2.24(a)所示电路负载能力强的优点。图2.24(d)与图2.24(e)所示电路是性能比较优良的给定积分器。其中应用A_1作为电子开关，由电位器RP_2的中点电压U_P与电阻R_1及电容C_1一起决定积分的上升时间，而由电位器RP_1的中点电压U_Q与电阻R_1及电容C_1一起决定积分的下降时间，通过改变RP_1与RP_2

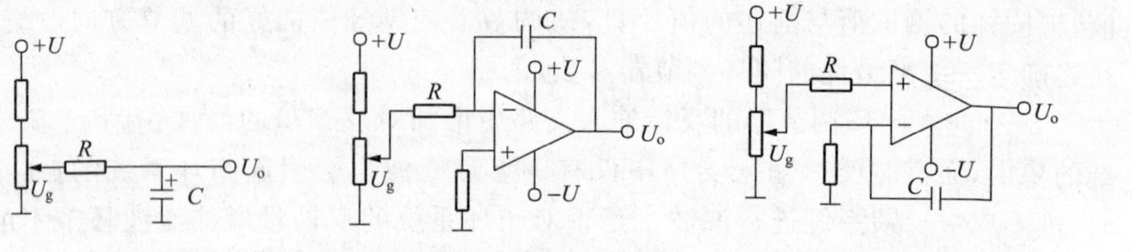

(a) 应用电阻与电容构成的积分延迟网络 (b) 应用运算放大器构成的反极性输出开环给定积分器 (c) 应用运算放大器构成的同极性输出开环给定积分器

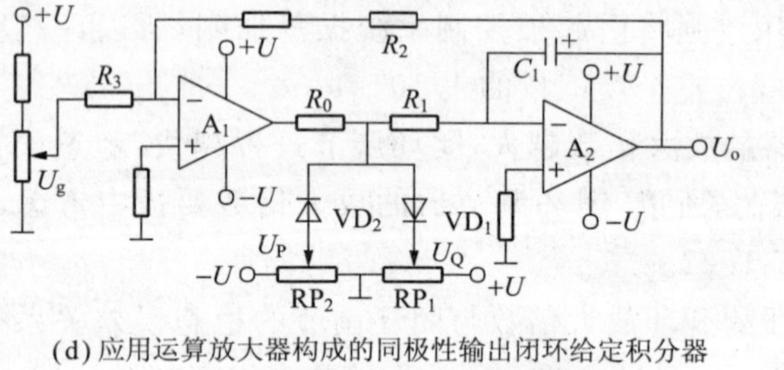

(d) 应用运算放大器构成的同极性输出闭环给定积分器

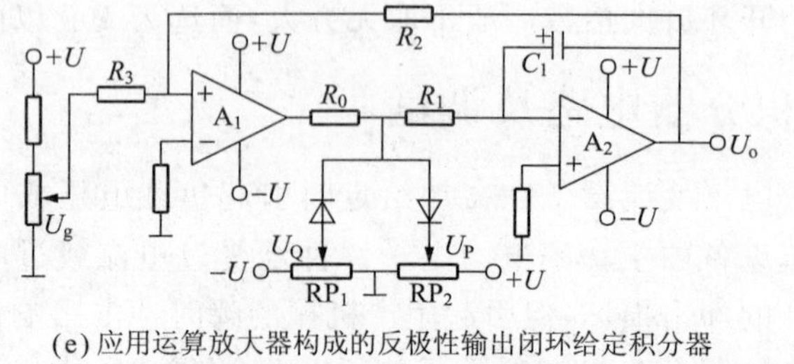

(e) 应用运算放大器构成的反极性输出闭环给定积分器

图2.24 给定积分器的电路

的中点电压使得积分上升、下降时间可以在很大的范围内调节；另一方面由于通过 R_2 实现了给定积分输出的负反馈，所以可以使给定积分器输出的电压 U_o/R_2 与给定电压 U_g/R_3 绝对值相等，当 R_2 与 R_3 阻值相等时，则 $|U_o|=U_g$。由此可以看出，改变 R_2 与 R_3 的比值，便可改变 U_o 与 U_g 的比值，如取 $R_2=2R_3$ 时，则 $|U_o|=\frac{1}{2}U_g$。应注意的是，图 2.24(b)、(e)输出 U_o 与 U_g 极性相反，而图 2.24(a)、(c)、(d)输出 U_o 与 U_g 极性相同。

2. 调　试

1) 调试的基本步骤与方法

将给定积分器按标准原理图焊好，检查焊接及元器件参数极性无误后，接通给定积分器的供电电源(一般为±15V)及地线，在给定积分器的给定输入端加入正电压 U_g，通过调节电阻 R_1 及电容 C_1 的参数或调节电位器 RP_2 的中点电压 U_P 调节给定积分的上升时间(电阻 R_1 及电容 C_1 值相同时，U_P 越大，积分上升时间越短)，调节电阻 R_1 及电容 C_1 的参数或调节电位器 RP_1 中点电压 U_Q，决定给定积分的下降时间(U_Q 绝对值越大，积分下降时间越短)，考虑到积分斜率所能调整的范围，积分上升时间的计算公式为

$$T_r=R_1C_1[+U/(U_P-0.7)] \tag{2.1}$$

积分下降时间的计算公式为

$$T_f=R_1C_1[-U/(U_Q+0.7)] \tag{2.2}$$

式中，R_1 的单位取 kΩ，C_1 的单位取 μF，则 T_r 与 T_f 的时间单位为 ms。一般通过对 RP_2 和 RP_1 中点电压的调节，T_r 与 T_f 均可在数 ms 到数千 ms 之间调节，调节 RP_2 与 RP_1 的中点电压值，便可达到用户负载或设计所需要的值，检测 U_o 与 U_g 的极性和幅值，至此给定积分器的调节便完成了。

2) 调试中的不正常现象及原因

若给定积分器的原理电路正确，印刷板排版无误，元器件参数及电容极性焊接无误，给定积分器的调节便不会出现不正常现象。下面给出了几种给定积分器调试及参数整定中有可能出现的不正常现象的原因。

① 不论给定电压 U_g 为何值，输出 U_o 总为 0，这种现象的原因有可能是电阻 R_1 及电容 C_1 焊接不牢靠或电容 C_1 是一个击穿或开路失去电容性能的元件。

② 只要给定电压大于 0，图 2.24(d)所示电路积分输出 U_o 总是积到绝对值接近电源负电压的最大值，原因是反馈电阻 R_2 两端没有焊接好或 R_2 电阻损坏。

③ 在电阻 R_1 及电容 C_1 确定后，图 2.24(d)所示电路积分上升或下降时间不可调，原因之一是图中二极管 VD_1 与 VD_2 方向焊反或两端焊接不牢靠，原因之二是 VD_1 或 VD_2 损坏不导通，也有可能是因为电位器失效、中间滑动端与电位器接触不上或电位器三个引脚没有焊接牢靠。

3. 应用注意事项

给定积分器虽然可以将用户的阶跃给定变为斜坡给定，避免负载或被控制电

力电子变流设备中的主功率电力电子器件或所驱动的用户负载承受过大的冲击，但为了保证电力电子变流设备运行的可靠性，在应用给定积分器时应注意下列问题：

① 给定积分器的积分上升时间与积分下降时间分别指给定积分器输出电压的绝对值从 0 上升到 $|U_g|$ 及从 $|U_g|$ 下降到 0 的时间。图 2.24 所示的三种给定积分器电路中，图 2.24(a)与图 2.24(b)的给定积分上升时间与给定积分下降时间在电阻 R_1 及电容 C_1 一定时便是相同的，而图 2.24(d)可通过调节电位器 RP_2 与 RP_1 的中点电压，在相同的电阻 R_1 及电容 C_1 参数下，获得不同的积分上升及下降时间。

② 给定积分器可直接用于开环控制的电力电子变流设备作为输出的调节和控制。当用于闭环控制系统时，应作为闭环调节器的给定控制单元，使用中不可把其加于闭环调节器的输出与用户输出调节和控制单元之间(如晶闸管类电力电子变流设备的闭环调节器与触发器之间)，其原因在于这种应用相当于在用户系统的闭环调节回路中增加了一个很大的时间延迟环节，有可能造成系统的调节不及时甚至产生严重振荡。

③ 有些电力电子变流设备希望用户给定调节与输出之间的延时尽可能地短，对这种系统，给定积分的积分上升时间应调节得尽可能小，此时也可直接把用户给定接到调节器的给定输入端而不用给定积分器。

2.2.7 电压(电平)比较器电路及调试

1. 定 义

电压比较器是将模拟量转换为二进制数或两种状态“1”与“0”的专用器件。在电力电子变流设备中，电压比较器常用来作为故障保护的判断器件，能准确地检测取样值与设定门槛值之间差别微小的电压信号，是将这些微小的连续变化的模拟量转换为数字量的专用电路之一。这里所讲的模拟量就是利用电压的高低及极性来表示非电量的物理量，如电机的转速、火车的速度、水的流量、气体的压力、蒸气的温度、电力电子变流设备的输出电流，这些都是连续变化的，而允许系统投入工作的条件往往是用有无、允许或不允许等概念表达的，如电机风机是否开启、励磁是否建立、冷却水流量够不够、气体或水的压力是否欠压、是否有机械传动机构的润滑，这些代表一定逻辑关系的量就称为数字量，它们只用“1”表示满足，用“0”表示条件不满足或者反之即可。

为了使模拟量转化为数字量，参与逻辑运算，就要有相应的转换单元，完成这种功能的电路就称为电压比较器。电压比较器只检测被变换为电压的模拟量是否达到了比较器所设定的电平，而不管其具体数值大小，换句话说就是按电平比较器的门限电压来区分被检测量是否达到了所要检测的电平。如果达到了，则电压比较器输出“1”态高电平；如果未达到，则电压比较器输出“0”态低电平。

2. 应用场合

在电力电子变流设备中，我们可在众多场合应用电压比较器。如在直流或交流调速类电力电子变流设备中，可以将转速给定电压与转速反馈电压检测出来，表示给定电压是否送入系统，也可以表示出电动机是否转动，还可以检测出转速调节器的输出极性，以决定控制系统的工作状态，是对电动机进行加速还是制动、是正转还是反转等。又比如检测电力电子变流设备的输出电压或电流值与设定的门槛值进行比较，高于设定门槛值时输出低电平（或高电平）进行过压或过流保护，低于设定门槛值时输出高电平（或低电平）进行正常运行。再比如把用户对电力电子变流设备的控制电压与三角波进行比较获得 PWM 脉冲波，把正弦波与三角波进行比较获得 SPWM 波等。

3. 电路结构

图 2.25 给出了电力电子变流设备中常用的电压比较器的几种结构，其中图 2.25(a)与图 2.25(b)分别为不带记忆功能的同相与反相输入比较器，常用于判断电力电子变流设备中连续输入模拟信号是否达到了设定，完成对输入信号连续的“0”与“1”转换，如 PWM 控制电路中对用户控制 PWM 脉冲宽度的控制电压与三角波进行比较获得 PWM 脉冲的应用，但当把它们用在电力电子变流设备中作保护器件时，由于故障时比较器翻转，输出被封锁，此时检测信号变为 0，比较器又恢复原来正常工作时的状态，若此时故障仍未排除，比较器又翻转，输出被封锁，此时检测信号又变为 0，比较器又恢复原来正常工作时的状态……如此形成反复振荡。为了解决此两种电路的不足，图 2.25(c)与图 2.25(d)给出了带有记忆的电压比较器。图 2.25(c)[图 2.25(d)]中利用二极管把输出反馈到输入，出现故障保护时，使比较器输出为高电平（低电平），输出被封锁，虽然此时检测信号变为 0，但二极管反馈回来的值仍然大于（小于）在反相端设定的门槛值（在同相端的零输入值），比较器仍记忆着故障状态，直到用户排除故障复位后，才可恢复正常工作状态。图 2.25(c)与图 2.25(d)反馈回来的值，仅是工作电源电压减去一个二极管的压降，除非切断比较器的供电电源，或在门槛设置端[图 2.25(c)]及取样信号输入端[图 2.25(d)]加入相应的该比较器工作电源电压值，否则该比较器便很难通过在门槛设置端或取样信号输入端加一复位电压来复位。图 2.25(e)与图 2.25(f)给出了可弥补图 2.25(c)与图 2.25(d)不易复位这一缺点的电压比较器保护电路。

4. 使用中应注意的问题

① 图 2.25 中给出的应用专用比较器集成电路构成的电压比较器，输出都应用了上拉电阻，其原因在于专用比较器的输出大部分都为集电极开路门，若不加上拉电阻，比较器的工作将不正常。比较器还可应用运算放大器来实现。若应用运算放大器来实现图 2.25 中的四种比较器功能，此时的原理图如图 2.26 所示。两者的明显区别在于，应用运算放大器来实现比较器功能时，不需要输出级的上拉电阻 R_0，也不用接输出级电源 U_2，它们的共同特点是利用了运算放大器高放大倍数

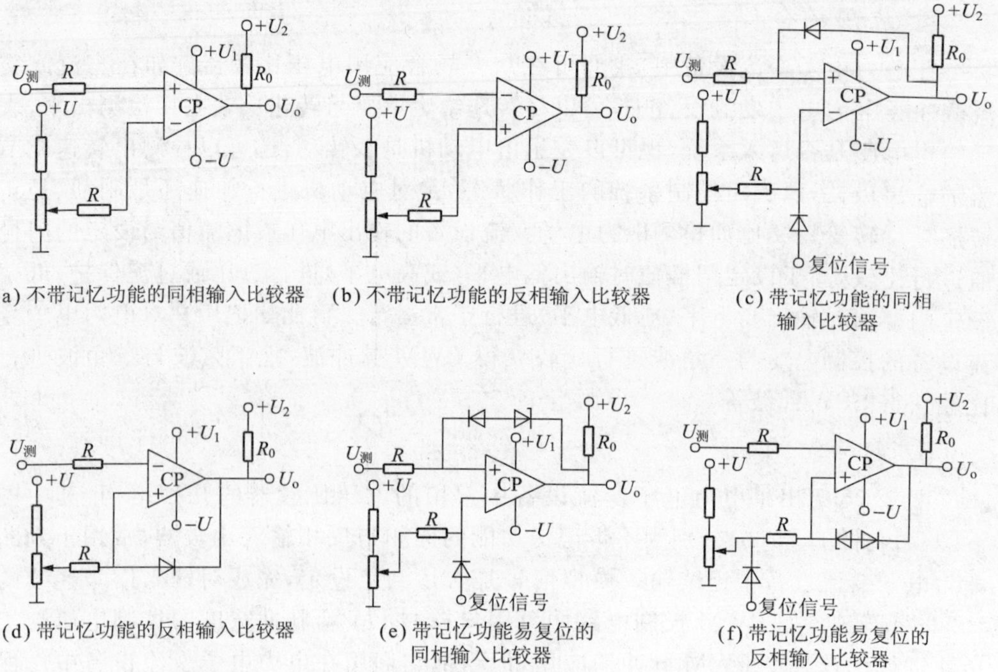

(a) 不带记忆功能的同相输入比较器 (b) 不带记忆功能的反相输入比较器 (c) 带记忆功能的同相输入比较器

(d) 带记忆功能的反相输入比较器 (e) 带记忆功能易复位的同相输入比较器 (f) 带记忆功能易复位的反相输入比较器

图 2.25 电力电子变流设备中常用电压比较器的几种电路

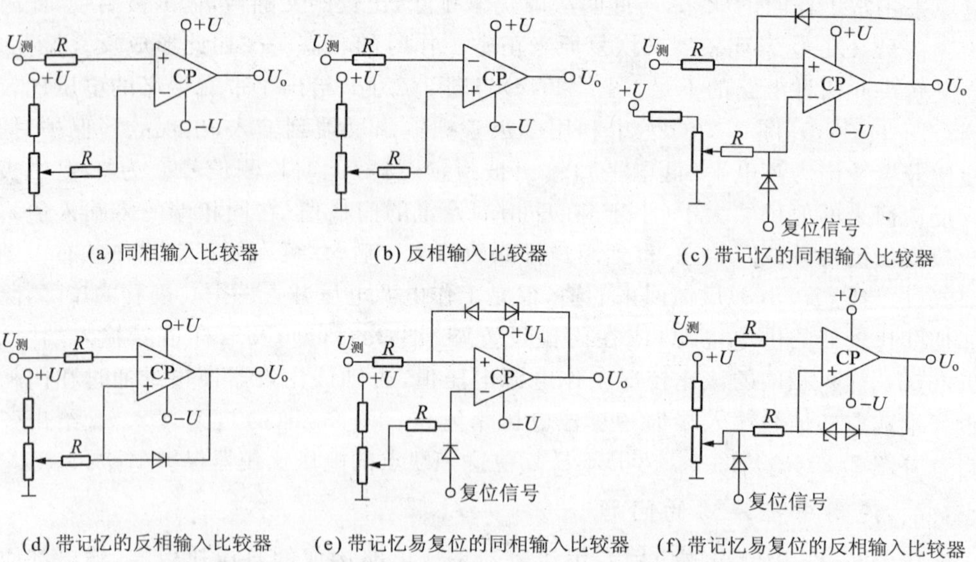

(a) 同相输入比较器 (b) 反相输入比较器 (c) 带记忆的同相输入比较器

(d) 带记忆的反相输入比较器 (e) 带记忆易复位的同相输入比较器 (f) 带记忆易复位的反相输入比较器

图 2.26 应用运算放大器实现的几种电压比较器的电路结构

形成的高灵敏检测特性，并加入了正反馈电路，因此具有继电器的两种特点。

② 比较器有高速及低速之分，应用运算放大器实现的比较器的翻转速度明显地低于专用比较器。对整流二极管类或晶闸管类电力电子变流设备来讲，在保护电路中应用运算放大器来构成比较器可以满足保护功能快速性的要求；但这种用

运算放大器实现的比较器用于主功率器件为全控型器件(如 GTR、IGBT、MOSFET 等)的电力电子变流设备中作保护比较器,翻转速度则显得太慢,无法满足对故障进行保护的快速性需要,此时应选用高速专用比较器。

③ 图 2.25 所示的应用专用比较器的电路,由于专用比较器输出级一般为集电极开路门,所以 U_1 与 U_2 可用不同幅值的电压,这样对电路中电平的变换及匹配是大有益处的。

④ 比较器经常用于某种控制波形产生电路(如 PWM 或 SPWM 脉冲形成电路),为保证此时控制信号脉冲的前后沿陡度,则应选用高速专用电压比较器集成电路,但要注意高速比较器因内部多用场效应晶体管作为放大或开关之器件,因而具有输入阻抗高、翻转速度快的优点,但也带来了抗干扰能力较差及输出负载能力比普通比较器弱的缺点。

⑤ 为了防止电力电子变流设备中电压比较器的乱翻转,通常在比较器的正、负工作电源上分别在尽可能靠近比较器地端增加电解电容与一个小容量无极性电容的并联去耦网络,有时还需要对比较器同相与反相端输入的电压差别进行限制,如图 2.27 所示。

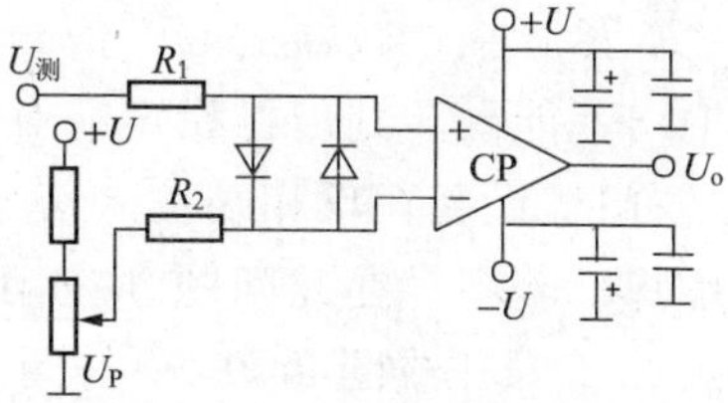

图 2.27 电压比较器常用的抗干扰网络

⑥ 比较器 CP(图 2.27)中 U_P 与 $U_{测}$ 比较时,若 $R_1=R_2$,则比较器的门槛电压为 $U_{测}=U_P$;当 $R_1>R_2$ 时,则 $U_{测}>U_P$;若 $R_1<R_2$,则 $U_{测}<U_P$,有时尽管 $U_{测}>U_P$,R_1 也与 R_2 相等,但比较器 CP 状态就是不翻转,这是由于从图 2.28(a)的 AB 端朝图 2.28 中箭头所示的方向看去前级加到比较器 CP 同相端与反相端的输出阻抗不相同造成的。这也就是当图 2.28 中 $U_{测}$ 端悬空对地电压为 0V 时,尽管 U_P 大于 0V,也有可能是好几伏,比较器 CP 输出端 U_o 始终为高电平的原因。图 2.28(b)给出了图 2.28(a)的从 AB 端按箭头所示方向看去的等效对地阻抗。其中 R_{01} 与 R_{02} 分别为 A 与 B 两点对地的阻抗,即前级 A 与 B 对地的输出阻抗,同相端悬空相当于图 2.28(b)中 $R_{01}=\infty$,所以尽管 U_B 为几伏,U_A 为 0V,比较器都不会输出低电平翻转。

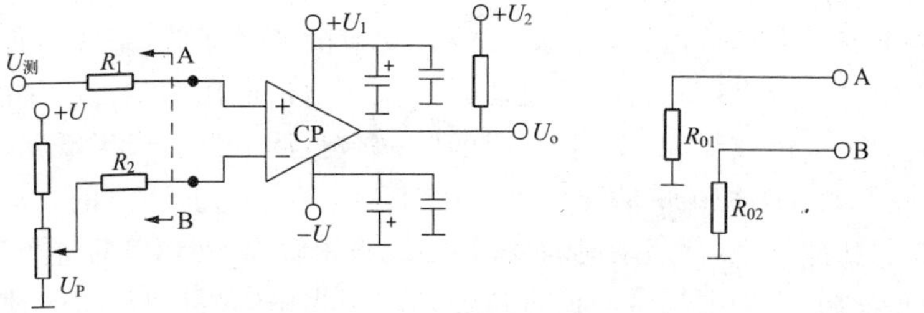

(a) 电　路

(b) 从AB端按箭头所示方向看进去的等效电路

图 2.28 比较器同相端与反相端的等效阻抗对比较器性能的影响

5. 调　试

1) 调试的一般步骤

电压比较器调试时首先要检查电路设计的正确性及印刷电路板与图 2.25(或图 2.26)所示的几种电路中用户选用的原理图的符合性;其次检查电路中元器件参数的正确性,在参数正确后,在比较器的门槛电压设定端同相端(或反相端)设置一门槛电压;然后在另一端输入一可调的电压,检测当该输入取样电压大于门槛电压时比较器是否翻转,若翻转且翻转后电平状态与原理相符,则说明比较器工作正常。此时相当于对图 2.25(e)～图 2.25(f)[或图 2.26(e)～图 2.26(f)]中任一款比较器已调试完。减小输入比较器取样输入端的输入电压,有时尽管取样端的输入电压已低于门槛电压,甚至检测端的输入电压已变为 0,但对图 2.25(c)～图 2.25(f)[或图 2.26(c)～图 2.26(f)]这些比较器,输出状态并不改变。只有在门槛端输入的复位电压大于比较器翻转后反馈到检测输入端或门槛端(同相端或反相端)的电压时,该比较器才恢复到比较器的取样输入电压低于门槛电压时的正常工作状态。

2) 调试中可能出现的问题

尽管在比较器的取样信号输入端的电压为 0V,门槛端加入门槛电压后比较器输出不能翻转到门槛设定端对应的状态(门槛设置在同相端输入信号,输出为高电平;门槛设置在反相端输入信号,输出为低电平),说明取样信号输入端阻抗太高或虚焊。若不存在此问题,应匹配降低取样输入端前级的输出阻抗。对图 2.25(e)与图 2.25(f)[或图 2.26(e)与图 2.26(f)]所示电路比较器翻转虽是正常的,但无滞环特性,说明正反馈电路不通,应检查稳压管及二极管的极性与焊接是否正常,排除故障。

2.2.8 逻辑电路单元及调试

1. 作　用

电力电子变流设备中常用的逻辑电路有与门、与非门、或门、或非门等,逻辑单元在电力电子变流设备中的作用表现在以下几个方面:

① 让电力电子变流设备按一定的工作顺序启动或停止,以实现被调节对象在不同的条件下安全合理地运行。比如直流电动机的调速系统,系统中直流电动机在运行过程中,要实现启动与停止,仅使调节器的给定电压为 0 是不够的,其原因在于调节器的放大倍数很高,受到各种扰动的影响,调节器会产生漂移,使电动机在停止时,并不能成为稳定的状态。因而在给定电压为 0 时,可靠的方法是将调节器锁零或控制脉冲封锁,待启动时,再将锁零或封锁解除,使调节器进入调节状态,再控制脉冲开放。再如电气传动的可逆传动系统当中,尤其要运用多种基本逻辑电路,对给定极性、回路电流等信号进行检测,再通过专用的逻辑电路,对检测到的物理量进行综合判断,才能决定系统运行在什么状态下能安全可靠地实现可逆

控制。

② 完成控制脉冲的封锁及整形。在电力电子变流设备中，逻辑电路多用来对控制脉冲进行整形，以提高控制脉冲前后沿的陡度；另一种作用是在故障时通过逻辑电路中的与、或等逻辑实现控制脉冲的封锁。图 2.29 给出了开关电源中应用与非门 4011 对 PWM 控制脉冲进行整形的电路实例，而图 2.30 给出了 IGBT 驱动电路中应用逻辑电路进行故障条件下封锁控制脉冲的电路原理。

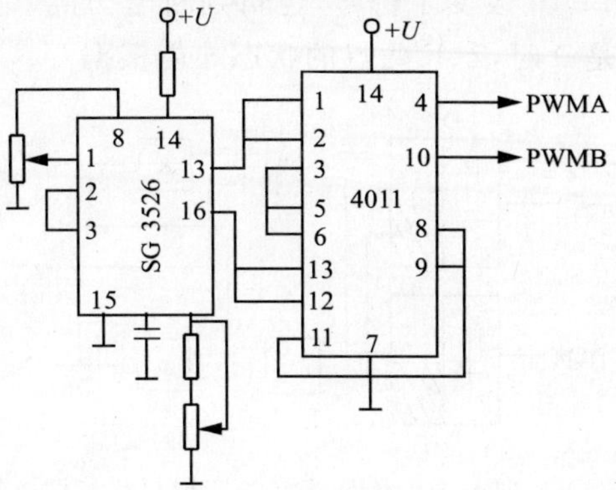

图 2.29 与非门 4011 用于脉冲整形电路

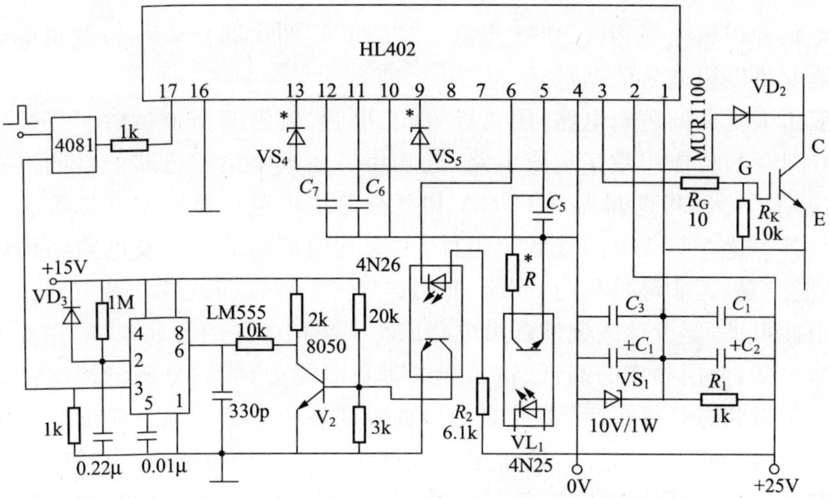

图 2.30 与门 4081 用于保护后的封锁脉冲

③ 实现逻辑判断与逻辑切换。逻辑判断与逻辑切换多用于可逆的电力电子变流设备，如脉冲电镀、可逆直流传动、可逆交流传动、交-交变频调速系统。在这些系统中，为了使电力电子变流设备的输出快速正反向切换，如在采用晶闸管供电的直流传动系统中，为了能使电动机快速正反向运行，往往要用两组整流器反并联供电。根据控制电路的方案不同，可以使两组整流器工作在有环流状态或无环流状态，其中无环流的控制方案，就是通过控制环节中的专用逻辑单元。在合适的条

件下，脉冲施加到应该得到脉冲而工作的那组整流桥上去，使不应该得到触发脉冲的那组整流桥得不到触发控制脉冲而可靠地关断，从而保证无环流或可控环流的工作状态。图2.31给出了这种应用的原理，其中DJ_1与DJ_2为电平检测电路，通过DJ_1与DJ_2分别检测转速调节器及电流反馈单元的输出。由电动机电枢的电压极性和整流器的工作特点可知，不能在回路还有电流时进行切换，必须在电流过0时切换才能安全反向，因此DJ_2就专门用来检测主电路电流是否为0。如果不是，则说明转速调节器输出U_{STC}改变了符号，逻辑判断与切换单元的输出Z及F状态也不能变化，只有电流是0时，Z、F两点的状态才能根据U_{STC}的极性进行变化。

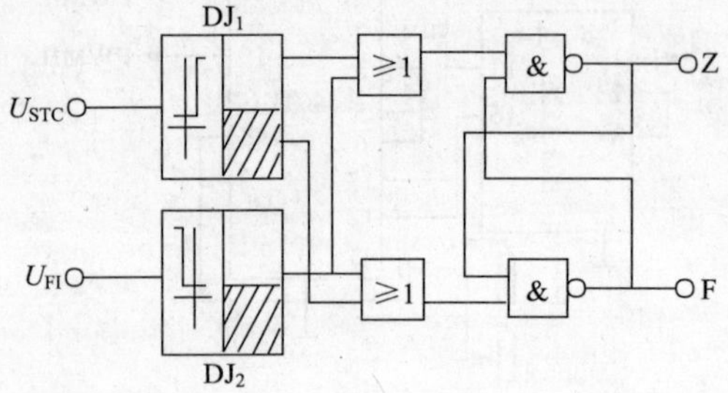

图2.31 用于正反向电力电子变流设备实现判断与切换的逻辑电路

2. 逻辑单元的调试与维修

不论何种逻辑电路，其工作状态只有“0”和“1”两个状态，所以，逻辑电路的设计和检测都可以以此为依据进行。

一般不太复杂的逻辑电路，用二极管、三极管、电阻等搭成就够了。为了提高性能、缩小体积，可应用数字集成电路，近几年又在数字集成电路的基础上开发出并大量应用了可编程逻辑器件FPGA和复杂可编程逻辑器件CPLD等大规模集成数字组件。这些集成电路或数字组件，不论其内部制造工艺及电路结构如何复杂，从功能上看，无非都是与门、或门、非门、与非门、异或门或这几种电路按功能的组合。由此可见，要设计或调试逻辑电路或将n级门电路组合起来，首先要考虑送入的信号特征、使用频率的高低、输出端的带负载能力，然后分析清楚逻辑电路各工作点的逻辑状态是否正确，逐点通电检查验证各子电路输入与输出的逻辑状态正确与否，逐级测量它的输入、输出电压或波形。如果有与原理不相符的地方，若逻辑电路是用分立器件搭成的，就要仔细检查该局部电路的晶体管、二极管、电阻、电容是否存在损坏、断路、短路等故障，予以排除；若逻辑电路是用集成电路搭成的，当判断到某一组件损坏时，就要将整个组件换掉。

2.2.9 计算机接口电路及调试

电力电子变流设备中应用计算机主要是对生产过程进行控制，为此，需要将生产过程中的被控制参数经过传感器、变换器转换成电信号进行预处理和转换后，再送到中央处理器进行运算或判断，然后通过输出通道送回生产现场，通过执行机构对生产过程进行控制；或者送到仪表盘、显示操作盘进行指导操作和监视，或者直接由中央处理机送到外部设备去打印、记录和显示，此处可以通过数据通信装置、计算机输入装置、Profibus 总线或 Internet 网络与上一级计算机或系统中的其他计算机并网运行。

1. 计算机接口的分类

计算机用于自动控制和自动测试系统时，必须实时与外界交换信息，以便识别、响应和控制被控对象。如化工生产过程中的温度、压力、流量、物位及成分量等，以一定的信号形式及时地传送到计算机，而计算机的运算处理结果也要以一定的信号形式传送到现场，以起到控制作用。在计算机应用系统中，输入、输出通道就是为完成这些任务而设计的，一般称为外围设备，它是计算机和现场检测仪表和执行机构相连接的桥梁，这部分也称为接口电路，通常指输入接口和输出接口。

1) **输入接口**

在电力电子变流设备的控制对象中，反映某个生产过程或某台设备所处的运行状态的往往是一些连续的非电量形式的物理量，例如温度、压力、流量等都可以说是运行状态，尤其要知道它们的当前值，才能有效地对这些参量进行控制。计算机的输入接口就是应用传感器将各种随时间变化的物理量变为随时间变化的电压或电流信号，并经滤波、衰减或放大等处理，经采样电路，然后再经过 A/D 转换变为数字量送入计算机。另一方面，电力电子变流设备中也常以开或关、通或断两种状态来控制电力电子变流设备的运行状态，通常可将这种开关量转变为高电平“1”与低电平“0”来表示，通过计算机接口来测试其是高电平“1”还是低电平“0”来决定电力电子变流设备的运行。图 2.32 与图 2.33 分别给出了模拟量输入接口与开关量输入接口的原理。

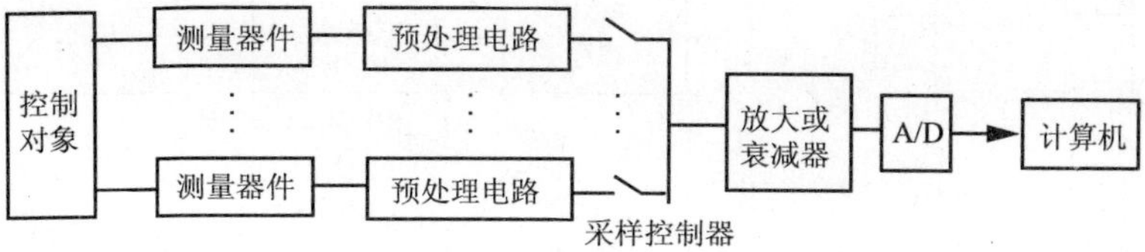

图 2.32 模拟量输入接口

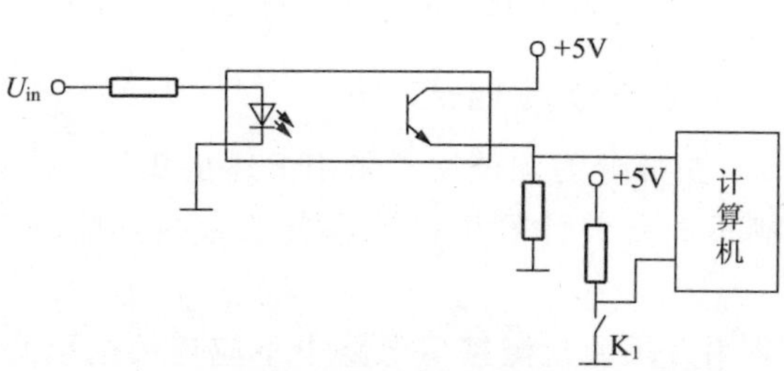

图 2.33 开关量输入接口

2）输出接口

在电力电子变流设备的计算机控制系统中，输出接口的作用是把计算机内经过调节运算获得的数字量转换为模拟量输出，控制电力电子变流设备的控制对象，或直接以数字量或开关量输出去控制电力电子变流设备的运转或停止。输出接口分为模拟量输出接口和数字量输出接口。在数字量输出接口中，这些量经常用来接通电磁阀式继电器或控制某个开关的动作。图 2.34 与图 2.35 分别给出了模拟量输出接口与开关量输出接口的原理。

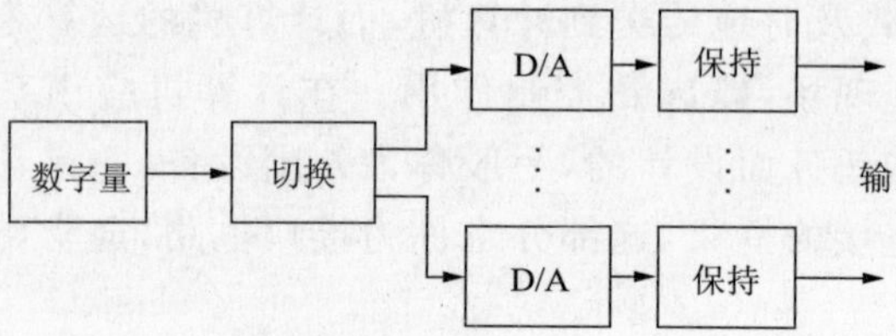

图 2.34 模拟量输出接口

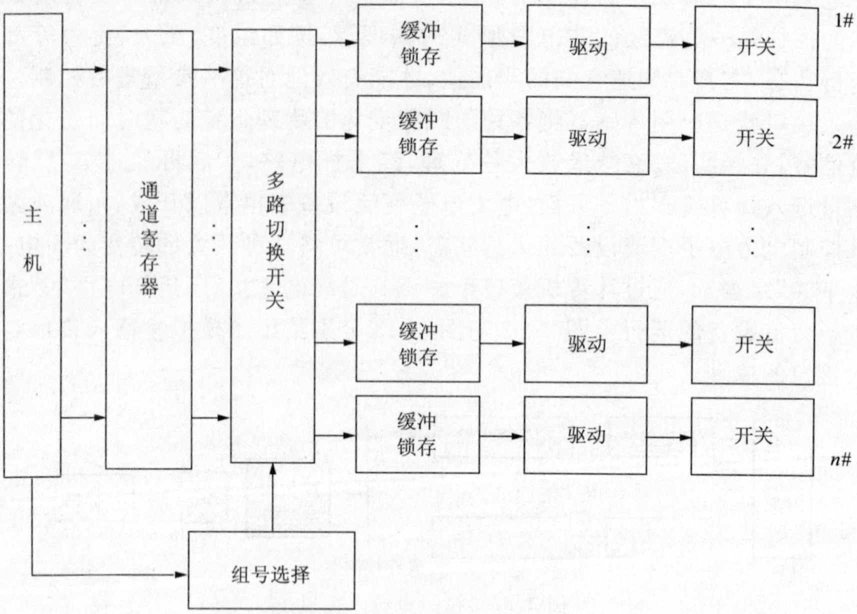

图 2.35 开关量输出接口

2. 计算机接口电路部分的调试

计算机输入接口电路部分的调试通常采用下述步骤与方法：

① 首先检查印刷板上有关计算机接口部分的布线及电路实际原理与原设计原理图是否相符。

② 用眼睛观察并用万用表检测接口电路中不应连接的引脚是否短路，特别要注意专用芯片的电源与参考地及输出引脚对参考地是否短路。

③ 对模拟量输入接口应检查传感器(或测量器件)输出信号是否与被控制对象的实际工况相对应,测量元件输出信号经放大后与采样要求的输入电压极性幅值是否对应。对开关量输入接口还应检查开关量的开或关状态是否明显与稳定可靠。

④ 检查无误时,接通接口与计算机系统的连接线,运行检测输入状态的程序,读取对输入接口的检测值,校验其是否正确。对输出接口的调试前两个步骤与输入接口的调试完全相同,第三步对模拟量输出接口是检查输出信号经数-模转换后的值与程序或设计人员的设计值是否相等,是否满足被控制对象的需求。对开关量输出则应检查计算机输出的开关量经外部功率放大电路放大后被控制的执行器件能否可靠动作,只有证明确实达到了用户的需求后,输出接口的调试便完成了。

3. 调试时应特别注意的问题

① 由于计算机芯片的工作电源基本上都是+5V,所以,输入接口在调试时必须反复检查与验证。不论是模拟量输入接口还是开关量输入接口,其输出高电平不应高于+5V,且必须是正极性,对前级输出电压有可能高于+5V 的必须采取限幅措施。

② 由于工业现场的干扰特别强,所以,输入与输出接口必须通过隔离、滤波、采用屏蔽电缆、强弱电严格分离走线等措施来提高抗干扰性能,防止干扰造成虚假信号输入计算机或用户控制对象系统。

③ 输入与输出接口的对外连接及与计算机的连接线多为扁平线,应确保接触可靠,要采取避免振动后松动的措施。

④ 工业控制中计算机输出接口的负载能力极弱,因而不可直接驱动被控制对象的执行部件,应在计算机的输出接口与被控制对象之间增加合适的信号放大或匹配网络。要特别注意,这些增加的信号放大或匹配网络必须有较高的输入阻抗,对计算机输出接口的拉电流很小。

⑤ 有时被控制对象的工作电源不是+5V,需进行电平变换,此时应在输出接口与被控制对象之间增加电平变换器。应确保该电平变换器在工作时不会把高于+5V 的电压加到计算机输出接口上造成输出接口的过压损坏。

2.3 晶闸管类电力电子变流设备的触发器

不论是哪一种主电路结构的晶闸管类电力电子变流设备,都要用到触发器。触发器的作用是根据用户移相控制电压的大小来控制晶闸管门阴极触发脉冲相对其阳阴极电压的相位,并使晶闸管可靠触发导通,改变晶闸管的导通角,从而使晶闸管类电力电子变流设备的输出电压或电流跟随用户给定而变化。

2.3.1 分 类

晶闸管自发明至今的 50 多年的时间里,晶闸管的触发器一直是晶闸管类电力电子变流设备研究的重点，也是晶闸管类电力电子变流设备的核心。如今晶闸管的触发器可以说种类繁多，分类方法也有很多种。下面介绍几种常见的分类方法。

① 按同步电压的不同来分类：可把晶闸管的触发器分为正弦波同步、锯齿波同步、阻容移相桥、单结晶体管等几种。如今阻容移相桥与单结晶体管类晶闸管触发器在新生产的电力电子变流设备中几乎已不再使用，但在20世纪60～70年代生产的仍在使用的晶闸管类电力电子变流设备中，这种触发器还在使用。正弦波同步的晶闸管触发器由于触发器性能的好坏受正弦波的失真度及幅值的影响都较大，所以这类触发器的应用也越来越少。锯齿波同步的触发器由于通过变换电路把同步电压变为锯齿波，使同步电压仅与同步电压过零点有关，而与同步电压正弦波的失真度和幅值关系不是很大，移相控制线性度好，输出脉冲的对称度高，且不受电网电压波动的影响，是当今晶闸管类电力电子变流设备中所用触发器的主流。

② 按模拟与数字工作方式来分类：可把晶闸管的触发器分为模拟式与数字式两大类，其中模拟式触发器又有以分立器件实现的和以模拟式集成电路来实现的两种。如今市场上的数字式晶闸管触发器有以多片数字集成电路联合纯硬件实现的、以微处理器软件编程实现的，以及用可编程逻辑器件（如可编程逻辑器件FPGA、CPLD等）实现的三种。

③ 按所应用系统交流的相数来分类：可把晶闸管的触发器分为单相、三相与多相三种。单相晶闸管的触发器常用于单相电路；三相晶闸管的触发器用于三相电路，可以看做三个单相晶闸管触发器的组合；而多相晶闸管的触发器是以三相为基础的。工业领域中常用的多相整流、交-交变频等电力电子变流设备都可以看做以三相电路为基本单元的不同电路组合，所以这种系统常用一个或多个三相同步电压相位互差一定角度的三相晶闸管触发器。

2.3.2 基本结构

1. 构成晶闸管触发器的基本单元

尽管晶闸管触发器的种类很多，各自内部电路及所用元器件不尽相同，但从总的功能上都可以把晶闸管的触发器分为五部分，即同步环节、移相环节、脉冲形成环节、脉冲功放环节、脉冲隔离与整形环节。其中，同步环节的作用是通过降压隔离等措施向触发器电路提供计算触发脉冲控制角的参考基准，保证触发器输出脉冲总是在被触发晶闸管阳阴极承受正向电压时获得门阴极触发脉冲。移相环节的作用是按用户控制指令（或负载工作性能）的要求，使触发脉冲的相位相对于同步信号或被控制晶闸管阳阴极电压的相位发生变化。脉冲形成环节把同步环节及移相环节的输出进行综合，将这两部分输出的电压及同步参考波形（如锯齿波、正弦波）进行叠加与处理变为触发脉冲，该触发脉冲由于功率（电压幅值和电流幅值的乘积）很小，不足以使被控制的晶闸管可靠导通，因而通过脉冲功放环节进行放大后输出;另一方面由于晶闸管类电力电子变流设备中各晶闸管阴极的工作电位是不同的,决定了必须对触发器输出的各路触发脉冲进行隔离,再则由于晶闸管在阳阴极承受正向电压时,在门阴极加正向触发脉冲,晶闸管才能触发导通,所以对隔离后的触发脉冲还必须进行整形。整形的作用一般是削去负半波,同时增加防止晶闸管误触发导通的抗干扰网络。

2. 晶闸管触发器的几种共用电路

尽管晶闸管触发器的种类很多,应用场合不尽相同,但各种晶闸管触发器还具有以下几种共用电路。

1) 同步电压形成电路

目前晶闸管触发器中多用图 2.36 所示的几种方法获得同步电压,图 2.36(a)、图 2.36(b)为采用降压隔离变压器获得同步电压的方法,图 2.36(c)与图 2.36(d)为采用光耦合器获得同步电压的方法。这两种方法对低压系统来讲,其一次电压 u_1 的有效值为 220V 或 380V,而对高压系统来讲其一次电压来自用户系统高压电压互感器的二次侧,若采用标准的电压互感器,则二次电压的有效值为 100V。图 2.36(a)与图 2.36(b)中 u_{Ta}、u_{Tb}、u_{Tc} 为同步电压,它随用户系统工作电压的不同有不同的取值,常用的有效值为 6V、9V、12V、30V 几种。图 2.36(c)与图 2.36(d)输出同步电压 u_{Ta}、u_{Tb}、u_{Tc} 已不再为正弦波,而变成了方波,但一般采用锯齿波作为最终同步电压的晶闸管触发器,其仅关心同步电压的过零点,而对两过零点之间同步电压的波形与幅值不太关心,因而图 2.36(c)与图 2.36(d)所示电路获得的同步电压仍然可使晶闸管触发器正常工作。

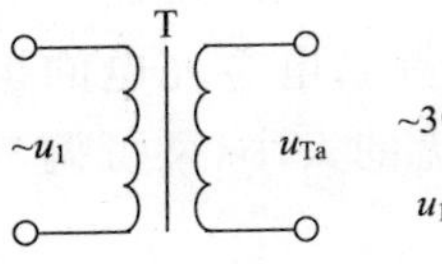

(a) 单相系统应用降压隔离变压器获得同步电压

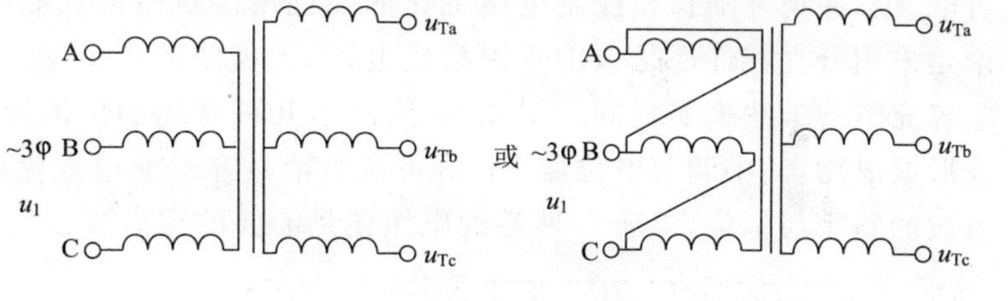

(b) 三相系统应用降压隔离变压器获得同步电压

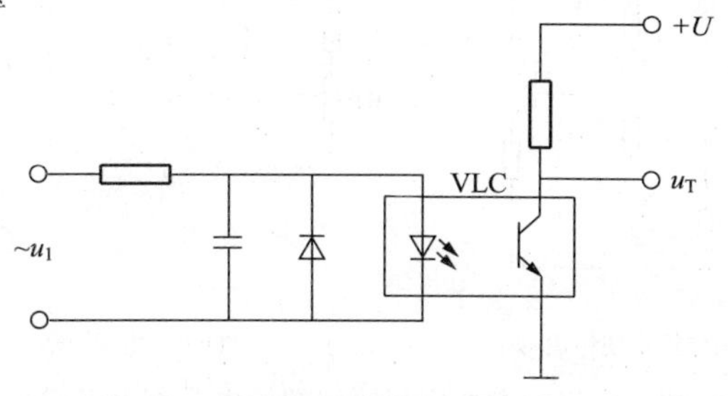

(c) 单相系统应用光耦合器获得同步电压

图 2.36 晶闸管触发器通用的同步电压形成电路

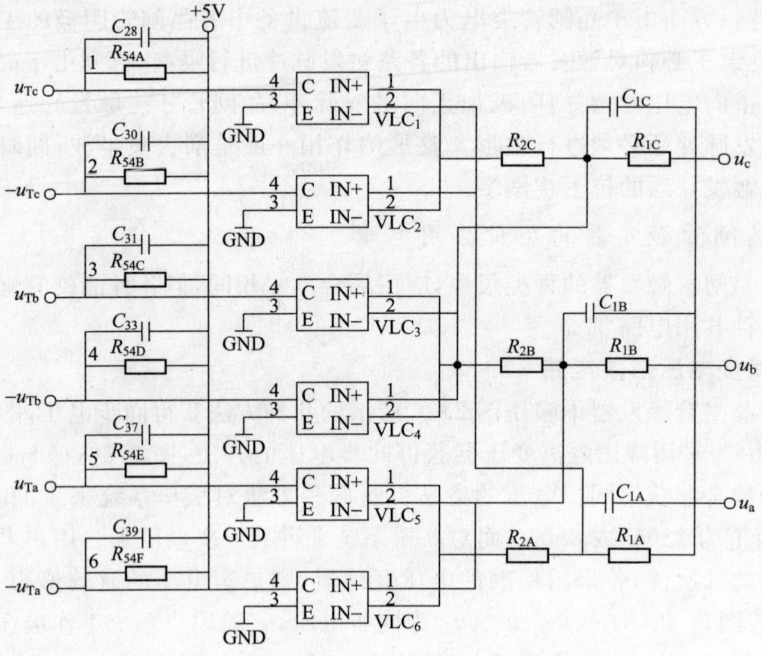

注:$VLC_1 \sim VLC_6$:TLP521。

(d) 三相系统应用光耦合器获得同步电压

续图 2.36

2) 锯齿波形成电路

采用锯齿波作为最终同步电压的晶闸管触发器,其锯齿波的线性度直接影响着触发脉冲角度随移相控制电压变化的线性度。对模拟式晶闸管触发器来讲,不论是采用分立器件还是采用专用集成电路,锯齿波的产生基本都是采用恒流源给电容充电的方法来实现的。图 2.37 给出了几种常用的恒流源给电容充电的锯齿波形成电路,其中调节电位器 RP 既可调节给电容 C 充电电流的大小,又可调整锯齿波的斜率与幅值,电容 C 两端的电压便是需要的锯齿波。

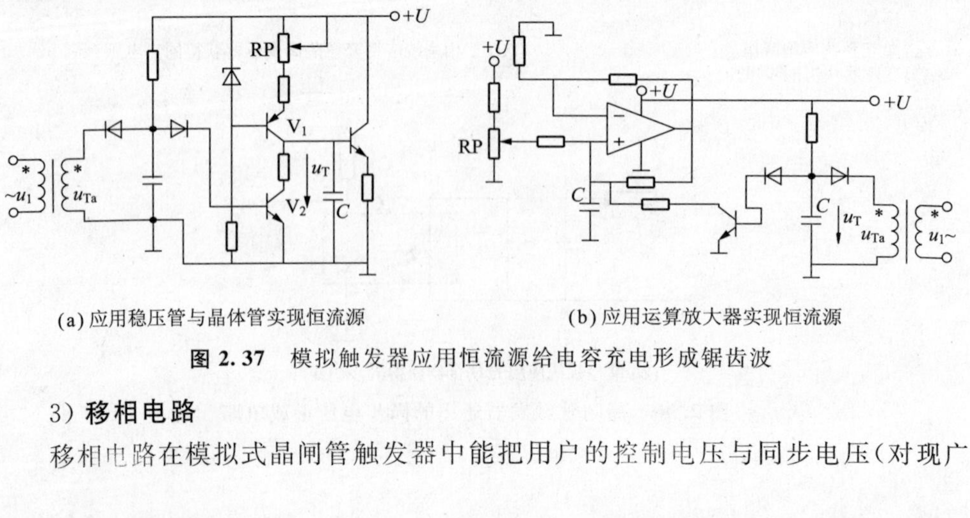

(a) 应用稳压管与晶体管实现恒流源　　(b) 应用运算放大器实现恒流源

图 2.37 模拟触发器应用恒流源给电容充电形成锯齿波

3) 移相电路

移相电路在模拟式晶闸管触发器中能把用户的控制电压与同步电压(对现广

泛采用的以锯齿波同步的模拟触发器为锯齿波电压)及偏置电压相叠加,从而控制后级电路的工作,实现触发脉冲相位的调节。图 2.38 给出了在模拟式晶闸管触发器中多用的移相控制电路,其中晶体管 V 导通的时刻便对应触发脉冲的前沿。图 2.38 中 u_T 为用户同步电路最终输出的同步电压,U_P 为调节触发脉冲起始点 α_0 的偏移电压,u_K 为移相控制电压。对模拟-数字混合式触发电路来讲,移相电压通常控制压控振荡器的输出频率,在触发器内部通过计数的方法来产生触发脉冲,也有用把移相电压经 A/D 转换器转换为数字量,再以软件编程来产生触发脉冲的方法,有关这种方法的移相电路此处不予讨论。

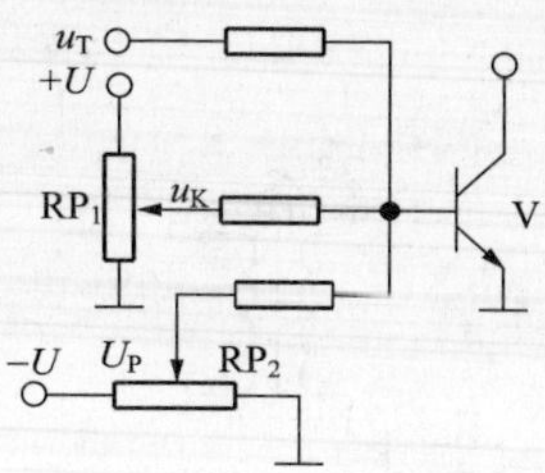

图 2.38 模拟式移相控制电路

4) **脉冲功率放大电路**

由于触发脉冲产生环节输出的触发脉冲功率幅值不足以使被触发晶闸管导通,所以,触发器中对触发脉冲进行放大的功率放大电路必不可少。图 2.39 给出了几种常用的功率放大电路,图 2.39(a)、(b)、(c)分别为应用功率晶体管、场效应晶体管、绝缘栅控双极型晶体管(IGBT)构成的触发脉冲功率放大电路。由于晶体管为电流控制器件,所以图 2.39(a)所示电路的抗干扰性能比图 2.39(b)与(c)所示电路要好。但由于图 2.39(b)与图 2.39(c)为电压控制器件,因而输出触发脉冲的上升与下降沿陡度比图 2.39(a)要好,且要求脉冲产生环节输出的驱动电流小于图 2.39(a)。图 2.39(d)给出了应用专用驱动器集成电路作为脉冲功放电路的原理,这种电路具有一片电路可对几路脉冲同时进行功率放大的优点,但受限于集成电路耐压参数及负载能力,故仅能用于小功率晶闸管(电流容量小于 1000A 的晶闸管)的触发,且触发脉冲必须是高频调制脉冲列的场合,而不能用于脉冲功放级供电电源电压大于+24V 及宽脉冲的场合。

5) **脉冲隔离电路**

由于各种晶闸管类电力电子变流设备在工作时,电路中多个晶闸管的阳阴极电压随主电路拓扑结构的差异会有很大的不同,而触发脉冲产生及功放电路输出脉冲的参考电位却是相同的(为主控制板的工作电源参考地),所以,要实现各晶闸管的触发工作,必须对触发电路输出触发脉冲的电位进行隔离。图 2.40 示出了晶闸管类电力电子变流设备中常用的两种隔离电路,图 2.40(a)中以多用的脉冲变压器进行隔离,而图 2.40(b)为采用光耦合器进行隔离。脉冲变压器隔离为防止脉冲变压器单方向导电工作而直流磁化饱和,在一次侧应用了稳压管 VS,在功放电路输出的脉冲为低电平时,变压器内漏感产生的反向电压向脉冲变压器一次侧提供一负偏压,发光二极管 VL 用来指示脉冲的有无。图 2.40(b)所示的光耦合器隔离电路需要提供光耦合器二次侧的隔离电源,这是其应用不便之处。为了解决这个问题也有直接应用光耦合器二次侧为晶闸管的方案,如图 2.40(c)所示,但该电路仅能用于小功率系统中晶闸管的触发。另应注意的是,受国内外光耦合器一次

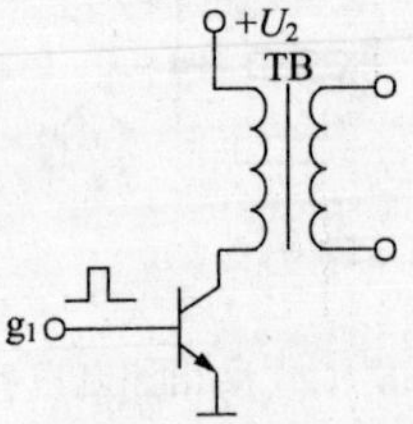

(a) 应用功率晶体管作为脉冲功率放大器件

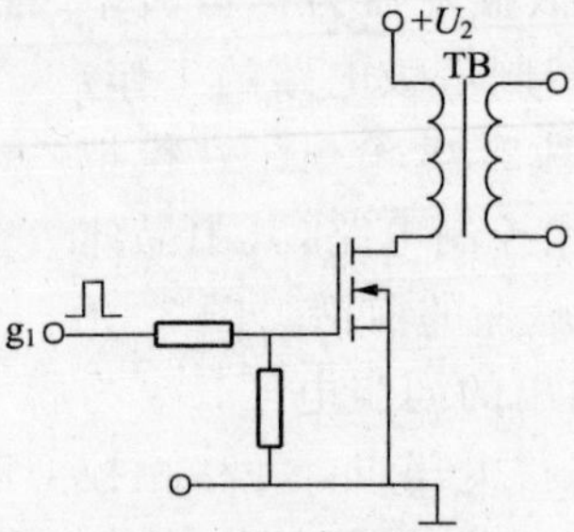

(b) 应用场效应晶体管作为脉冲功率放大器件

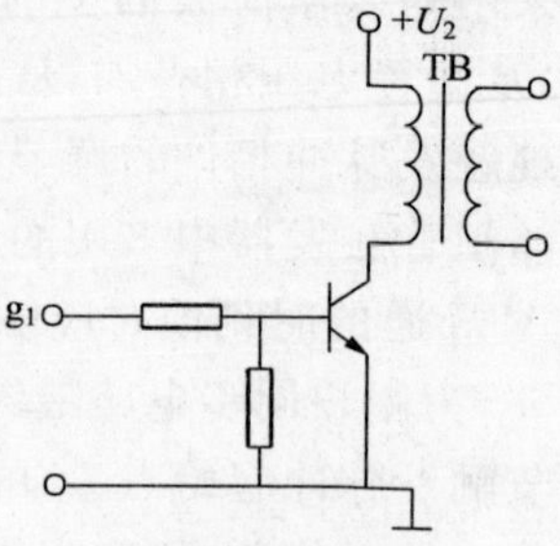

(c) 应用IGBT作为脉冲功率放大器件

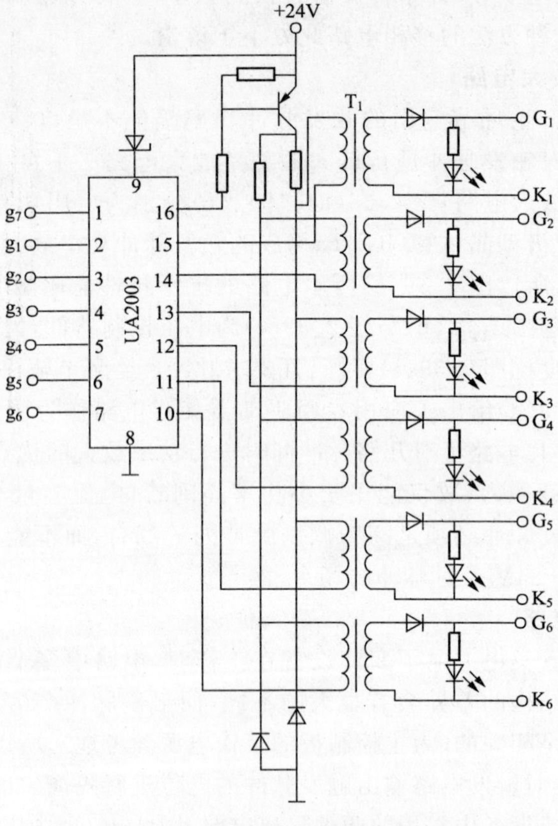

(d) 应用专用驱动器集成电路作为脉冲功率放大器件

图 2.39 常用的脉冲功放电路

与二次的隔离电压最高仅能达到 10kV 的限制，光耦合器隔离仅可用于要求主电路与控制电路隔离电压不高于 3kV 的场合，高于 3kV 的场合，仍需采用高压脉冲变压器。但要看到脉冲变压器因受铁氧体或铁心材料分散性的影响，且绕制一次与二次绕组时，绕线长度等的差别会导致同一种脉冲变压器一次输入脉冲信号、二次输出脉冲的前后沿陡度与一致性会有较大差别，当使用的电力电子变流设备中有多个晶闸管串联或并联的时候，其触发脉冲的一致性一般比光耦合器隔离电路要差，除非在脉冲变压器的铁心材料及绕线工艺上采取独有的技术。陕西高科电力电子有限责任公司经多年的研究与开发，在国内已率先研制成功了可用于35kV系统的3～12只晶闸管串联应用的晶闸管触发用脉冲变压器，其输出触发脉冲的前后沿上升时间与误差不大于1μs，交付多家用户使用效果良好。

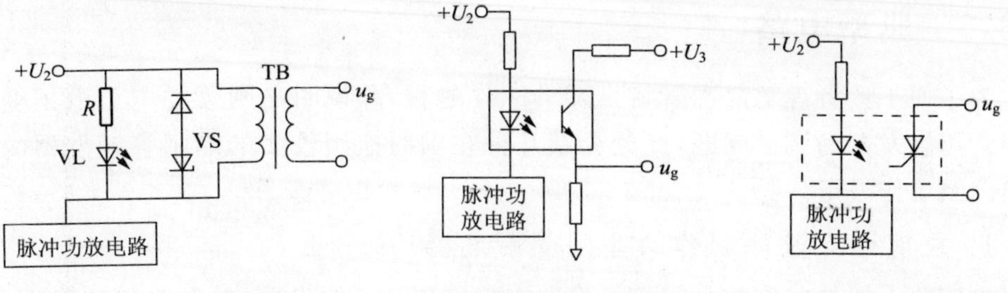

(a) 以脉冲变压器作为脉冲隔离器件 (b) 以二次侧需提供工作电源的光耦合器作为脉冲隔离器件 (c) 以二次侧不需单独工作电源的光耦合器作为隔离器件

图 2.40 晶闸管触发器中常用的脉冲隔离电路

6）**脉冲整形及抗干扰环节**

为了满足晶闸管对触发脉冲要求的正极性并防止晶闸管的误触发，需对经脉冲隔离环节输出的脉冲进行整形，并增加抗干扰环节。图2.41给出了常用的线路图，其中VT为主电路中要触发的晶闸管。图2.41(a)给出了图2.40(a)所示隔离电路的后续脉冲整形及抗干扰环节，图中二极管VD_1与VD_2用来削去负半波，电阻R与电容C用来降低被触发晶闸管门阴极的输入阻抗，防止干扰引起被触发晶

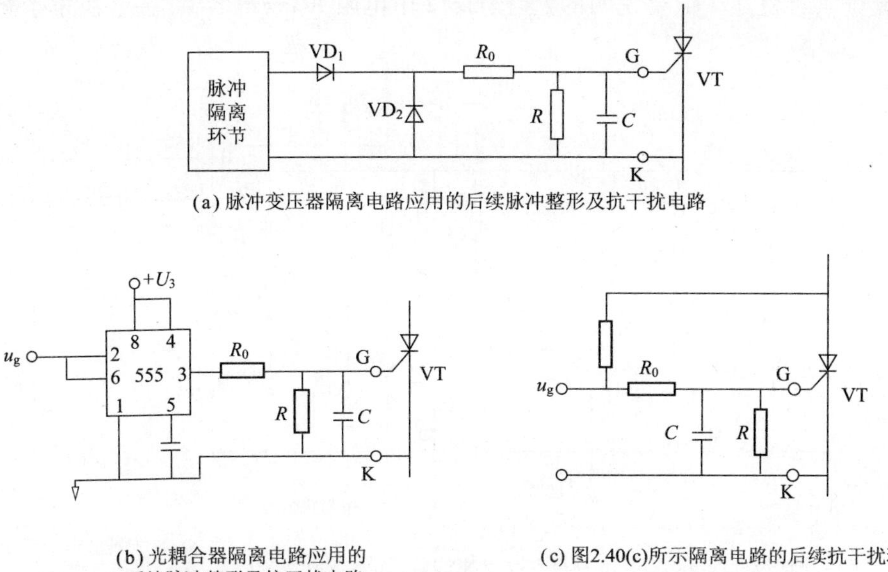

(a) 脉冲变压器隔离电路应用的后续脉冲整形及抗干扰电路

(b) 光耦合器隔离电路应用的后续脉冲整形及抗干扰电路 (c) 图2.40(c)所示隔离电路的后续抗干扰环节

图 2.41 晶闸管触发器中常用的脉冲整形及抗干扰电路

闸管的误触发，而电阻 R_0 用来调整门极输入阻抗，起阻抗匹配及限流作用。图 2.41(b)给出了以光耦合器作为脉冲隔离环节的脉冲整形及抗干扰电路。图 2.41(c)给出了图 2.40(c)隔离电路的后续抗干扰环节。因图 2.41(c)所示电路仅能用于低压场合的小功率晶闸管，且光耦合器二次无独立供电直流电源，故采用了主电路中的电源串大电阻为光耦合器中的晶闸管提供阳极电流。

2.3.3 典型电路

为了便于读者理解晶闸管触发器的工作过程，并说明晶闸管类电力电子变流设备常用触发器的调试问题，此处介绍几种在国内应用较多的晶闸管触发器的典型电路及工作波形。

1. 应用分立器件制作的晶闸管触发器

应用分立器件制作的晶闸管触发器有阻容移相桥触发器、单结晶体管触发器、采用锯齿波同步等触发器、采用正弦波同步的触发器四种。如今，以阻容移相桥、单结晶体管和采用正弦波同步等几种应用分立器件制作的晶闸管触发器几乎已经退出了电力电子变流设备这个舞台。采用锯齿波同步的触发器在20世纪70～90年代曾是晶闸管类电力电子变流设备中应用的主要触发器，由于这一时期投运的晶闸管类电力电子变流设备甚多，当时投运的设备中目前仍有个别的还在运行，而且如今大量使用的模拟式集成触发器仍是采用锯齿波同步的，所以，本节先介绍应用分立器件制作的采用锯齿波同步的晶闸管触发器。图 2.42 给出了这种触发器的电路，图中已按五大部分对其做了标注，有关该电路的工作原理可见参考文献[4]，此处不再赘述。但要说明的是，图 2.42 中电阻 R_{11} 与电容 C_4 一起决定了触发

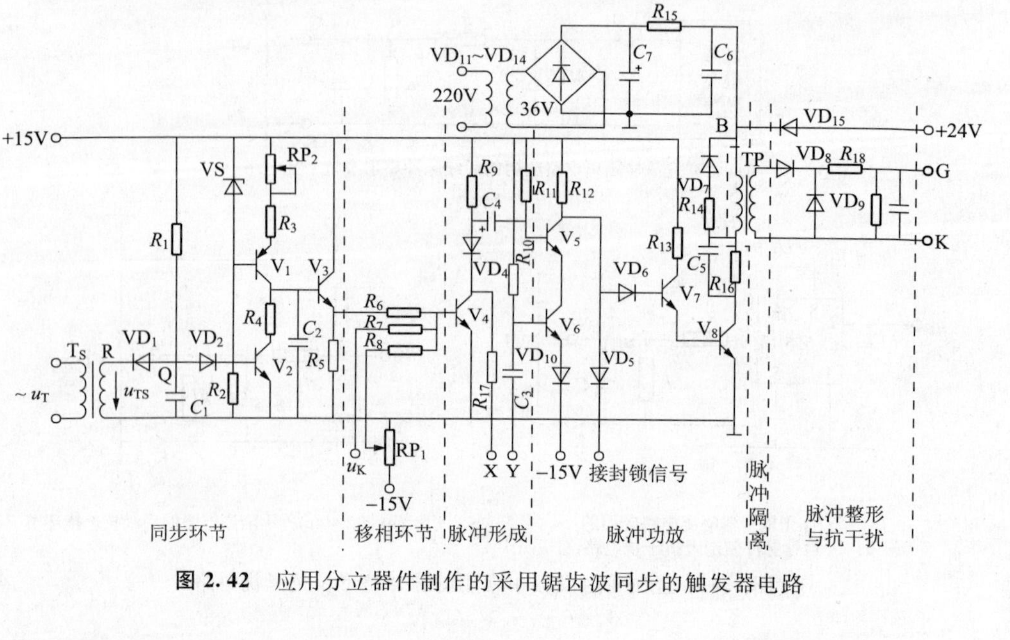

图 2.42 应用分立器件制作的采用锯齿波同步的触发器电路

脉冲的宽度。从图 2.42 还可以看出，每一个触发器仅能触发一个晶闸管，对具有多个晶闸管的电力电子变流设备，需使用与晶闸管相同数量的触发器。图 2.42 中 X 端接与图 2.42 电路相同的另一个相位超前本触发脉冲 60°的触发器之 Y 端，以形成双窄脉冲的补脉冲，而图 2.42 中的 Y 端接与图 2.42 电路相同的触发脉冲相位滞后 60°的另一个触发器之 X 端，以形成双窄脉冲的补脉冲。

2. 用于单相晶闸管类电力电子变流设备中的集成触发器

图 2.43 给出了国内如今在单相晶闸管类电力电子变流设备中常用的触发器的原理电路。图 2.43(a)中应用 TCA785 集成电路作为触发脉冲的产生单元，而图 2.43(b)则应用国产的 KJ004(或 KJ009、KC04、KC09)作为触发脉冲的产生单元。这两个电路中，u_T 为同步电压；C_T 为锯齿波电容；C_M 为决定脉冲宽度的电容；晶体管 V_1 与 V_2 作为把脉冲进行功率放大的放大单元；脉冲变压器 T_1 与 T_2 用作脉冲隔离；稳压管 VS_1 与 VS_2 在 V_1 与 V_2 由导通变为关断时，利用电感内电流不能突变的原理，提供一反向负脉冲电压，使 T_1 与 T_2 的磁势平衡，防止 T_1 与 T_2 单方向直流工作引起直流磁化而饱和，从而减小脉冲变压器的体积；电阻 $R_1 \sim R_4$、电容 $C_1 \sim C_4$ 起抗干扰作用，防止被触发晶闸管的误触发导通；电位器 RP_2 为调节输出脉冲相位的移相调节电位器，当用于闭环系统时，对正逻辑工作的 KJ004(或 KJ009、KC04、KC09)可在 u_K 处直接接闭环调节器的输出，而对负逻辑工作的 TCA785，可在 u_K 处直接接闭环调节器之后所接的差分器输出。图 2.43 给出的电路适用于单相桥式全控整流的晶闸管类电力电子变流设备，来触发同一个桥臂上的两个晶闸管，亦可用在单相全控型交流调压系统中触发两个背靠背连接的晶闸管或单相桥式半控及双半波可控整流电路中的两只晶闸管。对这两种晶闸管类电

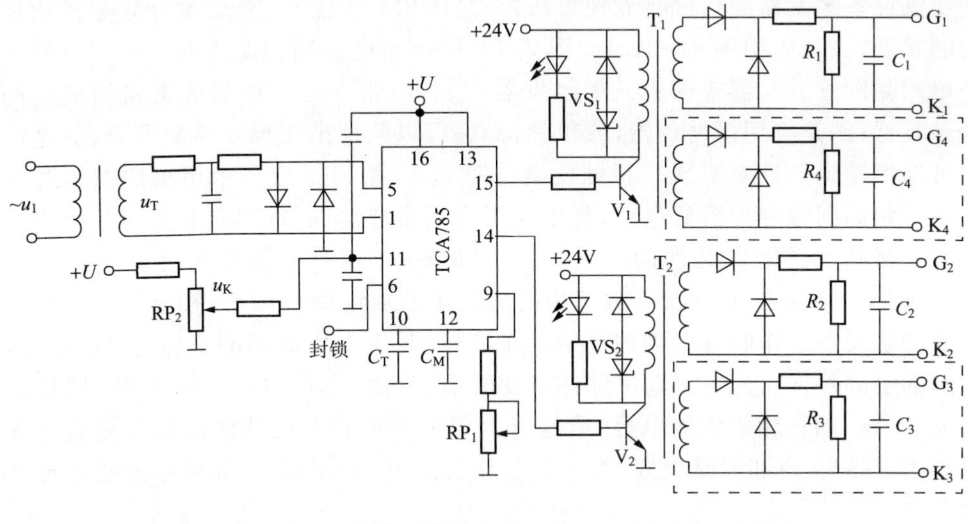

(a) 应用TCA785集成电路作为触发脉冲的产生单元

图 2.43 单相晶闸管类电力电子变流设备中常用的集成触发器

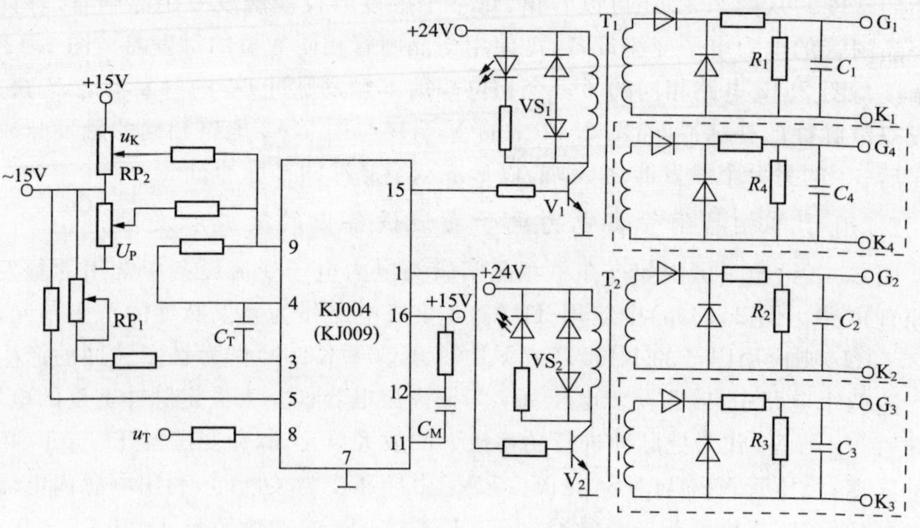

(b) 应用KJ004(或KJ009、KC04、KC09)作为触发脉冲的产生单元

续图 2.43

力电子变流设备,可省去图 2.43 中虚线框内的电路。另应说明的是,图 2.43 中的电位器 RP_1 可用来调节同步信号锯齿波电压的幅值,这两种电路都是同步信号为锯齿波的触发器。

3. 用于三相晶闸管类电力电子变流设备中的集成触发器电路

三相晶闸管类电力电子变流设备是多相晶闸管类电力电子变流设备的基础,所以,其触发器便是多相晶闸管触发器的基础。如今,三相晶闸管类电力电子变流设备触发器的构成有五种方法:一是应用六个图 2.42 所示分立器件构成的触发器;二是应用图 2.43(a)或图 2.43(b)所示电路删去虚线框中的部分的三个单相晶闸管触发器来构成三相触发器;三是应用专用三相集成电路构成晶闸管触发器;四是应用微处理器(或单片机)编程以软件来实现三相触发器;五是应用可编程逻辑器件来实现三相触发器。图 2.44 给出了应用专用集成电路芯片实现三相晶闸管触发器的电路,其中应用专用集成电路 TC787 来实现三相变流器中 6 路晶闸管触发脉冲的产生,有关 TC787 的工作原理分析可见参考文献[1]。图 2.44(a)中 u_a、u_b、u_c 为三相同步电压形成电路的输出;图 2.44(b)给出了这种触发器工作时各引脚的典型工作波形,其中电压波形的下标为 TC787 各引脚的引脚号,C_M 为决定输出脉冲宽度的电容,而 C_a、C_b、C_c 为对应三相同步电压 u_a、u_b、u_c 的三相锯齿波电容,给这三个锯齿波电容充电的恒流源及充电电流大小由 TC787 内部电路设置,当工作电源电压 $+U$ 一定时,该充电电流便不可人为调节。

图 2.45 给出了由陕西高科电力电子有限责任公司开发的数字化闭环晶闸管触发器电路,该触发器以可编程逻辑器件为核心单元,应用该公司通过巧妙的编程

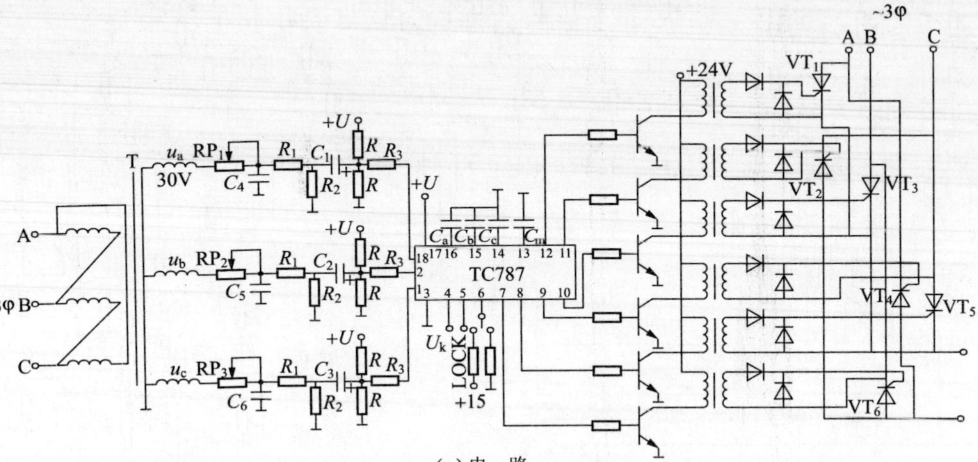

(a) 电　路

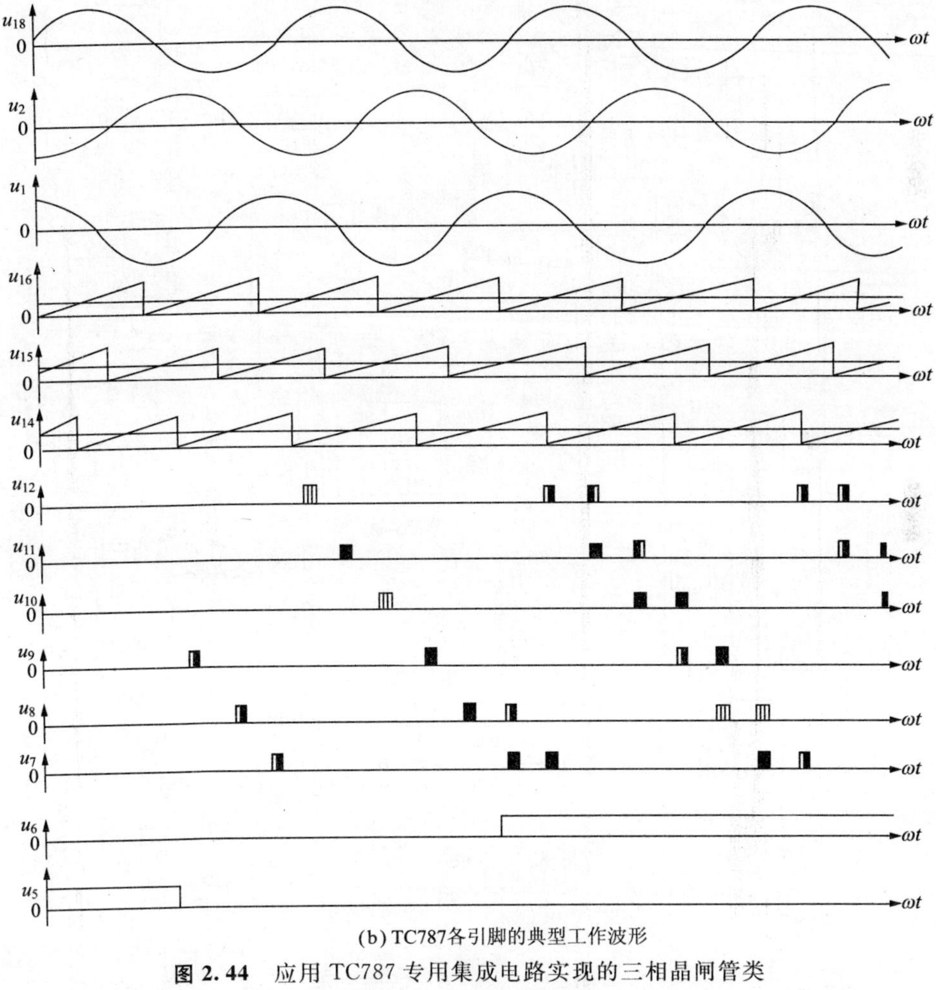

(b) TC787各引脚的典型工作波形

图 2.44　应用 TC787 专用集成电路实现的三相晶闸管类电力电子变流设备触发器

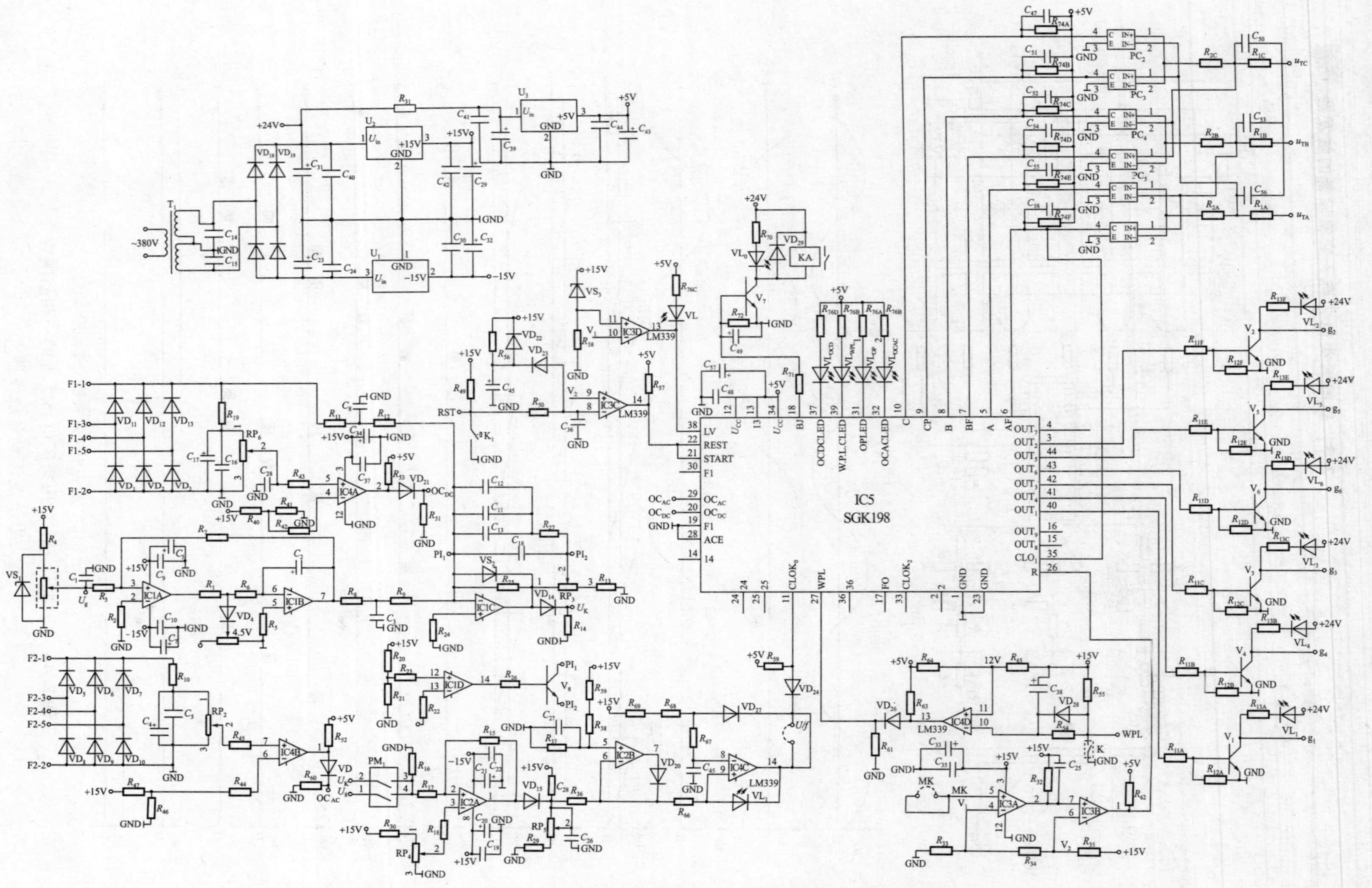

图 2.45 应用SGK198实现的三相全数字化闭环晶闸管触发器电路

研制的三相晶闸管触发器专用集成电路芯片 SGK198。其中接于 SGK198 引脚 5～引脚 10 的 6 路信号来自 6 路光耦合器构成的同步隔离与整形环节的输出，而 $g_1 \sim g_6$ 同样为对应三相电路中 6 个晶闸管的触发脉冲，该电路应用电压频率变换器 U/f 把用户的移相控制电压变为与移相电压成比例关系的脉冲信号，在 SGK198 内部以计数分频的方法来形成 6 路触发脉冲，所以，6 路触发脉冲的不均衡度极小。同时，该触发器输出触发脉冲有对三相同步电压相序自适应和自对相的功能，同时还省去了常用的同步变压器。

2.3.4 常用触发器的调试

晶闸管类电力电子变流设备中常用触发器的调试技术是这类设备调试中甚为关键的一步。一般晶闸管类电力电子变流设备在整机装配或调试之前都应先对晶闸管触发器进行调试，调试的一般步骤如下：

① 检查给晶闸管触发器供电的工作电源电压幅值与极性的正确性。

② 给触发器加上电源，然后按照同步环节、移相环节、脉冲形成环节、脉冲功放环节检查同步电压的幅值、同名端、相序、触发脉冲的宽度、幅值及极性是否与本触发器要求的相符，是否满足与被触发晶闸管阳阴极电压同步的需要。

③ 检查移相控制电压的调节范围是否满足控制的要求，一般为 0～5V(TTL 集成触发器)或 0～12V(CMOS 集成触发器或分立器件制作的触发器，工作电源电压为+15V)。

④ 调节同步信号(或所采用同步电压)的幅值和宽度，使所采用同步方式的同步电压与用户移相控制电压的幅值相适应，以满足移相控制电压在最大和最小之间变化时都可与同步信号有交点，谨防移相过程中移相控制电压在最大和最小之间变化时因与同步信号没有交点而丢脉冲。

⑤ 检查触发脉冲的宽度，测量晶闸管触发器内各关键引脚的波形，确认它们正确无误，满足使用要求。

⑥ 根据所调试电力电子变流设备的负载属性与对触发脉冲的要求，整定给定电压为 0 时触发脉冲的起始相位 α_0。对用于晶闸管整流类电力电子变流设备而言，阻性负载时，单相晶闸管类电力电子变流设备的 α_0 应为 180°，而三相半控晶闸管类电力电子变流设备的 α_0 应为 150°，三相全控晶闸管类电力电子变流设备的 α_0 应为 120°；感性负载时，不论是单相还是三相晶闸管类电力电子变流设备，α_0 均应为 90°。

⑦ 根据所调试电力电子变流设备的负载属性与对触发脉冲的要求，整定给定电压为最大时，最小触发脉冲控制角 α_{min}。对晶闸管可控整流类电力电子变流设备，可控整流调整最小触发控制角 α_{min} 为 0°，对可逆直流调速用晶闸管类电力电子变流设备及有源逆变用晶闸管类电力电子变流设备，整定给定最大时 α_{min} 为 30° 左右。

2.4 主功率器件为全控型电力电子器件的设备中应用的驱动器

全控型电力电子器件种类众多，应用这些器件可以实现开关式变换，从而制作成直流斩波器、逆变器，而方便地进行交流-直流、直流-交流、直流-直流、交流-交流等多种变换，但不论是何种类型的全控型电力电子器件，其工作时都要用到保证自身正常工作的驱动器。驱动器性能的优良是保证以全控型电力电子器件为主功率器件的电力电子变流设备可靠稳定工作的基础。

2.4.1 分　类

全控型电力电子器件可以按不同的分类方法分为不同的类别，比如按器件工作机理可以分为电压驱动型器件、电流驱动型器件、双机理复合器件；按工作频率的高低来分类可分为高频和低频器件；按工作时是多数载流子起作用还是少数载流子起作用可分为多数载流子器件与少数载流子器件等。本节中按工作时是电压驱动还是电流驱动把全控型电力电子器件分为两大类：属电压驱动型的器件有电力场效应晶体管 MOSFET、绝缘栅控双极型晶体管 IGBT、注入增强栅晶体管 IEGT、MOS 双门极发射极关断晶闸管 EST、静电感应晶体管 SIT 等；属电流驱动型的有电力晶体管 GTR、门极可关断晶闸管 GTO、集成门极换向晶闸管 IGCT、静电感应晶闸管 SITH 等。

2.4.2 对驱动器的共性要求

尽管不同的全控型电力电子器件对驱动电路的具体要求会有所不同，但各种全控型电力电子器件对驱动器却具有如下共性要求：

① 在全控型电力电子器件导通时，驱动器应向该器件提供具有充分陡峭的前沿上升率的驱动信号，该驱动信号的幅值应充分保证被驱动器件的饱和导通，以使被驱动器件快速导通，把开通时间及开通损耗降到最小。当被驱动器件为电压驱动型器件时，该驱动信号应为电压信号；当被驱动器件为电流驱动型器件时，该驱动信号应为电流信号。

② 在全控型电力电子器件关断时，驱动器应向该器件提供具有充分陡峭的后沿下降率的驱动信号，该驱动信号的幅值应充分保证被驱动器件的快速可靠关断，把关断时间及关断损耗降到最低。

③ 驱动器可对被驱动的全控型电力电子器件的工作状况随时进行监控，保证被驱动的全控型电力电子器件运行于最优的工作状态之下，一旦发生过流、短路、欠饱和、过热等不理想的工作状况，驱动电路便可迅速进行可靠有效的故障保护。该保护可通过封锁加到被驱动全控型电力电子器件控制极的正向驱动信号，而提供使其充分关断的反向驱动信号来实现。

④ 由于在一个电力电子变流设备中有可能使用多个全控型电力电子器件，因各器件施加驱动信号的参考点电位有很大不同。被驱动的全控型电力电子器件主电极工作电压都较高，主电极通过的电流一般较大，因而驱动电路应有与控制信号产生电路之间的隔离环节。该隔离环节多应用光耦合器，要求该光耦合器的信噪比、传输比要足够大，而且传输速度要快，抗干扰能力要强。

⑤ 应特别注意的是，当在一个电力电子变流设备中有可能使用多个全控型电力电子器件时，各电力电子器件施加驱动信号的参考点电位会有很大不同。被驱动的全控型电力电子器件主电极工作电压都会很高，因而驱动电路应有自身工作电源的提供环节，该供电电源与控制信号产生环节及其他电力电子器件驱动电路的供电电源在电位上严格隔离，且应具有极低的内部阻抗，其功率应满足该驱动电路可靠工作的需要，并能在供电电网电压波动时向驱动器提供稳定的工作电源，具有很强的抗干扰能力。

⑥ 当被驱动的全控型电力电子器件短时间过载时，驱动电路提供的驱动信号应可自动增大，以保证被驱动的全控型电力电子器件不因短时间过载退出饱和区进入放大区，承受过大的功率损耗而损坏；反之，当被驱动的全控型电力电子器件短时间轻载时，驱动电路提供的驱动信号应可自动减小，以防止被驱动器件不因过驱动而进入过饱和区使开关速度降低，保证被驱动的全控型电力电子器件总是运行在临界饱和的理想状态。

⑦ 驱动电路的输入与输出延迟时间要尽可能地小。在驱动电路中应用的放大、整形与隔离等电子器件，应尽可能选用高速器件，不要因驱动电路自身的延迟影响被驱动器件的工作频率。

⑧ 驱动电路应具有较强的抗干扰性能，能抑制及避免功率级电路对控制信号造成的干扰。

⑨ 驱动电路应简单、可靠、体积小，且成本低。

2.4.3 典型驱动电路举例

如今，主功率器件为全控型电力电子器件的电力电子变流设备中应用的驱动器可以分为应用分立器件制作的驱动器及应用专用驱动器集成电路制作的两大类别。为了说明全控型电力电子器件驱动器的调试，此处举几个全控型电力电子器件驱动器的实例。

1. 应用分立器件制作的驱动器

1）电力晶体管 GTR 的基极驱动器[1]

图 2.46 给出了笔者在 20 世纪 80 年代中期为 100A 以内的电力晶体管 GTR 研制的基极驱动器电路，该驱动器在多台变频器中成功应用。其工作过程为：正常情况下，光耦合器 VLC_2 起等效电阻的作用，因 R_{11} 阻值远大于 R_{15}，555 引脚 4 为近似电源电压的高电平，封锁脉冲信号不起作用；在输入信号为高电平时，光耦合

器 VLC_1 一次侧有电流流过，其内部一次侧的发光二极管发光，二次侧的光敏晶体管饱和导通，此时因 VLC_2 一次侧无故障信号输入，发光二极管不发光，VLC_2 二次侧的光敏晶体管截止，其等效电阻值远远大于 R_0 的阻值，所以，+10V 电源经 R_0 与 R_6 及晶体管 V_1 基-射极，使 V_1 饱和导通，时基电路 555 输出高电平，通过 R_{12}、R_{13} 及 VD_9 向晶体管 V_2 及 GTR 基-射极提供正向基极驱动电流，V_2 饱和导通，经+10V、R_{16}、V_2、R_B 向 GTR 提供足够的正向基极驱动电流使 GTR 饱和导通。其中，C_1～C_4 均起微分加速作用，以提高 GTR 驱动电流脉冲上升（与下降）沿的陡度。由于此时电流取样环节 BHL 检测到的电流信号较小，电位器 RP_3 分压值不足以使稳压管 VS_2 击穿，所以晶闸管 VT 不被触发导通，过流保护环节不起作用。

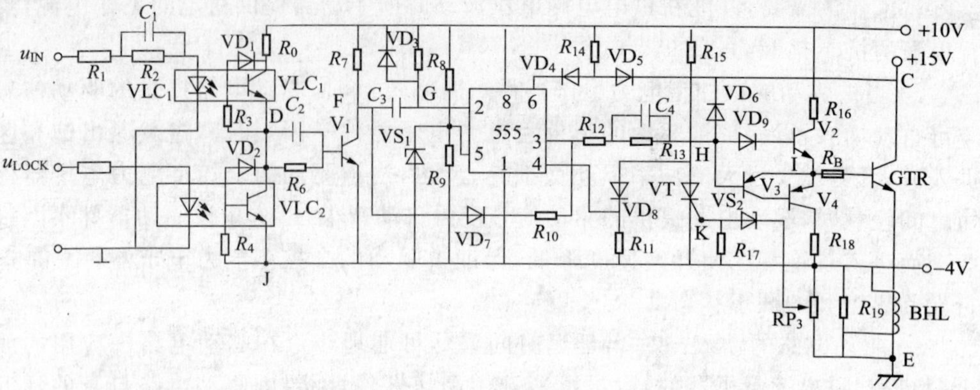

图 2.46 用分立器件构成的电力晶体管 GTR 基极驱动器电路

在输入驱动信号 u_{IN} 为低电平时，VLC_1 二次侧的光敏晶体管截止，晶体管 V_1 截止，时基电路 555 引脚 2 为高电平，引脚 3 输出低电平（−4V），晶体管 V_2 截止，V_3 与 V_4 导通，经 V_3 与 V_4 发射极、R_{13}、R_{12} 与 555 引脚 3 及 GTR 发射极向 GTR 基-射极提供一反向负偏压，使 GTR 快速截止。

正常工作时，若外部电路在 VLC_2 的一次侧输入信号，则 VLC_2 二次侧的光敏晶体管饱和导通，V_1 截止，同上的分析，GTR 基-射极承受反向电压而快速反偏截止；另一方面，若被驱动 GTR 发射极电流过大，则 BHL 检测出的电流值较大，电位器 RP_3 上的分压值使稳压管 VS_2 反向击穿，晶闸管 VT 触发导通，R_{11} 两端电压变为 0，使 555 输出引脚 3 为低电平，同上分析 GTR 基-射极承受反向电压而截止。

在被驱动 GTR 因某种原因发生驱动不良而退出饱和区时，其集-射极电压迅速增大，使原导通的二极管 VD_5 因阴极电位高于阳极而停止导通，+10V 电源经 R_{14}、VD_4 使 555 引脚 6 输入高于 10V 的电压，555 引脚 3 输出低电平起欠驱动保护作用。

应特别注意的是，图 2.46 中 R_3、R_4、R_{17} 均为抗干扰电阻，二极管 VD_1、VD_2 及 VD_6 均为抗过饱和二极管，它们的引入防止了对应晶体管的过饱和。其中 VD_1～

VD_9 应选高速开关管，而 VT_2、VT_4 可选 TIP41 与 TIP42，这些措施提高了驱动电路的开关频率。

2）**门极可关断晶闸管 GTO 的门极驱动电路**[1]

GTO 至今仍然占据着全控型电力电子器件中单管容量最大的霸主地位，并且仍然是大功率场合多用的全控型电力电子器件，图 2.47～图 2.49 给出了应用分立器件制作的三种 GTO 的门极驱动电路的原理，今简要分析其原理，以达到使读者了解 GTO 门极控制过程的目的。

(1) 双电源光耦合器隔离的门极驱动电路

该电路如图 2.47(a)所示。门极电路由开通电路和关断电路两部分组成，每部分电路均由光耦合器隔离、整形及放大电路三部分构成。采用双电源(5V 和 13V)供电方式，为使开通和关断脉冲具有较陡的前沿和较大的幅值，电源两端均并联高频响应特性好的薄膜电容器。

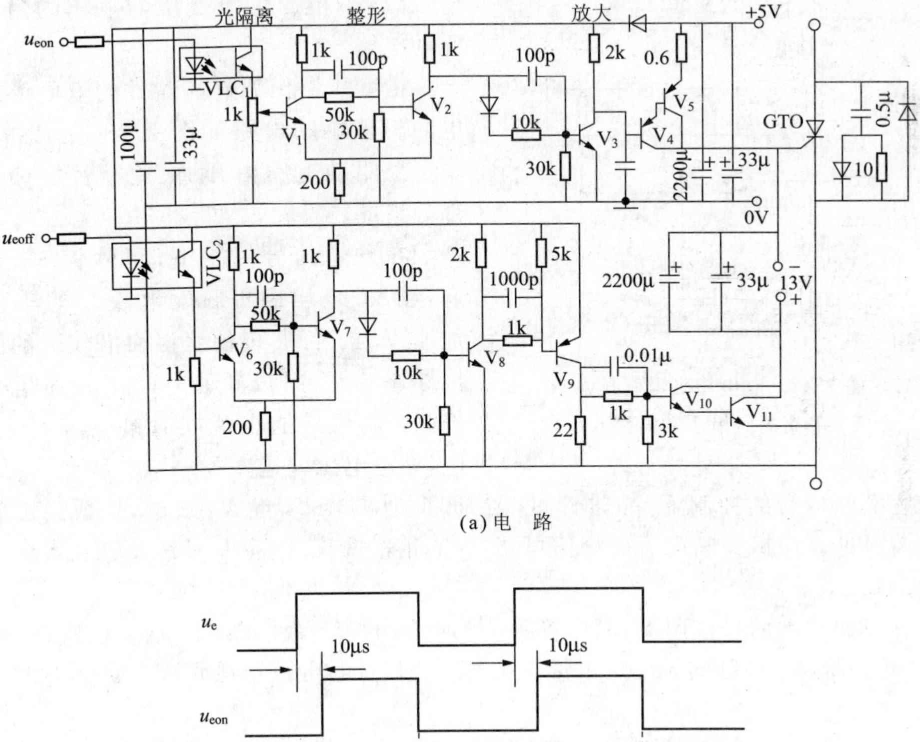

(a) 电　路

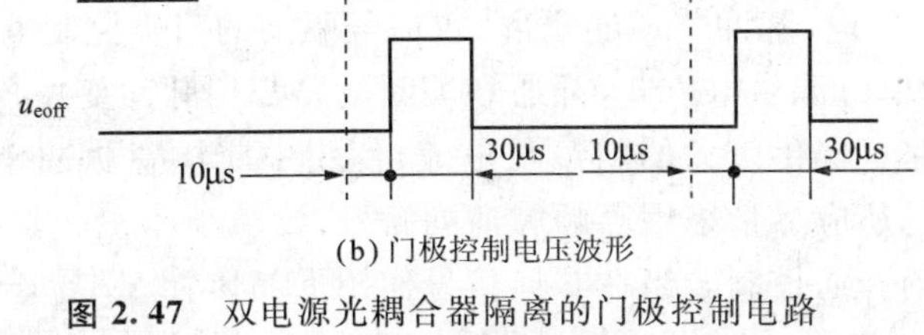

(b) 门极控制电压波形

图 2.47 双电源光耦合器隔离的门极控制电路

现以开通电路为例说明其组成与工作过程：开通控制信号经光电耦合器 VLC_1 输入，由于 VLC_1 的隔离，防止了 GTO 门极驱动电路与前级逻辑信号电路的相互干扰。但光耦合器件的输出波形有畸变，需进行整形。整形电路由晶体管 V_1 和 V_2 组成的施密特触发器实现。整形后的控制脉冲经由 V_3、V_4 和 V_5 组成的放大级送至 GTO 的门阴极，触发 GTO 开通。

关断电路的组成和工作过程与开通电路相似，只是关断为负脉冲，所以在放大级中增加了由 V_9 构成的反相器。另外，为了提高关断脉冲的幅值，输出级采用 13V 电源。

图 2.47(b)给出了门极控制电路的信号波形。其中 u_e 为开关参考信号，u_{eon} 为开通控制信号，u_{eoff} 为关断控制信号。为了防止开通和关断信号重叠，它们的前沿均延迟 10μs。这样既保证了开、关之间有可靠的死区时间，又保证了 GTO 的导通时间维持不变。

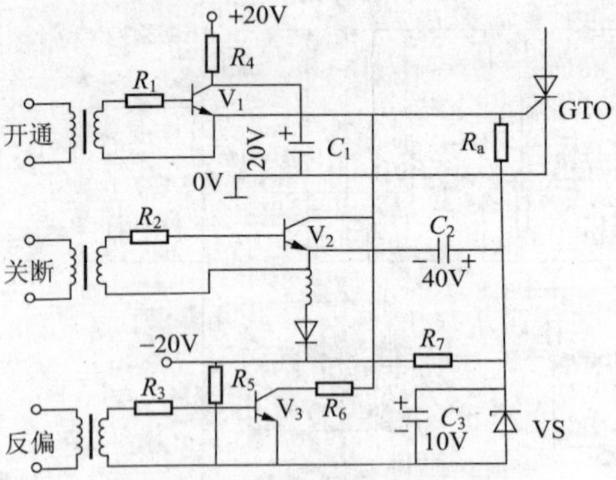

图 2.48 双电源供电变压器隔离的门极驱动电路

(2) 双电源供电变压器隔离的门极驱动电路

由变压器作为隔离器件的双电源供电的门极驱动电路如图 2.48 所示。其中门极驱动电路由开通、关断及反偏三部分组成。

在开通信号控制下，晶体管 V_1 导通，经 V_1 输出门极触发电流。电容 C_1 加速 V_1 的导通，以便获得前沿较陡的门极导通电流，门极导通时间由开通信号控制。门极导通电流同时给电容 C_2 充电，充电电压可达 40V。

在关断信号的控制下，晶体管 V_2 导通，此时电容 C_2 经 V_2 放电，形成门极关断电流脉冲。门极关断电流的峰值可达 90A，前沿陡度 di_{GR}/dt 可达 20A/μs，脉冲宽度>10μs。

在反偏控制信号作用下，晶体管 V_3 导通，将电容 C_3 上的电压加在 GTO 门阴极上，可以提高 GTO 的 du/dt 耐量。电容 C_3 上的电压被稳压管 VS 钳位于 10V 左右。

(3) 单电源供电、脉冲变压器隔离、双信号驱动的门极控制电路

图 2.49 为单电源供电方式，开通和关断电路都用脉冲变压器隔离的门极驱动电路。这种电路可提供较大的门极负电流，使用中应注意脉冲变压器的漏抗及传送脉冲的宽度。还应尽量采用高频脉冲列触发，以减小体积。其中，虚线框内的电路Ⅰ用于门极的开通控制。当在开通信号作用下晶体管 V_1 导通时，在脉冲变压器 T_1 的副边感应出电压 u_{s1}，经二极管 VD_3 向 GTO 门极提供触发电流使 GTO 开通。电路Ⅱ用于门极的关断控制。在关断信号作用下，晶体管 V_2 导通时，脉冲变

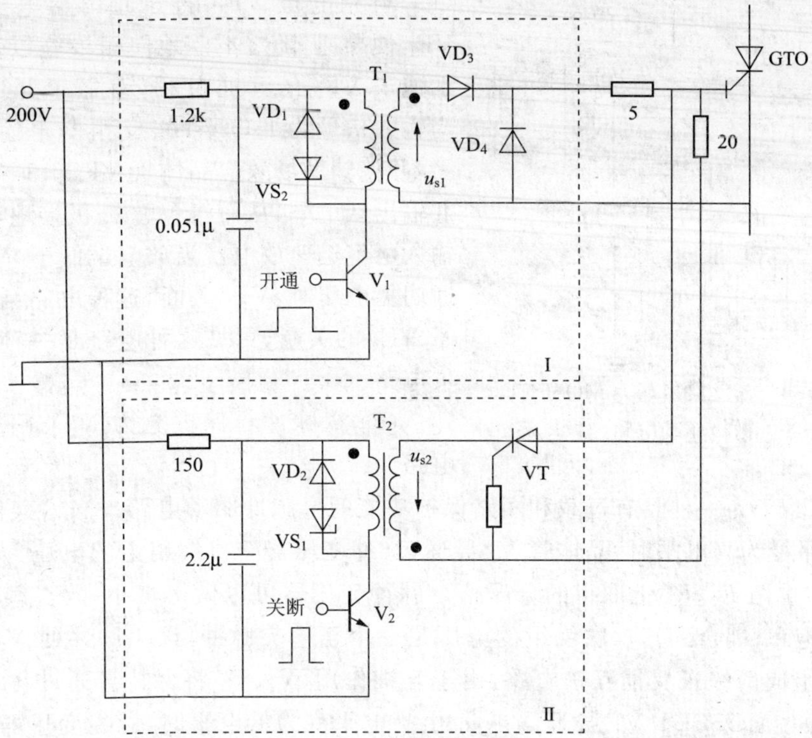

图 2.49 单电源供电脉冲变压器隔离的双信号驱动门极控制电路

压器 T_2 的副边感应出图 2.49 中所示极性的电压 u_{s2}，并用此电压触发晶闸管 VT。于是在 GTO 的门极与阴极之间流过反向电流，迫使 GTO 关断。

晶闸管 VT 和二极管 VD_3 起互锁隔离作用，防止电路Ⅰ和Ⅱ之间的干扰。晶闸管 VT 防止门极开通电流流入 T_2 副边而不流入 GTO 门极，造成 GTO 不能开通的后果。二极管 VD_3 则阻止门极关断电流的一部分流入 T_1 副边，防止不加 VD_3 时关断电流的一部分流入 T_1，在 T_1 寄生电感中储存能量，产生一旦门极关断电流消失，会使 GTO 再次触发而出现误导通的现象。

3）**电力场效应晶体管 MOSFET 的栅极驱动电路**[1]

与 GTR 及 GTO 的驱动电路相同，电力场效应晶体管 MOSFET 的栅极驱动也需要考虑保护、隔离等问题。由于电力 MOSFET 具有输入阻抗极高的特点，因此其栅极驱动电路比 GTR 的基极驱动电路和 GTO 的门极驱动电路简单得多。图 2.50～图 2.52 给出了三种电力 MOSFET 的栅极驱动电路实例。

（1）正反馈型驱动电路

图 2.50 为正反馈型驱动电路。正反馈信号的获得是通过二次绕组 W_3 实现的。当输入信号为高电平时，反相器Ⅱ输出为高电平。在该驱动信号作用下出现漏极电流，此时一次绕组 W_1 中感应出星号端为正的反电动势，在二次绕组 W_3 中也感应出相应极性的电动势，并通过 R_1 向电力 MOSFET VF_1 的栅-源输入电容充

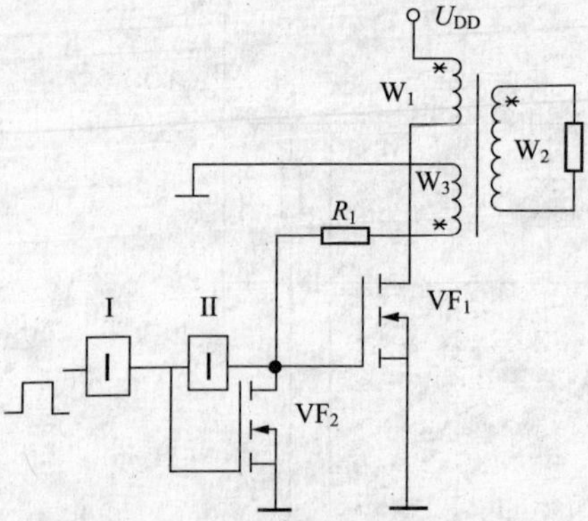

图 2.50 正反馈型电力 MOSFET 栅极驱动电路

电。当充电至 VF_1 的导通门槛电压值时，VF_1 便导通，随之不停地向栅极施以正反馈，加速了 VF_1 的开通过程，缩短了开通时间。当输入信号为低电平时，反相器Ⅰ输出高电平，并使辅助场效应晶体管 VF_2 开通，反相器Ⅱ输出低电平，从而将 VF_1 栅极接地，迫使其输入电容迅速放电。当放电至低于 VF_1 的导通门槛电压时，VF_1 关断，这种电路结构加速了 VF_1 的关断，可见这种电路是一种高速开关电路。

(2) 窄脉冲自保护电力 MOSFET 驱动电路

图 2.51 为一种具有过载和短路保护功能的窄脉冲驱动电路。当输入信号 u_{in} 由低电平变为高电平时，晶体管 V_1 导通，脉冲变压器一次绕组上的电压为电源电压 U_{C1} 在电阻 R_2、R_3 上取得的分压值。脉冲变压器可以做得很小，故在很短时间内就会饱和，耦合到其二次绕组的电压是一个正向尖脉冲，该尖脉冲使 V_2 导通。V_2、V_3 组成两级正反馈互锁电路，由于互锁作用，V_2、V_3 将保持导通，因而 V_4 导通，使电力 MOSFET VF 导通。当 u_{in} 由高电平变为低电平时，脉冲变压器 TB 二次绕组中感应出一个负向尖脉冲，使 V_2 截止，从而使 V_3、V_4 截止，V_5 瞬时导通，关断 VF。在该电路中，R_6、VD_3、VD_4 构成自保护驱动环节。参考点 A 的电位由电阻 R_4、R_5 分压获得，在正常工作时，VF 的漏极 D 点电位低于 A 点电位，因而二极管 VD_4 截止。电源 U_{C2} 经电阻 R_6、二极管 VD_3 流过电流到 VF。当短路或过载时，VF 的 U_{DS} 上升。当 $U_D = U_A + 0.7V$ 时，二极管 VD_4 导通，R_6 和 R_8 的分压使 A 点电位升高，由 V_2、V_3 构成的互锁电路翻转，使 V_5 瞬时导通，关断 VF，使之得到有效的保护。

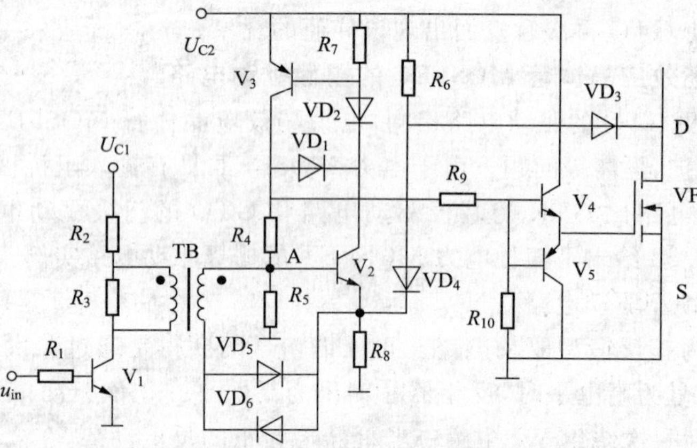

图 2.51 窄脉冲自保护电力 MOSFET 驱动电路

(3) 窄脉冲电力 MOSFET 驱动电路

可以利用互锁电路的保护功能实现用窄脉冲驱动电力 MOSFET,这种电路的一个实例如图 2.52 所示,其中互锁电路由两个小功率 MOSFET 栅-源极交叉连接组成,这种结构组成了一个无源双稳态电路。电容 C_1、C_2、C 是储能元件,它们可以是外接电容器,也可利用电力场效应晶体管 MOSFET VF_1、VF_2、VF 栅-源极或漏-源极间的寄生电容。在输入信号 u_{in} 的上升沿,脉冲变压器 TB 的二次侧产生一个正向尖脉冲,使 C_1 充电,VF_1 开通,C_2 通过 VF_1 放电,使 VF_2 关断,C 由窄脉冲通过 R_G 充电使 VF 导通。反之,在输入信号 u_{in} 的下降沿,脉冲变压器 TB 的二次侧产生一个负向尖脉冲,使 C_2 充电,VF_2 导通,C_1 和 C 通过 VF_2 放电,最终使 VF_1 和 VF 关断。增大 C_1、C_2 或改变 R_G 还可以对导通和关断时间进行调整。当电路开始通电时,VF_1、VF_2、VF 均处于关断状态,由于电力 MOSFET 的栅极都具有很高的输入阻抗,极易因干扰或噪声而使 C_1 和 C_2 充电,造成 VF 误导通,为此设置了电阻 R_d 与电容 C_2 构成的抗干扰环节。通电后该环节通过 R_d 向电容 C_2 自动充电,使 VF_2 导通,从而保证 VF 处于关断状态。

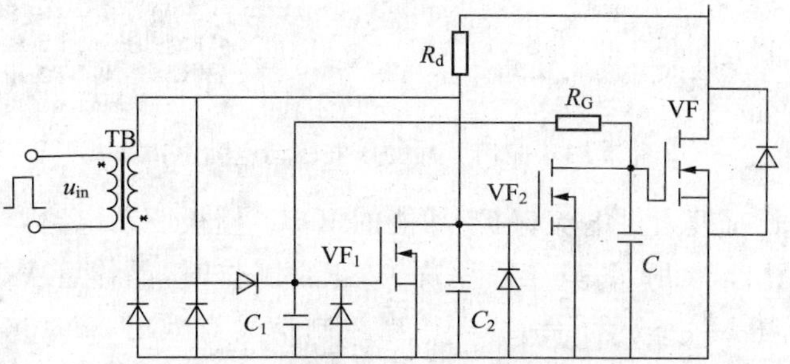

图 2.52 窄脉冲电力 MOSFET 驱动电路

4) 绝缘栅控双极型晶体管 IGBT 的栅极驱动电路[1]

由于 IGBT 以 MOSFET 为驱动输入级而以 GTR 为功率输出级,所以 MOSFET 的驱动电路同样适用于 IGBT,现举几个应用分立器件构成的 IGBT 的栅极驱动电路实例。

(1) 应用脉冲变压器直接驱动电力 IGBT

这种驱动电路的原理如图 2.53(a)所示,其输出栅极驱动电压和电流波形如图 2.53(b)所示。它的工作原理是:来自驱动脉冲形成单元的脉冲信号经高频晶体管 V 进行功率放大后加到脉冲变压器 TB 上,由脉冲变压器 TB 隔离耦合、稳压管 VS_1 和 VS_2 限幅后来驱动 IGBT。它的优点表现在:电路简单,应用廉价的脉冲变压器实现了被驱动 IGBT 与控制脉冲形成部分的隔离;驱动级不需要专门的直流电源,简化了电源结构,同时脉冲变压器传输脉冲的频率可以较高(一般高达 100kHz～几百 kHz);整个电路工作频率较高,IGBT 自身所需驱动电流又很小,所以脉冲变压器的体积可以做得很小;稳压管 VS_1、VS_2 的引入限制了加到被驱动电力 IGBT 栅极 G 与发射极 E 之间的正反向电压,防止了过高的 U_{GE} 损坏被驱动电力 IGBT 的控制绝缘栅。其不足表现在：高频脉冲变压器因漏感及集肤效应的存在较难绕制，且因漏感的存在容易出现 U_{GE} 上升及下降沿的更高频振荡。为了限制振荡，常常需增加栅极电阻 R_G，这就影响了栅极驱动脉冲前后沿的陡度，降低了可应用的最高频率，同时驱动电路自身不能对被驱动 IGBT 进行欠饱和、过饱和及过电流等保护。

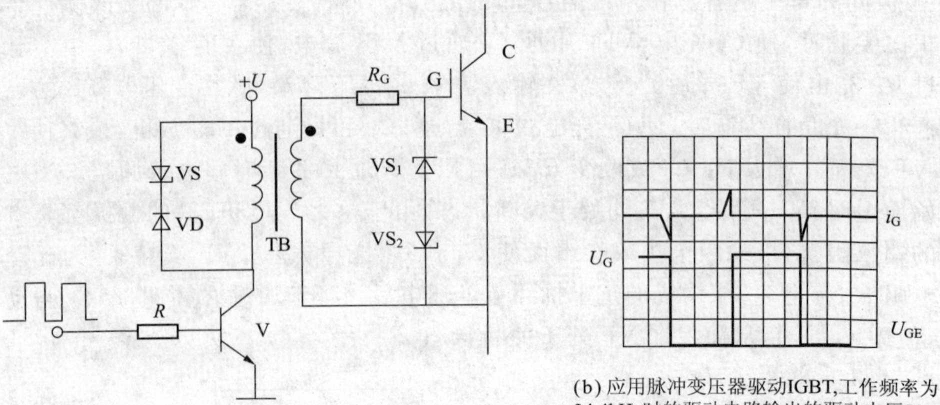

(a) 电路原理

(b) 应用脉冲变压器驱动IGBT,工作频率为34.4kHz时的驱动电路输出的驱动电压 U_{GE}(下)和被驱动IGBT的栅极电流 i_G(上)波形(横轴扫描速度为5μs/div)

图 2.53 应用脉冲变压器驱动电力 IGBT

(2) 具有“延时搜索过电流保护”功能的 IGBT 栅极驱动电路

该电路如图 2.54 所示，其工作原理为：正常工作时，晶体管 V_1 处于正偏压导通状态，控制电压 $U_{DD} \approx U_{CC}' = +20V$。当控制信号有效时，6N136 快速光耦合器输出信号为高电平，晶体管 V_3 导通，向被驱动 IGBT 提供栅-源极驱动电压 $U_{GE} \approx +15V$，IGBT 快速导通。由 R_6、C_1 组成的延时电路，使晶体管 V_5 保持截止状态，约经 1.5μs 的信号传输时间后，虽然 C_1 的端电压按指数充电规律上升，但因 IGBT 已饱和导通，且导通压降 U_{CE} 很低，通过 VD_F 的钳位作用，A 点的电压 U_M 只能为低电平，所以在 IGBT 正常工作时，晶体管 V_5 总是处于截止状态。一旦发生过电流现象，IGBT 的管压降 U_{CE} 快速升高，这时因被驱动 IGBT 集-射极压降 U_{CE} 高于电容 C_1 两端的压降，VD_F 承受反压而截止，通过被驱动 IGBT 的发射极→栅极→R_G→晶体管 V_4 发射极的回路向被驱动 IGBT 栅-射极之间施加一 −5V 的反向电压，使被驱动 IGBT 快速关断，同时由于 VD_F 反向关断，阻止了主电路高压窜入控制电路，于是电压 U_M 随 C_1 充电电压上升而增加。当过电流现象持续发生 1.5μs 左右时，电压 U_M 值使得稳压管 VS_2 得以导通，晶体管 V_2 也随之导通，并使晶体管 V_1 截止，控制电压 U_{DD} 降至+15V 以下，U_{GE} 降至+10V。在 10μs 之内，如 U_M 又恢复到低电平，则为假过电流现象，电路恢复正常工作。如过电流现象发生在 10μs 以上，即出现真过电流故障，则电压 U_M 继续上升，致使稳压管 VS_1 导通，晶体管 V_5 立即导通，晶体管 V_4 导通，V_3 关断，栅极电压信号被封锁，使被驱动 IGBT 关断，且由于 C_2 的放电作用，达到使 IGBT 低速关断的目的。同时通过 TLP521 光耦合器发出本路过电流信号去触发 RS 锁存器 A_2 并使其翻转，Q 端输出“0”，经过 GAL16V8 可编程逻辑器件 A_3 逻辑控制去封锁本路及其他各路 IGBT 的栅-源极驱动电压信号，起到分散式就地过电流检测与保护的作用。

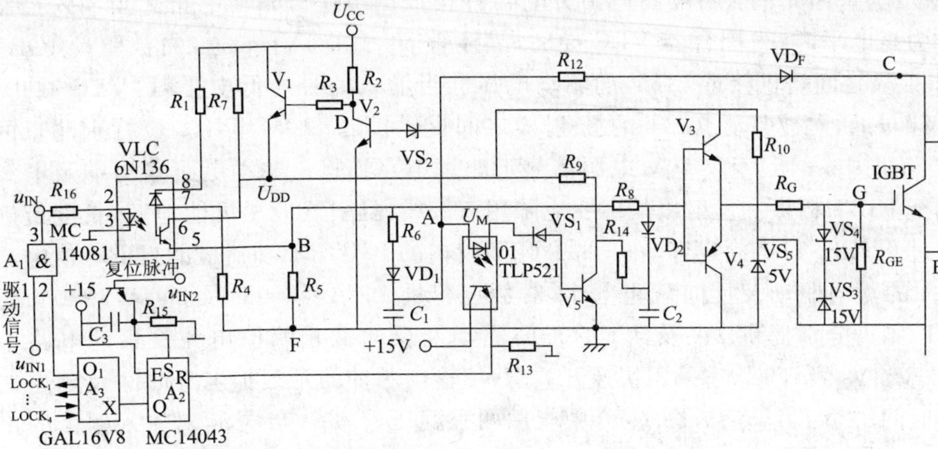

图 2.54 带有延时搜索过电流保护的 IGBT 驱动实用电路

(3) 双电源供电的 IGBT 栅极驱动电路

由于 IGBT 以 MOSFET 为输入级，所以 MOSFET 的驱动电路同样适用于 IGBT。为了使 IGBT 稳定工作，一般要求双电源供电方式。图 2.55 给出了两种典型的栅极驱动电路实例。图 2.55(a)电路中输入信号经整形后进入放大级，放大级采用有源负载方式，以提供足够的栅极电流。为消除可能出现的振荡现象，IGBT 的栅-射极间接由电阻 R 及电容 C 组成的 RC 网络实现阻尼滤波器功能，并且连接线采用双绞线方式。图 2.55(b)所示的驱动电路中，输入信号通过光耦合器进行隔离后引入驱动电路，经电力 MOSFET VF 放大后由推挽式电路 V_1 和 V_2 向 IGBT 提供栅极驱动电压。

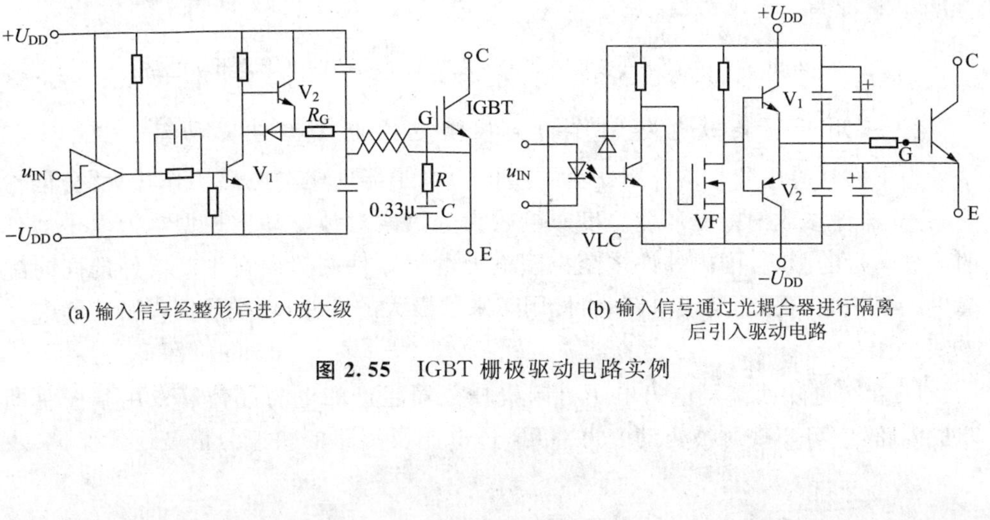

(a) 输入信号经整形后进入放大级

(b) 输入信号通过光耦合器进行隔离后引入驱动电路

图 2.55 IGBT 栅极驱动电路实例

(4) 由分立器件构成的带U_{GS}限幅保护功能的IGBT驱动电路

IGBT的驱动电路必须具备两种功能：一是实现控制电路与被驱动IGBT栅极的电隔离；二是提供合适的栅极驱动脉冲。实现电隔离可采用脉冲变压器、微分变压器及光耦合器。脉冲变压器由于体积较大、输出脉冲波形不够理想，较少采用。图2.56为采用光耦合器隔离后由分立器件构成的IGBT驱动电路。当输入控制信号为高电平时，光耦合器VLC导通，晶体管V_1截止，V_2导通，向被驱动IGBT的栅-射极之间提供接近+15V的驱动电压。当输入信号为低电平时，VLC截止，V_1、V_3导通，向被驱动IGBT的栅-射极之间提供接近−10V电压。应特别注意的是，在使用中，+15V和−10V电源需靠近驱动电路连接。驱动电路输出端及电源地端至IGBT栅极和发射极的引线应采用双绞线，且引线应尽可能地短，长度最好不超过0.5m。对于额定容量75A/1200V以内的IGBT，驱动器应能提供峰值电流为1A的正向驱动及反向截止电流，对额定容量150A/1200V及300A/1200V的IGBT，则需分别提供2A及4A的正向驱动及反向截止峰值电流。驱动电路中VLC、V_1、V_2及V_3均需采用快速开关管，使输出脉冲的延迟加上升时间及延迟加下降时间均小于1.5μs。图2.56中应用两只稳压管VS_1与VS_2对输入栅极的正向与反向驱动信号进行限幅，以防止驱动电压绝对值高于20V，而击穿IGBT的MOS栅。

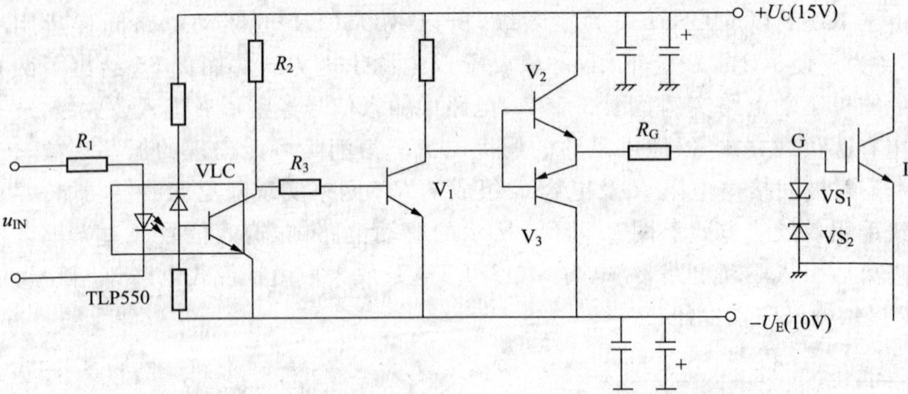

图2.56 由分立器件构成的带U_{GS}限幅保护功能的IGBT驱动电路

2. 应用专用集成电路制作的全控型电力电子器件驱动器[1]

为了弥补应用分立器件制作全控型电力电子器件驱动电路工作量大、分散性大、分立器件参数偏差受环境温度影响较大等因素对被驱动全控型电力电子器件的可靠运行的影响，国内外许多全控型电力电子器件制造商在生产器件的同时配套生产了相应的驱动集成电路，给使用带来了极大的方便，现举几例说明其特点。

1) **HL202**

HL202是陕西高科电力电子有限责任公司生产的电力晶体管专用基极驱动集成电路，它可实现对被驱动电力GTR过电流及短路的快速分散就地式保护，一旦被驱动的电力晶体管因过电流而退饱和，其集-射极电压将迅速上升到某值(该值可由 HL202 电路的外接元器件进行调整)时，HL202 能在 3μs 内自动封锁正向驱动电路，在被驱动的电力晶体管的基-射极施加负驱动电压，使被驱动电力晶体管可靠关断。另一方面，当 HL202 工作的负电源电压低于 5V 时能自动封锁输出脉冲，实现负电源电压的欠电压保护功能。

(1) 引脚排列、各引脚的名称、功能及用法

HL202 是 20 引脚的厚膜集成电路，它采用单列直插式标准封装。其外形尺寸及引脚排列如图 2.57 所示。各引脚的名称、功能及用法如下。

① 驱动信号输入端：引脚 1 及引脚 2 为 HL202 的驱动信号输入端。应用中引脚 1 接用户脉冲形成部分输出；而引脚 2 通过电阻、电容接用户控制脉冲形成部分的电源，同时引脚 2 还通过电阻和电容接用户控制电源的地。

② 工作电源连接端。

引脚 20：HL202 自身工作正电源连接端。应用中，接用户为被驱动的电力晶体管驱动器 HL202 提供的隔离电源，一般该电源取+9V。

引脚 17：HL202 自身工作负电源连接端。应用中，接用户为被驱动的电力晶体管驱动器 HL202 提供的与引脚 20 电源共地的负隔离电源，一般该电源取-6V。

③ 地端。

引脚 12：驱动电路参考地端。应用中，直接接被驱动电力晶体管的发射极及自身工作正负电源地端。

④ 控制端。

引脚 9：退饱和保护死区时间设置端。该端所接电容大小决定了 HL202 在保护后输出脉冲的最窄宽度，应用中通过一个 0.047μF 的电容接负电源。

引脚 10：退饱和电压检测输入端。该端通过一并联的电阻与电容接引脚 13，通过引脚 13 检测到的电压 U_{CE} 实际值提供给内部的欠饱和保护电路。其典型参数为：电容为 0.047μF、电阻为 100Ω。

引脚 16：退饱和保护门槛电压设置端。该端外加电压的大小决定了退饱和动作的快慢，应用中通过一固定端分别接 HL202 自身工作的正负电源，而可调端接该端的电位器。为保证该端电压的可调范围及灵敏度，外接电位器最好选用多圈

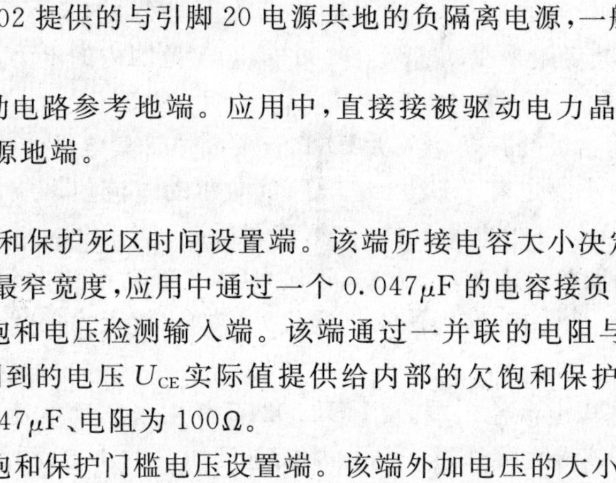

图 2.57 HL202 的外形尺寸及引脚排列

电位器，其电阻值应选0.5～1kΩ。

引脚13：贝克钳位输出端。该端可使过驱动电流流入被驱动的电力晶体管的集电极，对基极驱动电流的分流实现贝克钳位，防止被驱动电力晶体管的过饱和。同时该端还为退饱和保护提供了一个电力晶体管集-射极电压的实际检测信号。应用中，该引脚通过一个快恢复二极管接至被驱动电力晶体管集电极。对二极管的要求是其耐压 U_{RRM} 大于被驱动晶体管工作母线电压的2～3倍，其恢复时间 $t_{rr} \leqslant 1\mu s$。

⑤ 输出端。

引脚15：正驱动电流输出端。当HL202用来驱动电流容量<50A的电力晶体管时，该端直接接被驱动电力晶体管的基极。如HL202用来经功率放大后驱动电流容量在150～400A范围内的电力晶体管时，该端接外接功率放大的NPN晶体管的基极。

引脚14：接输出级互补功率放大的NPN开关晶体管集电极。该端外接电阻 R_{C1} 阻值的大小决定着HL202输出的正向驱动电流值，应用中当HL202直接驱动容量为50A以下的电力晶体管时，R_{C1} 一般取5～10Ω。该端通过一电阻接HL202工作的正电源，该电阻的取值随被驱动的电力晶体管的容量不同而不同。而当HL202经功率放大后用来驱动容量在150～400A范围内的电力晶体管时，该端外接功率放大开关晶体管的集电极后接正电源。

引脚17：接输出级互补功率放大PNP开关晶体管集电极。该端到负电源之间连接电阻 R_{C2} 的大小决定着HL202输出的负向驱动电流值。应用中当HL202直接驱动容量为50A以下的电力晶体管时，该端通过一电阻 R_{C2} 接HL202工作的负电源，对该电阻的取值要求 $R_{C2} > R_{C1}$，而当HL202经功率放大后用来驱动容量为150～400A的电力晶体管时，则该端直接接外接功率放大PNP晶体管集电极后接HL202工作的负电源。

引脚18：负基极电流输出端。当HL202直接用来驱动电流容量为50A以下的电力晶体管时，该端直接通过一防止基极电流振荡的小电感接引脚15后，通过一个1Ω的电阻接被驱动的电力晶体管基极，而当HL202用来经功率放大后驱动电流容量为150～400A的电力晶体管时，该端接外接PNP功率放大开关晶体管的基极。

引脚19：退饱和保护信号引入端。该端为HL202的退饱和保护电路提供一个被驱动电力晶体管实际集-射极电压的检测输入信号。应用中，它一方面通过一个阻值为100Ω的电阻接HL202的工作正电源，另一方面，通过一个快恢复二极管接至被驱动的电力晶体管的集电极。对该二极管的要求是，反向耐压 U_{RRM} 为被驱动的电力晶体管工作母线电压的2～3倍，而其恢复时间 $<1\mu s$。

(2) 内部结构和工作原理

HL202的内部结构如图2.58所示。在其内部集成有两个光耦合器 VLC_1、VLC_2，两个小功率开关晶体管 V_1 和 V_2，一个脉冲整形逻辑A及一个脉冲匹配、保

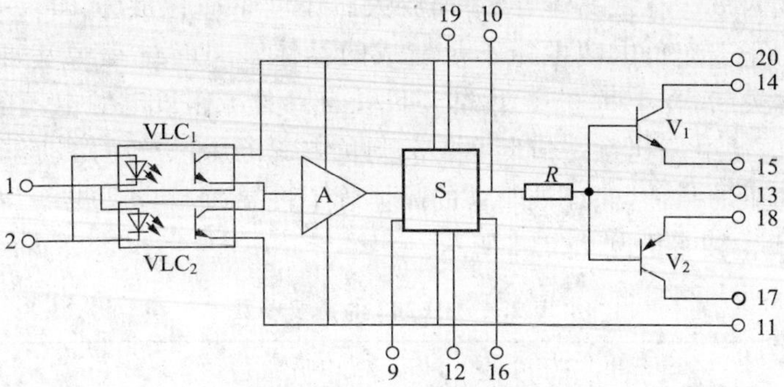

图 2.58 HL202 内部结构

护和封锁逻辑 S。

它的工作原理可简析如下：用户脉冲形成部分的输出脉冲接 HL202 的引脚 1，在该脉冲的高电平区间，上部光耦合器 VLC_1 截止，下部光耦合器 VLC_2 中的发光二极管导通发光，其电流流通路径为引脚 1→引脚 2，后经过电阻与电容加速网络到脉冲形成部分的地。此时光电耦合器 VLC_2 二次侧晶体管饱和导通输出地电平，经脉冲整形环节后，脉冲匹配及保护网络输出低电平，末级功率放大晶体管 V_1 截止，V_2 导通，给被驱动的电力晶体管基-射极施加一负偏置电压，保证被驱动电力晶体管可靠截止。另一方面，当脉冲形成环节输出为低电平时，光耦合器 VLC_1 中的发光二极管导通而发光（光耦合器 VLC_2 中的发光二极管因受反压而截止，相应地其二次侧晶体管也截止），其二次侧晶体管饱和导通，脉冲整形环节输出高电平。设被驱动的电力晶体管未退饱和，则退饱和保护电路不动作。同时由于 HL202 工作的负电源电压未出现欠电压，欠电压保护环节亦不动作，脉冲匹配及保护网络输出高电平，末级功率放大电路中的 NPN 晶体管 V_1 导通，PNP 晶体管 V_2 截止，向被驱动的电力晶体管基极提供足够的驱动电流，保证被驱动的电力晶体管运行于临界饱和状态。一旦被驱动的电力晶体管退饱和或 HL202 工作负电源电压低于−4.5V，则脉冲匹配及保护封锁逻辑 S 输出低电平，晶体管 V_2 导通，V_1 截止。由上述的分析可知，被驱动的电力晶体管基-射极反偏而可靠截止。

(3) 主要设计特点及参数

HL202 的主要设计特点有：内部集成有光耦合器，可以实现信号隔离，隔离电压可达 2500V 以上，从而满足了其用于晶体管逆变系统中被驱动的多个晶体管发射极电位不等的需要。同时它的内部设计有抗被驱动的电力晶体管过饱和的贝克钳位电路，用户可在贝克钳位端外接高反压快速二极管实现贝克钳位，防止被驱动的电力晶体管过饱和。另一方面，它的内部还设计有退饱和的保护功能，一旦被驱动的电力晶体管因过电流或其他原因退饱和，内部电路可保证在 3μs 内切断正向驱动电流，防止被驱动的电力晶体管退出饱和区进入放大区而遭受二次击穿损坏，因而应用 HL202 来驱动电力晶体管可使被驱动的电力晶体管运行于临界饱和的最优状态。HL202 采用双电源工作，其输出功率大，可直接驱动电流容量在 100A

以内的三级或两级达林顿晶体管,附加放大后还可驱动容量为150～400A的电力晶体管。为防止工作负电源电压不足造成的晶体管关断过程中基-射极负偏压不足导致不可靠关断,在HL202的内部还设计有自身工作负电源电压的欠电压保护电路,一旦负电源电压比额定值低0.5V,则负电源电压保护电路动作,封锁被驱动电力晶体管的驱动脉冲,保证被驱动的晶体管不再导通。

HL202的主要参数如表2.4所示。

表2.4 HL202的主要参数

工作正电源电压 U_{DD}	15～16V
工作负电源电压 U_{EE}	−5.5～−6V
输出最大正向驱动电流	0.5A
输出最大反向驱动电流	−3A
输入驱动脉冲幅值	高电平>13V,低电平<0.5V
欠饱和门槛电压可调范围	0.5～5.5V
输入、输出隔离电压 U_{iso}	2500V,交流,50Hz,1min

(4) 应用注意事项

① 当HL202引脚9的外接电容 C_1 为 $0.047\mu F$ 时,退饱和保护动作的延迟时间为 $3\mu s$,也就是说,在被驱动的电力晶体管退饱和 $3\mu s$ 之后,HL202能自动封锁正向驱动电流。退饱和的动作延迟时间大小与电容 C_1 的容量成比例地变化,C_1 越大则延迟时间越长,如被驱动的电力晶体管导通时的冲击电流较大,则应适当延长死区时间。

② 退饱和保护门槛电平在引脚16悬空时为5V,当需改变退饱和保护电平时,需外接电位器来改变引脚16的电平。

③ 引脚18所接的电感 L 约为几微亨,选择适当的电感值可使被驱动的电力晶体管的关断过程最优,并可避免被驱动的电力晶体管基极电流的振荡。

④ 引脚14的外接串联电阻的取值为

$$R_{C1}=(U_{DD}-U_{CES}-U_{BE})/I_{B1}(\Omega) \tag{2.3}$$

式中,U_{DD} 为HL202工作的正电源电压,单位为V;U_{CES} 为HL202内部末级功率放大NPN开关晶体管 V_1 的饱和压降,单位为V;U_{BE} 为被驱动的电力晶体管的基-射极电压降,对三级达林顿管约为2.1V,对两级达林顿管约为1.4V,单管GTR约为0.7V,单位为V;I_{B1} 为被驱动的电力晶体管所希望的基极驱动电流,单位为A。

当被驱动电力晶体管的基极电流为0.5～1.5A时,R_{C1} 为5～10Ω。

⑤ 引脚17的外接电阻 R_{C2} 决定着被驱动的电力晶体管关断过程中负电流的大小,较小的 R_{C2} 可使HL202提供较大的负关断电流,加速被驱动的电力晶体管的快速关断,减小关断损耗。但过快的关断反而会减小被驱动的电力晶体管的反向安全工作区,过大的 R_{C2} 将使被驱动的电力晶体管的关断过程变长,增加关断过程

中的损耗，甚至不能保证被驱动的电力晶体管可靠关断。因而 R_{C2} 的取值要综合考虑关断损耗、反向安全工作区、关断时间等众多因素，一般取 $R_{C2}>R_{C1}$。

⑥ HL202 合理应用的接线和推荐参数如图 2.59 所示。用它驱动电力晶体管时，被驱动的电力晶体管退饱和后的保护波形如图 2.60 所示。

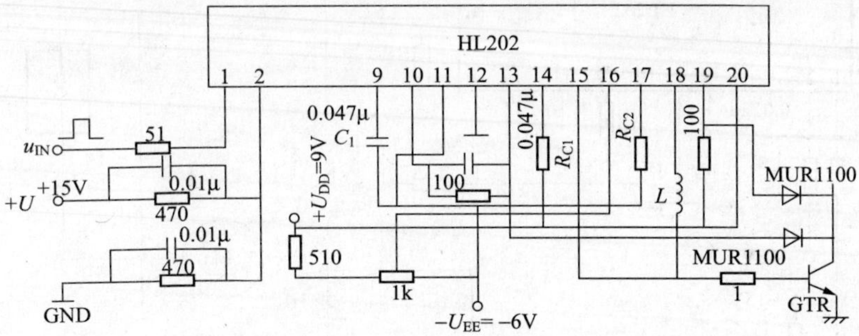

图 2.59 HL202 合理应用的接线和推荐参数

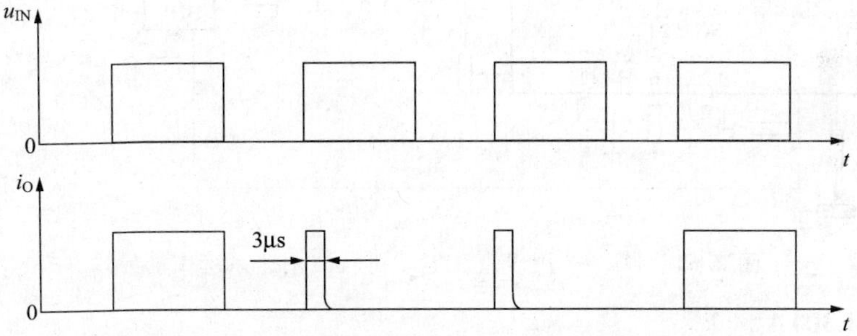

图 2.60 用 HL202 驱动 GTR 的退饱和后的保护波形

(5) 实 例

HL202 独特巧妙的设计，使它可方便地用于主功率器件为电力晶体管供电的直流电动机斩波调速、PWM 正反转可逆调速、位置伺服系统以及交流电动机的变频调速、开关电源、正弦波逆变电源等领域，取代分立式电力晶体管驱动电路，使被驱动电力晶体管高性能地工作。图 2.61 给出了应用 SG3524 作为 PWM 脉冲发生器，用 HL202 来驱动电力晶体管 GTR 的直流电动机斩波调速系统的原理。其中应用 SG3524 内部的运算放大器构成闭环调节器，而以其内部的比较器实现了集中过电流保护，因而该系统具有较好的稳速效果和较大的调速范围。在该应用中，HL202 工作的正电源电压选为 9V，负电源电压选为 −6V，电阻 R_{C1} 选为 10Ω，电阻 R_{C2} 选为 15Ω，欠饱和保护的延迟时间选为 1.5μs，因而决定了 C_1 为 0.022μF。由于被驱动的电力晶体管为 50A 的容量，直流母线电压为 220V，故应用 HL202 直接输出来驱动 GTR。贝克钳位及退饱和检测用快恢复二极管均选为 800V/1A 的 MUR180，其反向恢复时间为 35ns，图 2.61 中的反馈信号来自霍尔电压传感器 BHL 的二次侧。

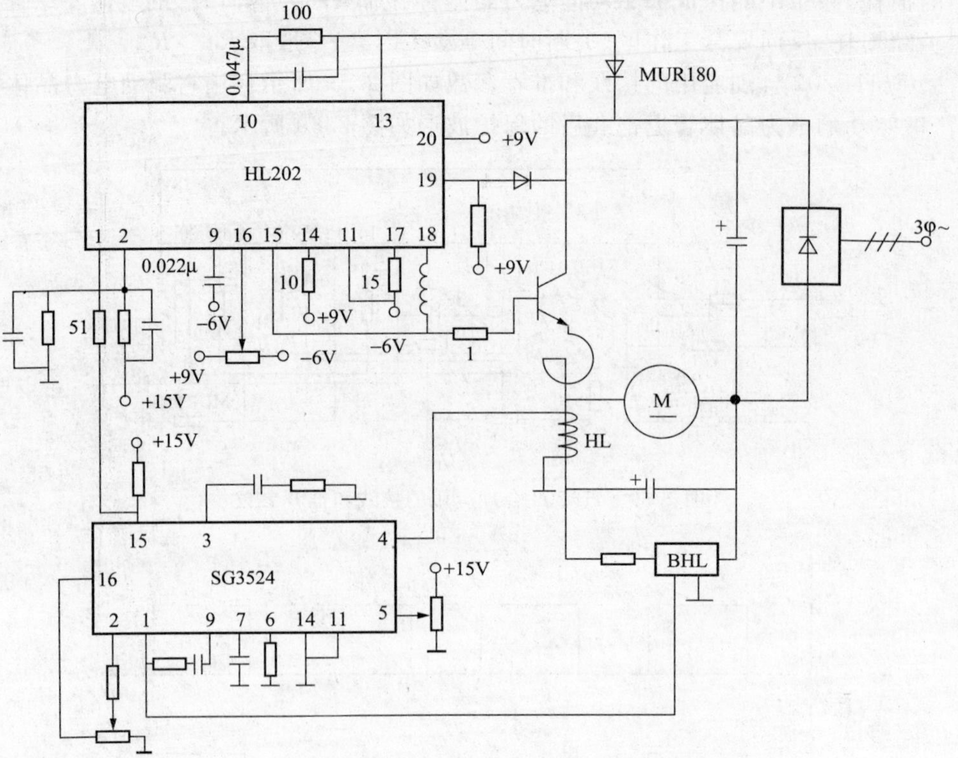

图 2.61 HL202 用于直流电动机斩波调速系统中的原理

2）**HL301A**

HL301A 是专门为 GTO 门极驱动而设计的前级驱动电路，由陕西高科电力电子有限责任公司生产。它能产生 GTO 正常工作对驱动器所要求的三组触发脉冲，可用来组装 600A 及以上 GTO 的驱动器。它使 GTO 驱动器的可靠性增加，使触发部分所占的印刷板尺寸大大减小，为在 GTO 驱动器中增加更多的保护显示功能创造了条件。GTO 前级厚膜驱动器为国内首创，填补了国内空白。

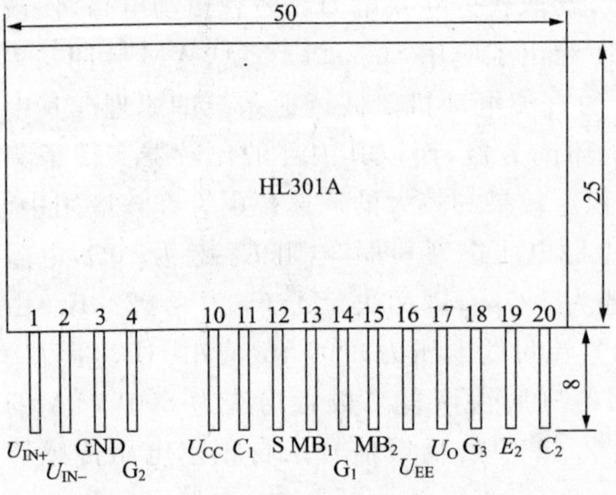

图 2.62 HL301A 的引脚排列及外形尺寸

（1）引脚排列、各引脚的名称、功能及用法

HL301A 采用单列直插式 20 引脚标准厚膜集成电路封装，对外引出 15 个引脚。它的引脚排列和外形尺寸如图 2.62 所示，芯片厚度＞6mm。各引脚的名称、功能及用法见表 2.5。

表 2.5 HL301A 的引脚名称、功能及用法说明

引脚号	符 号	名 称	功能及用法
1	U_{IN+}	控制信号输入正端	使用中接用户外接光耦合器隔离输出的脉冲信号正端
2	U_{IN-}	控制信号输入负端	使用中接用户外接光耦合器隔离输出的脉冲信号负端
3	GND	参考地端	整个 HL301A 的输出脉冲参考地端，接用户提供的输出级供电电源地
4	G_2	正平顶触发信号输出端	应用中通过一电阻接外部正平顶脉冲功放用 MOSFET 栅极
10	U_{CC}	自身工作电源输入端	接用户提供的工作电源，该电源应与用户脉冲形成部分电位隔离
11	C_1	正强触发脉冲信号宽度调节电容连接端	通过一电容接 HL301A 工作地端(引脚 3)
12	S	输出触发脉冲端	应用中接正平顶脉冲功放及正强触发脉冲功放用 MOSFET 的源极及被驱动 GTO 门极(图 2.65)
13	MB_1	外接微分耦合脉冲变压器连接端 1	接微分耦合脉冲变压器的初级一端(另一端接 HL301A 工作地)
14	G_1	正强触发脉冲输出驱动信号连接端	通过一电阻接外接正强触发脉冲功放电路中功放场效应晶体管栅极(图 2.64)
15	MB_2	外接微分耦合变压器连接端 2	接微分变压器次级绕组一端(另一端接 HL301A 工作外部电路需要的负电源)
16	U_{EE}	自身工作负电源连接端	接用户为 HL301A 提供的工作负电源，该负电源应与 U_{DD}共地
17	U_O	输出负驱动信号端	接用户外接负关断驱动脉冲第一级功放晶体管基极
18	G_3	负关断驱动脉冲信号输出端	接外接负关断驱动脉冲第一级功放晶体管发射极及通过电阻接负关断驱动脉冲第二级功放 MOSFET 栅极(图 2.65)
19	E_2	负偏置电压连接端	向内部电路提供−0.7V 电压，在接外接负关断脉冲第一级功放晶体管集电极的同时接一外部二极管的阴极(二极管阳极接 HL301A 工作电源的参考地)
20	C_2	负触发脉冲宽度调节电容连接端	通过一电容接 HL301A 工作参考地端

(2) 内部结构及工作原理简述

HL301A 的内部结构如图 2.63 所示。由图可知，HL301A 内含一组脉冲放大器及两组脉冲分配及一外接电解电容的正端(电解电容的负端接 HL301A 工作的负电源，见图 2.64)的脉冲发生器，其工作原理可表述为：用户输入的 GTO 触发脉冲信号 u_{IN}，经外配的光耦合器隔离后提供给 HL301A 的输入级，先经 HL301A 内部的脉冲功放电路放大后，再用两组脉冲分配发生器进行合理的分配，从而给外配功放电路按被驱动 GTO 正常工作的需要提供正强触发脉冲、正平顶触发脉冲及负关断脉冲三组前级驱动信号，经外接功放电路功率放大及匹配后驱动 GTO。

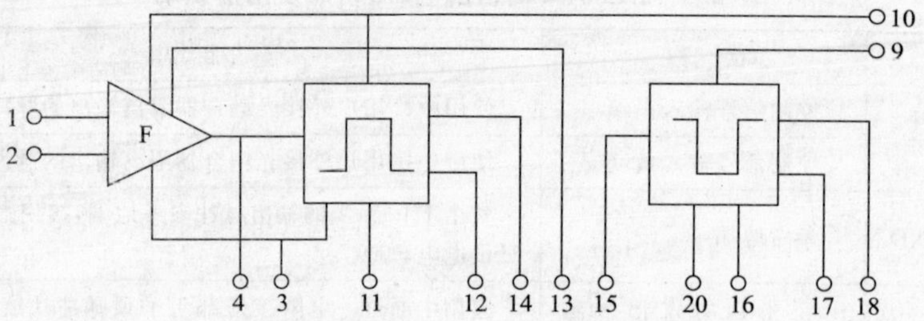

图 2.63 HL301A 的内部结构

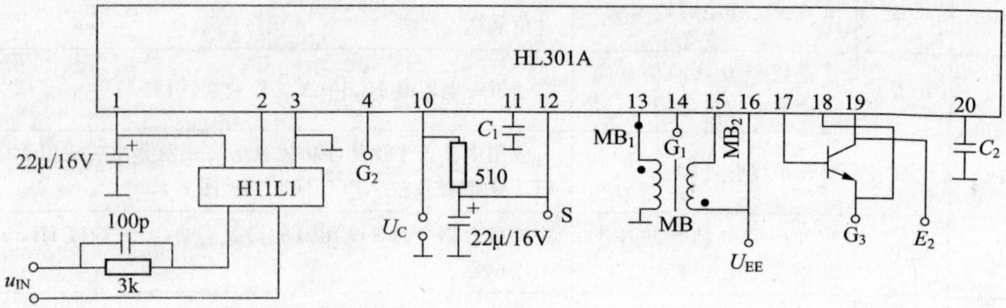

图 2.64 HL301A 的典型应用

(3) 主要设计特点及电参数

HL301A 能产生与控制信号前沿同步的正强触发脉冲信号，其宽度可通过外接电容 C_1 任意设定(一般设定为 10～30μs)，同时 HL301A 能产生与控制信号等宽的正平顶脉冲信号，在控制信号结束的后沿延迟 1μs 后产生负关断脉冲触发信号，此脉冲信号的宽度可通过外接电容 C_2 任意设定(一般设置为 80～150μs)。

HL301A 的电参数如表 2.6 所示。

表 2.6 HL301A 的电参数

供电电压	两组互相隔离的 15～18V
输入驱动信号	高电平＞13V，输入最大电流＜20mA
正强触发脉冲信号电压幅值	高电平＞11V，低电平＜－3V
正强触发脉冲信号电流幅值	高电平时为 2A，低电平时为 1A
正平顶脉冲触发信号	高电平＋11V，1A；低电平－3V，0.5A
负关断触发脉冲信号幅值	在外接功放晶体管时为＋14V，5A
输入、输出间隔离电压	＞2500V，1min

(4) 典型应用接线

HL301A 的内部结构及工作原理决定了它可以用来组装 600A 及 600A 以上的 GTO 驱动器。图 2.64 给出了其典型应用。图 2.65 给出了应用它构成的实际 GTO 门极驱动器实际电路。其中，VF_1、VF_2、VF_3、V 分别用来进行脉冲功率放大，而 H11L1 及 MB 是为了实现输入、输出间的电位隔离，需要用户外加的光耦合器和微分隔离脉冲变压器。该图的工作原理可简述为：输入信号 u_{IN} 经高速光耦合器 H11L1 隔离后进入 HL301A 的 1、2 引脚，HL301A 的引脚 14、4、18 输出 u_{G1}、u_{G2} 和 u_{G3}，分别驱动 GTO 触发器中的 VF_1、VF_2、VF_3 三组功率放大用电力场效应晶体管，其中 VF_1、VF_2 为单只电力场效应晶体管，VF_3 为多只电力场效应晶体管并联。VF_1、VF_2、VF_3 三组晶体管分别给出正强触发、正平顶脉冲和负关断脉冲，送至被驱动 GTO 器件的门阴极。GTO 驱动器的 +6V、+15V、−15V 三组电源与 HL301A 端 10 所接的 +15V 电源不共地。电容器 C_1 决定正强触发脉冲的宽度，当宽度为 30μs 时，C_1 约为 1000pF。电容 C_2 决定了负关断触发脉冲的宽度，当负关断触发脉冲宽度为 120μs 时，C_2 约为 10 000pF。微分变压器 MB 实现正、负驱动脉冲的隔离，采用 $\Phi7 \sim \Phi10$ 的 M2K 磁环，原、副边各绕 30 匝，隔离耐压不低于 500V 即可。晶体管 V 实现前级负脉冲的放大，可采用 TIP41C。VF_1、VF_2 可采用型号为 IRF540 的电力场效应晶体管。VF_3 采用型号为 IRF054 或 2SK1389 的多只并联电力场效应晶体管，并联数决定了被驱动 GTO 的电流容量。一般来讲，被驱动的 GTO 电流容量越大，需要的门极关断电流越大，并联的功率放大用场效应晶体管数量就越多。

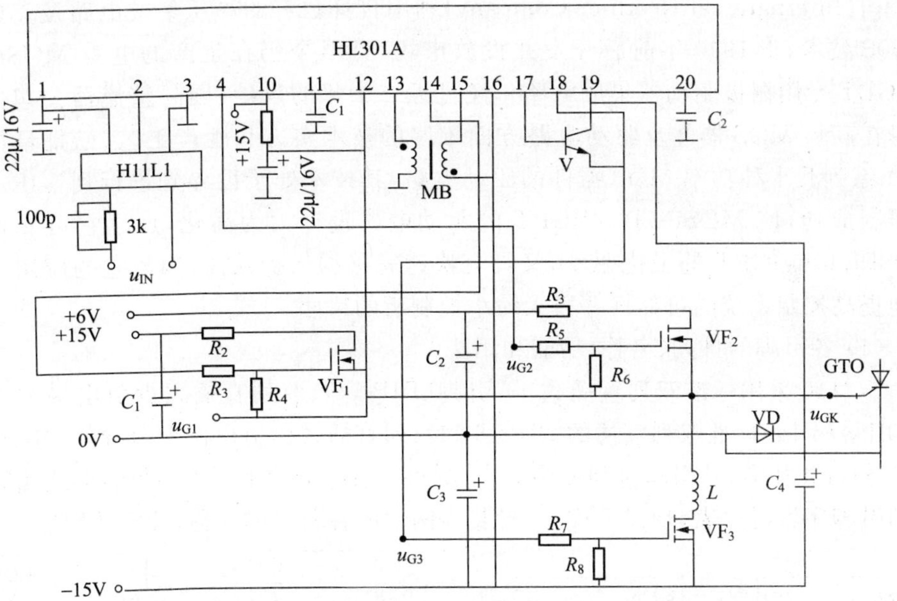

图 2.65 应用 HL301A 构成的实际 GTO 门极驱动器电路

(5) 输入、输出波形

图 2.66 给出了应用 HL301A 构成的图 2.65 所示实际门极驱动器电路的输入、输出波形，由此图可以加深理解 GTO 门极驱动器 HL301A 的应用工作过程和 HL301A 的工作原理。

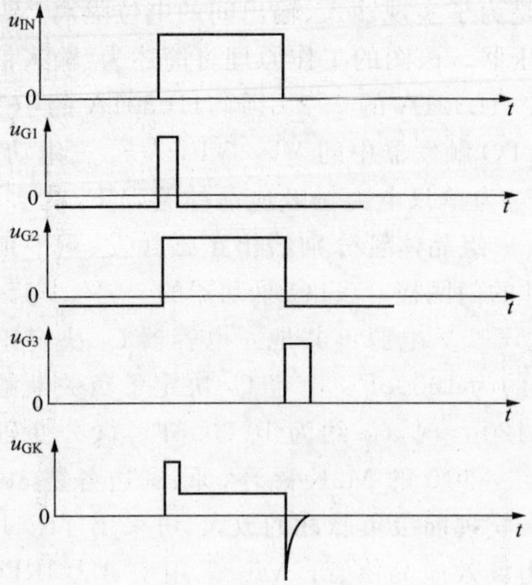

图 2.66 应用 HL301A 构成的图 2.65 所示实际 GTO 门极驱动器之输入、输出波形

3）**IR2110**

IR2110 是具有两路驱动输出的桥臂 MOSFET 栅极驱动器，由美国国际整流器公司(International Rectifier Company)利用自身独有的高压集成电路及无闩锁 CMOS 技术，于 1990 年前后开发并投放市场，且至今仍在生产的电力 MOSFET 和 IGBT 专用栅极驱动器集成电路。经过近二十年的发展，国际整流器公司依靠自身在高频 MOS 器件及驱动电路方面雄厚的技术实力和生产工艺，已批量推出 IR21 系列几十种功率 MOS 器件的驱动电路，其技术处于世界先进行列。IR2110 的研制成功，使 MOSFET 和 IGBT 的驱动电路设计大为简化，加之它可实现对 MOSFET 和 IGBT 的最优驱动，又具有快速完善的保护功能，因而它的应用可极大地提高控制系统的可靠性并极大缩小控制板的尺寸。

(1) 各引脚的排列、名称、功能和用法

IR2110 采用标准双列直插式 14 引脚(DIP-14)、双列直插式少引出一个引脚的 DIPw/o-14、标准双列直插的 DIP-16 和双列直插式少引出两个引脚的 DIPw/o-16 四种封装外形，其引脚排列如图 2.67 所示。表 2.7 给出了不同封装形式相同功能的引脚序号对照表，现以 DIP-14 封装为例说明各引脚的名称、功能及用法。

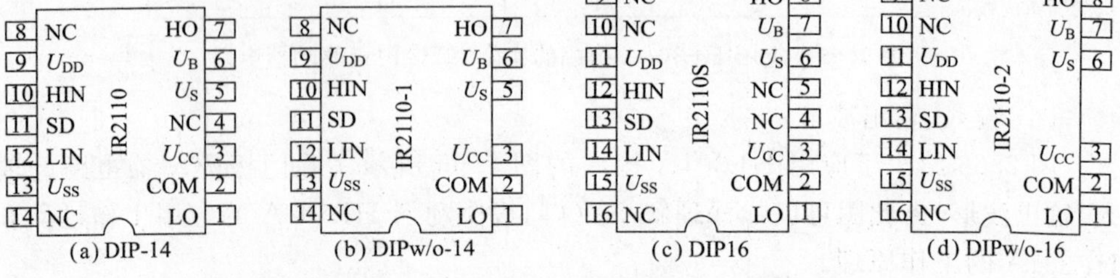

图 2.67 IR2110 的引脚排列及封装形式(引脚朝下)

表 2.7 不同封装外形的 IR2110 引脚对照表

引脚符号	不同封装的引脚号			
	DIP-14	DIPw/o-14	DIP-16	DIPw/o-16
LO	1	1	1	1
COM	2	2	2	2
U_{CC}	3	3	3	3
NC	4,8,14	8,14	4,5,9,10,16	9,10,16
U_S	5	5	6	6
U_B	6	6	7	7
HO	7	7	8	8
U_{DD}	9	9	11	11
HIN	10	10	12	12
SD	11	11	13	13
LIN	12	12	14	14
U_{SS}	13	13	15	15

引脚 10(HIN)及引脚 12(LIN):分别为驱动逆变桥中同桥臂上下两个电力 MOS 器件的驱动脉冲信号输入端,应用中,接用户脉冲形成部分的对应两路输出。对这两个信号的限制为 $U_{SS}-0.5V \sim U_{CC}+0.5V$,这里 U_{CC} 与 U_{SS} 分别为连接到 IR2110 的引脚 13(U_{SS})与引脚 9(U_{DD})端的电压值。

引脚 11(SD):保护信号输入端。当该端接高电平时,IR2110 的输出信号全被封锁,其对应输出端恒为低电平,而当该端接低电平时,则 IR2110 的输出跟随引脚 10 与 12 而变化,应用中该端接用户故障(过电流、过电压或外电路其他故障)保护电路的输出。对该端信号的限制同 LIN 及 HIN 端。

引脚 6(U_B)与引脚 3(U_{CC}):分别为上下通道互锁输出级电源输入端。应用中引脚 3 直接接用户提供的输出级电源正极,且通过一个较高品质的电容接引脚 2,而引脚 6 通过一阴极连接到该端阳极连接到引脚 3 的高反压快恢复二极管与用户提供的输出级电源相连,对 U_{CC} 的参数要求为 $\geqslant -0.5V$,而 $\leqslant +20V$。

引脚 9(U_{DD}):芯片输入级工作电源端,使用中接用户为该芯片工作提供的高性能电源,为抗干扰该端应通过一高性能去耦网络接地。该端可与引脚 3(U_{CC})使用同一电源,也可分开使用两个独立的电源。

引脚 2(COM):下通道 MOSFET 驱动输出参考地端,使用中与引脚 13(U_{SS})直接相连,同时接主电路桥臂中下通道 MOSFET 的源极。

引脚 1(LO)与引脚 7(HO):分别为对应引脚 12 及引脚 10 的两路驱动信号输出端,使用中分别通过一电阻接主电路中同桥臂下上通道 MOSFET 的栅极。为防止干扰,通常分别在引脚 1 与引脚 2 及引脚 7 与引脚 5 之间并接一个 10kΩ 的电阻。

引脚 5(U_S):上通道 MOSFET 驱动信号输出参考地端,使用中与主电路中上通道被驱动 MOSFET 的源极相通。

引脚 8(NC)与引脚 14(NC)、引脚 4(NC):均为芯片制造工艺中的空引脚,使用中悬空,允许统一接用户提供的工作电源 U_{DD}或接其参考地(图 2.78)。

引脚 13(U_{SS}):芯片工作参考地端,使用中直接与供电电源地端相连,所有去耦电容的一端应接该端,同时与引脚 2 直接相连。

(2) 内部结构及工作原理分析

IR2110 的内部结构及工作原理如图 2.68 所示。从图 2.68 可见,其内部集成有一个逻辑信号输入级及两个独立的、分别以高压、低压为基准的输出通道,它的主要构成是三个独立的施密特触发器、两个 RS 触发器、两个 U_{DD}/U_{CC}电平转换器、一个脉冲放大环节、一个脉冲滤波环节、一个高压电平转换网络及两个或非门、六个 MOS 场效应晶体管、一个具有反相输出的与非门、一个反向器和一个逻辑网络。

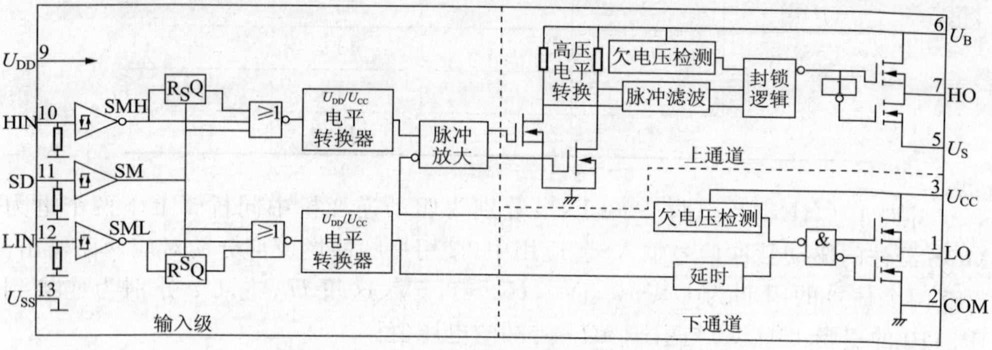

图 2.68 IR2110 的内部结构及工作原理

IR2110 的工作原理可简述如下:两个输出通道(上通道及下通道)的控制脉冲通过逻辑电路与输入信号相对应,当保护信号输入端为低电平时,同相具有施密特触发器功能的 SM 输出为低电平,两个 RS 触发器的置位信号无效,则两个或非门的输出跟随 HIN 及 LIN 变化,控制信号有效;而当 SD 端输入高电平时,因 SM 输出高电平,两个 RS 触发器置位,两个或非门输出恒为低电平,控制输入信号无效,此时即使 SD 变为低电平,但由于 RS 触发器由 Q 端维持高电平,所以两个或非门输出将保持低电平,直到施密特触发器 SMH 和 SML 输出脉冲的上升沿到来,两个或非门才因 RS 触发器翻转为低电平而跟随 HIN 及 LIN 变化。由于逻辑输入级中的具有施密特触发器功能的反向驱动器具有 $0.1U_{DD}$的滞后带,因而整个逻辑输入级具有良好的抗干扰能力,并可接受上升时间较长的输入信号,再则逻辑电路以其自身的逻辑电源为基准,这就决定了逻辑电源可用比输出级工作电源电压低得多的电源电压。为了将逻辑信号电平转变为输出驱动信号电平,片内应用了两个抗干扰性能很好的 U_{DD}/U_{CC}电平转换电路,该电路的逻辑地电位(U_{SS})和功率电路地电位(COM)之间允许有±5V 的额定偏差,因此决定了逻辑电路不受输出驱动开关动作产生的耦合干扰的影响。集成于片内下通道内的延时网络实现了两个通道的传输延时,此种结构简化了对控制电路时间上的要求;两个通道分别应用了两个相同的交替导通的推挽式连接的低阻场效应晶体管，它们分别由两个N沟道的MOSFET驱动，因而其输出的峰值电流可达2A以上。由于这种推挽式结构，驱动容性负载时上升时间比下降时间长。对于上通道，很窄的开通和关断脉冲由脉冲发生器产生，并分别由HIN的上升和下降沿触发。脉冲发生器产生的两路脉冲用以驱动两个高压DMOS电平转换器，这两个转换器接着又对工作于悬浮电位上的RS触发器进行置位或复位，这便是以地电位为基准的HIN信号电平转换为悬浮电位的过程。由于每个高压DMOS电平转换器仅在RS触发器置位或复位时开通一段很短的开关脉冲时间，因而使功耗达到最小。再则，U_S端快速du/dt瞬变造成的RS触发器的误触发可通过一个鉴别电路与正常的下拉脉冲有效地区别开来。这样，上通道基本上可承受任意幅值的du/dt值，并保证了上通道的电平转换电路即使在U_S端电压降到比COM端还低4V时仍能正常工作。对于下通道，由于正常时SD为低电平，U_{CC}不欠电压，所以施密特触发器SML的输出使下通道中的或非门输出跟随LIN而变化。此变化的逻辑信号经下通道中的U_{DD}/U_{CC}电平转换器后加给延时网络，由延时网络延时一定的时间后加到与非门电路，其同相和反相输出分别用来控制两个互补输出级中的低阻场效应晶体管驱动级的MOS管。当U_{CC}低于电路内部的整定值时，下通道中的欠电压检测环节动作，在封锁下通道输出的同时封锁上通道的脉冲产生环节，使整个芯片的输出封锁；而当U_B欠电压时，则上通道中的欠电压检测环节输出仅封锁上通道的输出脉冲。图2.68中用虚线对上下通道及控制脉冲输入级进行了分块。

(3) 主要设计特点和参数限制及推荐工作条件

IR2110的主要设计特点如下。

① IR2110内部应用自举技术来实现同一集成电路可同时输出两个驱动逆变桥中高压侧与低压侧的通道信号，它的内部为自举操作设计了悬浮电源，悬浮电源保证IR2110直接可用于母线电压为−4～+500V的系统中驱动电力MOSFET或IGBT。同时器件本身允许驱动信号的电压上升率达±50V/ns，故保证了芯片自身有整形功能，实现了不论其输入信号前后沿的陡度如何，都可保证加到被驱动MOSFET或IGBT栅极上的驱动信号前后沿很陡，因而可极大地减少被驱动电力电子器件的开关时间，降低开关损耗。

② IR2110的功耗很小，因此可极大地减小应用它来驱动电力MOSFET或IGBT器件时栅极驱动电路的电源容量。从而可减小栅极驱动电路的体积和尺寸，当其工作电源电压为15V时，其功耗仅为1.6mW。

③ IR2110的合理设计，使其输入级电源与输出级电源可应用不同的电压值，因而保证了其输入与CMOS或TTL电平兼容，而输出级具有较宽的驱动电压范围，它允许工作电源电压范围为5～20V。同时，允许逻辑地与工作地之间有−5～+5V的电位差。

④ 在IR2110内部不但集成有独立的逻辑电源，与逻辑信号相连接来实现与用户脉冲形成部分的匹配，而且还集成有滞后和下拉特性的施密特触发器的输入

级，及对每个周期都有上升或下降沿触发的关断逻辑和两个通道上的延时及欠电压封锁单元，保证了当驱动电路电压不足时封锁驱动信号，防止被驱动电力MOSFET或IGBT器件退出饱和区，进入放大区而损坏。

⑤ IR2110完善的设计，使它自身可对输入的两个通道信号之间产生合适的延时，保证了加到被驱动的逆变桥中同桥臂上的两个电力MOSFET或IGBT器件的驱动信号之间有一互锁时间间隔，因而防止了被驱动的逆变桥中两个电力MOSFET或IGBT器件同时导通导致的直流电源直通而短路的危险。

⑥ 由于IR2110是应用无闩锁CMOS技术制作的，因而决定了其输入输出可承受大于2A的反向电流。它的最高工作频率高，内部电路决定了输入信号与输出信号之间的延时极小。对两个通道来说，其典型开通延时为120ns，而关断延时为94ns，且两个通道之间的延时误差不超过±10ns，因而决定了IR2110可用来实现最高工作频率大于1MHz的栅极驱动。

⑦ IR2110的输出级采用推挽结构来驱动电力MOSFET或IGBT，因而它可输出最大为2A的驱动电流，且开关速度较快，当所驱动的电力MOSFET或IGBT器件的栅-源极等效电容为1000pF时，该开关时间的典型值为25ns。

IR2110的极限参数如表2.8所示。

表2.8 IR2110的极限参数

最大高边工作电源电压 U_B	−0.3～+525V	门极驱动输出最大(脉冲)电流 I_{max}	2A
最高工作频率 f_{max}	1MHz	工作电源电压 U_{CC}	−0.3V～+25V
存储温度 T_{stg}	−55～+150℃	工作温度范围 T_A	−40～+125℃
允许最高结温 T_{jmax}	+150℃	逻辑电源电压 U_{DD}	−0.3V～U_{SS}+25V
允许参考电压 u_S 临界上升率	du_S/dt:50 000V/μs	高边悬浮电源参考电压 U_S	U_B−25V～U_B+0.3V
高边悬浮输出电压 U_{HO}	U_S−0.3V～U_B+0.3V	逻辑输入电压 U_{IN}	U_{SS}−0.3V～U_{DD}+0.3V
逻辑输入参考电压 U_{SS}	U_{CC}−25V～U_{CC}+0.3V	低边输出电压 U_{LO}	−0.3V～U_{CC}+0.3V
功耗 P_D	DIP-14封装1.6W， DIP-16封装1.6W， SOIC-16封装1.25W		

推荐工作条件如表2.9所示。

表2.9 IR2110的推荐工作条件

高边悬浮电源绝对值电压 U_B	U_S+10V～U_S+20V	高边悬浮电源参考电压 U_S	500V
低边输出电压 U_{LO}	0V～U_{CC}	低边工作电源电压 U_{CC}	10～20V
逻辑电源电压 U_{DD}	U_{SS}+5V～U_{SS}+20V	逻辑电源参考电压 U_{SS}	−5～5V
逻辑输入电压 U_{IN}	U_{SS}～U_{DD}	工作环境温度 T_A	−40～125℃

(4) 应用注意事项

IR2110 独特的结构决定了它通常可用于驱动单管斩波、单相半桥、单相全桥、三相全桥逆变器或以其他方式连接的高压 N 沟道电力 MOSFET 或 IGBT，其下通道的输出直接用来驱动逆变器(或以其他方式连接)中的低压侧电力 MOSFET 或 IGBT，而它的上通道输出则用来驱动需要高电位栅极驱动的高压侧的电力 MOSFET 或 IGBT，在它的应用中需注意下述问题。

① IR2110 应用时与外电路的典型连接如图 2.69 所示。通常，它的输出级工作电源是一悬浮电源，这是通过一种自举技术由固定的电源得来的。充电二极管 VD 的耐压能力必须大于高压母线的峰值电压，为了减小功耗，推荐采用一个超快恢复的二极管。自举电容 C 的值依赖于开关频率、占空比和电力 MOSFET 或 IGBT 栅极的充电需要。应注意的是，电容两端耐压不允许低于欠电压封锁临界值，否则将产生保护性关断。对于 5kHz 以上的开关应用，通常采用 0.1μF 的高频无感电容是合适的。

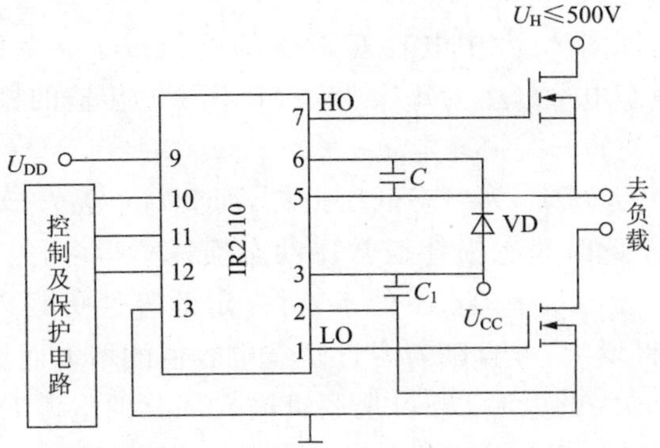

图 2.69 IR2110 应用时与外电路的典型连接

② 为了向需开关的容性负载提供瞬态电流，应用中应在 U_{CC} 和 COM 间、U_{DD} 和 U_{SS} 间连接两个旁路电容，这两个电容及 U_B 和 U_S 间的储能电容都要与 IR2110 器件就近安装。建议 U_{CC} 与地之间的旁路电容用一个 0.1μF 的陶瓷电容和一个 1μF 的钽电容并联，而逻辑电源 U_{DD} 与 COM 间并联有一个 0.1μF 的陶瓷电容就足够了。

③ 大电流的 MOSFET 或 IGBT 相对需要较大的栅极驱动能力，IR2110 的输出即使对这些器件也可进行快速的驱动。为了尽量减小栅极驱动电路中的电感，每个 MOSFET 或 IGBT 应分别连接到 IR2110 的引脚 2 和引脚 5(DIP-1＃型封装)作为栅极驱动信号的反馈。对于较小电流的 MOSFET 或 IGBT，可在输出处串一个栅极电阻，栅极电阻的值依赖于电磁兼容(EMI)的需要、开关损耗及最大允许 du/dt 值。

④ IR2110 的总功耗是高压母线电压、U_{CC} 和 U_{DD}、开关频率、占空比、传输栅极驱动电量、工作结温的函数。总功耗可分为高压开关损耗和低压损耗两部分。高

压开关损耗通过下式计算：

$$P_{D(HV)}=U_H I_{LK} d+(U_{BON}+U_{BOFF})Q_P f \tag{2.4}$$

式中，U_H 为高压母线电压；I_{LK} 为 U_B 到地的漏电流；d 为高压侧开关通断的占空比；Q_P 为高压电平转换脉冲的平均电量；U_{BON} 及 U_{BOFF} 为开通脉冲及关断脉冲的平均电压；f 为高压通道的开关频率。

显而易见，$U_H I_{LK} d$ 为静态高压开关损耗，而 $(U_{BON}+U_{BOFF})Q_P f$ 为动态高压开关损耗。由于电平转换损耗通常比漏电损耗大得多，因而静态损耗通常可忽略。实验证明，当 U_B 为定值时，对容性负载来说，在一定的工作温度下，随着被驱动的MOSFET或IGBT工作开关频率的提高，在固定的高压母线电压 U_H 下，$P_{D(HV)}$ 值将线性增大，并且随着被驱动MOSFET或IGBT工作电路中高压母线电压的提高，$P_{D(HV)}$ 亦增大。而实际上，在电平转换期间，U_S 是变化的。

低压功耗可用下式来计算：

$$P_{D(LV)}=U_B IQ_{TOT}+2U_{BIAS}Q_G f+U_{BIAS}Q_{CMOS} f \tag{2.5}$$

式中，U_{BIAS} 为低压偏压，假设 $U_{DD}=U_{CC}=U_{BS}$，U_{BS} 为IR2110上通道输出功率放大级的工作电源电压，即图2.68中电容 C 两端的电压；IQ_{TOT} 为总静态电流；f 为开关频率；Q_{TOT} 为总静态电量；Q_G 为每次驱动MOSFET传输的栅极电量；Q_{CMOS} 为与内部CMOS电路有关的开关损耗电量。

显而易见，式中 $U_B IQ_{TOT}$ 为静态低压损耗，而 $2U_{BIAS}Q_G f+U_{BIAS}Q_{CMOS} f$ 为动态低压开关损耗。由于此时静态损耗通常比动态损耗小得多，因而可以忽略静态损耗。实验证明，在 $U_{DD}=U_{CC}=U_{BS}$ 条件下，对一定的容性负载来说，随着开关频率的提高，$P_{D(LV)}$ 值线性增大，并且随着容性负载电容值的增大而增大。

⑤ 功率输出驱动级的电源 U_B 可从逻辑输入部分的电源 U_{CC} 通过自举技术产生。此时接于 U_{CC} 与 U_B 之间的二极管应为超快恢复二极管，且其电流定额取决于被驱动MOSFET或IGBT的容量与工作频率，一般1A的电流容量可满足使用，其反压不应低于600V。接于 U_B 与 U_S 之间的电容应为低串联电感、高稳定性、低漏电、高频率特性的钽电容或瓷片电容，电容量可选0.1～10μF。自举电容的电容量可按下式计算：

$$C_{BOOT}\geqslant 2I_{QBS}t_{ON}/(U_{CC}-1.5-10) \tag{2.6}$$

式中，I_{QBS} 为高边通道的静态电流，t_{ON} 为高边通道中被驱动电力MOSFET或IGBT器件每周期的导通时间，U_{CC} 为逻辑部分的电源电压。

⑥ 当 U_{CC} 与 U_B 使用不同的两独立电源时，应注意两电源电位上严格隔离，且 U_{CC} 的地端为引脚COM，而 U_B 的参考地端为 U_S，此时接于 U_{CC} 与 U_B 之间的二极管已不需要。

⑦ IR2110可直接用来驱动电流容量小于几十安、工作时母线电压不高于600V的MOSFET或IGBT。当用其来驱动更大功率的MOSFET或IGBT时，可采用图2.70所示的放大缓冲电路。该电路在输入控制脉冲改变状态时，R_1 在几十纳秒内限制通过IRFD9110(VF_1)与IRFD110(VF_2)的导通电流。当输入信号

改变状态为低电平时，驱动用 MOSFET IRF9110（VF_4）的栅极电容快速放电，从而使被驱动 MOSFET 或 IGBT 快速关断；在输入信号变为高电平时，VF_4 通过 R_1 快速充电，其导通时间将延迟一个由 R_1 与被驱动 MOSFET（VF_4）或 IGBT 栅极输入电容 C_2 决定的时间常数。

图 2.71 给出了应用上述缓冲器后驱动 MOSFET 模块，IR2110 输出及缓冲器输出与 MOSFET 模块漏极电流的关系。

⑧ 不论是否使用功率放大缓冲电路，都应用尽可能短的连线将 IR2110 与被

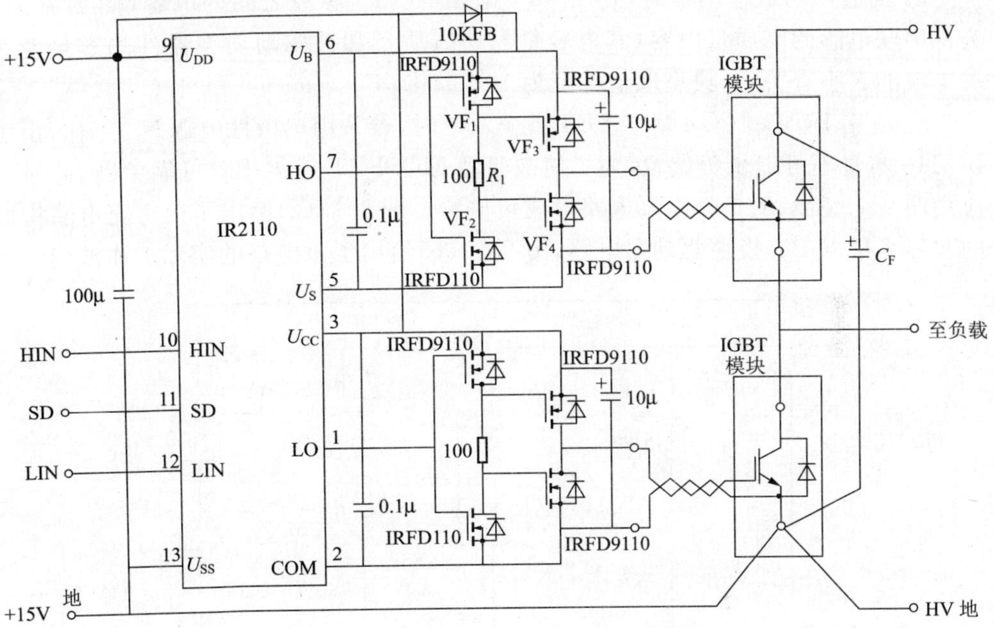

图 2.70 应用 IR2110 经功率放大缓冲电路后驱动大功率 MOSFET 或 IGBT 模块

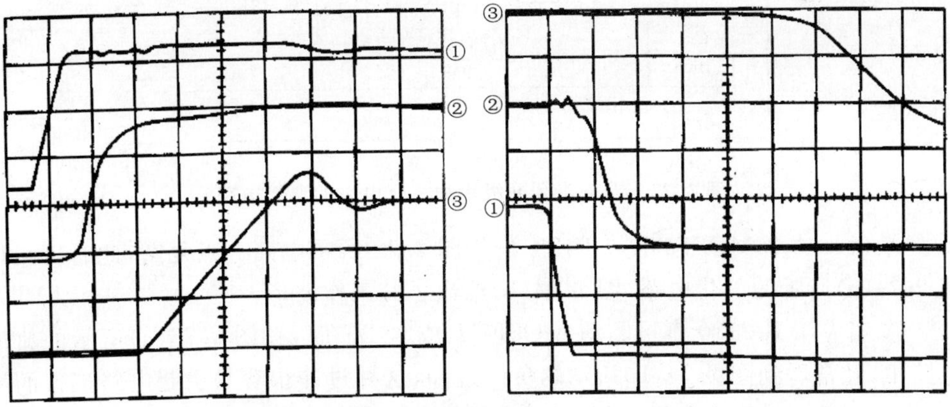

①IR2110输出;②放大缓冲器输出;③MOSFET漏极电流

(a) 开通过程　　(b) 关断过程

图 2.71 IR2110 输出经功放后驱动 MOSFET 模块的典型波形（感性负载 60A）

驱动功率器件相连，并尽可能使用双绞线或同轴电缆屏蔽线。当使用功率放大缓冲输出级时，从 IR2110 至功率放大缓冲电路输出级输入及电路的输出级输出至被驱动 MOSFET 或 IGBT 的引线都应为尽可能短的双绞线或同轴电缆屏蔽线。

⑨ 用 IR2110 驱动 MOSFET 或 IGBT 时，应采用单点接地技术，集中接地点应为被驱动 IGBT 的发射极或 MOSFET 源极。当多个 IR2110 用来驱动桥式电路时，应将下通道中的两个电力 MOSFET 或 IGBT 器件的发射极或源极用一较粗的短线相连，并将该公共线作为集中接地点。

⑩ 当应用功放输出级时，并于 VF_3 漏极与 VF_4 源极之间的电容(图 2.70)应为低串联电感的高质量电容，其电容量与布线质量和被驱动功率器件的容量及开关电流的大小有关，其典型取值范围为 10～1000μF。

⑪ 应用 IR2110 驱动 MOSFET 或 IGBT 时，若采用单极性电源 U_{CC} 工作，由于 IR2110 本身不可提供负偏置，为了使被驱动 MOSFET 或 IGBT 可靠关断，此时可应用图 2.72 所示的负充电泵电路形成负偏置。图 2.73(a)给出了由负充电泵构成的实际半桥 IGBT 模块驱动器电路，图 2.73(b)给出了该电路的实际工作波形。

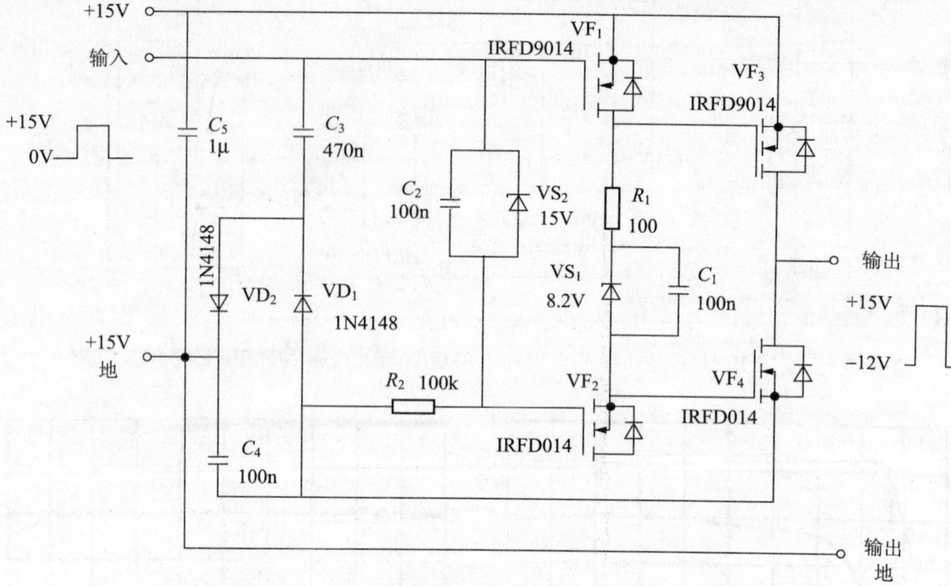

图 2.72 在输出缓冲级增加负充电泵的典型电路

⑫ 对小功率 MOSFET 或 IGBT 应用图 2.72 所示电路有点复杂，此时可采用图 2.74(a)所示的简化电路，图 2.74(b)给出了其工作波形。

⑬ 当应用 IR2110 直接驱动 MOSFET 或 IGBT 时，在图 2.75(a)所示的典型电路中，经常看到图 2.75(b)所示的负向过冲，这种过冲很容易引起电路工作的噪声，影响电路的正常工作，解决的办法有两种：通过增加 IR2110 与被驱动器件栅极之间的电阻来降低被驱动器件的关断，图 2.76 给出了典型的串联电阻与负向过冲之间的关系；在 U_S 与 U_{CC} 参考地 COM 之间串接高压超快开通时间及超快恢复时

间的二极管，同时在 U_S 与被驱动 MOSFET 源极或 IGBT 发射极之间串联电阻，其电路如图 2.77 所示，这种处理方法的典型工作波形与图 2.74(b)相近。

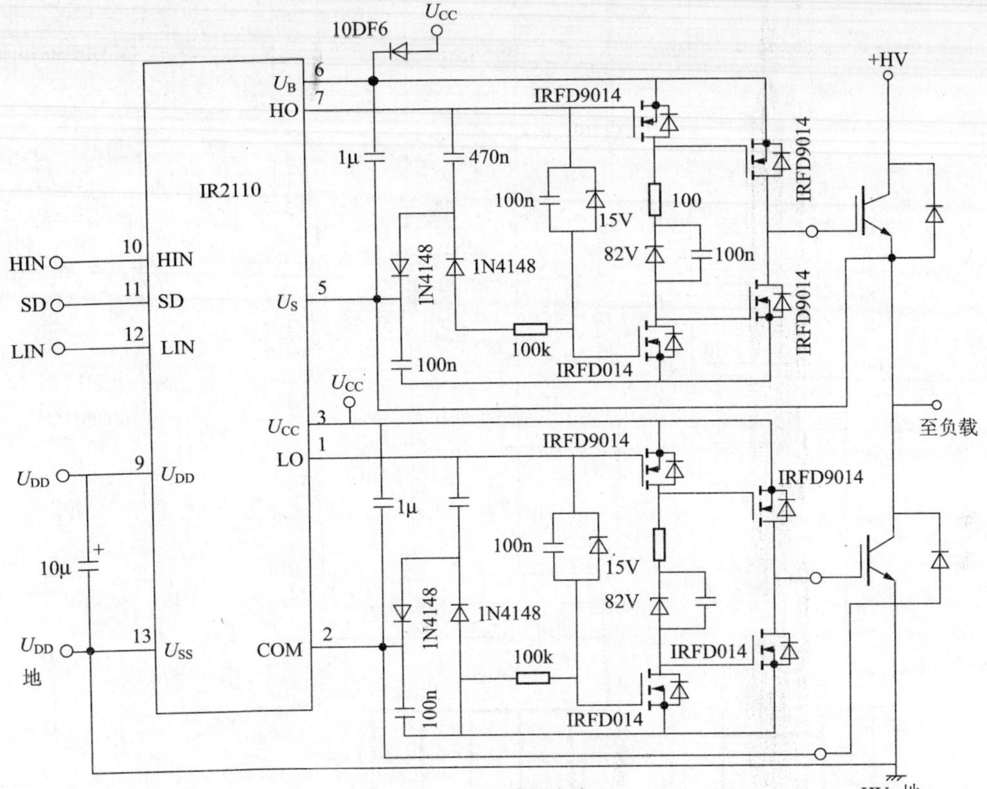

(a) 实际电路

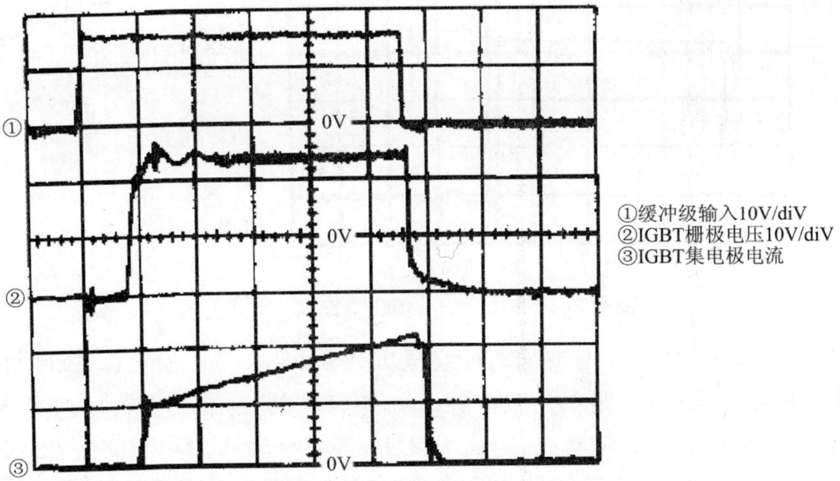

(b) 工作波形

图 2.73 具有负偏置的半桥驱动器电路及工作波形

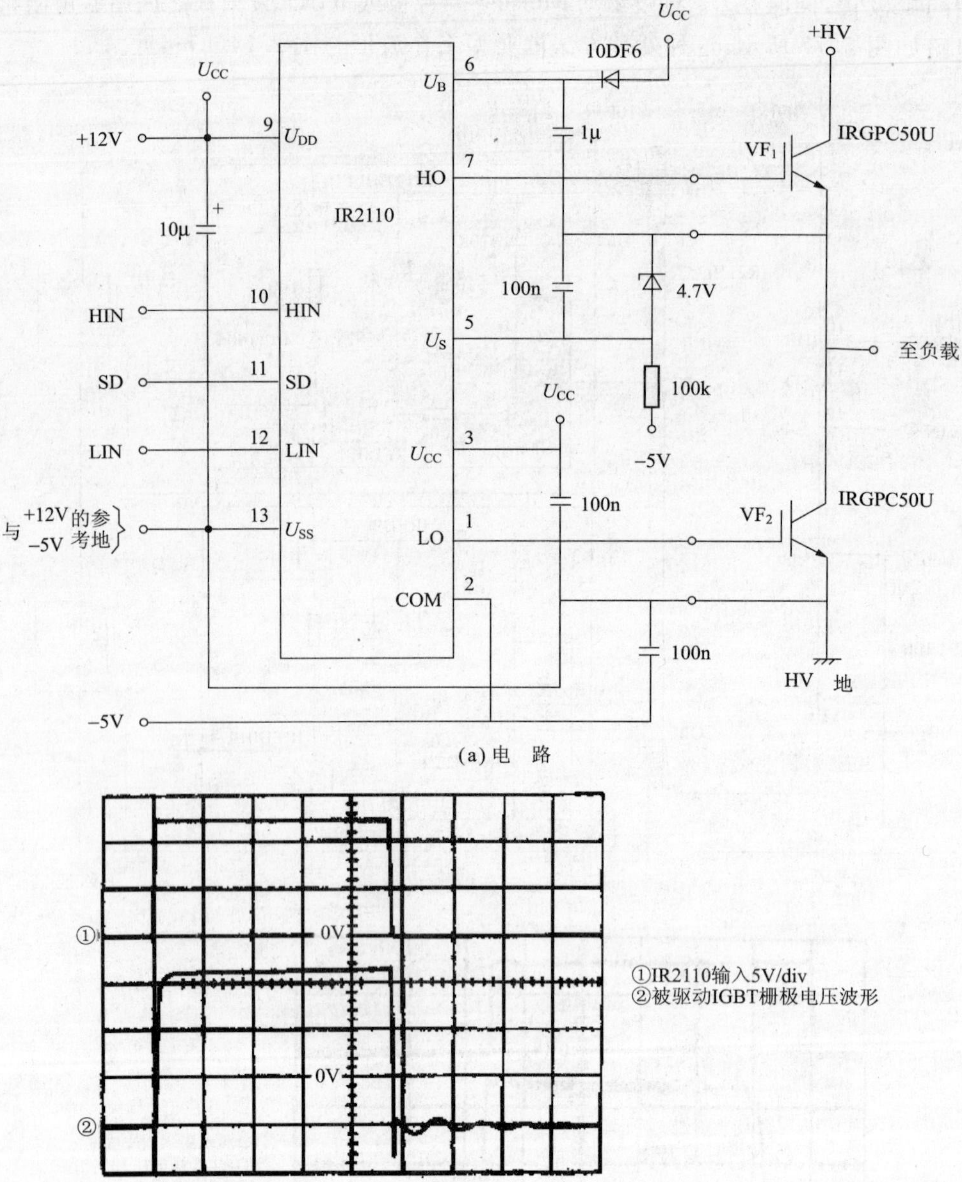

(a) 电 路

(b) 波 形

图 2.74 简化后的负偏压电路及工作波形

⑭ 尽管 IR2110 允许用来驱动母线电压为 600V 的 MOSFET 或 IGBT，但考虑到实际电路工作时，电路中分布电感 L 总是存在的，这将引起尖峰过电压 $L\mathrm{d}i/\mathrm{d}t$，影响电路中的实际工作电压，因而 IR2110 多用于输入为单相交流 220V、整流后直流电压为 310V 或直流母线电压低于 310V 的系统，对采用三相 380V 进线经整流后直流电压为 510V 的变流系统，应用 IR2110 电压安全裕量太小，故一般不采用。

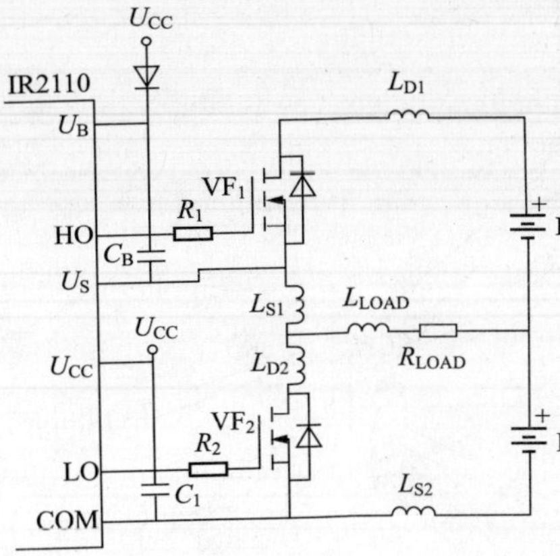

(a) 典型电路

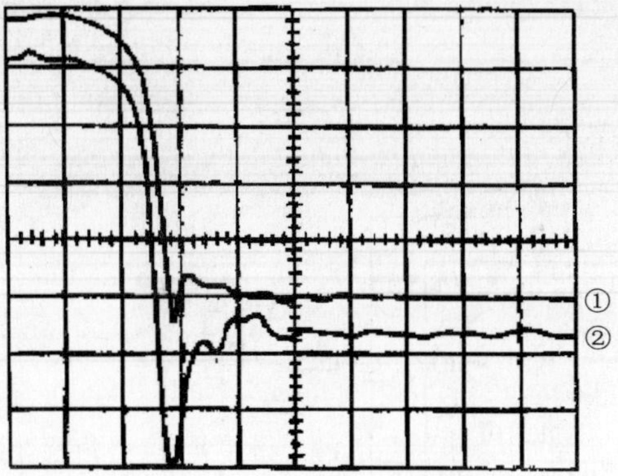

(b) 工作波形

注:①续流二极管上的负过冲；②IR2110 U_S引脚的负过冲；L_{D1}、L_{S2}、L_{S1}、L_{D2}为分布参数。

图 2.75 应用 IR2110 驱动 MOSFET 的典型电路与常见工作波形

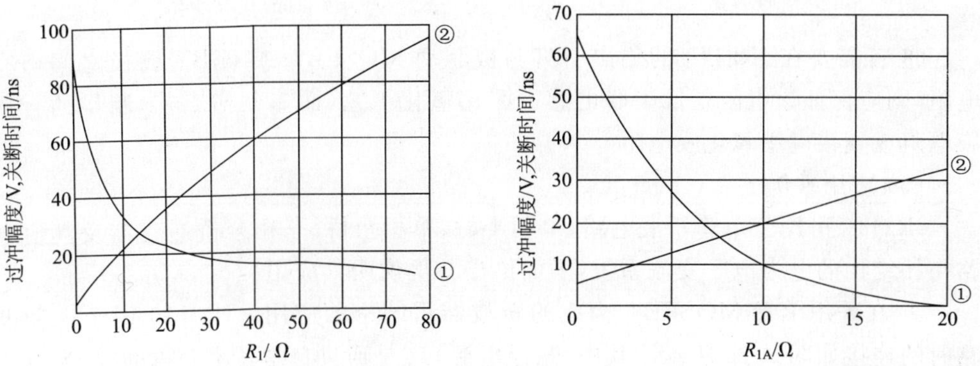

(a) 仅在IR2110的HO端与被驱动器件栅极之间串联电阻R_1

(b) 仅在IR2110的U_S端与MOSFET源极之间串电阻R_{1A}(R_1=0)

注:①过冲幅度;②关断时间。

图 2.76 串联电阻与负向过冲的关系

⑮ IR2110 的引脚 2 与引脚 13 提供了两个地端,这是为抑制干扰而设计的,内部并没有连通,使用中必须用外电路引线将其短接。

⑯ 调试中观测波形时,应注意示波器的地线问题,防止由于双通道示波器内部地线相通造成同时观察高边及低边通道时引起系统短路。使用中最好把示波器的地线接于被驱动电力 MOSFET 或 IGBT 器件上,而不是 IR2110 的引脚上。

⑰ 排制印刷板时应尽可能减小被驱动电力 MOSFET 或 IGBT 器件的栅极充放电回路,这有利于提高开关速度和抑制振荡,并减小分布电感的影响及 IR2110 的功耗。被驱动电力 MOSFET 或 IGBT 的源极或发射极应独立地直接接于 IR2110 的引脚 2 或引脚 5 上。图 2.78 给出了 IR2110 使用中排制印刷板时的合理布线。

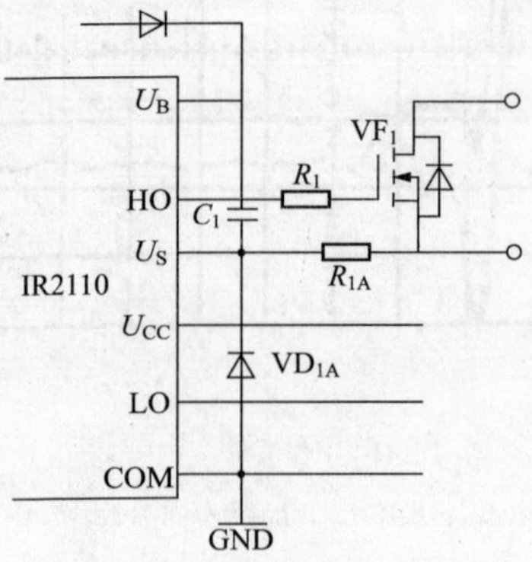

图 2.77 限制反向过冲的另一种方法

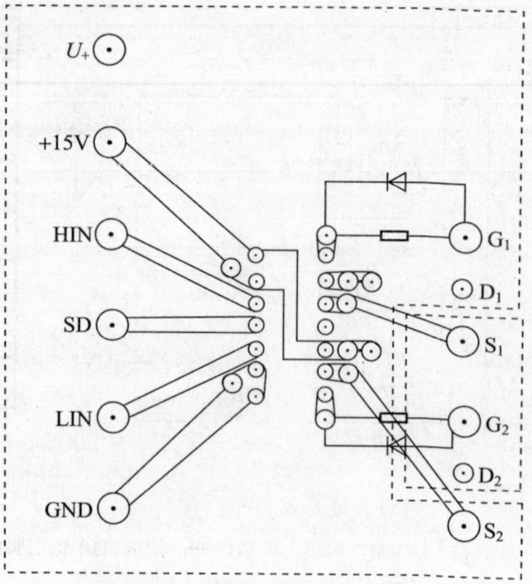

图 2.78 IR2110 使用中排制印刷板时的合理布线

⑱ 若需要在 IR2110 的输出引脚与被驱动 MOSFET 或 IGBT 栅极之间串联电阻，则应保证该电阻是低串联电感的采用氧化工艺（而非刻槽工艺）制作的金属膜电阻或直接应用氧化膜电阻。

（5）应用举例

IR2110 可用于单管斩波电路、单相半桥、单相全桥、三相全桥逆变器及其他电路拓扑结构的电力电子变流系统，下面给出几例说明其应用。

① 在采用单管 MOSFET 构成的斩波器系统中的应用。IR2110 用于这种电路时的连接如图 2.79 所示。其中，悬浮电源 U_B 是通过自举技术获得的，C 为自举电容，VD 为充电二极管，VD_1 为续流二极管。在这种应用中，IR2110 仅用了一个单独的电源 U_{CC}，下通道的输入直接接地，其逻辑电路电源与主电路为共地电位。

② 在正向逆变器系统中的应用。IR2110 用于这种线路时的接线如图 2.80 所示，在该应用中，IR2110 的下通道及上通道共用一个输入脉冲信号，因而决定了其输出 HO 与 LO 同相位。该逆变器的工作原理为，当上通道输出 HO 为高电平时，VF_1 导通，此时因下通道输出 LO 亦为高电平，因而 VF_4 导通、VF_3 关断、VF_2 导通，电流经高压电源 HV、场效应晶体管 VF_1、负载 Z 及场效应晶体管 VF_2 流通。而当上侧通道的输出 HO 及下侧通道的输出 LO 为低电平时，VF_1 及 VF_4 关断、VF_3 导通，感性负载 Z 的续流通路为 VF_3、Z 及 VD_1 到高压电源。由此可见，这种逆变器无论输入控制信号为高电平还是低电平，在负载 Z 上的电流及电压都为一种正方向（从左到右），所以称为正向逆变器。图 2.80 中应用霍尔电流传感器 BHL 来实现负载电流的取样，其作用为向保护电路提供一个过电流保护信号，以进行过电流保护。

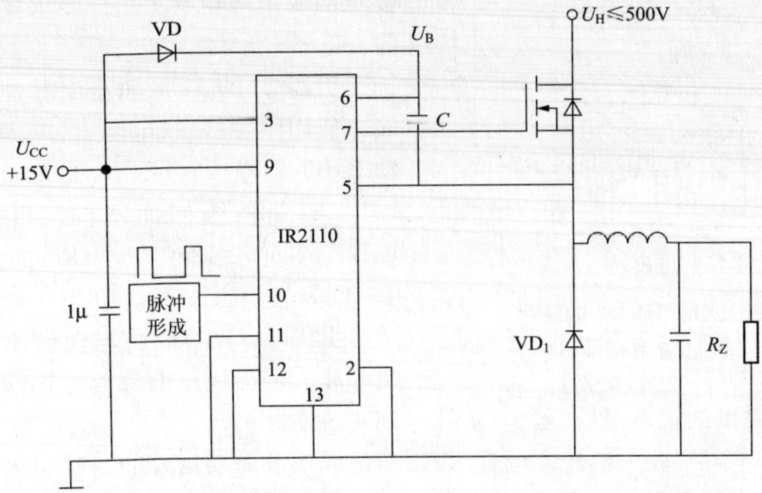

图 2.79 IR2110 用于单管 MOSFET 构成的斩波器系统中的原理

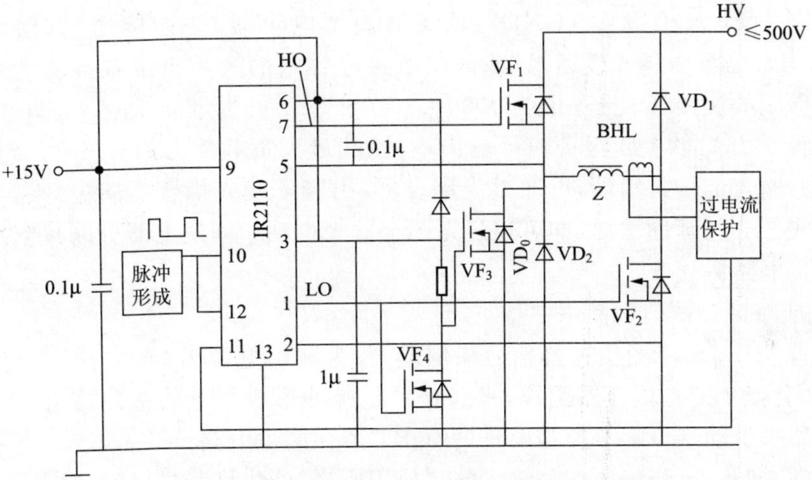

图 2.80 IR2110 用于正向逆变器系统中的原理

4) **HL402A(B)**

HL402A 是我国自行研制的、具有自主知识产权的绝缘栅控双极型晶体管 IGBT(亦可用于电力 MOSFET)的栅极驱动集成电路,其工作频率高,输出电流大,自身具有降栅压与软关断双重保护功能,且降栅压与软关断时间可通过外接电容方便地进行调节。该驱动电路由陕西高科电力电子有限责任公司生产。

(1) 引脚的排列、名称、功能及用法

HL402 的外形尺寸及引脚排列如图 2.81 所示。它采用标准单列直插式 17 引脚厚膜集成电路封装,对外引线共有 15 个引脚。

引脚 1(U_{EE}):驱动输出脉冲负极连接端。使用时,接被驱动 IGBT 的发射极。

引脚 2(U_{DD}):被驱动的 IGBT 脉冲功率放大输出级正电源连接端。应用中,

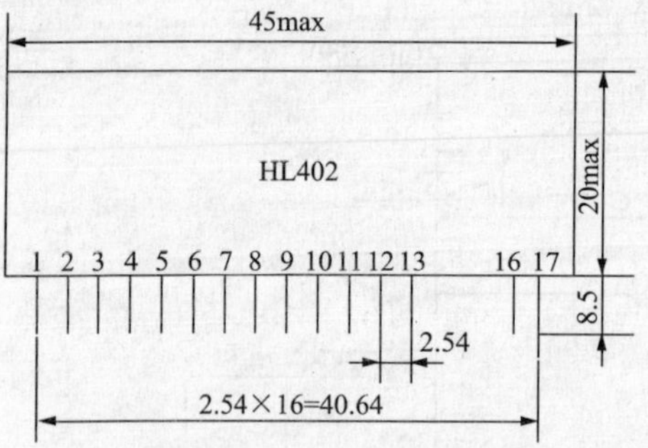

图 2.81 HL402 的外形尺寸及引脚排列

接驱动输出级电源正端，要求提供的电压为+25～+28V。

引脚 3(U_G)：驱动输出脉冲正极连接端。使用中，经串联电阻 R_G 后直接接被驱动 IGBT 的栅极，电阻 R_G 的取值随被驱动 IGBT 容量的不同而不同。当被驱动的 IGBT 为 50A/1200V 时，R_G 的典型值为 0～20Ω(1W)。

引脚 4(GND)：被驱动的 IGBT 脉冲功率放大输出级正电源参考地端。接用户为输出级提供的正电源(一般为+24～+25V)地端。

引脚 5(SC)：软关断斜率电容器 C_5 的接线端及驱动信号的封锁引入端。使用中，可通过光耦合器二次侧并联于 C_5 两端(集电极接引脚 5，发射极接引脚 10，发光二极管接用户集中封锁信号输入)来直接封锁被驱动 IGBT 的脉冲输出。

引脚 5(SC)、引脚 10(GND)：软关断斜率电容器 C_5 连接端(其引脚 10 在 HL402 内部已与引脚 4 接通)。该两端所接电容量的大小决定着被驱动的 IGBT 软关断斜率的快慢，C_5 推荐值为 1000～3000pF。

引脚 6(I_O)：软关断报警信号输出端，该端最大负载能力为 20mA。它可作为被驱动的输入信号封锁端，可通过光耦合器(引脚 6 接光耦合器阴极)来封锁控制脉冲形成部分的脉冲输出，亦可通过光耦合器来带动中间继电器分断被驱动 IGBT 所在的主电路。

引脚 7(NC)：空脚，使用中悬空。

引脚 8(U_{O1})：降栅压报警信号输出端，最大输出电流为 5mA。该端可通过光耦合器(引脚 8 接光耦合器阴极)来封锁控制脉冲形成部分的脉冲输出，亦可通过光耦合器来带动继电器分断被驱动的 IGBT 所在的主电路。

引脚 9(U_{IN1})：降栅压信号输入端。使用中，需经快恢复二极管(二极管阳极接该端)接至被驱动 IGBT 的集电极，当需要降低动作门槛电压值时，可再反串入稳压二极管(稳压管的阴极接引脚 9)。需要注意的是，该快恢复二极管必须是高压、超高速快恢复型，其恢复时间应不超过 50ns，经反串稳压二极管后，由原来的动作门槛电压(8.5V)减去稳压管的稳压值即为新的门槛电压。降栅压功能可通过将引脚 13 与引脚 10 相短接而删除。

引脚 11(C_2)、引脚 10(GND)：降栅压延迟时间电容器 C_6 的连接端。该两端所接电容器电容量的大小决定着降栅压延迟时间的长短。该电容器的推荐电容值为 0～200pF，当该电容值的电容量大时，短路电流峰值较大，所以此电容一般可不接。

引脚 12(C_1)、引脚 10(GND)：降栅压时间定时电容器 C_7 的连接端。当该电容器较大时，经较长的降栅压时间后被驱动的 IGBT 才关断，这将造成被驱动的 IGBT 损坏的危险性的增加，所以 C_7 的值不能取得太大。但 C_7 的值也不能取得太小，过小的

C_7 将造成被驱动的 IGBT 快速降栅压后关断，这有可能导致回路中本身存在的分布电感因被驱动的 IGBT 快速关断而引起过高的 di/dt，产生尖峰过电压 Ldi/dt，击穿被驱动的 IGBT。所以，C_7 的取值要适当，一般推荐使用值为 510～1500pF。

引脚 16(U_{IN-})：内置静电屏蔽层的高速光耦合器输入侧二极管阴极连接端。应用中，直接接用户脉冲形成部分的输出(当引脚 17 通过电阻接正电源时)，亦可直接接控制脉冲形成部分的地(当引脚 17 接脉冲形成部分的脉冲输出时)。

引脚 17(U_{IN+})：内置静电屏蔽层的高速光耦合器输入侧二极管阳极连接端。应用中，通过一电阻接正电源，亦可通过一电阻接用户脉冲形成单元输出端。应注意的是，当该端接正电源时，因引脚 16 接脉冲形成电路的输出，故输入脉冲的高电平对应被驱动 IGBT 的关断，而输入脉冲的低电平对应被驱动 IGBT 的导通；反之，当该端接脉冲形成电路的输出正端而引脚 16 接控制脉冲形成电路的参考地时，则输入脉冲的高电平对应被驱动 IGBT 导通，而输入脉冲的低电平对应被驱动 IGBT 关断。无论是接用户脉冲形成部分的输出还是接正电源，要求提供的电流幅值为 12mA，串入的电阻值可按下式计算：

$$R=(U_{IN}-2V)/12mA\ (k\Omega) \tag{2.7}$$

(2) 内部结构和工作原理

HL402 的内部结构如图 2.82 所示。其中，VLC 为带静电屏蔽的光耦合器，用来实现与输入信号的隔离。由于它具有静电屏蔽，因而显著提高了 HL402 抗共模干扰的能力。图 2.82 中，A_1 为脉冲放大器，晶体管 V_1、V_2 用来实现驱动脉冲功率放大，A_2 为降栅压比较器，正常情况下由于引脚 9 输入的 IGBT 集电极电压 u_{CE} 不高于 A_2 的基准电压 U_{REF}，A_2 不翻转，晶体管 V_3 不导通，故从引脚 17、16 输入的驱动脉冲信号经 A_1 整形后不被封锁。该驱动脉冲经 V_1、V_2 放大后提供给被驱

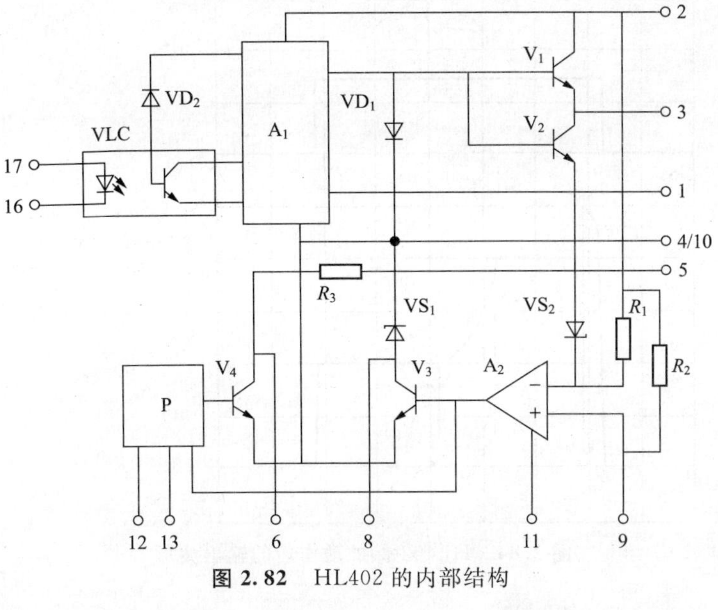

图 2.82 HL402 的内部结构

动的 IGBT 使之导通或关断。一旦被驱动的 IGBT 退饱和，则引脚 9 输入的集电极电压取样信号 u_{CE} 高于 A_2 反相端设置的基准电压 U_{REF}，比较器 A_2 翻转输出高电平，使晶体管 V_3 导通，由稳压管 VS_1 将驱动器输出的栅极电压 u_{GE} 降低到 10V。此时，软关断定时器 P 在降栅压比较器 A_2 翻转达到设定的时间后，输出正电压使晶体管 V_4 导通，将栅极电压软关断降到 IGBT 的栅-射极门槛电压，给被驱动的 IGBT 提供一个负的驱动电压，保证被驱动的 IGBT 可靠关断。图 2.83 示出了 HL402 正常工作时的波形，而图 2.84 示出了 HL402 保护动作后的输出波形。

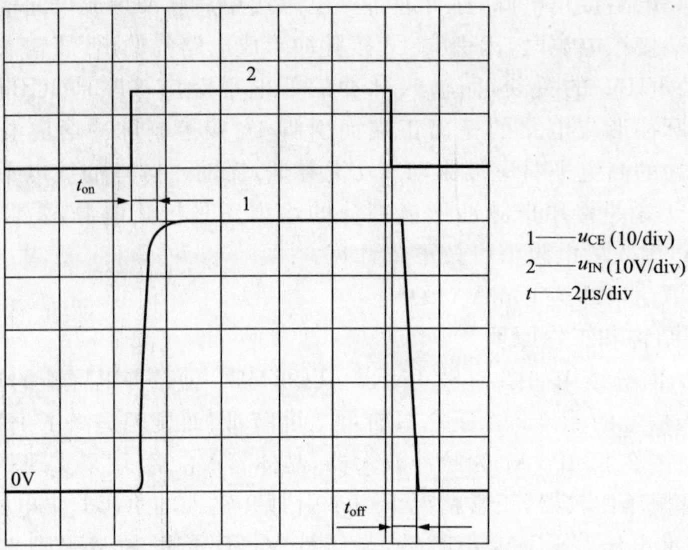

图 2.83 HL402 的正常工作波形

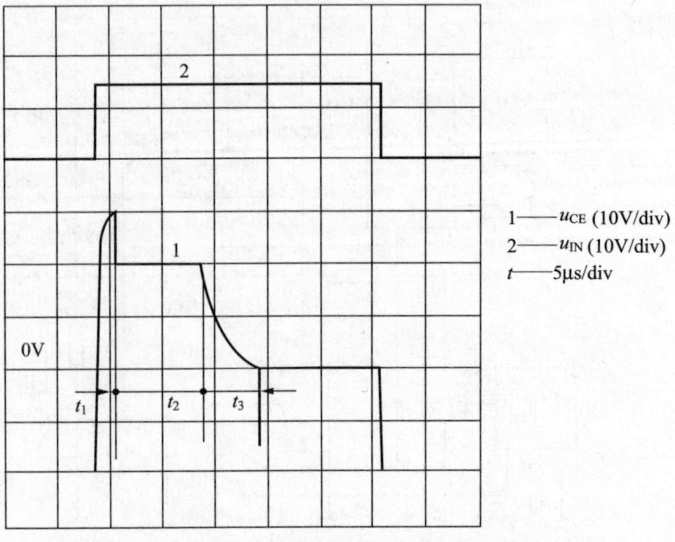

图 2.84 HL402 保护动作后的输出波形

(3) 主要设计特点、参数限制及特性参数

HL402 内置有静电屏蔽层的高速光耦合器实现信号隔离，抗干扰能力强，响应速度快，隔离电压高。它具有对被驱动 IGBT 进行降栅压、软关断的双重保护功能，在软关断及降栅压的同时能输出报警信号，实现封锁脉冲或分断主电路的保护。它输出驱动电压幅值高，正向驱动电压可达 15～17V，负向驱动电压可达 10～12V，因而可用来直接驱动容量为 150A/1200V 以下的 IGBT。

HL402 的参数限制如表 2.10 所示。

表 2.10 HL402 的参数限制

供电电源电压 U_C	30V(U_{CC}为＋15～＋18V，U_{EE}为－10～－12V)
光耦输入峰值电流 I_f	20mA
正向输出电流＋I_G	2A(脉宽＜2μs、频率为 40kHz、占空比＜0.05 时)
负向输出电流－I_G	2A(脉宽＜2μs、频率为 40kHz、占空比＜0.05 时)
输入、输出隔离电压 U_{iso}	2500V，工频，1min

推荐工作参数：电源电压 U_C 为 25V(U_{CC}＝＋15V，U_{EE}＝－10V)。光耦合器输入峰值电流 I_f 为 10～12mA。

特性参数如表 2.11 所示。

表 2.11 HL402 的特性参数

输出正向驱动电压＋U_G	≥U_{CC}－1V
输出负向驱动电压－U_G	≥U_{EE}－1V
输出正电压响应时间 t_{on}	≤1μs(输入信号上升沿＜0.1μs，I_f＝0～10mA)
输出负电压响应时间 t_{off}	≤1μs(输入信号下降沿＜0.1μs，I_f＝10～0mA)
软关断报警信号延迟时间 t_{ALM1}	＜1μs(不包括光耦合器 VLC_3 的延迟)，输出电流＜20mA
降栅压报警信号延迟时间 t_{ALM2}	＜1μs(不包括光耦合器 VLC_2 的延迟)，输出电流＜5mA
降栅压动作门槛电压 U_{CE}	8±0.5V
软关断动作门槛电压 U_{CE}	8.5±0.8V
降栅压幅值	8～10V

(4) 使用注意事项

① HL402 正常应用的典型接线如图 2.85 所示，其中 C_1、C_2、C_3、C_4 需尽可能靠近 HL402 的引脚 2、1、4 安装。

② 为尽可能避免高频耦合及电磁干扰，由 HL402 输出到被驱动 IGBT 栅-射极的引线需要采用双绞线或同轴电缆屏蔽线，其引线长度应不超过 1m。

③ 由 HL402 的引脚 9、13 接至 IGBT 集电极的引线必须分开走，不得与栅极和发射极引线绞合，以免引起交叉干扰。

④ 在典型接线图中，光耦合器 VLC_1 可输入脉冲封锁信号，当 VLC_1 导通时，

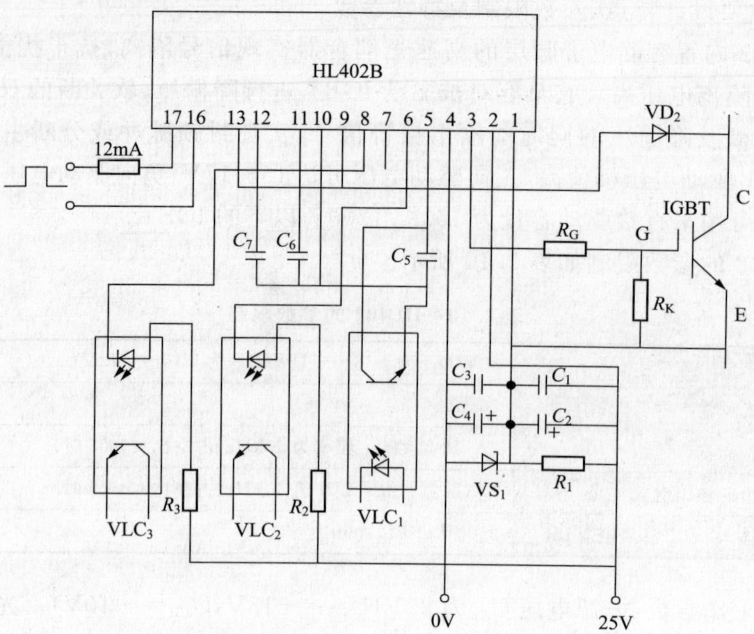

图 2.85 HL402 正常应用的典型接线

HL402 输出脉冲立即被封锁至−10V。光耦合器 VLC_2 提供软关断报警信号，它在驱动器软关断的同时导通光耦合器 VLC_3，提供降栅压报警信号。

⑤ 在不需要封锁和报警信号时，VLC_1、VLC_2 及 VLC_3 可不接。

⑥ 在高频应用时，为了避免 IGBT 受到多次过电流冲击，可在光耦合器 VLC_2 输出数次或一次报警信号后，将输入引脚 16、17 间的信号封锁。

⑦ 使用中，通过调整电容器 C_5、C_6、C_7 的值，可以将保护波形中的降栅压延迟时间 t_1、降栅压时间 t_2、软关断斜率时间 t_3 调整至合适的值。

⑧ 对于低饱和压降的 IGBT($U_{CES} \leqslant 2.5V$)，可不接降栅压延迟时间电容器 C_6，从而使降栅压延迟时间 t_1 最小。此种情况下，降栅压时间定时电容器 C_7 取 750pF 便可得到降栅压时间为 6μs。软关断斜率电容器 C_5 可取 1000pF 左右，由此决定的软关断时间 t_3 为 2μs。

⑨ 对于中饱和压降的 IGBT($2.5V \leqslant U_{CES} \leqslant 3.5V$)，一般推荐 C_6 取 0～100pF，则降栅压延迟时间 t_1 为 1μs，C_5 取 1500pF，C_7 取 1000pF，则降栅压时间 t_2 为 8μs，而软关断时间 t_3 为 3μs。

⑩ 对于高饱和压降的 IGBT($U_{CES} \geqslant 3.5V$)，C_5、C_6、C_7 推荐取值分别为 C_5 取 3000pF，C_6 取 200pF，C_7 取 1200pF，此时降栅压延迟时间 t_1 约为 2μs，降栅压时间 t_2 约为 10μs，软关断时间 t_3 约为 4μs。

⑪ 在高频使用场合，出现软关断时能封锁输入信号的应用电路如图 2.86 所示。其中，LM555 在电源合闸时置“1”，输入信号 u_{IN} 通过与门 4081 进入 HL402 的引脚 17、引脚 16。当出现软关断时，光耦合器 VLC_1 导通，晶体管 V_2 截止，V_2

集电极电压经 10kΩ 电阻、330pF 电容延迟 5μs 后，使 LM555 置“0”，通过与门 4081 将输入信号封锁。此电路延迟 5μs 动作是为了使 IGBT 软关断后再停止输入信号，避免立即停止输入信号造成的硬关断。C_1、C_3 的典型值为 0.1μF，C_2、C_4 为 100μF/25V，VS_1、VS_3 可取 0～5V。

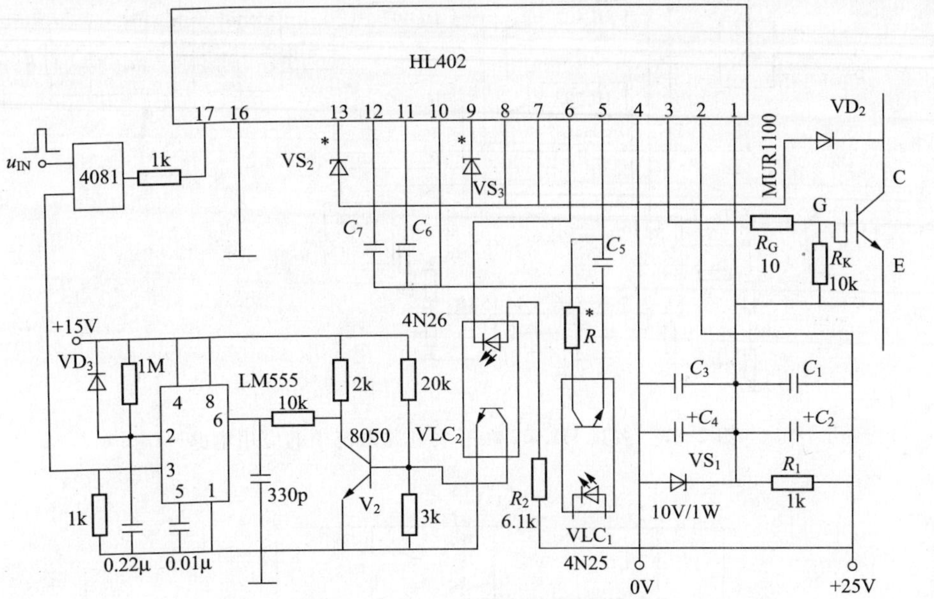

图 2.86 高频领域 HL402 的应用电路

(5) 应用举例

HL402 的优良性能决定了它可用于一切额定容量不大于 150A/1200V 或 300A/600V 的主功率电力电子器件为 IGBT 或电力 MOSFET 的电力电子变流系统中作为驱动电路，以完成对 IGBT 或电力 MOSFET 的最优驱动，防止 IGBT 或电力 MOSFET 因驱动电路不理想造成的损坏。下面举几个例子说明其在电力电子变流系统中的应用。

① HL402 在开关电源系统中的应用。功率开关电源是通信、邮电、电力等领域的常用设备。过去，开关电源一般主功率器件都用 MOSFET，由于半导体材料及工艺水平的制约，至今电力 MOSFET 要么就是低压大电流（如 200A/50V），要么就是高压小电流（如 10A/1000V），这就为制作大功率开关电源应用电力 IGBT 展现了广阔的前景。图 2.87 给出了应用 4 个 HL402 来完成开关电源系统中 4 个 IGBT 驱动的开关电源系统电路。其中，IGBT 的驱动脉冲由 SG3526 产生，HL 为霍尔电流传感器，用来进行过电流、短路等故障的保护。

② HL402 在直流斩波电源系统中的应用。直流斩波系统是直流调速系统中的常用方案，随着 IGBT 容量的不断扩大，为其在直流斩波系统中的应用展现了广阔的前景。HL402 可用于此类系统完成 IGBT 的驱动。图 2.88 给出了直流斩波

调速系统中应用 HL402 驱动 IGBT 的电路。该系统是闭环稳速系统，其速度的反馈信号来自测速传感器，可通过调节 PWM 调制器 TL494 输出的 PWM 脉冲宽度实现直流电动机转速的调节，因而该系统可获得很宽的调速范围和较高的调速精度。

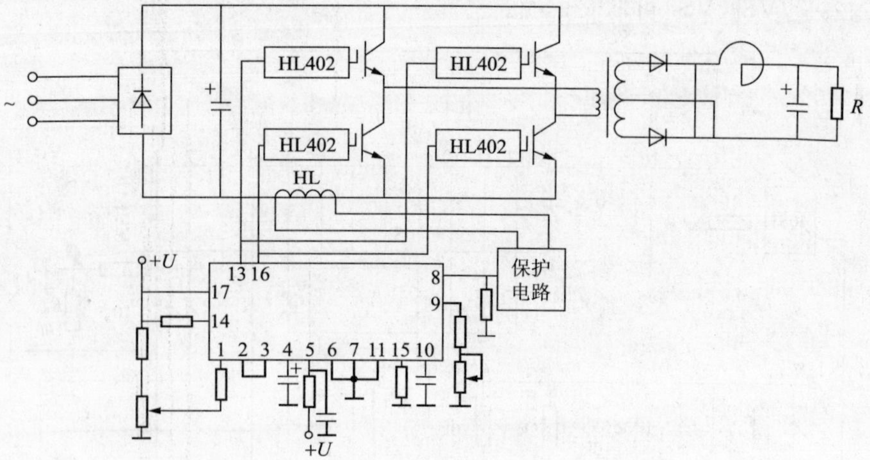

图 2.87 多只 HL402 在开关电源系统中的应用电路

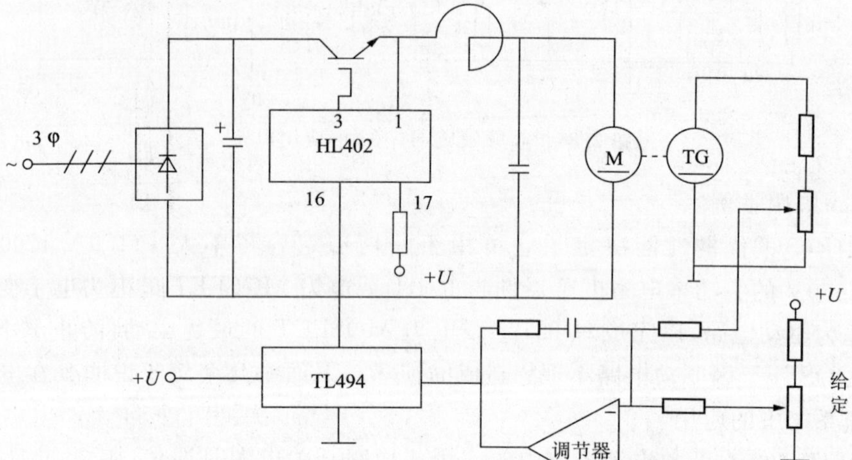

图 2.88 HL402 在直流斩波系统中的应用电路

2.4.4 全控型电力电子器件驱动电路的调试

1. 调试中应注意的问题

由于驱动电路向被驱动电力电子器件提供正向及反向驱动电压(或电流)，使其工作在可靠导通与关断的两种状态，且从导通转换为关断或从关断变为导通的时间要尽可能短，因而调试时应对电力电子器件对驱动特性的要求了如指掌。

通常驱动电路向电力电子器件提供正向与反向驱动电压(或电流)要保证其在驱动电路的作用下可靠导通与关断,驱动电路输出的正向与反向驱动电信号幅值必须足够大,所以调试的一项重要内容就是检测驱动电路的正向或反向工作电源电压是否正常(幅值足够与否,负载能力是否足够,内阻是否最小)。

由于一个电力电子变流设备中通常使用两个以上的电力电子器件,所以调试时应仔细检查不同电力电子器件的驱动电路电位隔离是否可靠,绝缘强度是否足够,驱动电路输出的用于逆变桥中同一桥臂上的上下两个电力电子器件的驱动信号是否留有合适的互锁与死区时间。

另应看到,全控型电力电子器件的驱动电路与电力电子变流设备控制脉冲形成电路之间,通过光耦合器或脉冲变压器等措施进行隔离,驱动电路内部又有脉冲整形变换等环节,所以调试时一项必不可少的内容就是反复检查驱动电路输出的驱动信号与控制脉冲形成电路希望的电力电子器件的导通与关断状态是否完全对应和一致。

对电力电子器件具有保护功能的驱动电路的调试中,一项必须反复进行的工作是模拟故障信号,检测驱动电路是否在任一故障发生时都能可靠地输出使电力电子器件关断的反向驱动信号。

要特别注意的是,输出驱动信号的幅值及上升和下降沿的陡度对电力电子器件的安全工作区具有很大的影响,有时甚至会起决定作用。因而驱动电路调试的一项重要工作是通过整定参数使驱动电路输出的驱动信号与被驱动电力电子器件最好地匹配,把驱动电路输出信号幅值过大或过小对器件可靠运行的影响降到最小。

2. 应用分立器件构成的驱动电路的调试

应用分立器件构成的电力电子器件驱动电路的调试比专用集成电路调试复杂和麻烦一些,其原因在于这种电路需对参数等进行整定、挑选及校验,使之达到最佳匹配,并需逐级测试分析各主要点的工作波形。

1) 应用分立器件构成的电力晶体管 GTR 驱动电路

现以图 2.46 所示的应用分立器件构成的电力晶体管 GTR 基极驱动电路的调试为例,介绍调试的步骤及过程。

① 驱动电路供电电源的检测。用万用表检测该驱动电路的正负供电电源,应分别在+10 ±1V 与−4 ±0.5V 范围之内,且用示波器观察可见电源相当平直,当示波器通道输入放于 mV 挡时,纹波峰-峰值在 100mV 以内。

② 初始静态的检测。在驱动电路的输出连接端 C、B、E 端接上被驱动的电力晶体管 GTR,不在驱动输入 u_{IN} 端及外部故障封锁输入 u_{LOCK} 端输入信号,用示波器或万用表直流电压挡分别测图 2.46 的 D、F、G、H 对 J 点及 I、B 点相对 E 点的波形和电位,可得 u_{DJ} 与 u_{HJ} 低电平都接近 0V,而 u_{FJ} 与 u_{GJ} 的高电平幅值接近+15V,u_{IE} 高(低)电平幅值不大于 3V,u_{BE} 低电平幅值为−2V 左右(GTR 为三级达林顿晶体管)。

③ 调整限流电阻,根据被驱动电力晶体管 GTR 容量的大小确定合适的正向

与反向驱动电流。由于不同规格的电力晶体管对基极驱动电流的大小要求不同，所以应根据下面 I_{B1} 与 I_{B2} 的计算方式确定电力晶体管 GTR 驱动电路中决定正向与反向驱动电流的电阻 R_B 与 R_{16} 及 R_{18} 的大小，由于仅有两个方程式，要确定三个电阻参数，所以

$$I_{B1}=[10+4-U_{CEV2(sat)}-U_{BE(GTR)}]/(R_{16}+R_B) \tag{2.8}$$

$$I_{B2}=[|-4|-U_{CEV4(sat)}-U_{EB(GTR)}]/(R_B+R_{18}) \tag{2.9}$$

一般先取 R_B 为 1Ω，1W，则可由此算出 R_{16} 与 R_{18}，应注意的是，式中 $U_{CEV2(sat)}$ 与 $U_{CEV4(sat)}$ 为晶体管 V_2 与 V_4 的饱和压降，通常取 0.7V，而 $U_{BE(GTR)}$ 与 $U_{EB(GTR)}$ 分别为被驱动 GTR 的基-射极正向与反向压降，对三级达林顿晶体管两者都近似为 2V，而对两级达林顿晶体管两者都近似为 1.4V。

④ 在 u_{IN} 输入端输入脉冲信号可以看到用示波器观察的正常时波形如图 2.89

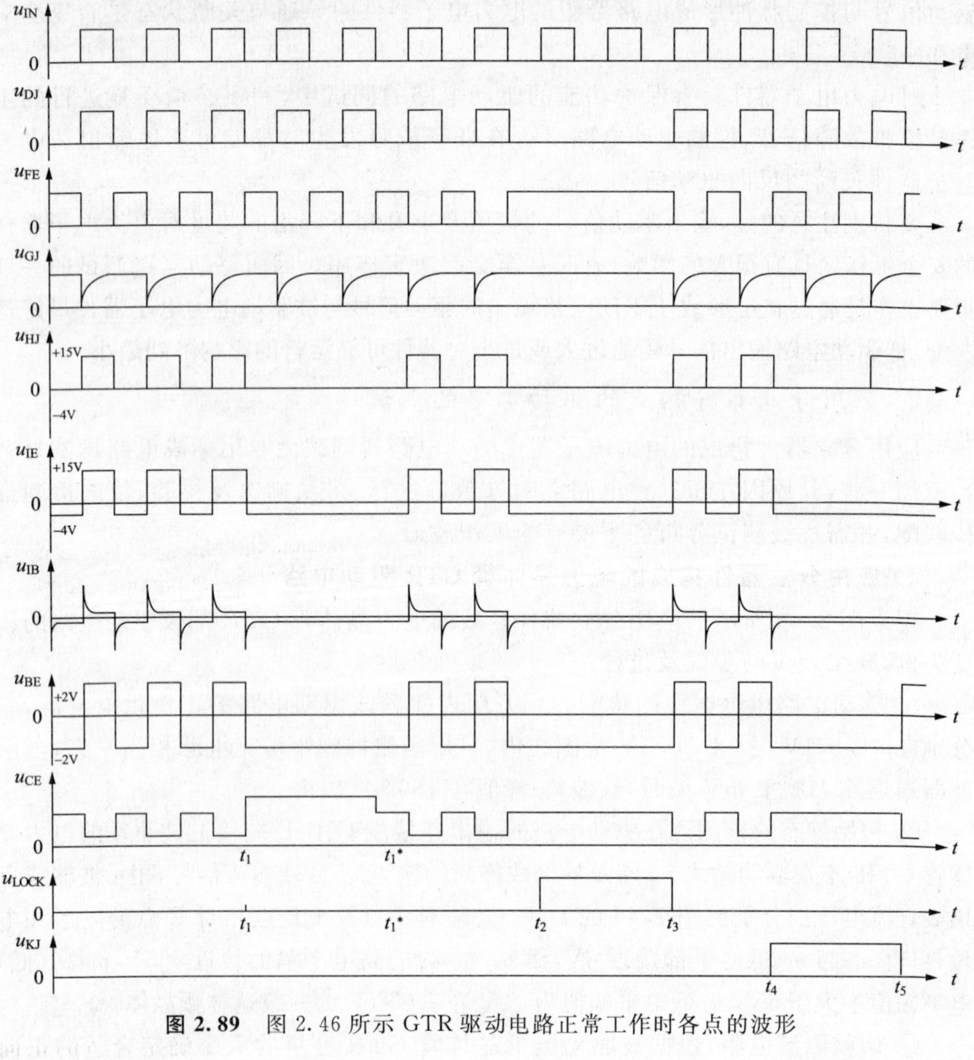

图 2.89 图 2.46 所示 GTR 驱动电路正常工作时各点的波形

所示。若波形不正常，则应检查原因所在。一般若 R_1 与 R_2 阻值大于 1.5kΩ，则 VLC_1 中发光二极管发光强度不足，VLC_1 二次晶体管不会饱和导通。若 R_0 阻值太大，则 u_{DJ} 高电平幅度便不足。有时尽管 R_1、R_2 及 R_0 阻值都合适，但 R_6 太大，则 V_1 不能饱和导通，亦影响后续电路的工作。

⑤ 在 t_1 时刻，假设发生 GTR 驱动不良的问题，则 u_{CE} 电压上升到使 VD 反向截止，555 引脚 6 电位高于 10V，其引脚 3 输出低电平，u_{BE} 又变为低电平，GTR 的基-射极反偏而可靠截止。

⑥ 在 t_2 时刻，在封锁脉冲输入 u_{LOCK} 端输入脉冲封锁信号，则光耦合器 VLC_2 二次的光敏晶体管饱和导通，u_{DJ} 变为零电平，V_1 截止，u_{HJ} 变为低电平，被驱动 GTR 基-射极反偏而可靠截止。在 t_3 时刻，封锁脉冲信号 u_{LOCK} 变为零电平，电路正常运行。

⑦ 在 t_4 时刻，因某种原因 GTR 过流，晶闸管 VT 导通，u_{HJ} 变为低电平，被驱动 GTR 基-射极反偏可靠截止，进行可靠的过流保护。在 t_5 时刻，过流信号消失，经过人为复位，GTR 又恢复正常工作状态。

至此该驱动电路的调试便完成。

2）分立器件构成的 GTO 门极驱动电路

现以图 2.90 所示的应用分立器件构成的 GTO 门极驱动电路的调试过程说明调试过程及调试步骤。

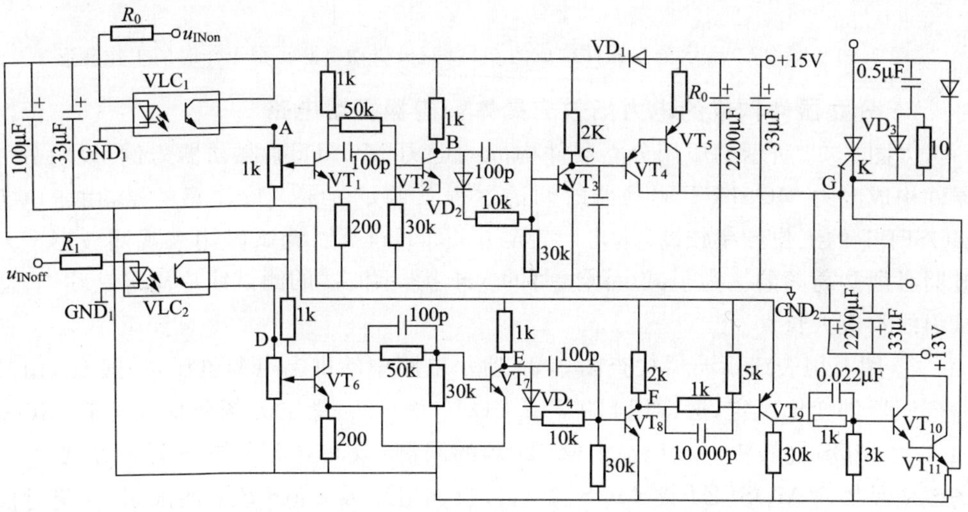

图 2.90 分立器件构成的 GTO 门极驱动电路

① 用万用表检查或示波器检查该电路的正与负工作电源，应分别在+13 ±1V 与+15 ±0.5V 范围之内，且用示波器观察可见电源相当平直，在示波器输入放于 mV 挡时，纹波小于 100mV。

② 分别在导通脉冲与关断脉冲形成电路的光耦合器输入侧加上导通与关断触发脉冲信号 u_{INon} 与 u_{INoff}，用示波器测试图 2.90 中 A、B、C、D、E、F 点对参考点 GND_2 及 G 点对 K 点的波形，正常工作时的波形如图 2.91 所示。

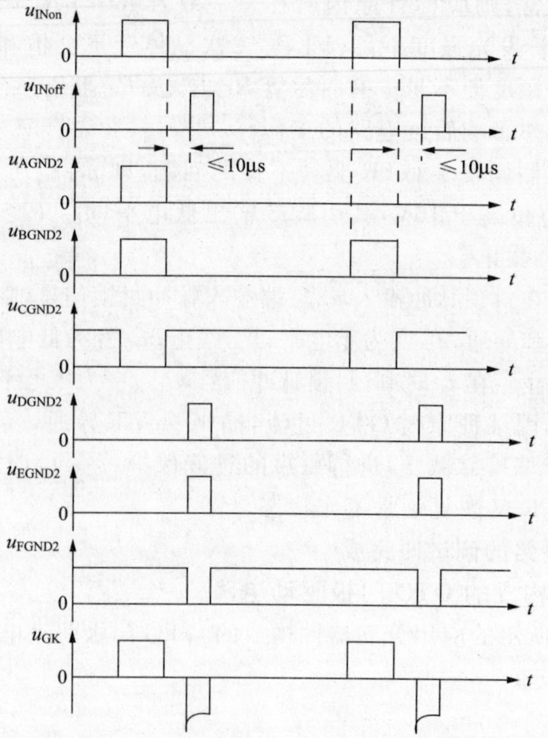

图 2.91 图 2.90 所示分立器件构成的 GTO 门极驱动电路正常工作时的工作波形

3) 分立器件构成的电力场效应晶体管栅极驱动电路

以图 2.92 所示的应用分立器件构成的电力 MOSFET 驱动器为例，说明分立器件构成电力 MOSFET 驱动器的调试过程及调试步骤。应注意的是，由于电力 MOSFET 的工作频率较高，达几十甚至几百 kHz，所以调试时用来观测波形的示波器必须是高频的。为了减少测试时的误干扰，示波器的测试线应用屏蔽线，且测试引线不应太长。

① 用万用表或示波器检查图 2.92 所示电路中的供电电源电压，一般 U_{C1} 由脉冲变压器的变比决定，通常用+24V 或+12V，而+U_{C2} 受电力场效应晶体管 MOSFET 之 MOS 栅极正向电压最大值+20V 的限制，取+20V 以内，同样−U_{C2} 受电力场效应晶体管 MOSFET 之 MOS 栅-射极反向电压最大值−20V 的限制，其绝对值也应取−20V 以内。

② u_{IN} 端输入一脉冲信号，正常工作时，图 2.93 所示的驱动电路中各关键点相对参考点 0V 的电压波形。

③ 断开 VD_3 与 MOSFET 漏极的连接线，模拟 MOSFET 严重过流或短路，相当于 MOSFET 漏-源极电压 u_{DS} 增加很多，则正常工作时导通的 VD_3 因阴极悬空而停止导通，原正常工作时截止的二极管 VD_4 转为导通，P 点电位上升，V_3、V_2 关断，V_5 瞬时导通，给 MOSFET 栅-源极加一反向负偏压使 MOSFET 反向关断。图

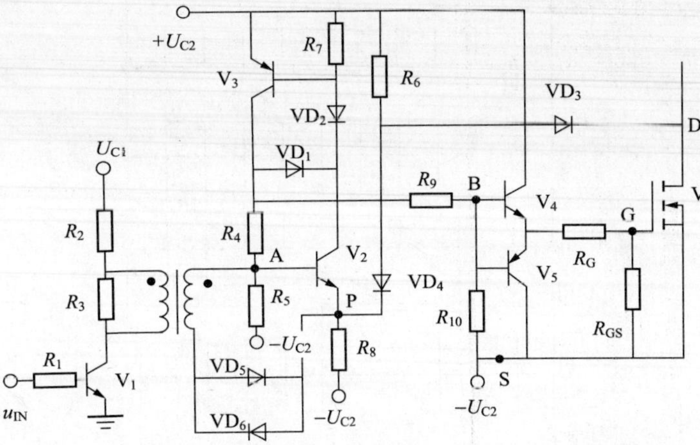

图 2.92 应用分立器件构成的电力 MOSFET 窄脉冲驱动电路

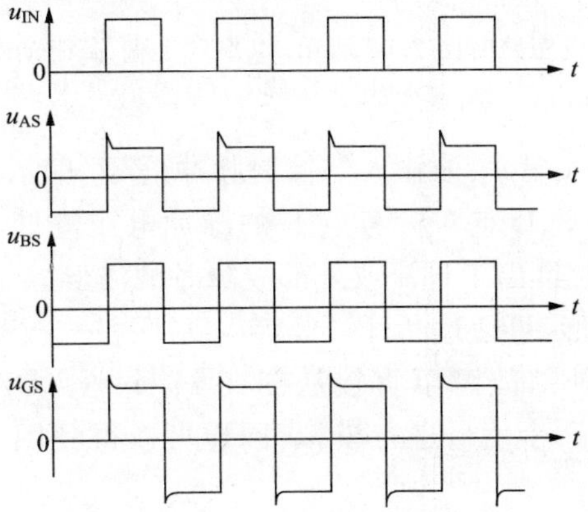

图 2.93 图 2.92 所示分立器件构成的驱动电路的正常工作波形

2.94 给出了 MOSFET 过载或短路时的工作波形。

④ 根据被驱动电力 MOSFET 漏-源极电压 u_{DS} 的关断过冲尖峰电压的高低，调节 R_G 与 R_{GE} 的阻值，使 u_{DS} 的过冲尖峰不致太高，此工作一般在以 MOSFET 为主开关器件的整个电力电子变流设备整机调试时才可进行。

4）**分立器件构成的 IGBT 栅极驱动电路**

绝缘栅控双极型晶体管 IGBT 的栅极驱动电路的调试与电力场效应晶体管 MOSFET 栅极驱动电路的调试十分类似，在此同样以前面介绍的图 2.54 所示 IGBT 栅极驱动电路为例说明这种电路的调试方法与步骤。

① 工作电源的检查。用万用表检查图 2.54 所示栅极驱动电路的自身工作电源幅值。本驱动电路共有两个工作电源，一个是控制脉冲形成部分的电源+15V，此电源以光耦合器 VLC 一次二极管的阴极为参考地；第二个电源是栅极驱动电路的电源，该电源以晶体管 V_5 的发射极为参考地。u_{CC1} 取+25V，误差应在 1V 之内，再用示波器通道输入幅值放于交流耦合，标尺调为每格为 20mV，上述三种电源静

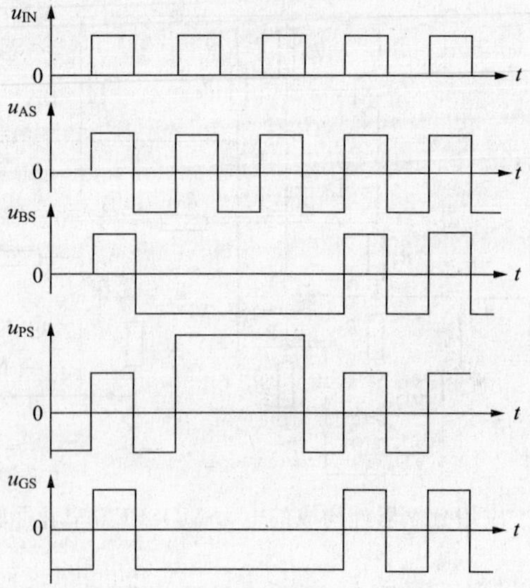

图 2.94 过载或短路时图 2.92 所示 MOSFET 栅-源驱动电路的工作波形

态时的纹波峰-峰值不应大于 100mV。

② 从驱动信号输入端 u_{IN} 处输入一控制脉冲信号，用示波器测试图 2.54 所示栅极驱动电路中 A、B、C、D 点对参考点 F 的脉冲电压波形，正常工作时的波形如图 2.95 所示，图中同时给出了过流或外部故障时的波形。

③ 过流保护的波形，可通过断开二极管 VD_F 阴极与被驱动 IGBT 集电极的连接线进行模拟。其他外部故障可直接从图 2.54 中 A_3（GAL16V8）的 $LOCK_1$～$LOCK_4$ 任一引脚输入一个信号进行模拟，同样可以得到图 2.95 所示的过流保护的波形。

④ 根据被驱动 IGBT 关断过程中集-射极电压 u_{CE} 的电压过冲及导通中 IGBT 集-射极的压降 u_{CE} 的导通压降来调整 R_G 与 R_{GE} 阻值的大小。当 IGBT 关断时，u_{CE} 过冲电压太高，则可适当增加 R_G 的阻值，并减少 R_{GE} 的阻值；当 IGBT 导通后，若 u_{CE} 压降偏高时，则应降低 R_G 的阻值，并酌情增加 R_{GE} 的阻值。实际上这项调试工作最好的调试结果是选取一个折中的方案。

3. 应用专用集成电路构成的全控型电力电子器件驱动电路的调试

应用专用集成电路构成的全控型电力电子器件驱动电路与采用分立器件构成的驱动电路相比，具有一致性好、对温度等环境参数的适应性好、抗干扰能力强的优点，因而其调试也比用分立器件制作的驱动电路简单得多。

1）应用专用集成电路构成的电力晶体管 GTR 基极驱动电路

现以图 2.59 中所示应用 HL202 构成的电力晶体管 GTR 的基极驱动电路为例说明调试过程与步骤。

① 首先检查图 2.59 所示驱动电路中 $+U$、$+U_{CC}$ 与 $-U_{SS}$ 三个电源的电压幅值和纹波含量，应确保其正确无误，$+U$，$+U_{CC}$ 与 $-U_{SS}$ 分别对各自参考地（$+U$ 为

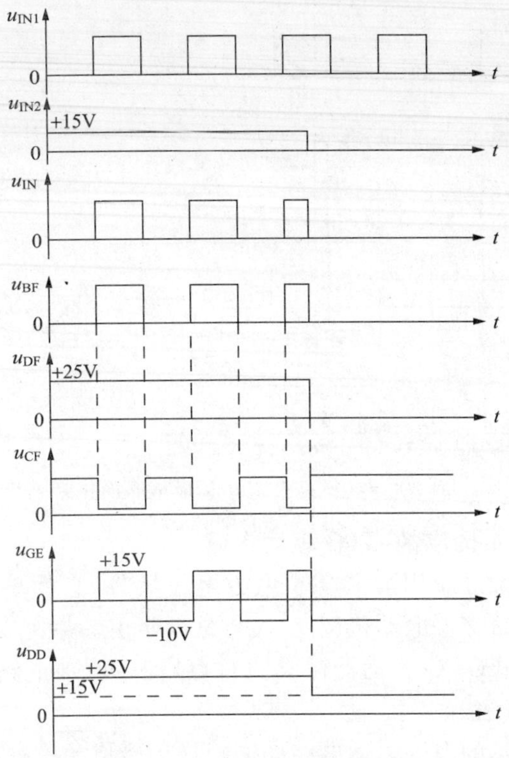

图 2.95 图 2.54 所示 IGBT 栅极驱动电路的正常工作波形

GND，$+U_{CC}$与$-U_{SS}$为被驱动 GTR 发射极）为+15V、+9V 与−6V。

② 将图 2.59 所示电路在集电极串一个电阻后接一正电源，正电源电压可选几十伏，其地与 GTR 发射极相连。

③ 在驱动信号输入端 u_{IN}处输入图 2.96(a)所示控制脉冲信号，正常情况下，可在被驱动电力晶体管 GTR 基-射极之间测得基-射极驱动电压 u_{BE}波形，在集-射极之间测得集-射极电压 u_{CE}波形分别如图 2.96(b)及图 2.96(d)所示。

④ 模拟被驱动 GTR 驱动不良（即欠驱动）状态，可通过断开 HL202 的引脚 13 和引脚 9 与被驱动电力晶体管 GTR 集电极之间的连线，则 HL202 输出的 u_{BE}驱动信号迅速进行欠驱动保护，波形可参考图 2.96。

⑤ 根据被驱动电力晶体管 GTR 的饱和压降大小，调整电位器 RP（即图 2.59 中 100Ω 电位器）整定欠饱和保护门槛至满意的保护动作值。

⑥ 按被驱动电力晶体管 GTR 的所需基极驱动电流的大小，合理计算与选用图 2.59 中的 R_{C1}与 R_{C2}的阻值，并用示波器在图 2.59 所示电路中 1Ω 电阻两端可测得图 2.96(c)所示的 GTR 基极驱动电流 i_B 的波形。

⑦ 拆除在 GTR 集电极串联的电阻与人为施加的临时调试电源，至此该驱动电路的调试便完成了。

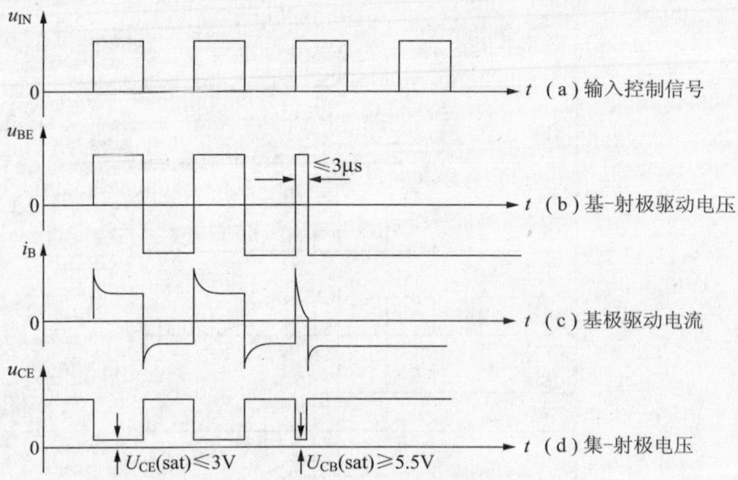

图 2.96 HL202 专用 GTR 驱动集成电路的正常工作波形

2) 应用 HL301A 构成的 GTO 驱动电路

GTO 仍是至今大量应用的大功率电力电子器件，它的单管容量仅小于晶闸管，广泛应用于大容量交流电动机调速、城市地铁牵引等系统中，现以图 2.65 给出的应用 HL301A 专用 GTO 驱动器构成的 GTO 门极驱动电路为例说明这种驱动电路的调试步骤和方法。

① 对图 2.65 所示的门极驱动电路印刷板进行严格的检查，既要检查元器件的焊接是否正确，又要检查元器件的极性是否正确。确信无误后，通电调试。

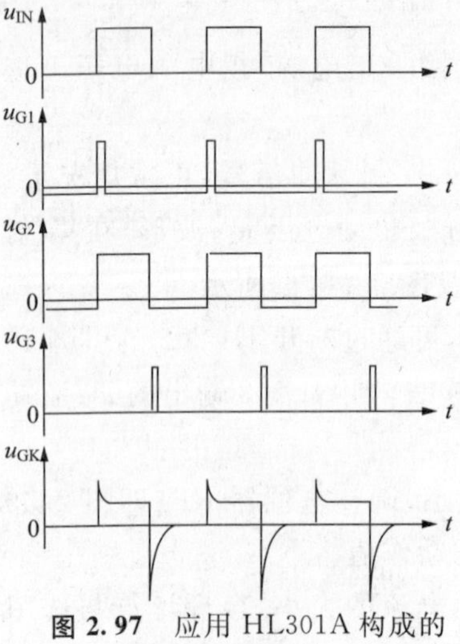

图 2.97 应用 HL301A 构成的 GTO 门极驱动器输入与输出的正常工作波形

② 图 2.65 所示电路中的+6V、+15V、+18V 及−18V 四路电源通常是应用线性电源或开关电源产生的，用万用表检测电源幅值，应满足最大误差不超过±1V，并用示波器检查电源的纹波含量，纹波含量峰-峰值不大于 100mV。

③ 在驱动脉冲信号输入端 u_{IN} 处输入一个触发脉冲信号，用示波器分别观测 u_{G1}、u_{G2}、u_{G3} 及 u_{GK} 的脉冲波形，正常时各观测点的波形应如图 2.97 所示。

④ 按被驱动 GTO 的技术参数调节与选用接于 HL301A 引脚 11 与引脚 20 的电容 C_1 与 C_2 的电容值，使驱动脉冲的波形达到最优。

⑤ 按被驱动 GTO 的技术参数，选取 VF_1～VF_3 栅极串联的电阻 R_3、R_5 和 R_7 及栅-源极并联电阻 R_4、R_6 和 R_8 的阻值大小，使 GTO 的门极驱动脉冲形状与被驱动 GTO 的门阴极特性达到最佳匹配。

3）**应用 IR2110 构成的电力场效应晶体管栅极驱动电路**

应用专用集成电路 IR2110 构成的电力场效应晶体管 MOSFET 的栅极驱动电路如图 2.98 所示，该电路用来驱动单相全桥逆变器中的四只电力 MOSFET。从图 2.98 可见，栅极驱动电路中的工作电源由二极管整流、电容滤波、三端稳压器稳压后得到。

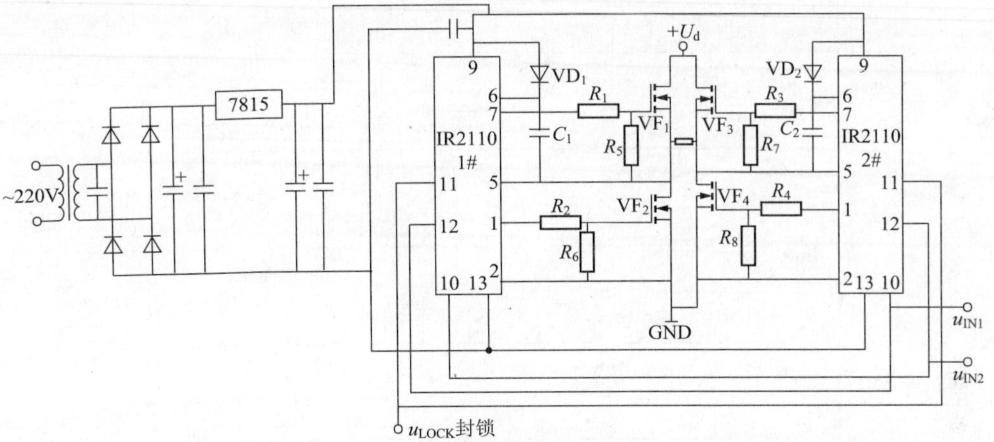

图 2.98 应用 IR2110 构成的单相全桥 MOSFET 栅极驱动电路

① 给栅极驱动电路部分供电，用万用表测量图 2.98 中 7815 输出的直流电源电压应为+15V，其误差不应大于 1V，示波器观测的基峰-峰值纹波含量不大于 100mV，通过自举电路获得的 IR2110 1＃与 IR2110 2＃各自引脚 6 的直流电压不低于 14V，且用示波器分别测量纹波含量峰-峰值不大于 100mV。若纹波太大，则说明二极管 VD_1 与 VD_2 开关速度不够快、电容 C_1 与 C_2 电容量太小或自身电感太大，应更换，直到满足此要求为止。

② 从 u_{IN1} 与 u_{IN2} 引脚同时输入两相位互差一定互锁延时（0.5μs 左右）的脉冲信号，用示波器观测 IR2110 1＃、2＃引脚 7 与引脚 5 之间及引脚 1 与引脚 2 之间的波形。正常工作时从 IR2110 1＃与 2＃分别输出的波形如图 2.99 所示，其中 u_{G1E1}～u_{G4E4} 为 VF_1～VF_4 中四个 MOSFET 的栅-源极电压（此时应特别注意示波器两个输入通道引线中的参考地是相通的，千万注意，不要因人为测量而导致不同电位的测量点通过示波器内部地短路，引起烧坏器件等故障）。

③ 从封锁端输入一高电平，则上述四路驱动脉冲信号尽管输入有脉冲，但输出脉冲被封锁，证明驱动电路的保护功能无误。

④ 按被驱动 MOSFET 漏-源极间电压在关断时的过冲及在导通段的压降大小，调整加在驱动电路输出级的电阻 R_1～R_4 及 R_5～R_8 的阻值大小，以使 MOSFET 的栅极驱动达到最优（应注意的是，该点调试应在被驱动 MOSFET 主电路通电时才可进行）。

⑤ 调试时应注意的一个关键问题是二极管 VD_1 与 VD_2 必须用高频快速恢复

图 2.99 应用 IR2110 构成的单相全桥 MOSFET 驱动器的正常工作波形

二极管，电容 C_1 与 C_2 电容量应足够，且最好是电感量极小、电容稳定的钽电容。其原因在于两片 IR2110 是通过 VD_1 与 C_1 及 VD_2 与 C_2 的自举作用形成被驱动高端 MOSFET 的工作电源的。

4) **专用集成电路构成的 IGBT 栅极驱动电路**

图 2.100 给出了应用专用厚膜驱动器集成电路 HL402A 构成的 IGBT 栅极驱动电路的一个实例，它是由陕西高科电力电子有限责任公司开发的一单元 IGBT

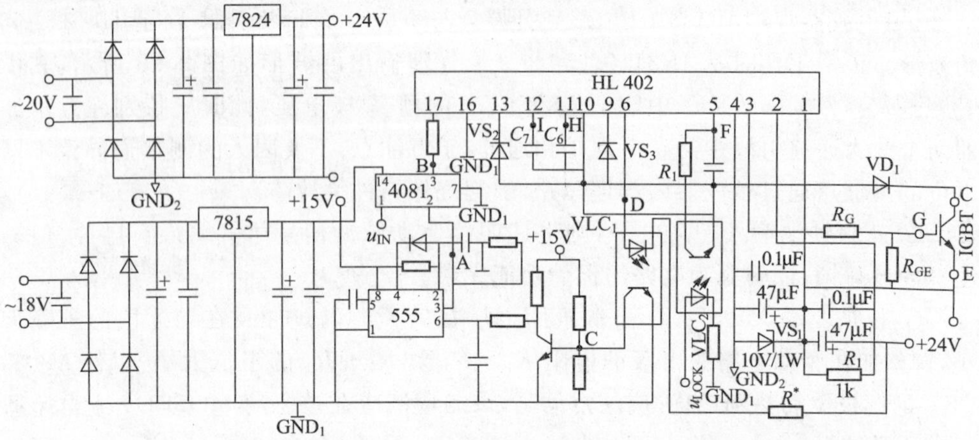

图 2.100 应用 HL402A 构成的 IGBT 栅极驱动电路

驱动板 IGC-2.1 型栅极驱动电路，其调试过程和步骤如下：

① 通电后首先分别用万用表及示波器检查图 2.100 中+24V 与+15V 电源对各自参考地（+15V 参考地为 GND_1，+24V 参考地为 GND_2）的电压幅值与纹波含量，电压幅值误差不应超过 1V，而纹波含量峰-峰值不应大于 100mV。

② 从 u_{IN} 输入端输入控制脉冲信号，在 IGBT 栅极驱动电路输出 C、G、E 与被驱动 IGBT 集电极、栅极及发射极引线接通时，正常工作时的波形如图 2.101 所示。

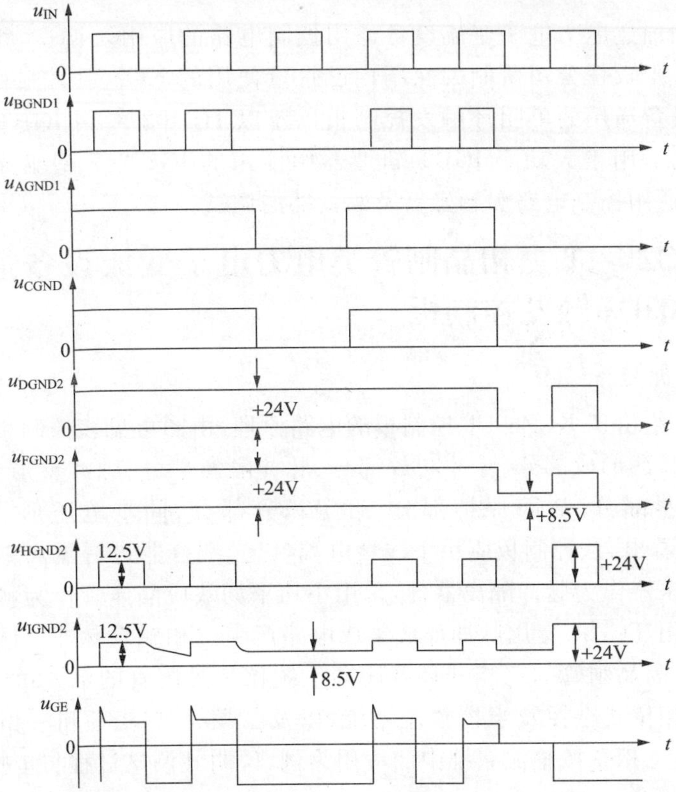

图 2.101 应用 HL402A 构成的 IGBT 栅极驱动电路的正常工作波形

③ 断开 VD_1 与被驱动 IGBT 集电极的引线，则 HL402 认为被驱动 IGBT 驱动不良欠饱和，u_{GE}波形自动变为图 2.101 中后半部分所示波形。

④ 从图 2.100 封脉冲端输入+15V 电压，则 u_{GE}完全变为负偏置，被驱动的 IGBT彻底反偏而关断。

⑤ 按被驱动 IGBT 工作时饱和压降的大小，整定 VS_2 与 VS_3。对高饱和压降的 IGBT，VS_2 与 VS_3 应选低稳压值如 1～3V 的稳压管，也可以不用直接短接；对低饱和压降的（≤2.5V）的 IGBT，VS_2 与 VS_3 可选 5V 的稳压管，也可短接不用，但应注意不用 VS_2 与 VS_3 时保护性能降低，损坏 IGBT 的可能性增加。因 HL402 的此保护动作时间相对很短，一般不会烧被驱动的 IGBT，但若使用 VS_2 与 VS_3，则往往保护太灵敏，有时反而不利于稳定运行。

⑥ 在被驱动的 IGBT 的负载条件下，根据其关断时集-射极电压的过冲与导通时集-射极的压降选择 R_G 与 R_{GE} 的阻值。若 IGBT 关断时，u_{CE} 过冲太高，则应增大 R_G 并减小 R_{GE} 阻值；当 IGBT 导通时，若集-射极饱和压降较高，应减小 R_G 并适当增大 R_{GE} 阻值。

2.5 通用控制电路的调试举例

为了说明前述电力电子变流设备通用控制电路的应用及调试，本节以陕西高科电力电子有限责任公司研制的在国内已批量使用的 KCZ6-1T 三相晶闸管类电力电子变流设备通用的单闭环触发控制板以及以 HL402 专用 IGBT 驱动器为核心单元构成的适用于大功率 IGBT 斩波器中使用的 IGC-2.7 型驱动板的调试为例，说明前述通用控制电路和触发器及驱动器的调试。

2.5.1 KCZ6-1T 三相晶闸管类电力电子变流设备通用的单闭环触发控制板

1. 电路原理

图 2.102 给出了 KCZ6-1T 控制板的电路原理，由图可见该控制板按功能可分为电源部分、脉冲形成部分、脉冲功放部分、脉冲隔离部分、脉冲整形部分、反馈检测部分、调节器部分、故障保护部分、给定积分部分、同步电压形成环节，从图 2.102 可明显看出，该控制板应用了线性电源，以光耦合器进行隔离来获得同步信号，以脉冲变压器作为脉冲隔离器件，采用小功率场效应晶体管作为触发脉冲功率放大器件，应用 TC787 专用脉冲形成集成电路产生三相触发脉冲。该控制板可用于主功率器件为晶闸管的三相开环及闭环系统作为晶闸管的触发单元，亦可用于交流调压、三相桥式全控及半控整流系统，以及三相交-交变频和三相有源逆变系统。现以其在三相全控整流系统中的应用为例，说明其调试过程与步骤。

2. 正常工作波形

图 2.103 示出了图 2.102 所示的 KCZ6-1T 控制板正常工作时各主要测试点的工作波形，应说明的是，其中 $-u_a$、$-u_b$、$-u_c$ 为三相全控桥中三只共阳极晶闸管阴极对相对中性点的电压，u_{G1K1}、u_{G2K2}、u_{G3K3}、u_{G4K4}、u_{G5K5}、u_{G6K6} 为该控制板输出接三相全控桥中六只晶闸管门阴极的触发脉冲信号，u_{16}、u_{15}、u_{14}、u_6、u_5、u_4 分别为 TC787 对应引脚的电压波形。图 2.104 示出了其印刷电路板元器件的布置。

3. 调试方法

调试的目的是整定和调试 KCZ6-1T 控制板各工作点的正常工作波形，检验保护环节、给定积分环节、信号检测环节、触发脉冲形成环节、脉冲隔离与放大环节、闭环调节器环节等的工作性能，并整定其参数，整个调试过程及调试步骤如下：

① 通电前应先检查板上元器件焊接是否正确，有无短路或虚焊，若有则排除之，

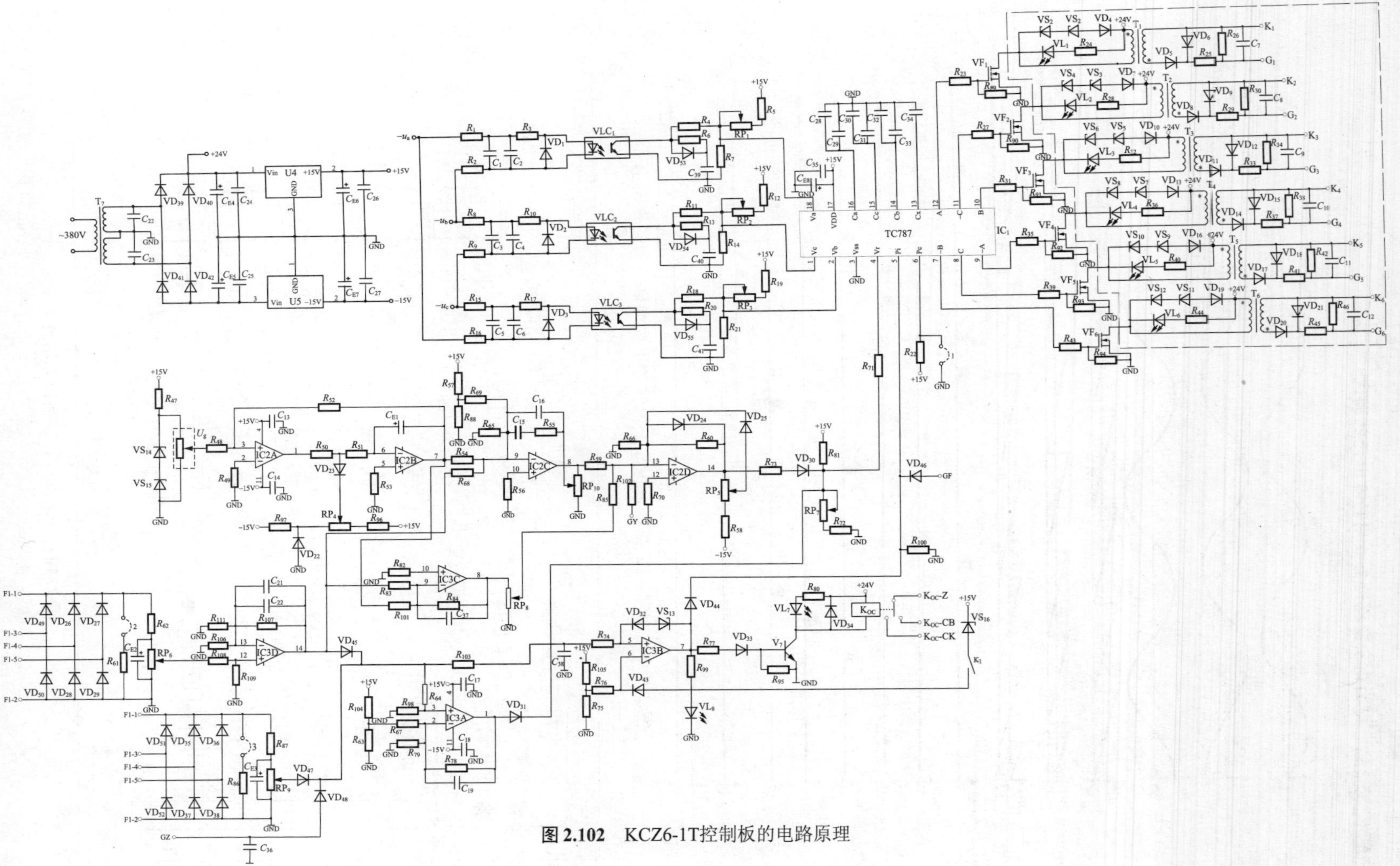

图 2.102　KCZ6-1T控制板的电路原理

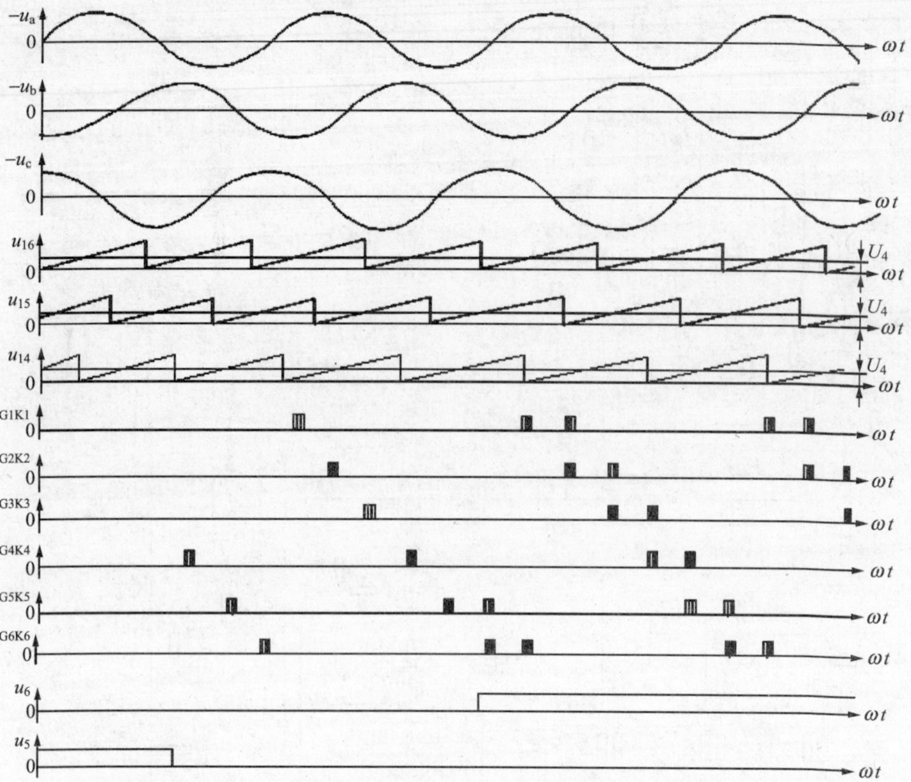

图 2.103 KCZ6-1T 控制板正常工作时各主要测试点的工作波形

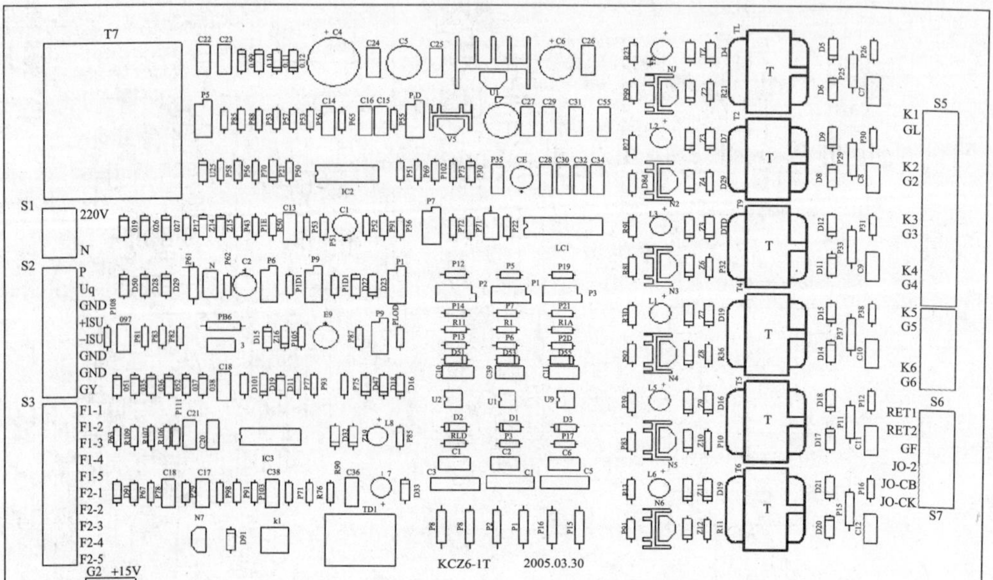

图 2.104 KCZ6-1T 控制板元器件布置

确保无误后再通电。

② 仅给板上输入 380V 电源，不插入集成电路，检查±15V 电源是否正常；正常时，+15V 用示波器观察时均为水平直线。IC_3、IC_2 的引脚 11 为−15V，IC_3、IC_2 的引脚 4 为+15V，IC_1 的引脚 6、引脚 17 为+15V，引脚 3 为地（0V）。

③ 断电插上集成电路，应特别注意集成电路的正方向，重新通电时用手摸各集成块是否有严重发热现象。若有则说明引脚有短路，应迅速断电排除故障。

④ 从 U_g 端输入给定（可直接将 P 与 U_g 及 GND 之间接一电位器来实现），用示波器观察 IC_2 的引脚 7 应从 0 到 $-U_g$ 变化。逆时针调节 RP_4 可使该变化速度变慢，相当于给定积分时间变长；顺时针调节 RP_4 则变化速度变快，相当于给定积分时间变短。当 U_g 为 0～+10V 的任意值时，检查 IC_2 引脚 7 能否稳定在与 U_g 等绝对值的负值上。

⑤ $U_g=0$ 时，检查 IC_2 的引脚 8 应为−13V（不同厂家生产的 LM324，具体值会稍有差异，不随调 RP_{10} 变化），IC_3 的引脚 8 应为 0V，U_g 在 0～+10V 变化时，由于是开环调试没有反馈，所以哪怕 U_g 给定很小，IC_2 的引脚 8 迅速在−13～+13V 变化（不同厂家生产的 LM324，具体值会稍有差异），IC_1 引脚 4 电压从最大值迅速变为接近 0V，而 IC_3 的引脚 8 输出应与 U_g 的变化趋势相反，且相差一个倍数关系。

⑥ 检查 $U_g=0$ 时，IC_2 的引脚 14 及 IC_1 引脚 4 应为随 RP_5 设定值变化的正值，且可调。调节 RP_5 可以在 IC_2 的引脚 14 及 IC_1 引脚 4 得到 0～13V 之间的任意设定稳定电压值。

⑦ 从 F1-3～F1-5（或 F2-3～F2-5）三个引脚输入三相交流 8V 电压，亦可从 F1-3 与 F1-4（或 F2-3 与 F2-4）及 F1-4 与 F1-5（或 F2-4 与 F2-5）之间分两次输入单相交流 8V 电压，检查 F1-1 与 F1-2（或 F2-1 与 F2-2）之间的波形是否如图 2.105 所示。调节 RP_6（或 RP_9），R_{108}（或 VD_{47} 阳极）对主控制板参考地 GND 电压应为平直电压，且随着 RP_6 的顺时针调节，R_{108} 输入电压增大，IC_3 的引脚 7 输出在−13～+13V 变化（选用不同厂家生产的 LM324，具体值会有差别），继电器动作声音明显，VL_8 发光，IC_1 的引脚 5 变为高电平。

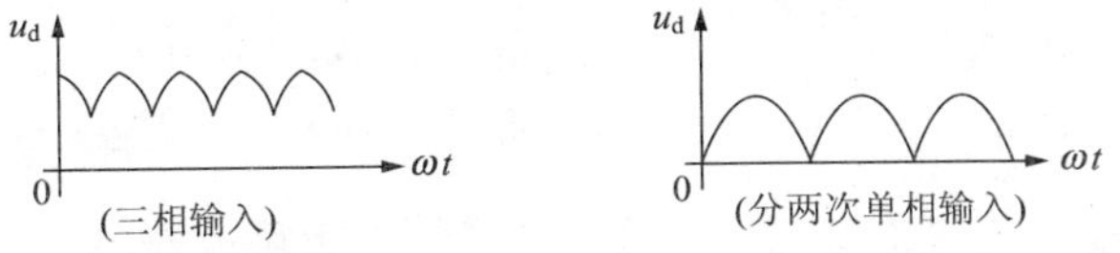

图 2.105 用示波器从 F1-1 与 F1-2（或 F2-1 与 F2-2）观察到的波形

⑧ 断开 F1-3～F1-5（或 F2-3～F2-5）之间的输入，VL_8 仍发光，继电器保持原动作状态未改变，IC_1 的引脚 5 仍保持高电平。

⑨ 按复位键 K_1，继电器动作，发光二极管 VL_8 熄灭，IC_1 的引脚 5 变为低电平。

⑩ 从控制板的 K_2、K_4、K_6 输入三相 380V 电压（输入前应检查电阻 R_1、R_2、R_8、R_9、R_{15}、R_{16} 是否为 75kΩ/2W，对用户有特殊要求定制的控制板应用三相调压器调节输入相应的线电压，并检查对应的电阻 R_1、R_2、R_8、R_9、R_{15}、R_{16} 是否满足输

入线电压 220V,36kΩ/2W;~110V,15kΩ/2W;~380V,75kΩ/2W)。

顺序调节电位器 RP_1、RP_2、RP_3,调节时用示波器顺序观察 IC_1 的引脚 16(u_{aT})、引脚 15(u_{cT})、引脚 14(u_{bT})的波形能否满足高度及斜率一致(应如图 2.106 所示)。保持电位器 RP_1、RP_2、RP_3 位置不动,调节时应保持锯齿波中最大幅值(一般调为 10V)一致,最小幅值的差别可以不考虑。

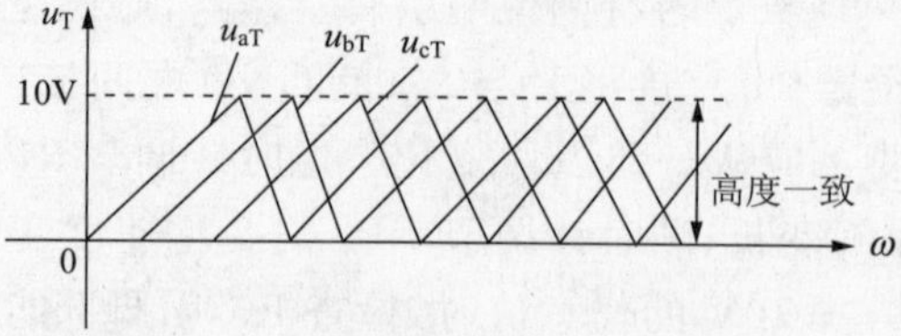

图 2.106 三相锯齿波的正常波形与相位关系

⑪ 让 $U_g=0V$,调节 RP_5,此时用双线示波器,让示波器两通道输入的扫描线重合,把示波器放于×10 衰减状态,一个通道正输入接于控制板 K_4 与三相零线之间,示波器该通道地线接三相电源的零线,另一个通道正输入接于 G_1,该通道地线接 K_1,最终使波形关系满足图 2.107 所示波形(有时调 RP_5,但不能使脉冲波形回到 π 的位置,而在 π 的左侧,这是由于 RP_7 调节不合适,RP_7+R_{72} 电阻值太小,稍微调整 RP_7 便可满足要求)。此时表明 RP_5 已调好,以后不需再调节,这时触发脉冲与同步电压的相位关系如图 2.107 所示。

⑫ 从 U_g 端输入一定的电压(由于是开环调试,只要 $U_g>0$ 即可),示波器位置与⑪中相同,调 RP_7 使波形满足图 2.108 所示波形,这说明 RP_7 位置已调准,以后不需再调节。

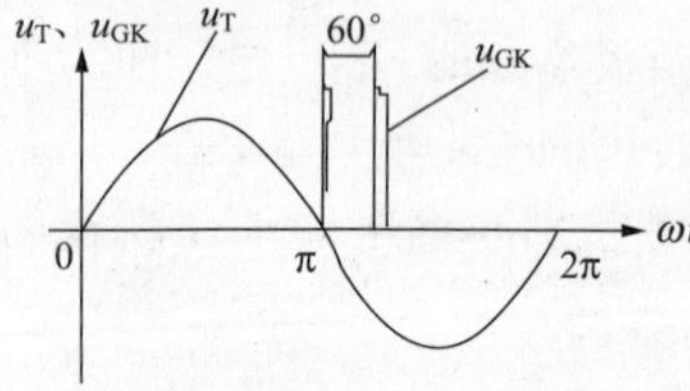

图 2.107 调 RP_5 整定最大触发控制角

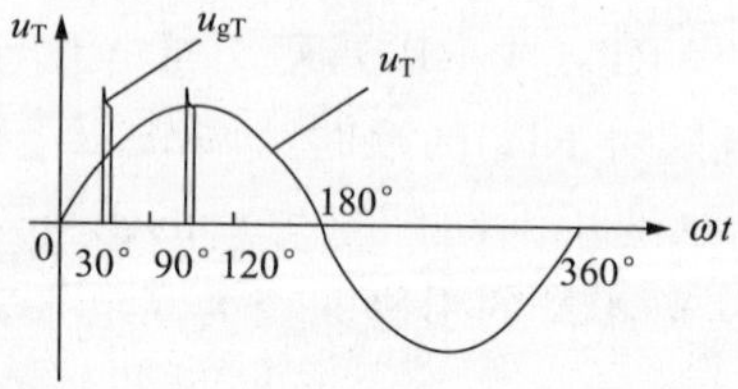

图 2.108 调节电位器 RP_7 整定最小触发控制角为 0°时,同步电压与对应触发脉冲的相位关系

⑬ 让 U_g 变为 0,可以看到经一定延时(这是由于调节器 IC2C 退饱和需要一定时间),图 2.108 所示波形相位关系又变为图 2.107 所示波形相位关系。

⑭ 示波器同⑪、⑫中位置,让 U_g 为最大值,可以看到图 2.108 所示波形关系。从 F1-3~F1-5 端输入一定的信号(可为单相交流电压),可以看到波形自动变为图 2.108 与图 2.107 中间相位的某一位置的波形,说明调节器功能正常。

⑮ 断开 F1-3~F1-5 之间的输入,示波器的位置不动,U_g 保持最大给定。从 F2-3~F2-5之间输入一定电压(幅值不要使 IC3B 产生翻转动作),调节 RP_9,可以看到在某一位置,示波器中的波形从图 2.108 所示的波形变为图 2.107 所示波形,

说明截止保护单元工作正常，继续增大输入调节 RP_9 使 IC3B 动作，输出脉冲被封锁，说明保护动作正常。

⑯ U_g 保持最大，示波器位置不动，断开 F2-3～F2-5 之间的输入，直接从 GZ 端输入一可使比较积分器 IC3A 翻转积分但不足以使 IC3B 翻转动作的电压，经一定时间的积分后，同样可以获得示波器波形从图 2.108 变为图 2.107 所示波形的效果，说明外部故障截流 GZ 通道功能正常。

⑰ 断开 GZ 通道的输入，让 U_g 变为 0，示波器位置不动，从 GY 端输入+10～+0V 电压，可以得到示波器波形从图 2.107 变为图 2.108 的过程，说明 KCZ6-1T 控制板开环使用，直接输入移相信号的 GY 通道正常，此时保持 GY 通道输入不变，从外部故障封锁输出脉冲的 GF 端输入+15V，输出脉冲全被封锁，说明外部故障封锁脉冲 GF 通道功能正常。

⑱ 取下夹于电阻 R_{13} 与 GND 之间的示波器，让 U_g 为一定值（可为最大），仅用示波器的一个通道，逐次检查 G_1、K_1～G_6、K_6 之间的波形，正常状态各路的波形应如图 2.109 所示，且用双通道示波器观测时，u_{G1K1}、u_{G2K2}、u_{G3K3}、u_{G4K4}、u_{G5K5}、u_{G6K6} 波形依次相位互差 60°。

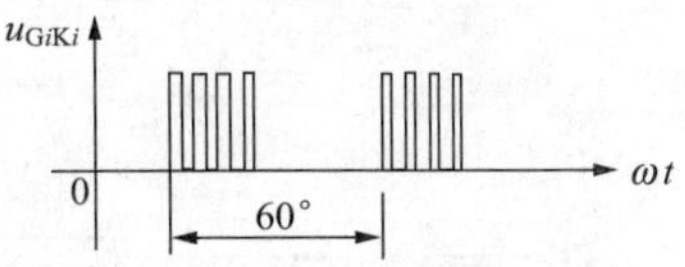

图 2.109 KCZ6-1T 控制板输出的触发脉冲波形（i=1～6）

⑲ 整理工具，断开电源线等，拆下控制板，该板的调试顺利结束。

2.5.2 IGC2.7 型 IGBT 斩波器驱动板

IGC2.7 型 IGBT 斩波器驱动板是专为大功率 IGBT 驱动而设计的控制板，可用于驱动额定容量不大于 600A/600V 及 300A/1200V 的 IGBT 斩波系统作为 PWM 脉冲的产生及驱动控制板，该板共需输入三路交流电源，现以其在斩波系统中的应用为例，说明其调试过程。

1. 工作原理

IGC2.7 型 IGBT 单管斩波器驱动控制板的原理电路如图 2.110 所示，其元器件布置如图 2.111 所示。其工作原理可简述为：用集成电路 SG3525 来完成 PWM 脉冲形成，以 HL403B 加互补功率放大晶体管输出级来完成大功率 IGBT 的驱动，借助于 HL403B 内的保护电路实现被驱动 IGBT 的短路、欠饱和、软关断及降栅压保护，保护后的信号分别经 VLC_1、VLC_2 隔离后送出，由晶体管 V_1 与 NE555 构成的电路自保后封锁掉 PWM 脉冲，从而使被驱动功率 IGBT 的栅-射极间为反偏压而可靠截止；另一方面，当用户主电路因别的原因而产生故障（如过压或过流）时，比较器 IC2:A 动作，一则使 IC2:B 动作通过 VLC_3 直接从驱动级封锁加到被驱动功率 IGBT 栅-射极的驱动电压，使被驱动 IGBT 承受反偏压而可靠关断。同时，晶体管 V_2 导通，继电器 K 动作，给出一常闭接点信号（触点容量～380V/0.5A 或～220V/3A），使用户分断主电路接触器或进行其他保护操作。

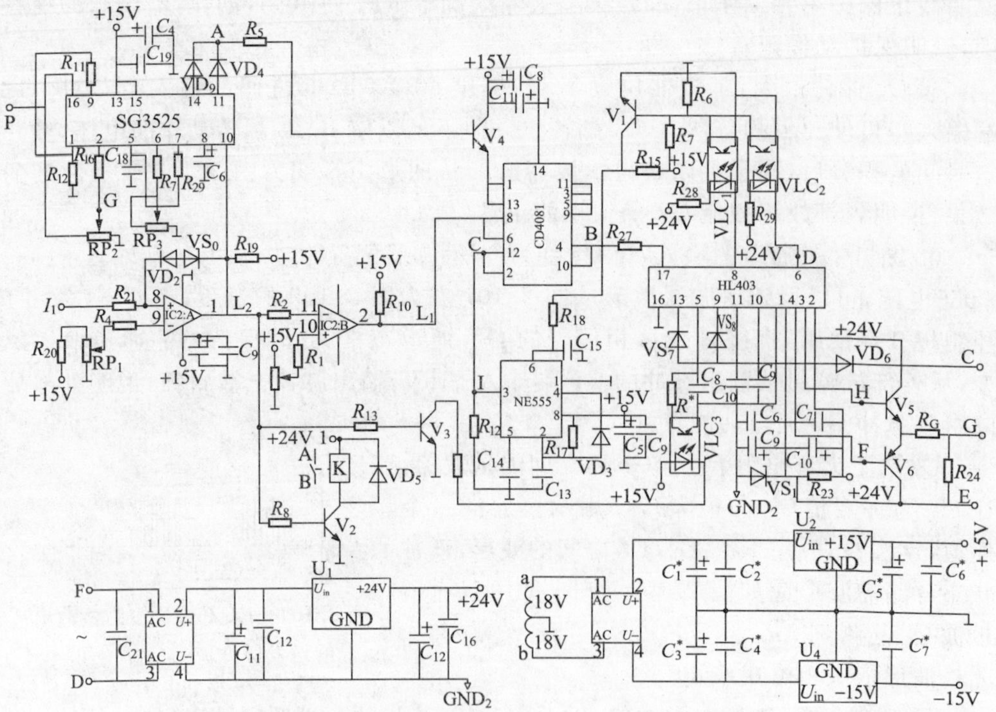

图 2.110 IGC2.7 型单管斩波 IGBT 驱动控制板电路

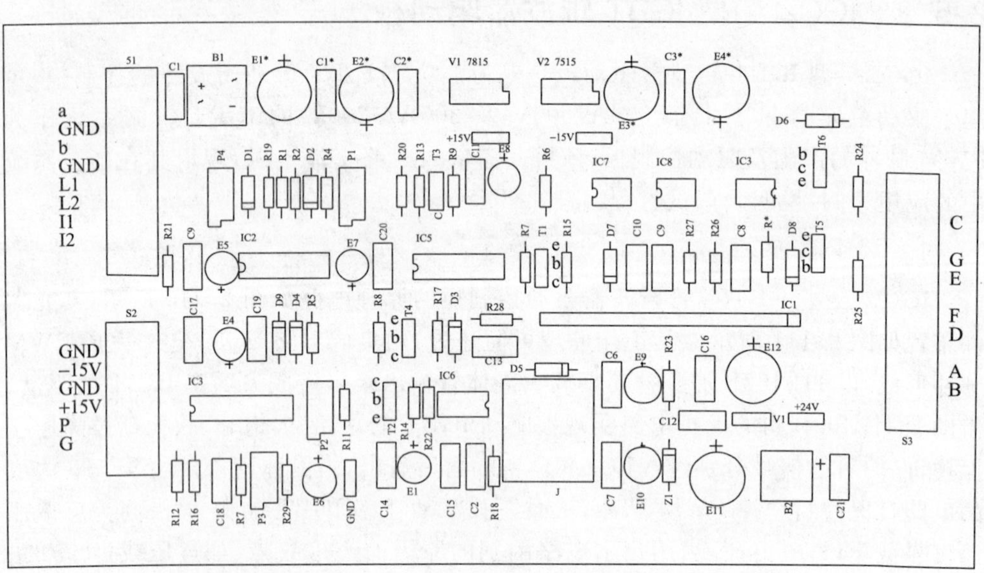

图 2.111 IGC2.7 型单管斩波驱动控制板元器件布置

2. 正常工作波形

IGC2.7 控制板的关键芯片为 HL403 及 SG3525，为便于用户使用，图 2.112

给出了该板正常工作时几个关键引脚(在图 2.110 中以 A、B、D、F、H、I 来标记)在输出端接 IGBT 时的波形及保护后同一引脚的工作波形。

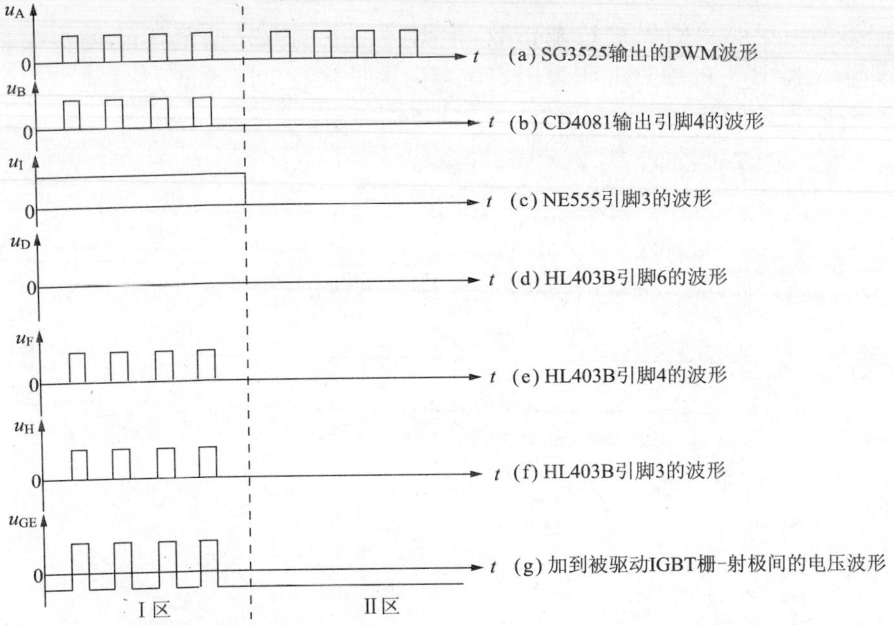

注:1)各波形的参考地均为各自的工作电源地。
2) Ⅰ区为正常工作波形。
3) Ⅱ区为发生欠驱动(被驱动IGBT欠饱和导通)时的工作波形。

图 2.112 IGC2.7 控制板正常工作时几个关键引脚的工作波形

3. 调试方法

IGC2.7 型 IGBT 驱动板在出厂前已进行仔细的调试,所以,一般不需要进行复杂的调试,其用于配套斩波系统时调试的步骤如下:

① 给 IGC2.7 控制板通电,用万用表检测+15V、-15V 及+24V,测试应分别以 7815 与 7824 的外壳为参考地测试,幅值及纹波含量应正确无误。

② 用示波器测试电路中各关键芯片引脚的波形,参考图 2.112 的波形,应正确无误。

③ 模拟被驱动 IGBT 欠饱和的故障,可以看到其驱动波形从正常工作的状态变为保护后的波形。

④ 模拟外部电路故障,即从 I_1 与 GND 引脚之间输入一可调直流电压,当该电压大于设定门槛值时,保护电路的动作无误,L_1 与 L_2 输出高电平与低电平。

⑤ 按用户系统需要的工作频率调整 RP_3,整定 PWM 脉冲的频率为 10～20kHz。

⑥ 接通 IGC2.7 与被驱动 IGBT 斩波器之间的引线,给主电路送电,测试被驱动 IGBT 集-射极的电压波形。若电压过冲太高,则应增大栅极串联的电阻 R_G 和

减小栅-射极并联的电阻 R_{24}；若电压过冲很小，但被驱动的IGBT集-射极电压波形上升下降沿陡度不理想或导通段压降较大，则应减小 R_G 与增大电阻 R_{24}，最后按两者的折中较优方案确定 R_G 与 R_{24} 的阻值。

⑦ 按用户要求的保护过载倍数，根据实际电流取样值的大小调整保护门槛值，即电位器 RP_1 的中点电压为用户需求的保护倍数对应的值。

至此，该控制板与斩波器相连的调试便完成了。

第 3 章　整流管类电力电子变流设备

整流管实际上也就是常说的二极管。在电力电子行业，人们习惯于把小电流容量(额定电流不大于 5A)的二极管称为二极管，而将电流容量大于 5A 的二极管称为整流管。顾名思义，整流管的主要用途是把交流变为直流，起整流作用，因而以整流管为主功率器件的电力电子变流设备主要用来把交流变为直流。这类设备常用于电解、电镀、直流屏、直流调速、直流冶炼等领域。常分为输出直流电压可调与输出直流电压不可调两大类。由于整流管的阳极电位高于阴极 0.7V(硅管)或 0.3V(锗管)时便导通，阳极电位低于阴极电位时便自行关断，因而，当输入交流电压一定时，仅靠整流管是无法对其整流输出电压进行调节的。要调节整流后直流输出电压，唯一的方法就是只能使输入交流电压按用户要求来变化了。本章先介绍整流管的分类及外观与工作原理，然后介绍主功率器件为整流管的电力电子变流设备的常见电路结构。

3.1　整流管概述

整流管是一个两端器件，对外引出两个电极，一个称为阳极 A，一个称为阴极 K。其工作原理可简述为：整流管的阳阴极间加反向电压时，便在构成二极管的两个极之间的结合部(称为 PN 结)两端形成一个阻挡电流流过的势垒，所以，此时二极管呈现出高阻特性，阳阴极间仅有很小的反向漏电流流过；而当阳阴极间施加正向电压时，PN 结势垒中的电子快速向外加电源正极移动，而空穴则向外加电源的负极移动；当外加到 PN 结两端电压大于 0.7V 时，整流管便导通，从而有一个由整个电路的电阻所决定的电流流过整流管，这便是整流管的工作原理。图 3.1 给出了整流管的结构及电路符号，而图 3.2 给出了整流管的伏安特性曲线。

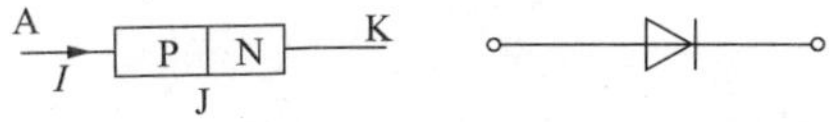

(a) 内部结构　　(b) 电路符号

图 3.1　整流管的内部结构及电路符号

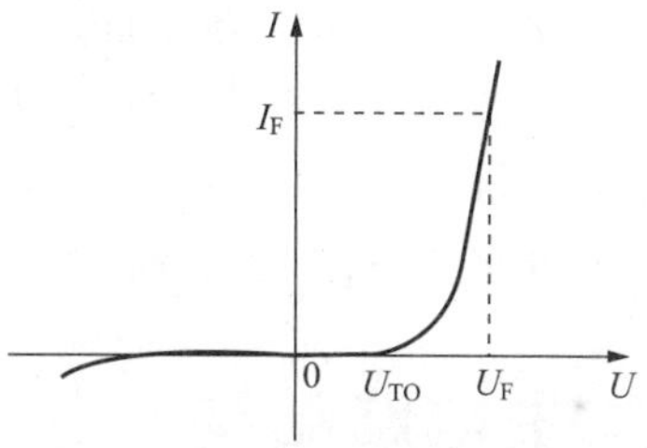

图 3.2　整流管的伏安特性曲线

常见的整流管封装外形有四种：

① 塑封型，包括圆柱型封装和TO型封装两种封装形式。圆柱型封装的塑封整流管采用把阴极涂深颜色的办法来标记，其反向电压 U_{RRM} 范围为50～1600V，电流范围为5～10A；而TO型封装的整流管外壳为阴极，反向电压 U_{RRM} 范围为50～1600V，电流范围为5～30A。

② 螺栓型，包括正烧和反烧的螺栓型整流管。正烧的螺栓型整流管螺栓为阳极，而辫子线或用螺钉对外引出线的一端为阴极；反烧的螺栓型整流管阳极与阴极的标识正好与此相反。螺栓型整流管的反向重复峰值电压 U_{RRM} 范围为50～1600V，正向平均电流范围为5～300A。

③ 平板型，包括凸台和凹台封装的整流管。凸台封装的整流管大直径台面为阴极，小直径台面为阳极；凹台封装的整流管在陶瓷外壳的厚度方向有一个绕整个周长的金属圈（该金属圈用于封装），离该金属圈距离近的那个台面为阴极，离该金属圈距离远的那个台面为阳极。平板型整流管的反向阻断电压 U_{RRM} 范围为100～6500V，正向平均电流范围为200～7500A。

④ 模块型，包括单整流管、双整流管、三个整流管、四个整流管、六个整流管一体封装的几种。其反向重复峰值电压 U_{RRM} 范围为400～2500V，正向平均电流 I_F 范围为15～600A。图3.3给出了整流管的常见封装外形。

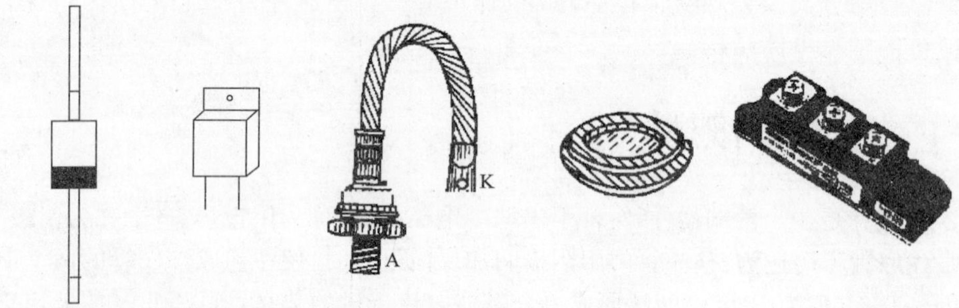

(a) 塑封圆柱型　(b) 塑封TO型　(c) 正烧的螺栓型　(d) 平板型　(e) 模块型

图3.3　整流管的常见封装外形

整流管按反向恢复时间的长短可分为普通整流管、中速整流管及快速整流管和高速整流管。普通整流管的反向恢复时间一般为几百微秒，中速整流管的反向恢复时间一般为几十微秒，快速整流管的反向恢复时间一般为几百纳秒～几微秒，而高速整流管的反向恢复时间为几十纳秒～几百纳秒。

整流管的主要参数有反向重复峰值电压 U_{RRM}、反向恢复时间 t_{rr}、通态正向峰值电压 U_{TM}、额定工作结温 T_{jm}、额定工作壳温 T_C、临界断态电压上升率 du/dt、通态电流上升率 di/dt 等。

3.2 主电路结构

主功率器件为整流管的电力电子变流设备按其输出电流与电压的不同，常用主电路结构有 30 多种。图 3.4 给出最基本的 12 种电路拓扑，随着这 12 种电路结构中的交流电源为固定式与可调式的不同，可以得到 24 种整流电路。另一方面，随图 3.15 与图 3.20 中交流可调电压源是晶闸管相控调压与饱和电抗器调压的不同，可以得到交流可调输入电压源的两种不同方案，这样对 12 种基本电路来说，我们总共可以变换出 42 种整流电路结构。下面给出不同电路拓扑结构的以整流管为主功率器件的电力电子变流设备的主要特点与适用功率范围。

1. 固定式交流输入电源

1）单相半波整流

电路结构如图 3.4(a)所示，使用 1 个整流管。其输入、输出电压波形如图 3.5 所示，由于输出整流电压脉动频率与输入电压频率相同 $f_o=f_i$，因而输出直流电压脉动大，供电变压器仅半周内流过电流工作，变压器绕组利用率低，存在直流磁化问题。其设计容量要比使用功率大很多，整流输出电压 U_d 与输入电压 U_2 的关系

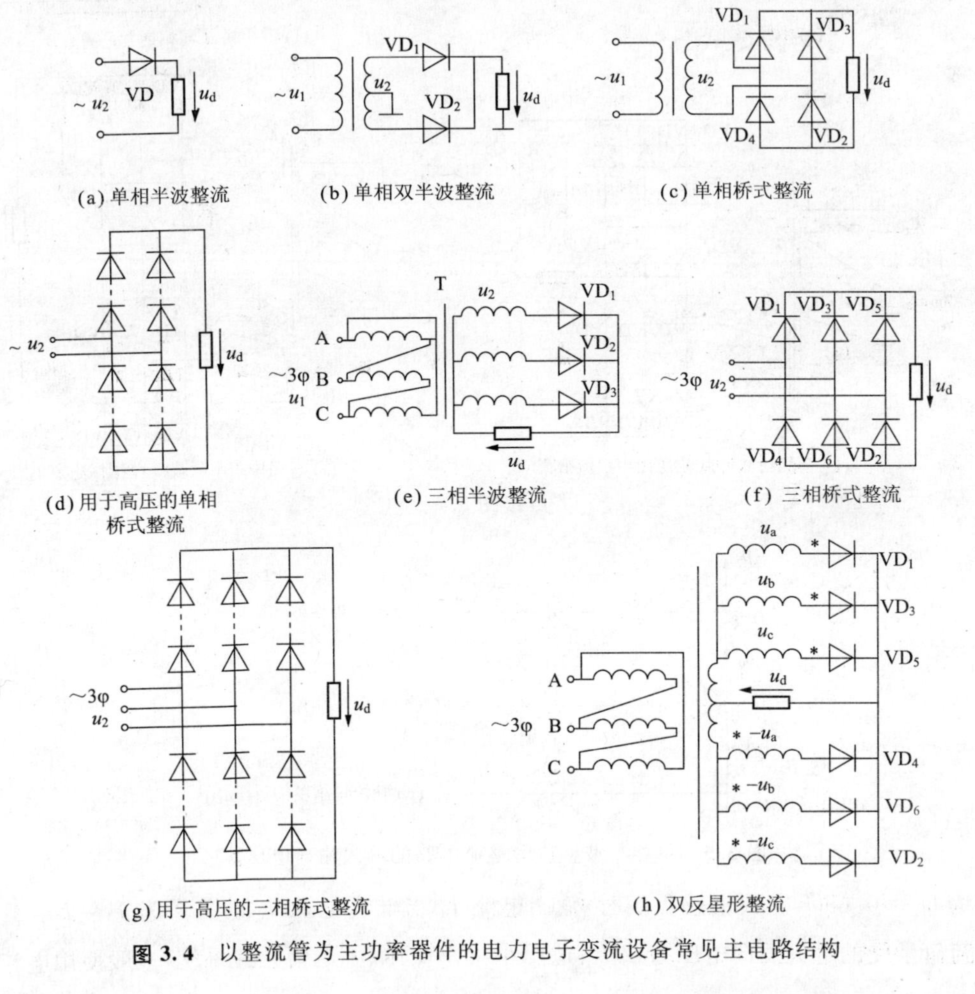

图 3.4 以整流管为主功率器件的电力电子变流设备常见主电路结构

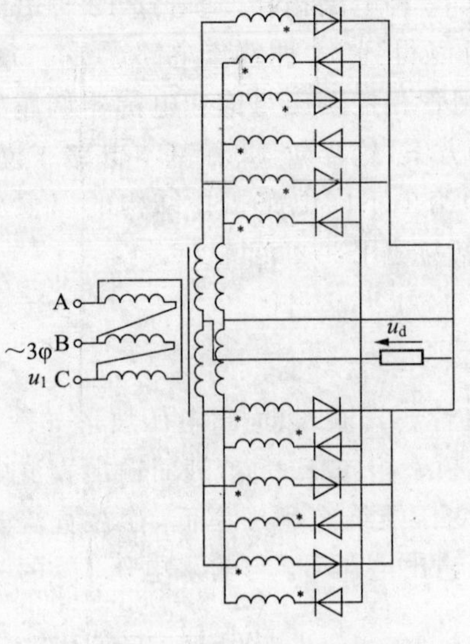

(i) 双反星形同相逆并联整流

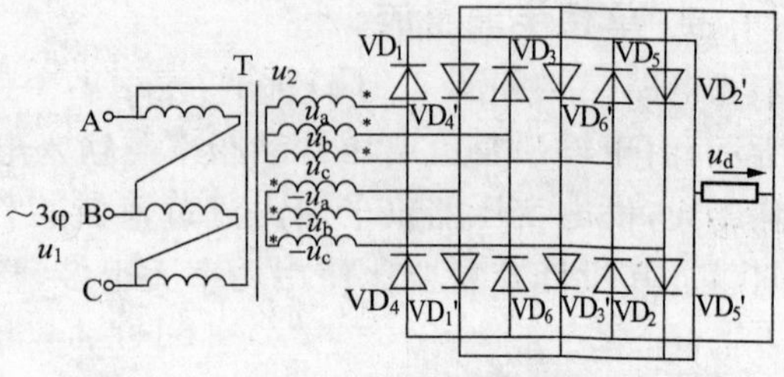

(j) 三相桥式同相逆并联整流

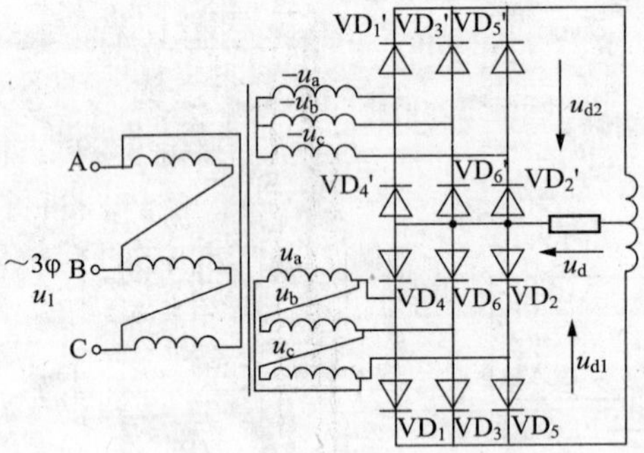

(k) 三相桥式并联获得12相整流效果

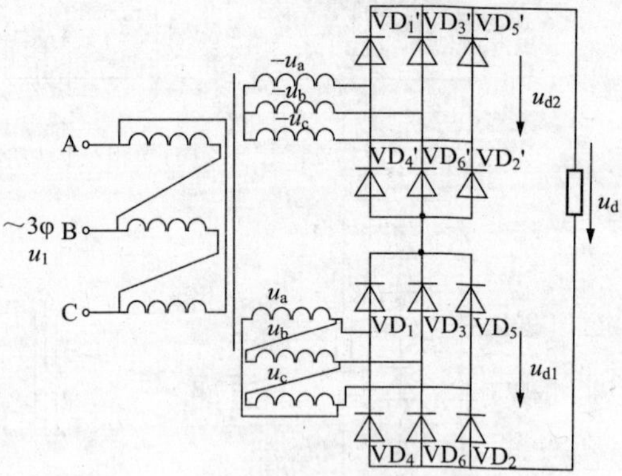

(l) 三相桥式串联获得12相整流效果

续图 3.4

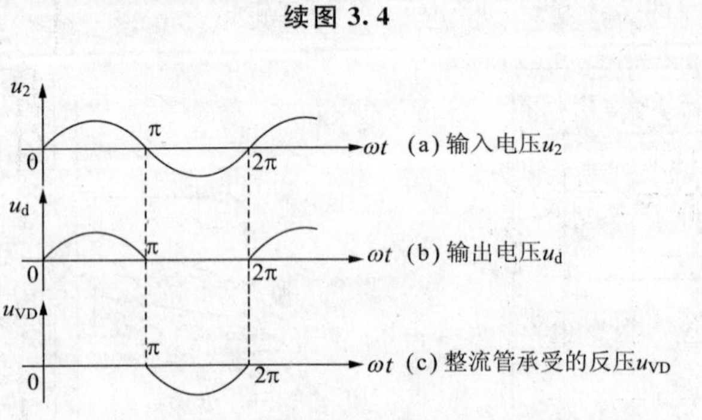

图 3.5 单相半波整流管整流电路的输入输出电压波形

为 $U_d = 0.45U_2$。大电感负载时，输出电流 I_d 与输入电流 I_2 的关系为 $I_d = I_2$。整流管承受的最大反向电压为$\sqrt{2}U_2$，适用小功率低压、小电流整流系统，一般使用电流小于 5A，电压小于 500V，多用于家用电器、开关型直流电力电子变流器、充电器等。

2）**单相双半波整流**

电路结构如图 3.4(b)所示，共使用 2 个整流管。利用变压器二次侧 1 个带有中间抽头的绕组，使 2 个整流管分别在电源的正、负半周内导通工作，整流输出直流电压脉动频率为交流输入电压频率的 2 倍，输出电压波形与单相桥式整流电路仅幅值不同，如图 3.6 所示。整流变压器不存在直流磁化问题，相同容量变压器其输出功率比图 3.4(a)所示的整流电路大 1 倍。输出直流电压 U_d 与输入电压 U_2 的关系为 $U_d=0.9U_2$。大电感负载时，输出电流 I_d 与输入电流 I_2 的关系为 $I_d=2I_2$。整流管承受的最大反向电压 $U_{RRM}=\sqrt{2}U_2$。输出电压脉动频率 f_0 与输入电源频率 f_i 的关系为 $f_o=2f_i$ 适用于低压小功率领域，一般使用电流不超过 100A，电压不超过 100V。常用于开关电源，小功率电镀、小功率电解、家用电器、充电器等。

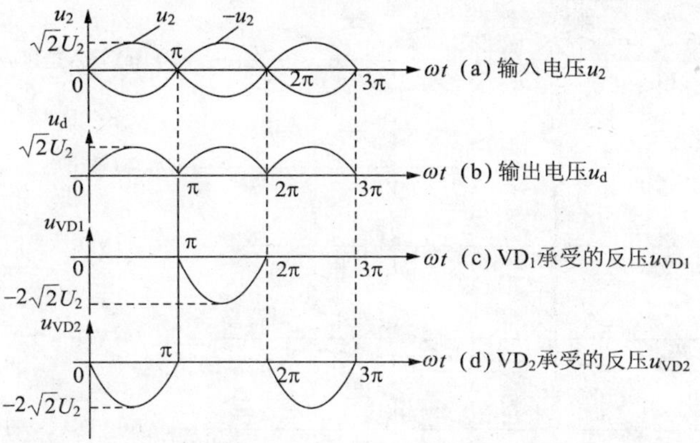

图 3.6 单相双半波整流管整流电路的输入输出电压波形

3）**单相桥式整流**

电路结构如图 3.4(c)所示，共使用 4 个整流管。同样输出电压下，变压器二次侧电压比图 3.4(b)所示电路低 1 倍，供电变压器利用率高。受目前整流管制造工艺水平中反向耐压的限制，这种电路结构用于输出电压不高于 2000V 的场合，要求输出电压高于 2000V 甚至上万伏的场合多应用图 3.4(d)所示的电路结构。输出直流电压 U_d 与输入电压 U_2 的关系为 $U_d=0.9U_2$。大电感负载时，输出电流 I_d 与输入电流 I_2 的关系为 $I_d=I_2$，整流管承受的最大反向电压 $U_{RRM}=\sqrt{2}U_2$。输出电压脉动频率 f_o 与输入电源频率 f_i 的关系为 $f_o=2f_i$，工频 50Hz 输入时，其整流输出直流电压脉动频率为 100Hz，输出电压波形如图 3.7 所示，用于中压小功率及小电流高压系统，如直流开关型电力电子变流设备、电解、电镀、高压静电除尘等，输出电流不超过 100A，输出电压范围为 100～1000V。

4）**三相半波整流**

电路结构如图 3.4(e)所示，整流输出波形如图 3.8 所示。共使用 3 个整流管，可解决三相电网负载不平衡问题，所以输出电流可以达到上千安。由于变压器二

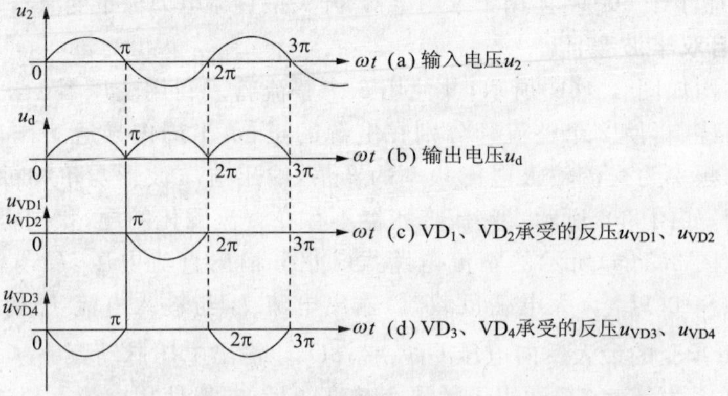

图 3.7 单相桥式整流管整流电路的输入输出电压波形

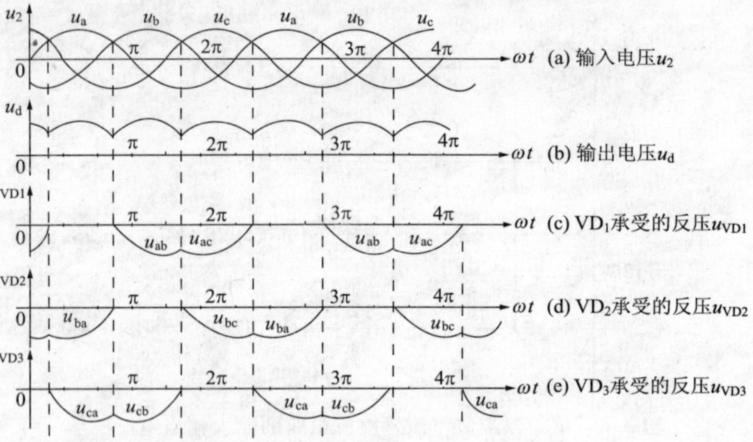

图 3.8 三相半波整流管整流电路的输入输出电压波形

次侧绕组仅半周期内有电流通过，所以变压器存在直流磁化问题，因而图3.4(a)所示变压器的设计容量要比使用容量大的问题同样存在。其输出电压 U_d 与输入电压 U_2 的关系为 $U_d=1.17U_2$，大电感负载条件下，输出电流 I_d 与输入电流 I_2 的关系为 $I_d=\sqrt{3}I_2$，整流管承受的最大反向电压 $U_{RRM}=\sqrt{6}U_2$。输出电压脉动频率 f_o 与输入电源频率 f_i 的关系为 $f_o=3f_i$，用于低压大电流场合，如电解、直流励磁系统、电镀、直流调速、直流屏电力电子变流设备等领域，一般适用输出电压为 3～100V、输出电流为 50～3000A 的场合。

5）**三相桥式整流**

电路结构如图 3.4(f)及图 3.4(g)所示，其输入与输出波形的关系如图 3.9 所示。图 3.4(f)用在输出电压较低的场合，而图 3.4(g)用于要求输出电压较高的场合。两种电路都具有变压器不存在直流磁化、利用率高等优点，可以看做图 3.4(e)所示整流电路的串联，所以，输出电压较图 3.4(e)所示的三相半波整流电路高 1 倍，输出直流电压 U_d 与输入交流相电压 U_2 及线电压 U_{2l} 的关系为 $U_d=2.34U_2=$

$1.35U_{21}$，大电感负载时，输出直流电流 I_d 与输入交流相电流 I_2 的关系为 $I_d=\sqrt{3/2}I_2=I_2/0.816$，整流管承受的最高反向电压 $U_{RRM}=\sqrt{6}U_2$，输出电压脉动频率 f_o 与输入电源频率 f_i 的关系为 $f_o=6f_i$，用于直流屏电力电子变流设备、充电机、电解、电镀、电冶加工、电化学场合，输出电压范围：图 3.4(c)与(f)中为 100～2000V；图 3.4(d)与(g)中为 2000～20 000V。输出电流范围为 100～10 000A。

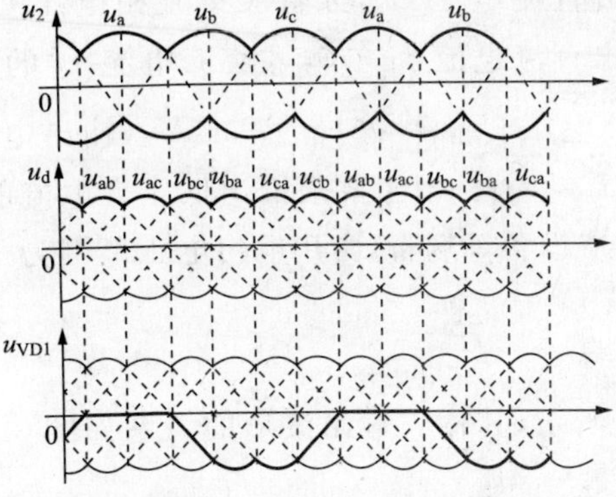

图 3.9 三相桥式整流管整流电路的输入输出电压波形

6）**双反星形整流**

电路结构的原理如图 3.4(h)所示，其输入与输出波形的关系如图 3.10 所示，小电流时每整流臂使用 1 个整流管，此时共使用 6 个整流管，与图 3.4(f)及 3.4(g)所示的电路使用的整流管数量相同；大电流场合每臂使用多只整流管并联，此时随电流大小不同，每臂并联元器件数为 2～5 只，共使用元器件 12～30 只。但图 3.4

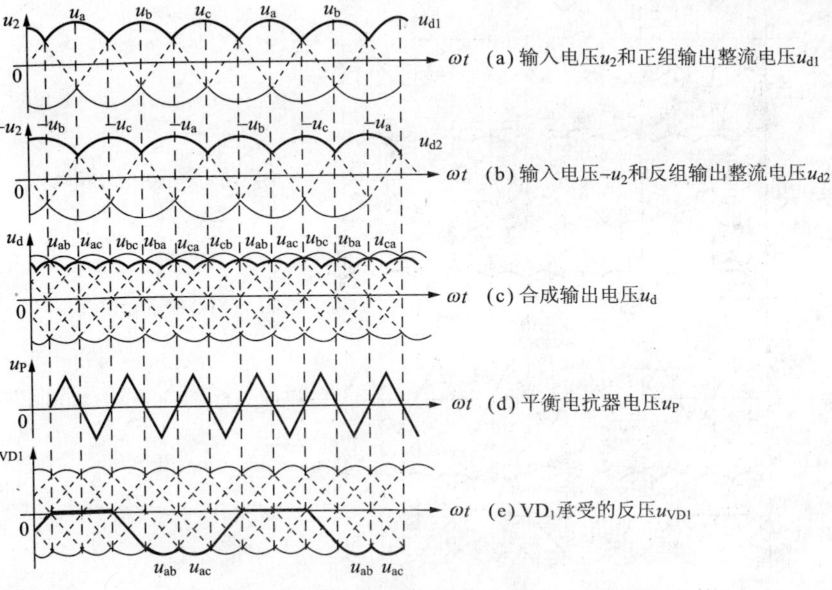

图 3.10 双反星形整流管整流电路的工作波形

(h)所示电路巧妙地利用了2个三相半波整流并联，从而整流输出电流较图3.4(f)、图3.4(g)大了1倍，而整流内部的压降较图3.4(f)、图3.4(g)小一半。同时，由于2个三相半波整流电路正负半周分别工作，整流变压器二次绕组同一相正负绕组合成磁势为0，所以，整流变压器也不存在直流磁化问题。由于整流变压器二次侧每个独立绕组仅半周期内有电流通过，整流变压器绕组利用率低，所以其设计容量比使用功率大很多。其输出直流电压 U_d 与输入交流相电压 U_2 的关系为 $U_d=1.17U_2$，大电流负载时，输出直流电流 I_d 与输入交流电流 I_2 的关系为 $I_d=I_2/0.289$，整流管承受的最高反向电压 $U_{RRM}=\sqrt{6}U_2=2.45U_2$，输出电压脉动频率 f_o 与输入电源频率 f_i 的关系为 $f_o=6f_i$。用于要求输出低压大电流的整流场合，如电镀、电焊机、直流电力电子变流设备等场合，常用输出电压范围为3～200V，常用输出电流范围为100～16 000A。

7) **双反星形同相逆并联整流**

电路结构的原理如图3.4(i)所示，其输入输出波形的关系如图3.11所示，共

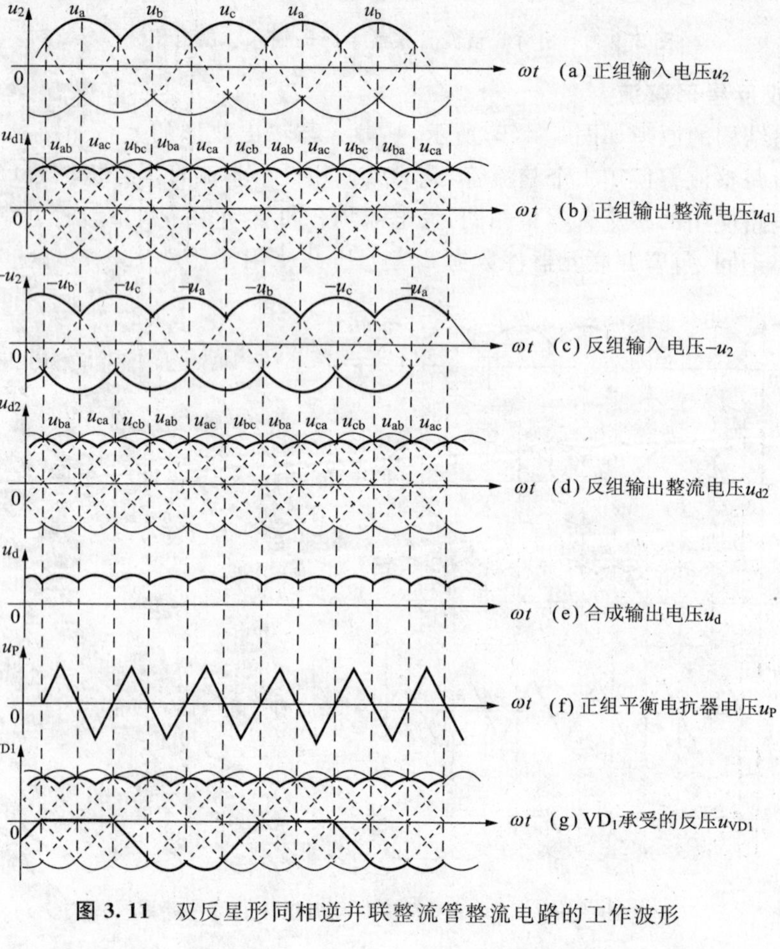

图3.11 双反星形同相逆并联整流管整流电路的工作波形

使用 12 组整流管。它是在图 3.4(h)电路基础上，为解决大电流输出时钢质整流柜壳因涡流发热问题及为扩大输出电流容量而设计的。该电路巧妙地利用了两个双反星形整流电路在整流柜里构成 12 个整流臂，并保证相邻的两个整流臂在同一时刻通过大小相等、方向相反的电流，使直流电流产生的磁场相互抵消，从而解决了大电流引起的磁场产生的钢质整流柜壳涡流发热问题。其输出直流电压平均值 U_d 与输入交流电压有效值 U_2 的关系为 $U_d=1.17U_2$，大电感负载时，输出直流电流平均值 I_d 与输入交流电流有效值 I_2 的关系为 $I_d=2I_2/0.289$，整流管承受的最高反向电压为 $U_{RRM}=\sqrt{6}U_2$。输出电压脉动频率 f_o 与输入电源频率 f_i 的关系为 $f_o=6f_i$。用于要求输出低压大电流的整流场合，如电镀、电解、大功率直流电力电子变流设备等。常使用输出电流范围为 6000～30 000A，输出直流电压范围为 3～200V。

8）**三相桥式同相逆并联整流**

电路结构原理如图 3.4(j)所示，其整流输入、输出波形如图 3.12 所示。它是在图 3.3(f)的电路基础上，为解决大电流输出时钢质整流柜壳因直流电流产生的磁场引起涡流发热而设计的。利用 2 个并联的三相桥式整流电路扩大了输出电流

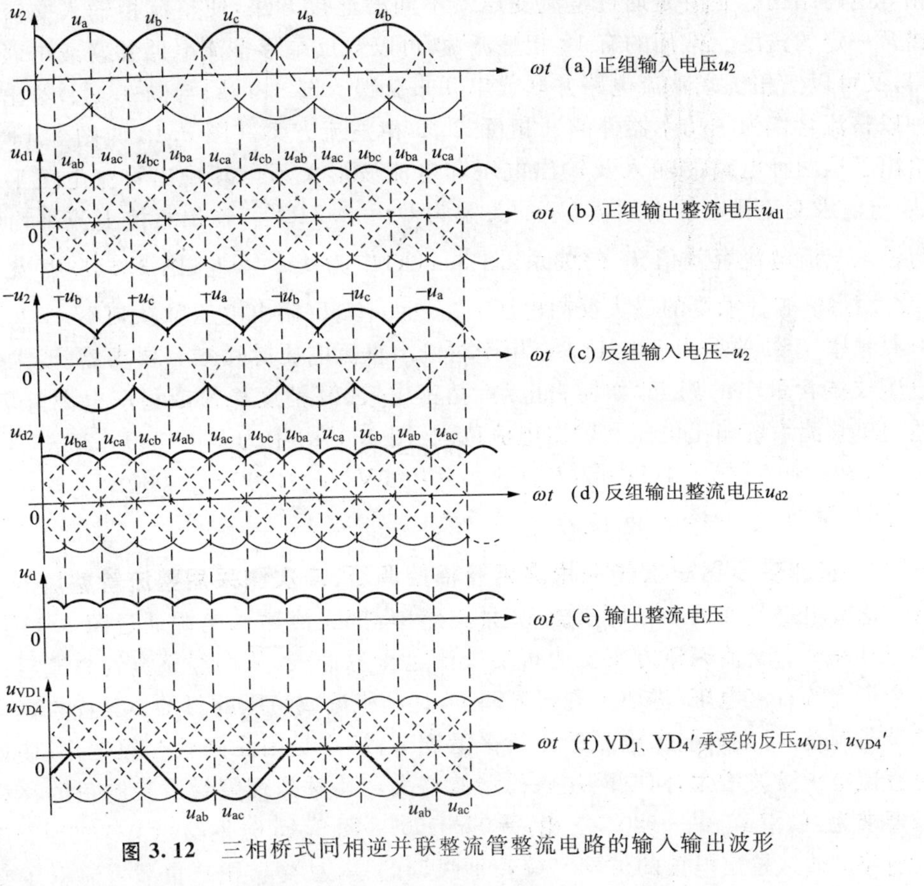

图 3.12 三相桥式同相逆并联整流管整流电路的输入输出波形

容量,同时由于在整流柜内结构上保证相邻的导电臂在同一时刻内通过大小相等、方向相反的电流,使直流电流产生的磁场相互抵消,从而解决了大电流涡流引起钢质整流柜壳的发热问题。其输出直流电压平均值 U_d 与输入交流相电压有效值 U_2 的关系为 $U_d=2.34U_2$,输出直流电压平均值 U_d 与输入交流线电压有效值 U_{21} 的关系为 $U_d=1.35U_{21}$,大电感负载条件下,输出直流电流平均值 I_d 与输入交流电流有效值 I_2 的关系为 $I_d=2I_2/0.816$,整流管承受的最高反向电压 $U_{RRM}=\sqrt{6}U_2$。输出直流电压脉动频率 f_o 与输入电源频率 f_i 的关系为 $f_o=6f_i$。应特别注意的是,对要求更高输出电压的场合,常使用多个三相整流桥串联或多个整流管串联构成三相整流桥的一个桥臂来组成三相桥式同相逆并联整流电路。用于要求输出较高电压和大电流的整流场合,如电解、电冶、电化学、特种试验用大功率直流电力电子变流设备等,常用输出电流范围为6000～30 000A,输出电压范围为200～1000V。

9) **多相整流电路**

多相整流电路是为了提高输出直流电压的脉动频率,减少输出直流电压脉动程度,向负载提供平直的直流电压而设计的,有12相、24相、36相、48相、60相、72相等电路结构。主要是通过整流变压器不同的连接方法,使整流柜输入交流电压错开一定的角度。常用的有12相整流,既可以双反星形整流电路并联或串联来获得,又可以三相桥式整流电路并联或串联来获得。图3.4(k)与图3.4(l)给出了两种以整流管作为主功率器件的三相桥式12相整流方案。图3.13与图3.14分别给出了这两种电路的输入及输出电压和电流波形关系。其输出直流电压平均值 U_d 与输入交流相电压有效值 U_2 的关系为 $U_d=2.34U_2$。输出直流电流平均值 I_d 与输入交流电流有效值 I_2 的关系:图3.4(k)中为 $I_d=\sqrt{6}I_2$;图3.4(l)中为 $I_d=\sqrt{3/2}I_d$;整流管承受的最大反向电压 $U_{RRM}=\sqrt{6}U_2$。输出电压脉动频率 f_o 与输入电源频率 f_i 的关系为 $f_o=12f_i$。用于对输出直流电压脉动频率要求高、要求输出电压纹波含量小的场合,如精密电解、精密电镀、高精度稳流或稳压电源等场合。适用单整流系统输出电压和输出电流范围:图3.4(k)中为 $U_d=200\sim2000$V,$I_d=1000\sim20\,000$A;图3.4(l)中为 $U_d=400\sim4000$V,$I_d=1000\sim20\,000$A。

2. 可调交流输入电压源

1) **整流变压器一次侧采用晶闸管相控调压,二次侧采用整流管整流**

这类电路是在图3.4所示的12种电路中,把交流输入电源通过图3.15所示的三种晶闸管交流调压方案变为可变交流电压源输入,从而经整流管整流后得到一个可变的直流电压,进而实现闭环调节,达到稳流或稳压的目的。其优点是电压调节范围宽,可实现输出电压的连续平滑调节;缺点是因晶闸管相控工作,使得输出直流电压纹波增大,向电网注入的谐波增大。其对晶闸管触发控制角的移相范围要求为:单相 $\alpha=0°\sim180°$,三相 $\alpha=0°\sim150°$。图3.16分别给出了这三种交流调压电路的输入输出电压的波形。应特别强调的是,对要求用户负载直流电压变化

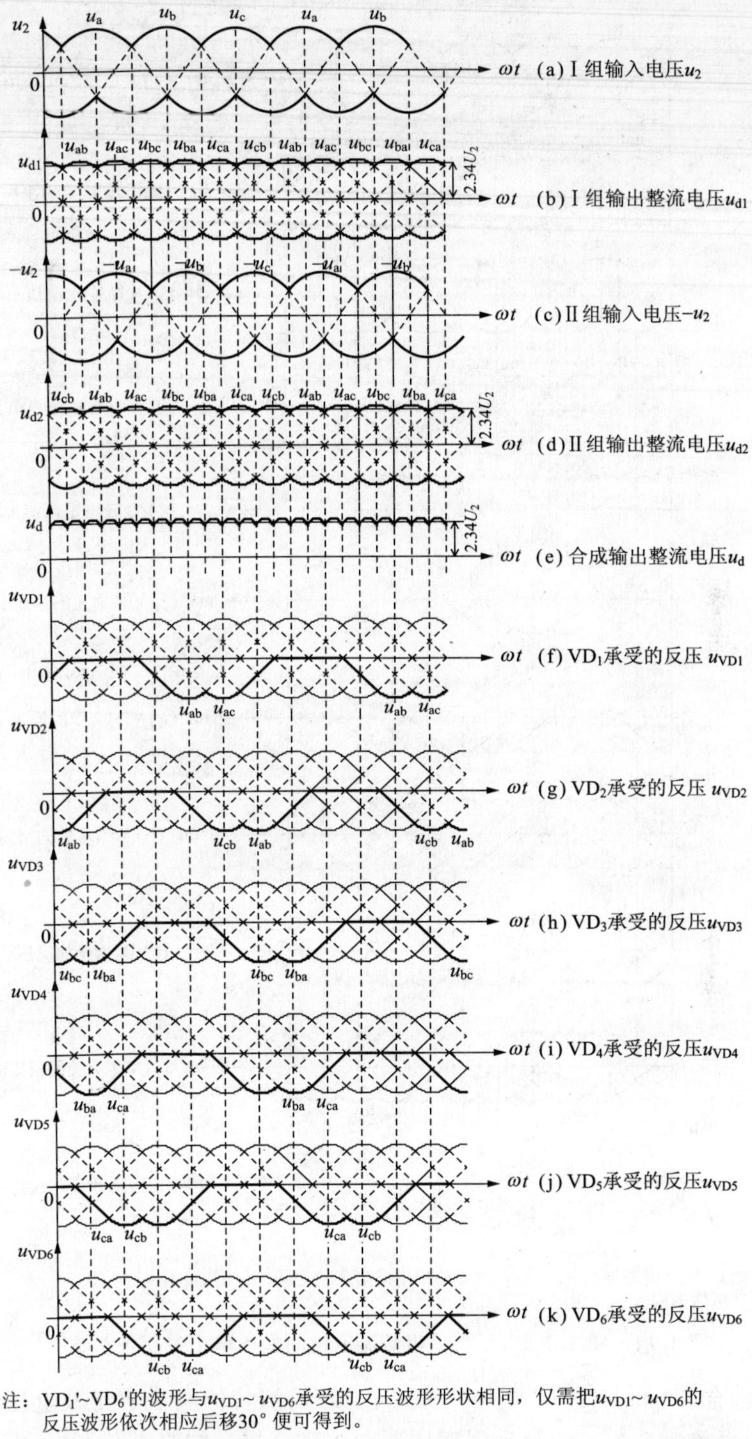

注：VD_1'~VD_6'的波形与u_{VD1}~u_{VD6}承受的反压波形形状相同，仅需把u_{VD1}~u_{VD6}的反压波形依次相应后移30°便可得到。

图 3.13 图 3.4(k)给出的 12 相整流电路的输入输出电压波形关系

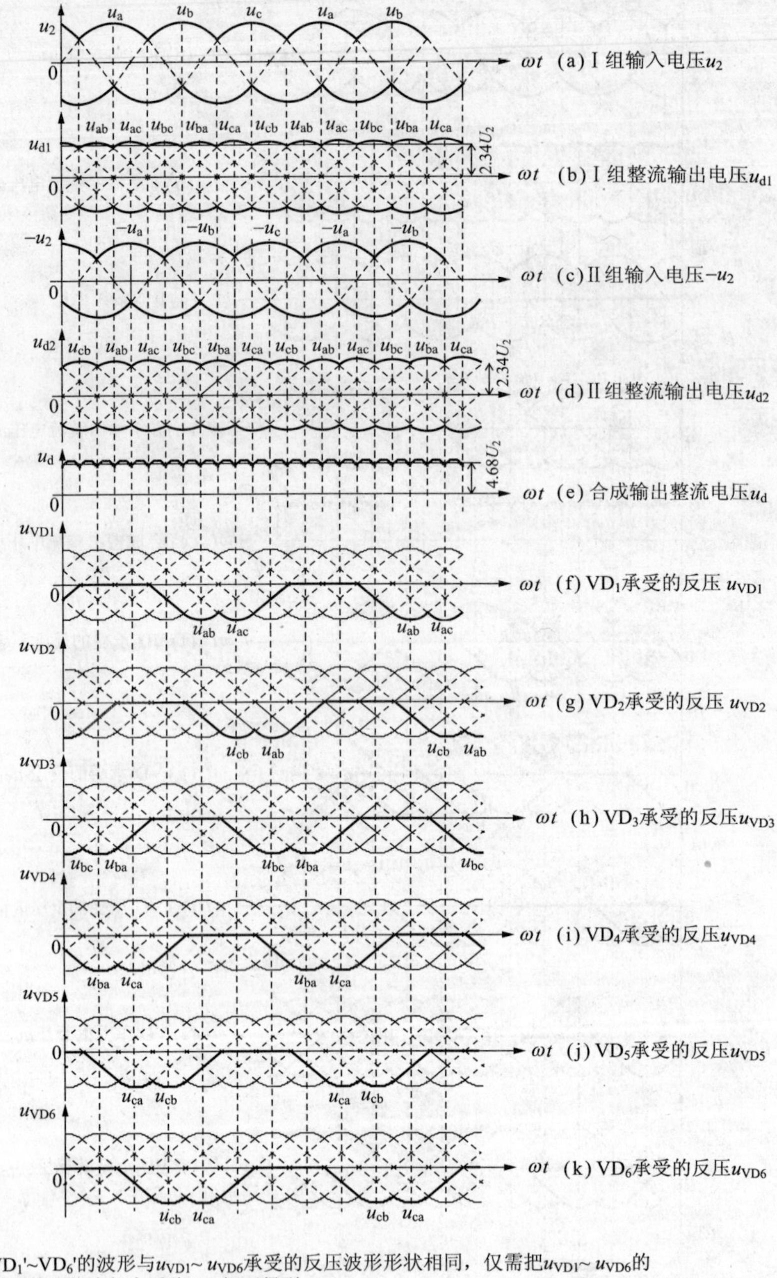

注：VD_1'~VD_6'的波形与u_{VD1}~u_{VD6}承受的反压波形形状相同，仅需把u_{VD1}~u_{VD6}的反压波形依次相应后移30°便可得到。

图 3.14 图 3.4(l)所示 12 相整流电路的输入输出电压关系波形

比较大的场合，20 世纪 70～80 年代初，因当时晶闸管的电流容量及电压指标都比较小，大功率整流系统一般都采用变压器一次侧直接晶闸管可控调压、而在变压器二次侧整流管整流的方案，由于这种电路整流输出的电压波形与相应的在变压器

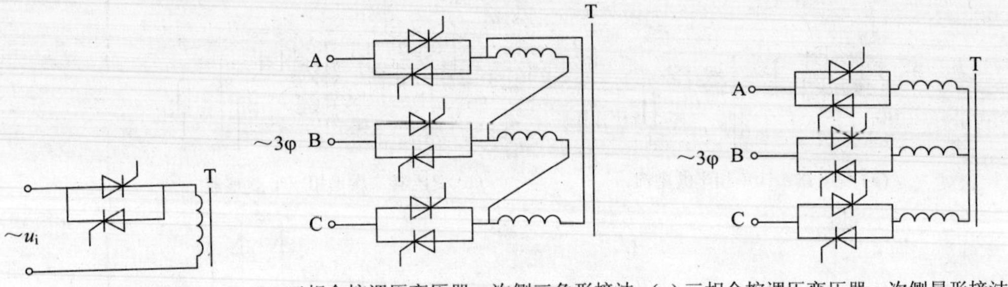

(a) 单相全控调压 (b) 三相全控调压变压器一次侧三角形接法 (c) 三相全控调压变压器一次侧星形接法

图 3.15 变压器一次侧常用的晶闸管交流调压方案

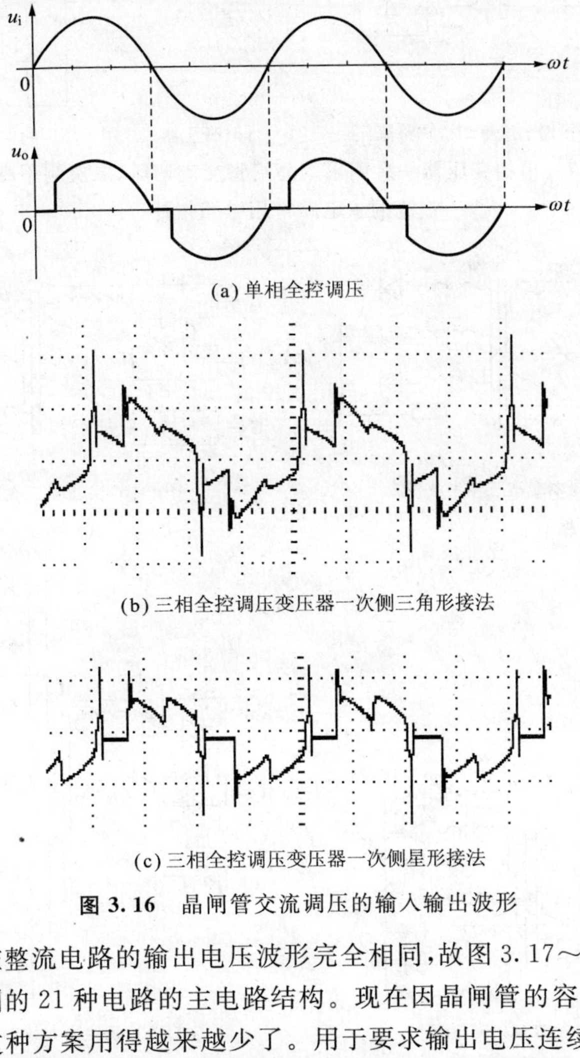

(a) 单相全控调压

(b) 三相全控调压变压器一次侧三角形接法

(c) 三相全控调压变压器一次侧星形接法

图 3.16 晶闸管交流调压的输入输出波形

二次侧直接可控整流电路的输出电压波形完全相同，故图 3.17～图 3.19 仅给出了这种方案可得到的 21 种电路的主电路结构。现在因晶闸管的容量已达几千安，近 10 000V，所以这种方案用得越来越少了。用于要求输出电压连续可变且有闭环控制的场合，如恒流源应用的电解、电镀、直流电弧炉用电力电子变流设备等。

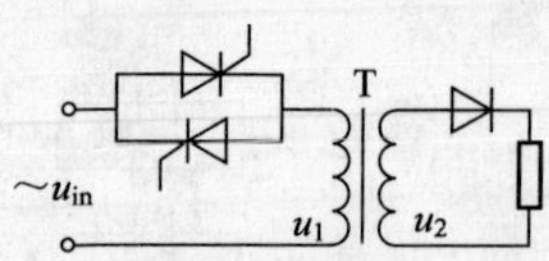

(a) 变压器二次单相半波整流

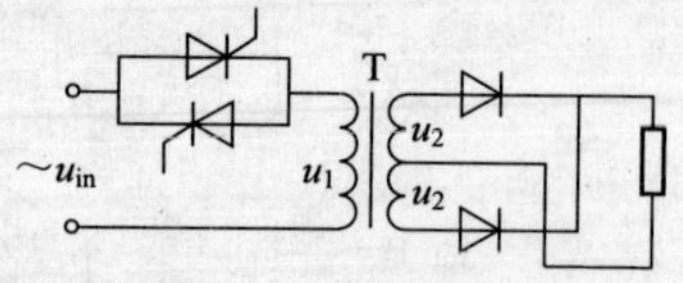

(b) 变压器二次单相双半波整流

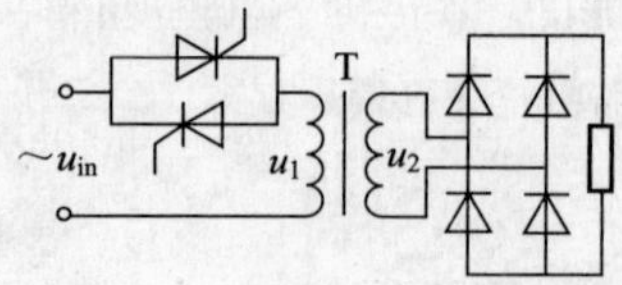

(c) 变压器二次单相桥式整流

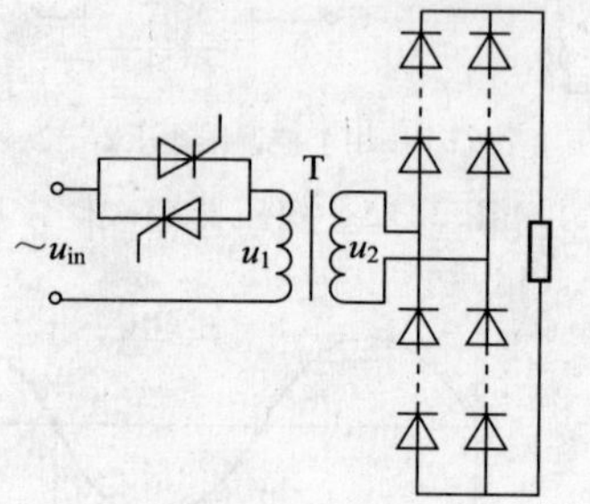

(d) 变压器二次用于高压的单相桥式整流

图 3.17　单相变压器一次侧采用晶闸管交流调压、二次侧用整流管整流的主电路常用电路拓扑

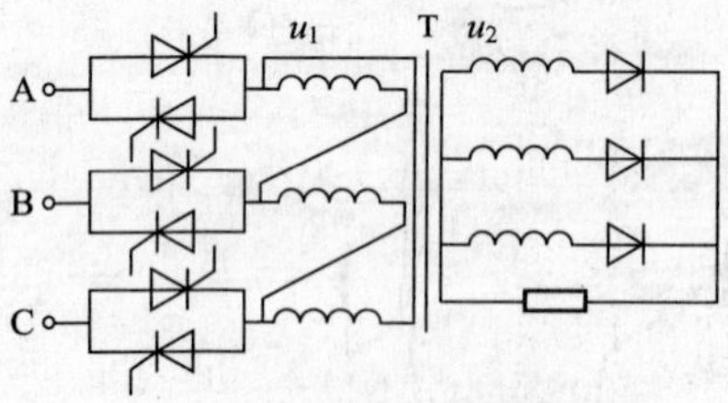

(a) 变压器二次三相半波整流

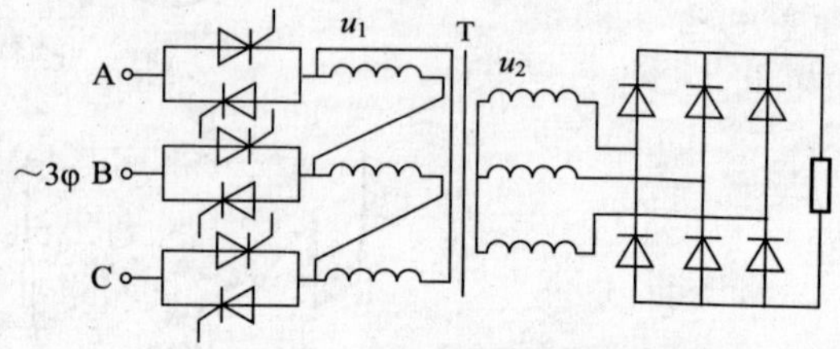

(b) 变压器二次三相桥式整流

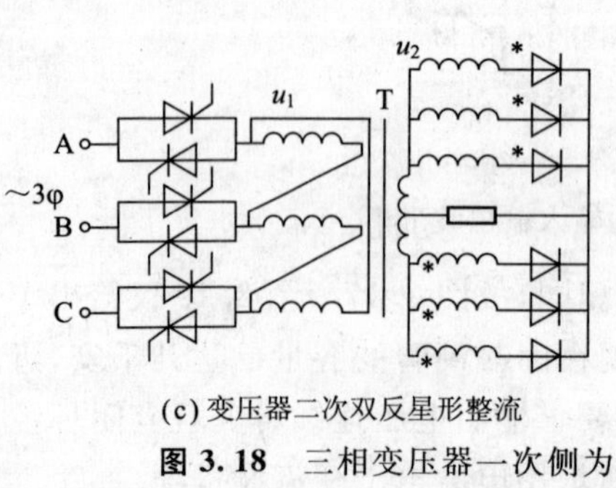

(c) 变压器二次双反星形整流

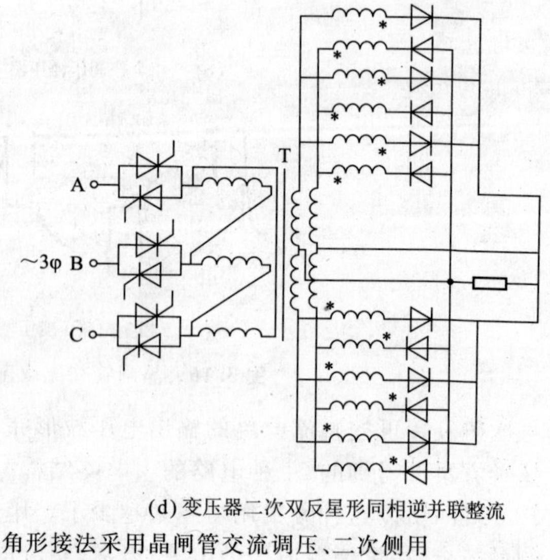

(d) 变压器二次双反星形同相逆并联整流

图 3.18　三相变压器一次侧为三角形接法采用晶闸管交流调压、二次侧用整流管整流的主电路常用电路拓扑

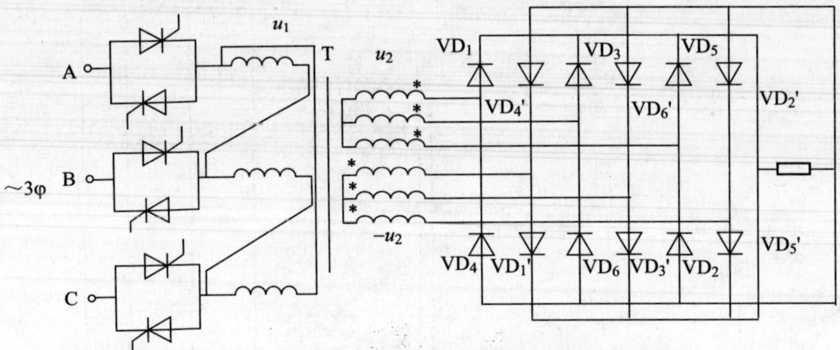

(e) 变压器二次三相桥式同相逆并联整流

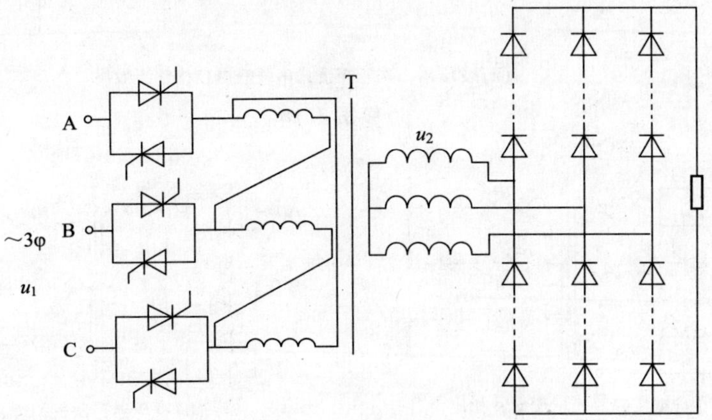

(f) 变压器二次用于高压的三相桥式整流

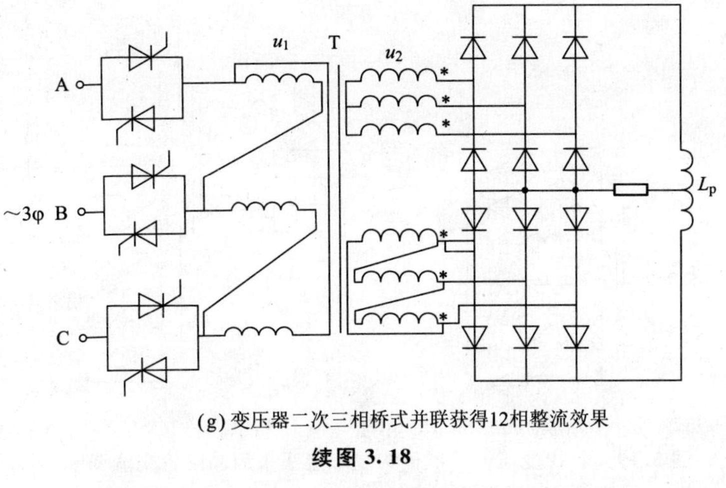

(g) 变压器二次三相桥式并联获得12相整流效果

续图 3.18

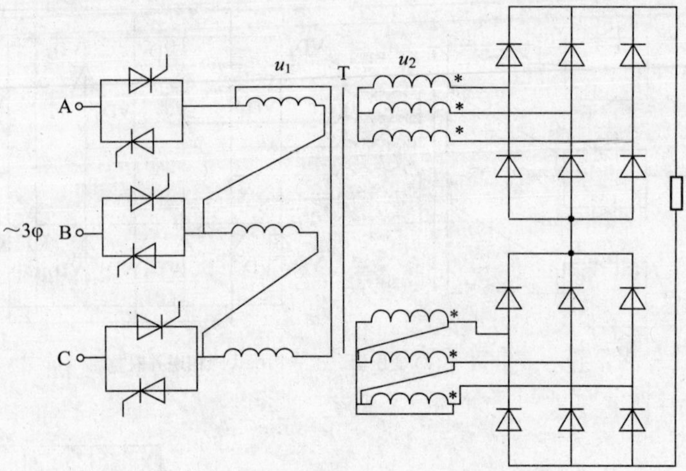

(h) 变压器二次三相桥式串联获得12相整流效果

续图 3.18

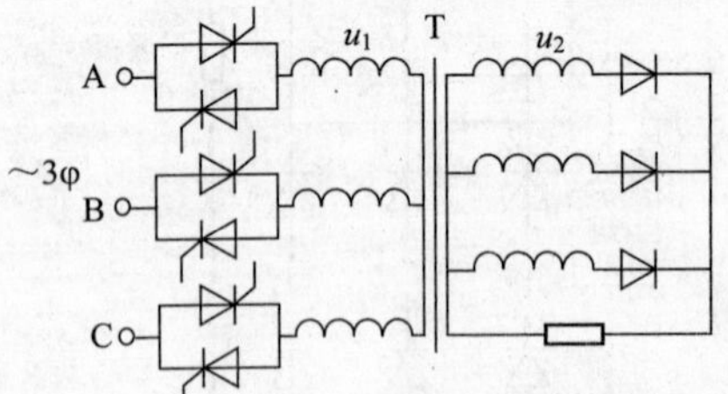

(a) 变压器二次三相半波整流

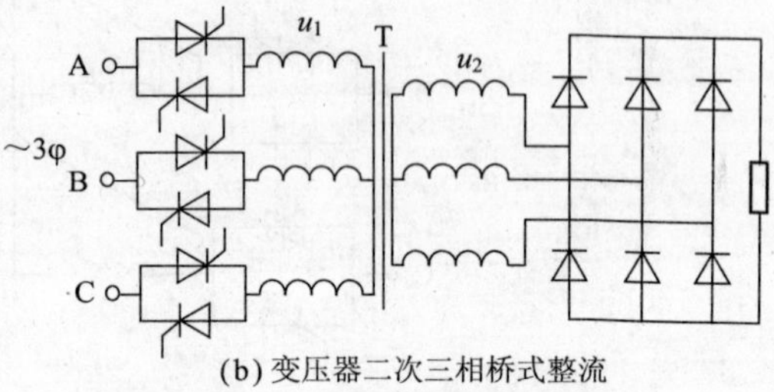

(b) 变压器二次三相桥式整流

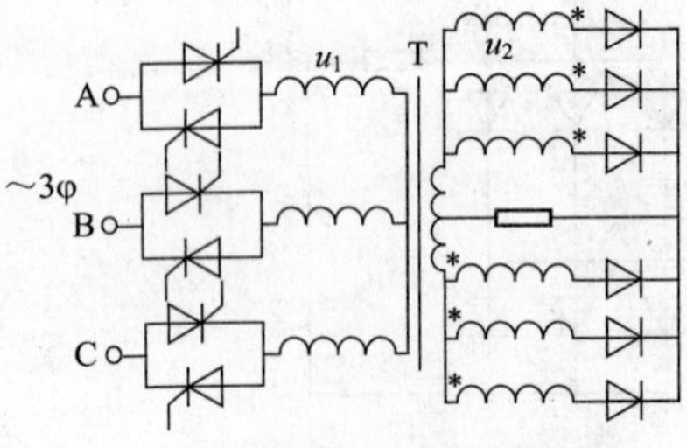

(c) 变压器二次双反星形整流

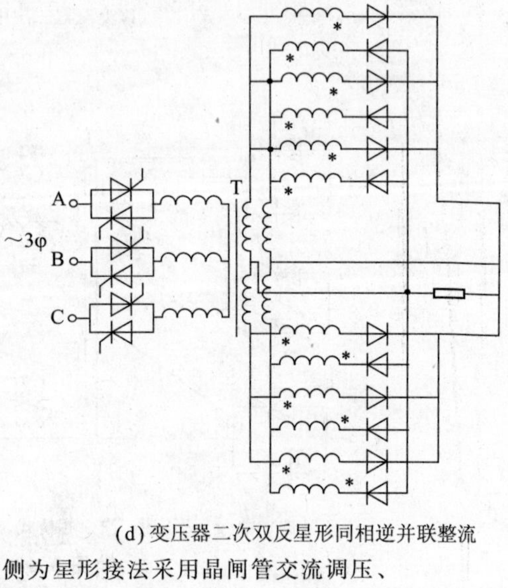

(d) 变压器二次双反星形同相逆并联整流

图 3.19 三相变压器一次侧为星形接法采用晶闸管交流调压、二次侧用整流管整流的主电路常用电路拓扑

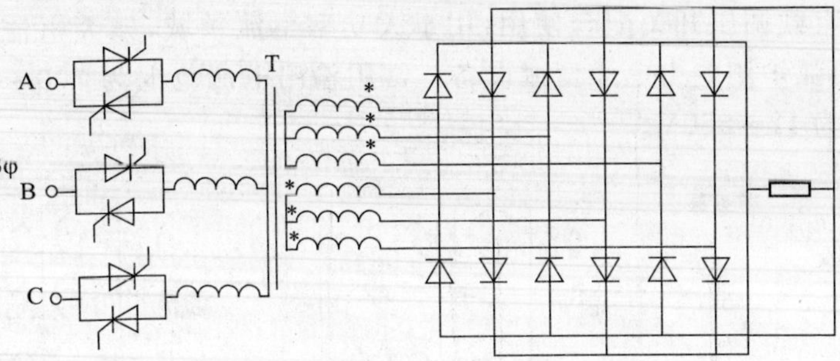

(e) 变压器二次三相桥式同相逆并联整流

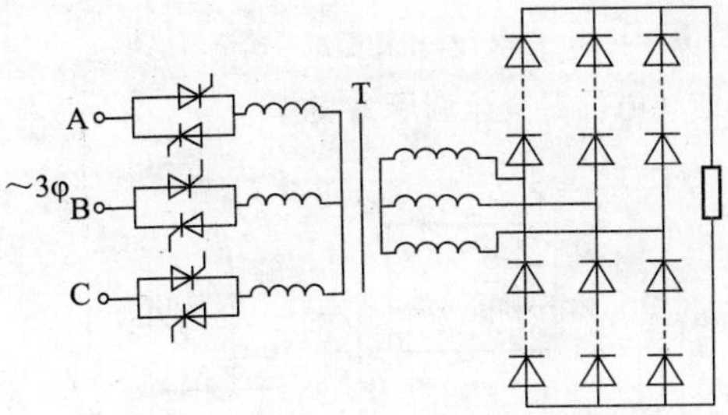

(f) 变压器二次用于高压的三相桥式整流

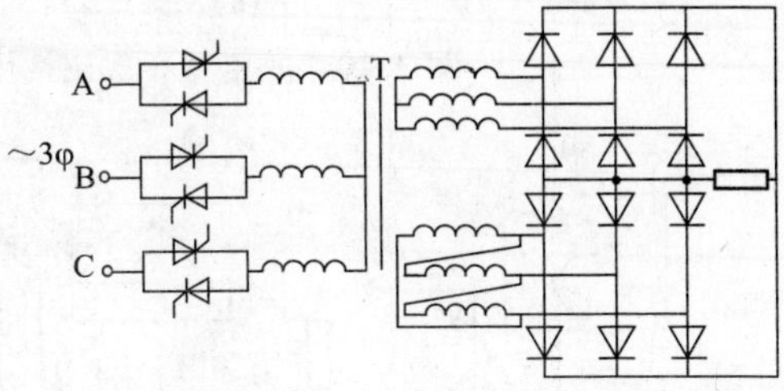

(g) 变压器二次三相桥式并联获得12相整流效果

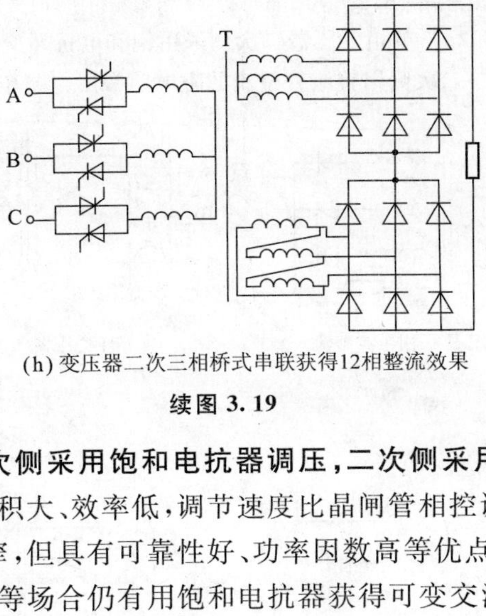

(h) 变压器二次三相桥式串联获得12相整流效果

续图 3.19

2) **整流变压器一次侧采用饱和电抗器调压,二次侧采用整流管整流**

尽管饱和电抗器体积大、效率低,调节速度比晶闸管相控调压获得输入交流可变电压源慢,调节范围窄,但具有可靠性好、功率因数高等优点,因而目前在大功率电解、电镀、电弧炉电源等场合仍有用饱和电抗器获得可变交流电压源的用户。图 3.20 给出了应用饱和电抗器取代图 3.15 所示的晶闸管相控调压而得到交流可变电压源的三种组合方案,图 3.21～图 3.23 给出了应用饱和电抗器在整流变压器一次侧通过调节饱和电抗器饱和程度调压、二次侧整流管整流的 21 种电路组合方案。这些电路输入输出工作波形与图 3.17～图 3.19 所示电路基本相同但稍有差别,详细波形此处从略。随着饱和电抗器调节饱和程度的不同,输出电压值有所不同。有时为了扩大调压范围,又保证饱和电抗器体积和重量不是很大,常把饱和电抗器与交流有载调压开关配合使用，用于大功率整流领域，如大电流输出的电解、电镀、直流电弧炉用电力电子变流设备。常用输出电流范围为 3000～30 000A，输出电压范围为 12～650V。

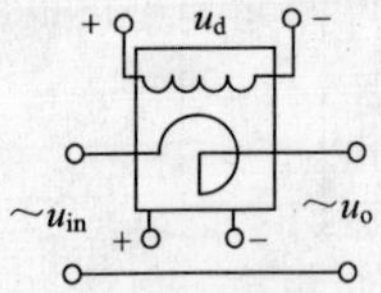

(a) 单相输入与输出

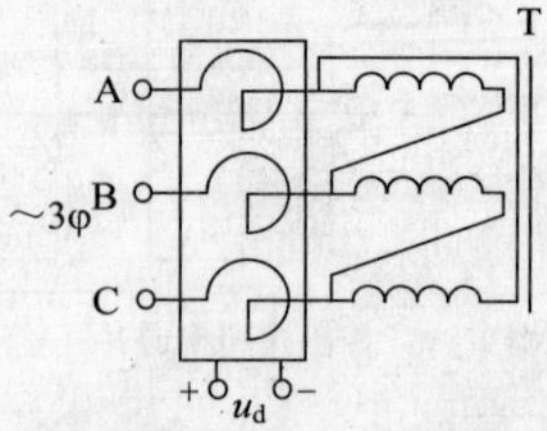

(b) 三相变压器一次侧三角形接法

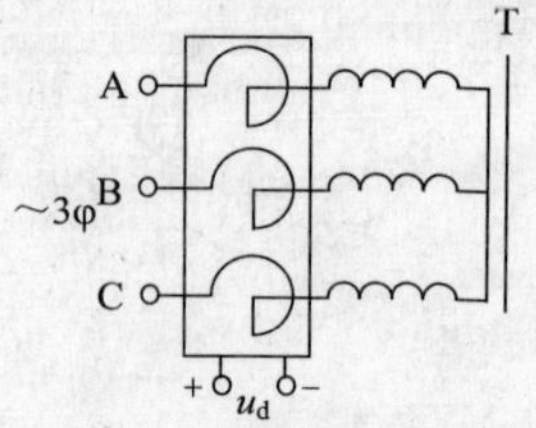

(c) 三相变压器一次侧星形接法

图 3.20 变压器一次侧常用的饱和电抗器交流调压方案

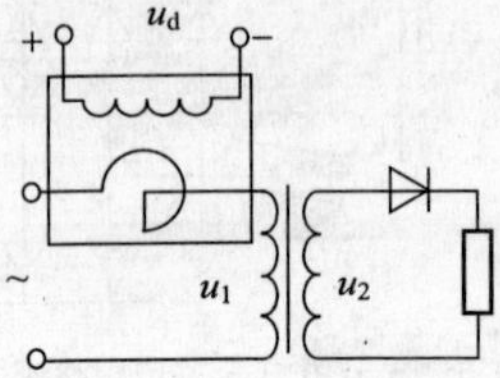

(a) 变压器二次单相半波整流

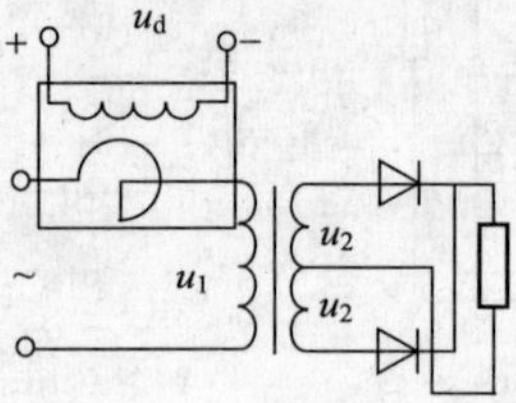

(b) 变压器二次单相双半波整流

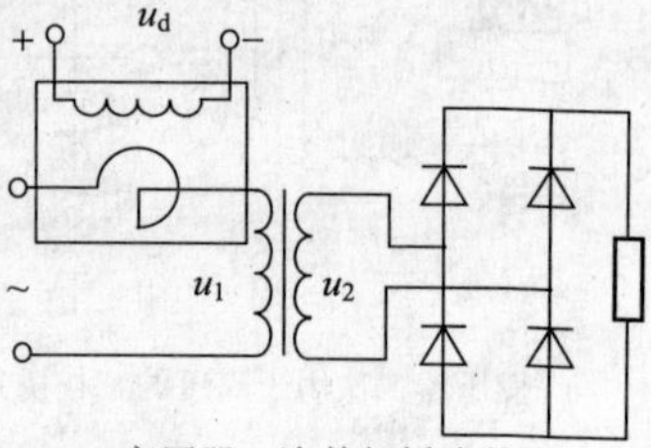

(c) 变压器二次单相桥式整流

图 3.21 单相变压器一次侧采用饱和电抗器交流调压、二次侧用整流管整流的主电路常用电路拓扑

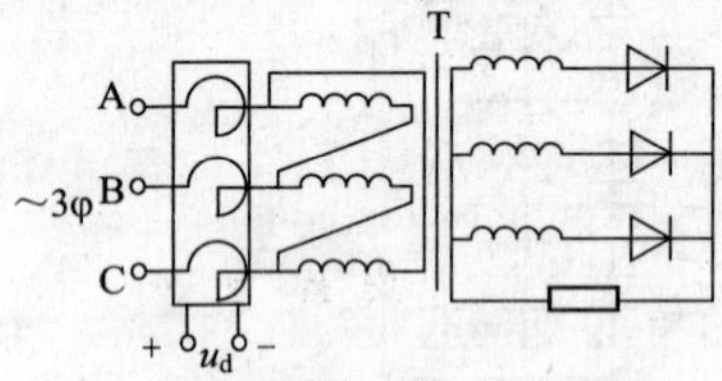

(a) 变压器二次三相半波整流

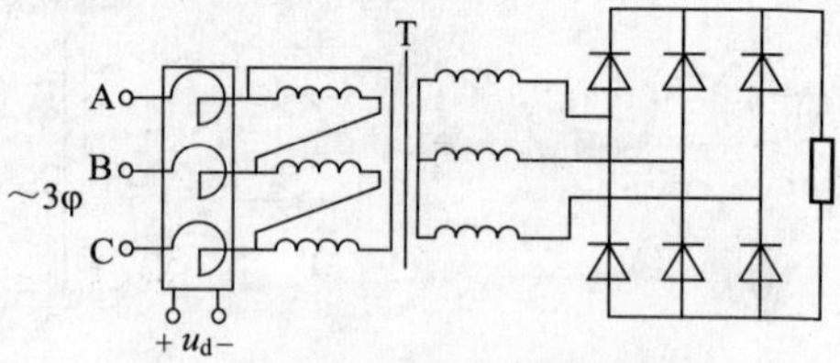

(b) 变压器二次三相桥式整流

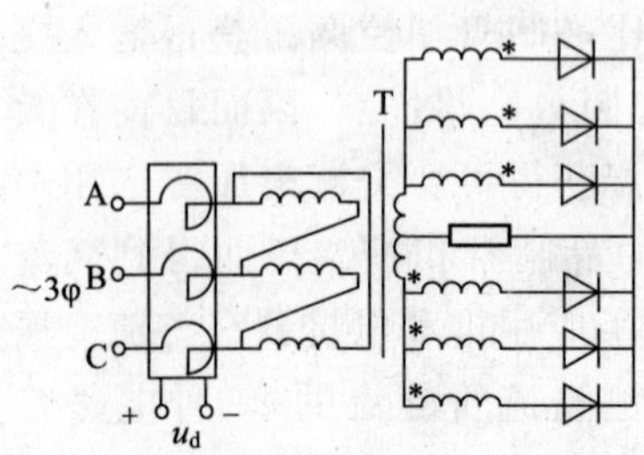

(c) 变压器二次双反星形整流

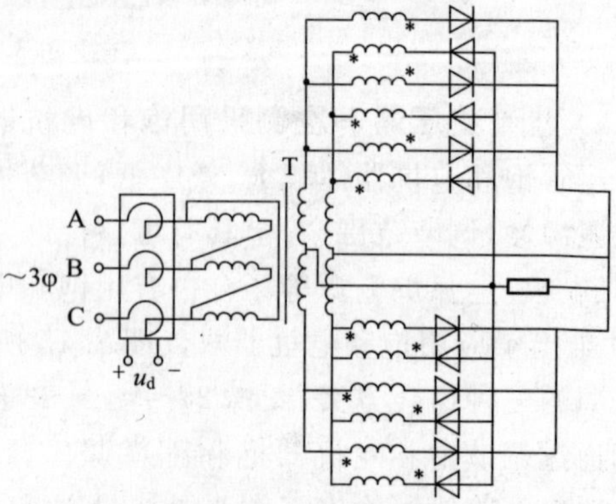

(d) 变压器二次双反星形同相逆并联整流

图 3.22 三相变压器一次侧为三角形接法、采用饱和电抗器交流调压、二次侧用整流管整流的主电路常用电路拓扑

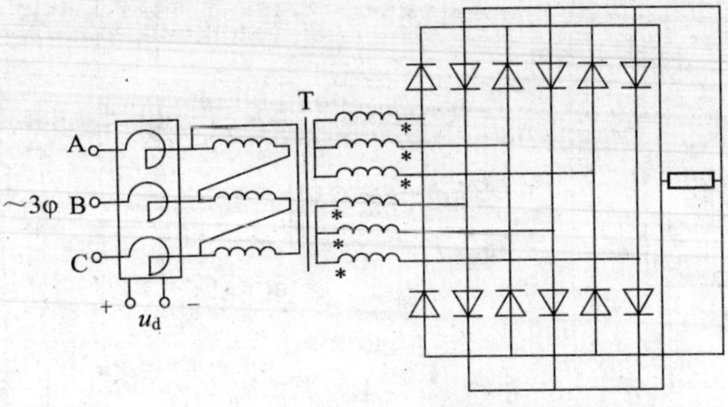

(e) 变压器二次三相桥式同相逆并联整流

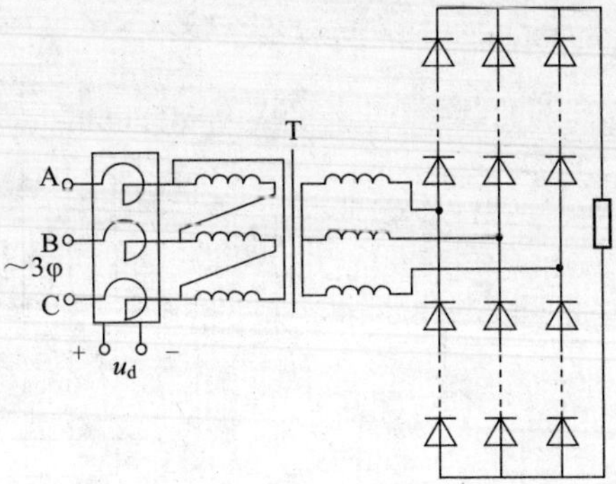

(f) 变压器二次用于高压的三相桥式整流

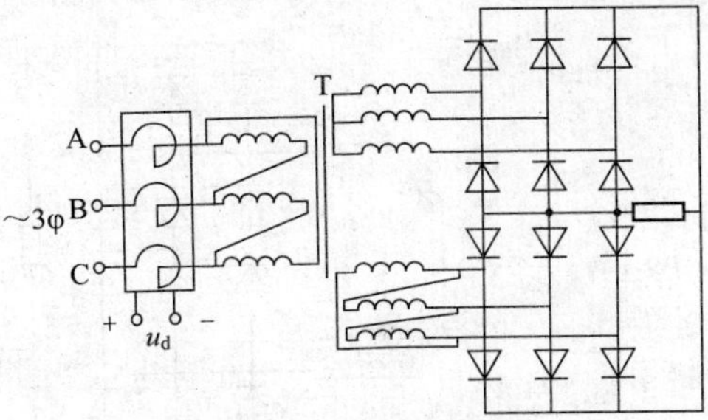

(g) 变压器二次三相桥式并联获得12相整流效果

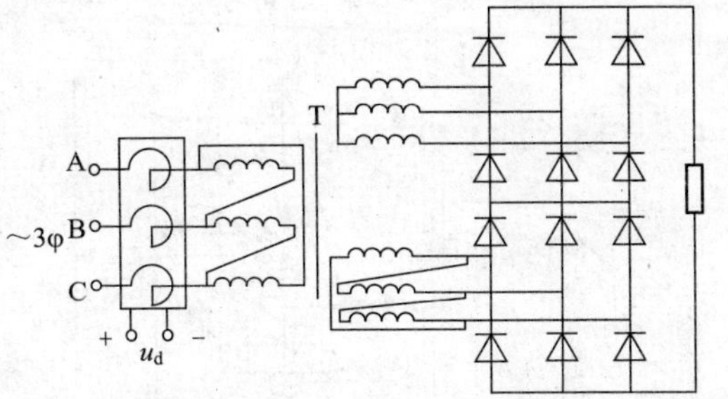

(h) 变压器二次三相桥式串联获得12相整流效果

续图 3.22

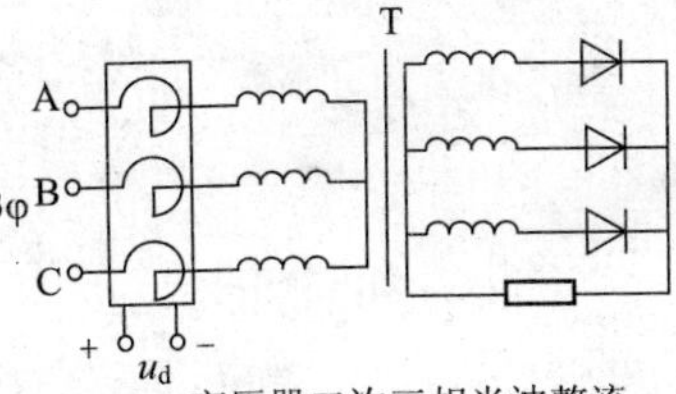

(a) 变压器二次三相半波整流

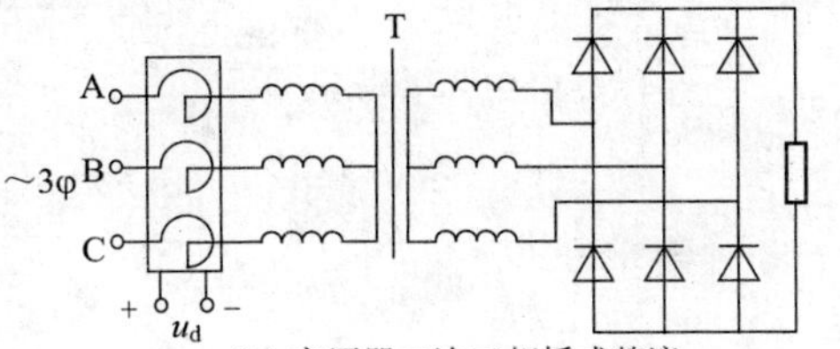

(b) 变压器二次三相桥式整流

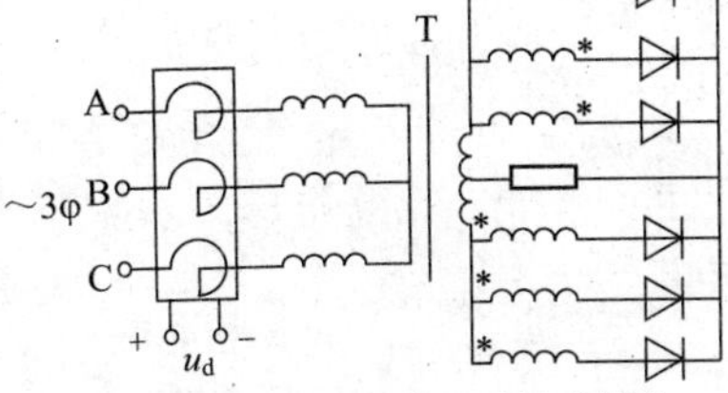

(c) 变压器二次双反星形整流

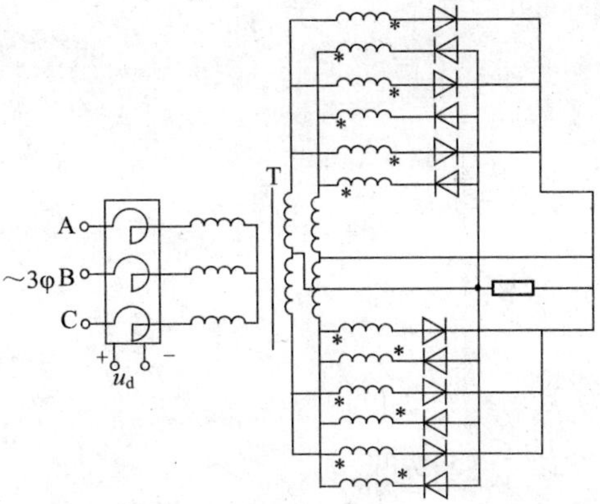

(d) 变压器二次双反星形同相逆并联整流

图 3.23 三相变压器一次侧为星形接法采用饱和电抗器交流调压、二次侧用整流管整流的主电路常用电路拓扑

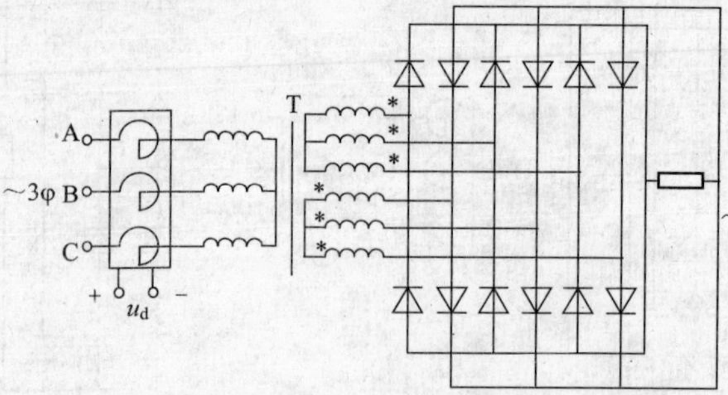

(e) 变压器二次三相桥式同相逆并联整流

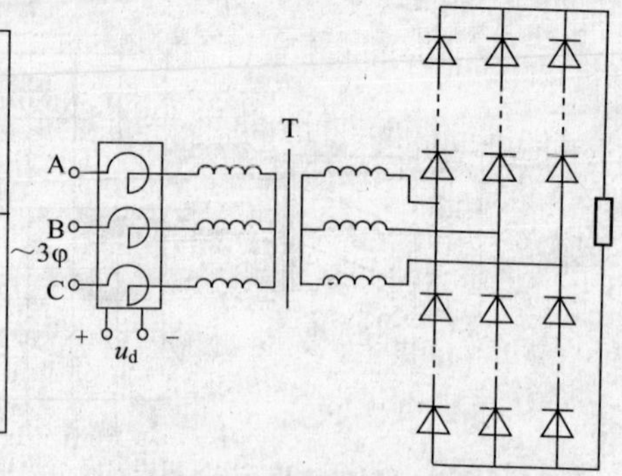

(f) 变压器二次用于高压的三相桥式整流

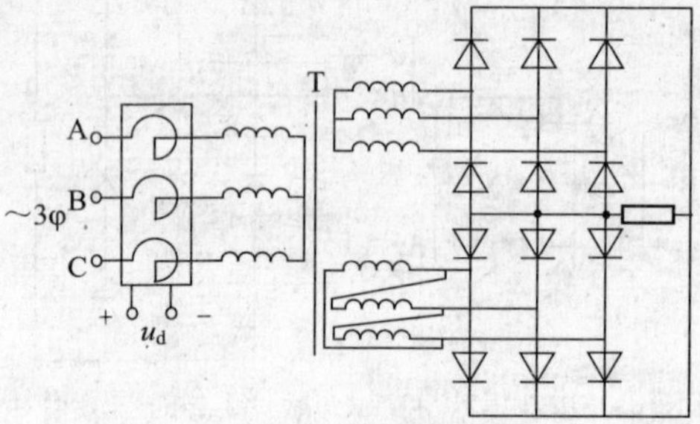

(g) 变压器二次三相桥式整流并联获得12相整流效果

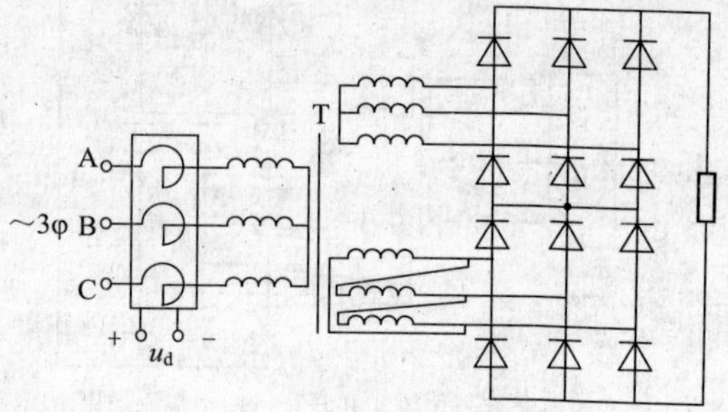

(h) 变压器二次三相桥式整流串联获得12相整流效果

续图 3.23

第4章 晶闸管类电力电子变流设备

晶闸管(Thyristor)是晶体闸流管的简称,俗称可控硅。如今在我国许多老工程师或老技术工人对可控硅这一名词很熟悉,但对晶闸管这一名词还比较陌生。这是由于20世纪50年代始,国内把外文资料中的晶闸管原文 Silicon control rectifier 直接译为硅可控整流器,简称可控硅,所以多年来,人们一直把晶闸管统称为可控硅,20世纪70年代出现了两种名词混用的状况,现在国家的标准统一称为晶闸管(英文名称为 Thyristor)。

人类发明晶闸管的历史可追溯到20世纪60年代,即1957年美国GE公司发明了人类第一只晶闸管,从此开始晶闸管使用在电力电子、电气传动行业,开始逐步取代体积庞大的水银(汞弧)整流器及噪声严重的直流发电机-直流电动机机组。晶闸管的使用至今已有50多年的历史。我国晶闸管的发明应为1962年,由代表我国电力电子行业晶闸管研制水平的西安电力电子技术研究所之前身——西安整流器研究所研制成功,但由于材料等因素的制约,一直到20世纪80年代(1980年前后),国内可批量生产的晶闸管的单管容量相对还是很低(仅500A/1200V左右),严重制约了其在大功率领域的使用。1980年开始,我国相继引进了近10条大功率晶闸管的生产线,并派出了多批技术人员到技术发达的国家进行学习,促进了我国晶闸管制造技术和工艺水平的跨越式发展。如今我国在大、中、小功率晶闸管的制造技术和器件水平上与发达国家差别很小。

晶闸管至今仍是电力电子器件中单管容量最大的器件。尽管可供人类使用的电力电子器件已有40多种,但仍没有一种能在特大功率领域取代晶闸管的霸主地位,所以,在直流输电、巨型直流电力电子变流装置等领域,我们仍然使用晶闸管作为主功率器件。经过50多年的发展,晶闸管的使用领域已相当广泛。如今在我国晶闸管的应用领域有:同步电动机及同步发电机和直流电动机的励磁系统、电解、电镀用直流电源、直流输电、感应加热用中频电力电子变流装置、合闸用电力电子变流装置、直流屏装置、直流调速、电化学用电力电子变流装置、动态功率因数补偿、国防及军工试验用特种电力电子变流设备等。中国电力电子行业协会的不完全行业调查统计资料显示:我国电力电子行业2008年晶闸管生产量为9420万只,行业中提交统计资料的11个电力电子变流设备生产厂2008年共生产电力电子变流设备总容量19 469 509kW,2009年,提交资料的16个生产厂共生产电力电子变流设备装机容量10 222 386kW。我个人认为,由于国内从事电力电子变流设备的生产厂家不少于1000家,所以实际生产的设备为此统计容量的30倍以上,另应看到，以晶闸管为主功率器件的电解、电化学与有色冶金加工用电力电子设备，其单机容量最小的也在几千千瓦以上，因而我认为晶闸管类电力电子变流设备的装机容量在我国自产电力电子变流设备中所占份额在70%以上。由此可见，晶闸管在我国国民经济中的应用十分广泛。然而应当看到，目前国内能熟练对晶闸管类电力电子变流设备进行调试的人员占整个电力电子行业从业人员的比例仍然很少，因而本章简要讨论晶闸管的工作原理，重点介绍以晶闸管为主功率器件的电力电子变流设备的常见结构、晶闸管使用的基本问题及各种晶闸管电力电子变流设备的工作波形。

4.1 晶闸管的基本知识

4.1.1 分 类

晶闸管可以分为普通晶闸管和派生晶闸管两大类别，包括普通晶闸管、双向晶闸管、逆导晶闸管等20多个品种。表4.1给出各种晶闸管及其派生器件的特点和目前可达到的容量范围。

表4.1 晶闸管及其派生器件的特点和目前可达到的容量范围

名 称	主要特点及性能	容量及主要参数	生产厂家(供货商家)
普通晶闸管(SCR)	分平板、螺栓、模块、集成封装、塑封五种形式。三端电流控制器件，只可控制导通，不可控制关断，具有单向导电性，反向阻断，门极正信号开通	I_T/U_{DRM}、U_{RRM}：4500A/12 000V；di/dt：1000A/μs；du/dt：1000V/μs；$t_{off}\leqslant 400\mu s$	西安电力电子技术研究所，瑞士ABB公司(陕西高科电力电子有限责任公司)
快速晶闸管	电性能与普通晶闸管相同，反向阻断，门极正信号开通、关断时间短，开通速度快	I_T：5～3500A；U_{DRM}、U_{RRM}：100～2500V；$t_{off}\leqslant 40\mu s$；其余同上	
逆导晶闸管(RCT)	电性能上是普通晶闸管与整流管的反并联，所以具有双向导电、单向可控导通特性	I：≤1000A/400A；U_{RRM}：4500V；t_{off}：30μs	西安电力电子技术研究所，日本富士电机公司
高频晶闸管(HFSCR)	性能同快速晶闸管，仅是开关速度更快	I_T/U_{DRM}、U_{RRM}：1160A/1200V时，f：16kHz；I_T/U_{DRM}、U_{RRM}：200A/450V时，f：50kHz	清华大学电力电子器件厂，英国MI-TEL、西码公司
双向晶闸管(Triac)	电特性上是两个普通晶闸管的反并联，所以具有双向导电性。对外为三端器件，有门极、主电极1和主电极2	I_T/U_{DRM}、U_{RRM}：1000A/1000V、800A/1200V	西安电力电子技术研究所(陕西高科电力电子有限责任公司)
非对称晶闸管(ASCR)	三端电流型控制器件，开关频率较普通晶闸管高，仅可控制导通，不可控制关断，只能承受正向电压，不能承受反向电压	I_T/U_{DRM}：400A/4500V；du/dt：≥500V/μs；di/dt：≥100A/μs；t_{off}：≤50μs	德国西门子、EU-PEC公司，英国MI-TEL

续表 4.1

名　称	主要特点及性能	容量及主要参数	生产厂家(供货商家)
门极辅助关断晶闸管(GATT)	结构与快速晶闸管类似，主要靠主电路过零或反压关断，关断过程中如在门极加一辅助负脉冲信号可使关断更快	I_T/U_{DRM}、U_{RRM}：500A/2500V； di/dt：≥300A/μs； t_{off}：10～15μs； du/dt：≥1000V/μs	日本东芝公司
光控晶闸管(LATT)	门极与阳、阴极完全隔离，门极与阳极绝缘电压较高，通常门极作为发光源，通过门极发光触发晶闸管	I_T/U_{DRM}、U_{RRM}：6000A/6000V、4000A/8000V、1500A/8500V； du/dt：≥2000A/μs； di/dt：≥200A/μs； t_{off}：≤400μs	西安电力电子技术研究所，德国西门子公司，日本东芝、日立公司
门极可关断晶闸管(GTO)	三极(阳极、阴极及门极)结构，电流控制器件，正脉冲触发导通，负脉冲控制关断，对门极电路性能要求较严	I_T/U_{DRM}、U_{RRM}：6000A/6500V、5000A/4500V； t_{off}：10～40μs； di/dt：100～300A/μs； du/dt：1000V/μs	西安电力电子技术研究所，英国MITEL公司，日本东芝、日立、三菱电机公司，瑞士ABB公司
门极换向晶闸管(GCT)	基本结构同GTO，门极结构可使外加门极信号瞬时产生很大的门极电流，关断时间较快，属全控型器件，是GTO的派生器件。门极驱动电路直接与门极做在一块板上，中间无引线，故无电感，巧妙解决了GTO因受门极引线电感使开关速度不能太高的难题，开关工作频率可达十几～二十几千赫	I_T/U_{DRM}、U_{RRM}：5000A/6500V； di/dt：≥200～500A/μs； du/dt：≥2000V/μs	瑞士ABB公司
静电感应晶闸管(SITH)	三极(门极、阳极、阴极)结构，分常开型和常关型两种，器件导通时在漂移区产生很强的电导调制效应，在通态时呈现与整流器类似的特性，正、反向都具有阻断能力，是电压控制器件。开关速度快，工作频率高，di/dt、du/dt耐量高，正向压降较低	I_T/U_{DRM}、U_{RRM}：1000A/4500V时，t_{off}：20μs； I_T/U_{DRM}、U_{RRM}：2500A/4000V时，t_{off}：10μs； I_T/U_{DRM}、U_{RRM}：800A/1200V时，t_{off}：2μs； di/dt：≥6000A/μs； du/dt：≥2000V/μs	日本东洋、松下电机公司
MOS控制晶闸管(MCT)	是晶闸管的大功率、低正向压降与用MOS门极易进行控制(开通和关断)的优点组合，属电压控制器件，开关速度高，di/dt、du/dt耐量高，通态压降低	I_T/U_{DRM}、U_{RRM}：50A/1000V； di/dt：≥2000A/μs； du/dt：≥2000V/μs； t_{off}：≤1μs	美国Harris公司

续表 4.1

名 称	主要特点及性能	容量及主要参数	生产厂家(供货商家)
MOS放大门极晶闸管(MAGT或MOSSCR)	应用MOS栅来触发晶闸管,是一种只能控制开通而不能控制关断的晶闸管,主要用于激发光电源	U_{RRM}、U_{DRM}:2500V; di/dt:≥100 000A/μs	日本东芝公司
脉冲开关晶闸管(PPCST)	利用场漂移原理,极高的电流密度,高耐压,高 di/dt 耐量,高开关频率	I_T:≥100A; U_{DRM}、U_{RRM}:≥5000V; di/dt:≥10 000~20 000A/μs; 电流密度:≥10 000A/cm^2	俄罗斯全俄电工研究所
MOS双门极晶闸管(EST)	既保持了传统EST的电流饱和特性,又使反向安全工作区及最大可关断电流获得了显著的改进,克服了MCT不具备正向电流饱和现象及反向安全工作区窄的缺点		日本三菱电机公司,美国GE公司
集成门极换向晶闸管(IGCT)	是关断增益为1的GTO,又是把MOSFET从器件(半导体)内部拿到外部来的MCT。以GTO为基础,在其门极端串联一组N沟道MOSFET,这组MOS管与GTO同步驱动导通;门极端又串联了一组P沟道MOSFET充当齐纳管的功能。当GTO需要关断时,门极P沟道MOS管先导通,主电流从阴极向门极换流,紧接着阴极M沟道MOS管关断,全部电流都通过门极流出,使门极P沟道MOS管先关断,IGCT全部关断	U_{DRM}、U_{RRM}:≥5000V, T_S:3.4μs, 工作频率 f:1kHz, I_{TGQ}:400A	瑞士ABB公司

4.1.2 基本结构与外形

现在使用的晶闸管按外形可分为五种,如图 4.1 所示,电路图形符号如图 4.2 所示。

国内普通晶闸管统一型号为KP型,晶闸管有三个电极,即阳极A、阴极K及门极G。对于正烧工艺的螺栓型晶闸管(电流容量在200A以内)来说,螺栓是阳极A,粗辫子线是阴极K(有时为使用方便,专门把螺栓型晶闸管加工成反烧型,此时螺栓是阴极K,粗辫子线是阳极A),细辫子线是门极G。平板型晶闸管(电流容量大于200A)又分为凸台和凹台两种。凸台封装的平板型晶闸管大台面为阴极,小台面为阳极,中间引出的细线为门极;而凹台封装的平板型晶闸管夹在两台面中间并与两台面平行的一圈金属为门极，距离门极近的一个台面为阴极 K，另一个台面为阳极 A。塑封型的晶闸管电流一般在几十安以内，正对着塑封型晶闸管型号标记处看去，左边的引脚为门极 G，中间引脚为阳极 A，右边的引脚为阴极 K。集成封装的晶闸管引出管脚各公司有所不同，可查相应的产品使用手册。

晶闸管的内部有一个由硅半导体材料做成的管芯，管芯是一个圆形薄片，它是一个四层（PNPN）、三端（A、G、K）器件，如图 4.3 所示，由它决定晶闸管的性能。

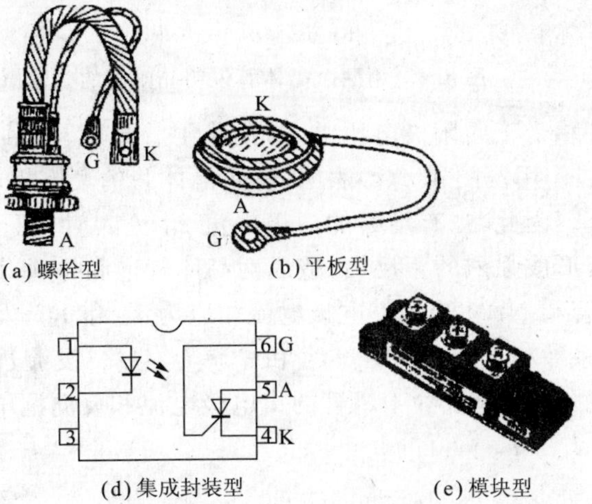

图 4.1 晶闸管的外形

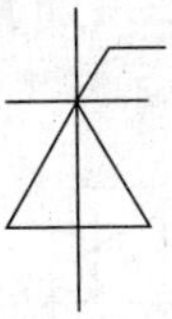

图 4.2 晶闸管的电路图形符号

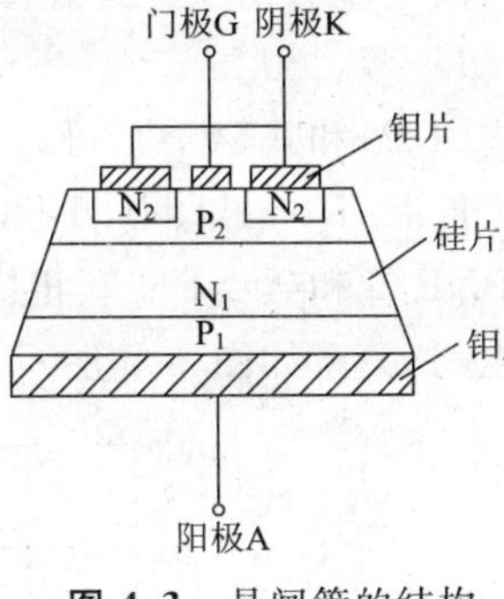

图 4.3 晶闸管的结构

4.1.3 工作原理

晶闸管在工作过程中，阳极 A 和阴极 K 与电源和负载相连组成主电路，门极 G 和阴极 K 与控制晶闸管的控制电路相连，组成控制回路。晶闸管是四层三端器件，有 J_1、J_2 和 J_3 三个 PN 结，如图 4.4(a)所示。可将它中间的 N_1 和 P_2 分为两部分，构成一个 PNP 型晶体管和一个 NPN 型晶体管组成背靠背的复合作用管，如图 4.4(b)、图 4.4(c)所示。

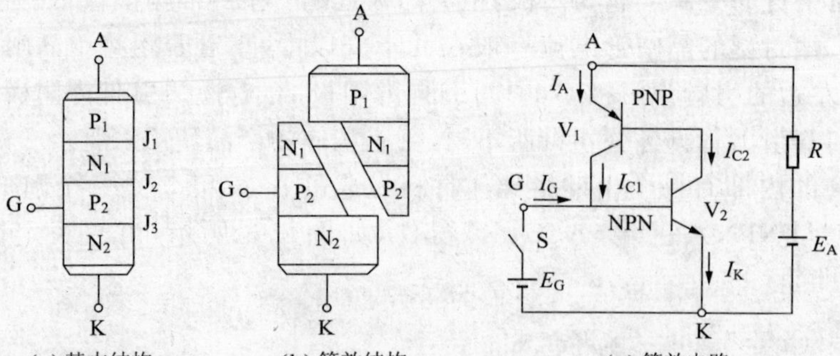

图 4.4 用两个晶体管说明晶闸管的工作原理

当晶闸管承受正向阳极电压时，为使晶闸管导通，必须使承受反向电压的 PN 结 J_2 失去阻挡作用。图 4.4(c)表明，每个晶体管的集电极电流同时是另一个晶体管的基极电流。因此，当有足够的门极电流 I_G 流入时，两个背靠背互相复合的晶体管电路就会形成强烈的正反馈，造成两晶体管饱和导通，即晶闸管饱和导通。

设 PNP 管和 NPN 管的集电极电流相应为 I_{C1} 和 I_{C2}，发射极电流相应为 I_A 和 I_K，电流放大系数相应为 $\alpha_1 = I_{C1}/I_A$ 和 $\alpha_2 = I_{C2}/I_K$。设流过 J_2 结的反向漏电流为 I_{C0}，则晶闸管的阳极电流等于两管的集电极电流和反向漏电流的总和，即

$$I_A = I_{C1} + I_{C2} + I_{C0} \tag{4.1}$$

或

$$I_A = \alpha_1 I_A + \alpha_2 I_K + I_{C0} \tag{4.2}$$

如门极电流为 I_G，则晶闸管的阴极电流为

$$I_K = I_A + I_G \tag{4.3}$$

由式(4.2)和式(4.3)，可以得出晶闸管的阳极电流为

$$I_A = [I_{C0} + \alpha_2 I_K]/[1-(\alpha_1 + \alpha_2)] \tag{4.4}$$

硅 PNP 管和硅 NPN 管相应的电流放大系数 α_1 和 α_2 随其发射极电流改变而急剧变化，其关系如图 4.5 所示。

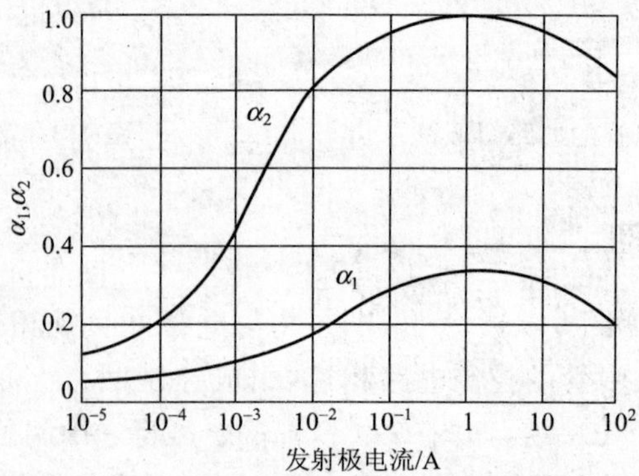

图 4.5 两个晶体管的电流放大系数与发射极电流的关系

在晶闸管承受正向阳极电压而门极未承受电压的情况下，式(4.4)中 $I_G=0$，$(\alpha_1+\alpha_2)$很小，故晶闸管的阳极电流 $I_A \approx I_{C0}$，晶闸管处于正向阻断状态。

当晶闸管在正向阳极电压下，从门极 G 流入电流 I_G，由于足够大的 I_G 流经 NPN 管的发射极，从而提高其电流放大系数 α_2，产生足够大的集电极电流 I_C 流过 PNP 管的发射极，并提高 PNP 管的电流放大系数 α_1，产生更大的集电极电流 I_{C1} 流经 NPN 管的发射极，这样强烈的正反馈过程迅速进行。由图 4.5 可见，当 α_1 和 α_2 随发射极电流增加而 $\alpha_1+\alpha_2 \approx 1$ 时，式(4.4)的分母 $1-(\alpha_1+\alpha_2)\approx 0$，因此大大地提高了晶闸管的阳极电流 I_A。这时，流过晶闸管的电流完全由主回路的电源电压和回路电阻所决定。晶闸管已处于正向导通状态。

由式(4.4)可见，在晶闸管导通后，$1-(\alpha_1+\alpha_2)\approx 0$，即使此时门极电流 $I_G=0$，晶闸管仍能保持原来的阳极电流 I_A 而继续导通。晶闸管在导通后，门极便失去控制作用。

在晶闸管导通后，如果不断地减小电源电压或增大回路电阻，使阳极电流 I_A 减小到维持电流 I_H(约数十毫安)以下时，由于 α_1 和 α_2 迅速下降，由式(4.4)可知，当 $1-(\alpha_1+\alpha_2)\approx 0$ 时，晶闸管恢复阻断状态，这就是晶闸管导通和关断的物理过程。

其实晶闸管的工作原理可以简单地用水库放水闸门来比喻，此时可把控制极看做水库闸门上控制闸门提升的开关，按晶闸管的门阴极不加触发脉冲或施加反向触发电压可以看做水库放水闸门关死不动，所以不可能使水库中的水流出，而门阴极加正向触发电压可以看做水库闸门打开，阳阴极间的正向电压可以看做水库内外的水位差。所以，当控制极加正向电压后类同于水库闸门打开，水库中的水便流出；阳阴极间的反向电压可以看做虽然水库闸门打开，但闸门外的水位还稍高于水库内的水位，所以水无法从水库内流向水库外；阳极电流小于维持电流，晶闸管不能导通，可以看做虽然水库闸门打开，但水库内无水，因而从水库内朝外流水的过程自然就不成立了。

4.2 调试及维修中经常遇到的问题

4.2.1 基本概念

晶闸管类电力电子变流设备的工作是以晶闸管的导通和关断为最基本条件的，所以下述几个概念是所有以晶闸管为主功率器件的电力电子变流设备所必然遇到的。

1. 同　步

为了满足晶闸管的导通条件之一，在晶闸管阳阴极承受正向电压时，给晶闸管的门阴极之间加正向触发脉冲，我们通常所说的同步便是指这种对应关系。图 4.6 给出了单相半波可控整流电路，触发脉冲与阳阴极电压同步与不同步的说明。其中 u_{AK} 为晶闸管阳阴极所加电压，u_{GK} 为门阴极所加触发脉冲。应特别强调的是，同步中所指的晶闸管阳阴极承受正向电压是指电路中所有电压叠加后的等效结果，而并非一定要在电网电压的正半周。作为这个问题的说明，图 4.7 给出了三相半波逆变电路的同步与不同步说明。

2. 移　相

移相是指晶闸管门阴极所加触发脉冲相对阳阴极所加电压相位的变化。通常把相对某一个参考点触发脉冲相位相对阳阴极电压相位同步变化的最大值称为移相范围。如图 4.6(b)中触发脉冲 u_{GK} 相对 u_{AK} 的相位从坐标原点变化到 $\omega t=\pi/6$ 的位置，我们便可以说触发脉冲 u_{GK} 相对 u_{AK} 发生了移相。从图 4.7(b)可以看出在 $u_{AK}\geqslant 0$ 时，这种电路给其门阴极加触发脉冲的最大移相范围为 0°～180°。应特别注意的是，随着晶闸管类电力电子变流设备主电路的结构及负载种类的不同，对触发脉冲的移相范围要求不同，例如单相半波可控制整流电路电阻性负载对触发脉冲移相范围的要求为 0°～180°，而电感性负载要求的移相范围为0°～90°，三相半波可控整流电路电阻性负载要求的移相范围为 0°～150°，三相桥式可控整流电路电阻性负载要求的移相范围为 0°～120°。

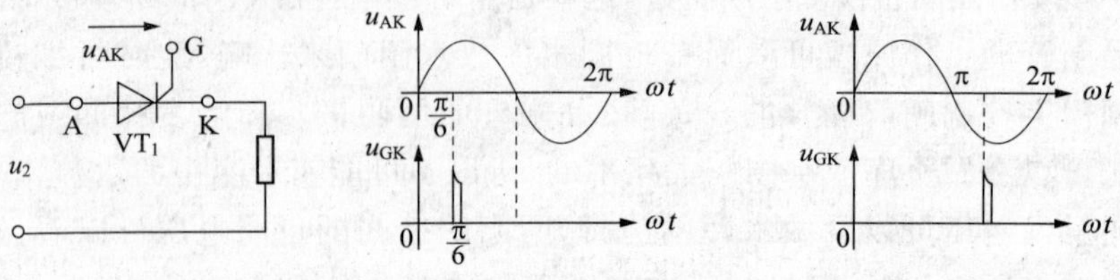

(a) 电　路　　(b) 触发脉冲与阳阴极电压同步　　(c) 触发脉冲与阳阴极电压不同步

图 4.6　同步概念说明

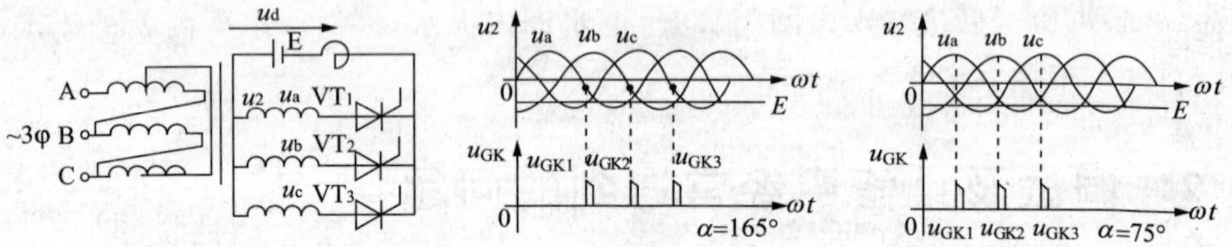

(a) 主电路　　(b) 同　步　　(c) 不同步

图 4.7　逆变条件下同步与不同步的说明

3. 相　序

由于发电厂发出的电为对称三相，彼此互差 120°，这三相电由正变负或由负变正穿过横坐标轴的时刻顺序称为相序，由此决定了有正相序或逆相序，如图 4.8 所示。

根据前述同步的概念，晶闸管要控制触发导通，要求在阳阴极承受正向电压时对门阴极施加触发脉冲。对晶闸管三相全控型电力电子变流装置而言，输入或输出为三相，最少需要使用 6 只晶闸管器件，触发脉冲最少要有 6 路，且依次互差

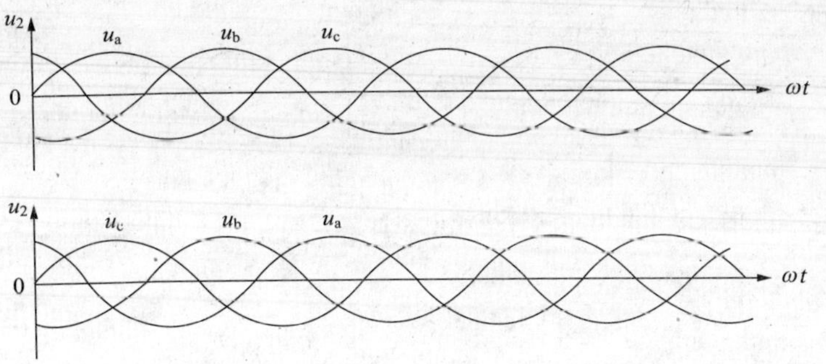

图 4.8 三相相序

60°,要求触发脉冲与被触发晶闸管阳阴极电压同步而且必须同相,只有如此各晶闸管才可依序正常工作,所以相序的概念对三相晶闸管变流器而言是极为重要的。

4. 整流和逆变

整流指的是供电电网的电压经晶闸管相控调节后变为直流电压。对整流电路来讲,由于采用晶闸管作为调压的主功率器件,所以输出直流电压可以从 0V 到最大输出值之间调节;而逆变是指把直流电压变为交流电压的过程。逆变电路对触发脉冲要求极为严格,要求触发脉冲的宽度及幅度要保证晶闸管可靠触发,且触发脉冲不可提前或推迟。逆变产生的条件是:在直流回路中有一个与晶闸管导通方向一致的电势源,对有源逆变而言,还必须满足触发脉冲控制角 α 大于 90°的要求。

5. 整流触发控制角 α 与逆变触发控制角 β

整流触发控制角是指从晶闸管阳阴极开始承受正向电压时刻算起至晶闸管真正能触发导通的最早时刻之间的电角度,统一标记为 α。触发控制角 α 为 0°的起点随电路结构形式的不同而会有很大的差别。对单相晶闸管共阴极整流电路来讲,α 为 0°的起点为相电压从负半周向正半周变化时的过零点;而对单相共阳极可控整流电路来讲,α 为 0°的起点为相电压从正半周向负半周变化时的过零点,如图 4.9 所示。对三相共阴极可控整流电路来讲,α 为 0°的起点为本相电压正半周瞬时值从小变大与前一相电压正半周的交点;对三相共阳极可控整流电路而言,α 为 0°的起点为本相电压负半周瞬时值绝对值从小变大与后一相电压负半周的交点,如图 4.10 所示,图中均标出了 α 增大的方向。

逆变触发控制角是为了与整流触发控制角相对应而定义的,行业习惯统一标记为 β,它与整流触发控制角的关系为

$$\alpha+\beta=180° \tag{4.5}$$

图 4.9 与图 4.10 同时给出了单相与三相共阴极与共阳极组计算 $\beta=0°$的起点及 β 增大的方向。

由图 4.9 和图 4.10 可以明显看出,无论是三相还是单相变流电路,整流触发控制角增大的方向都为横轴的正方向,而逆变触发控制角增大的方向都是逆着横

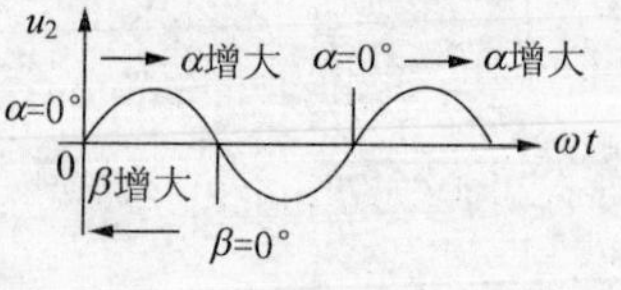

(a) 共阴极组

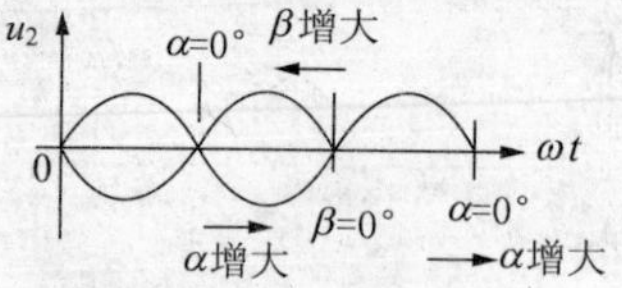

(b) 共阳极组

图 4.9 单相晶闸管变流电路计算 $\alpha=0°$与 $\beta=0°$的起点

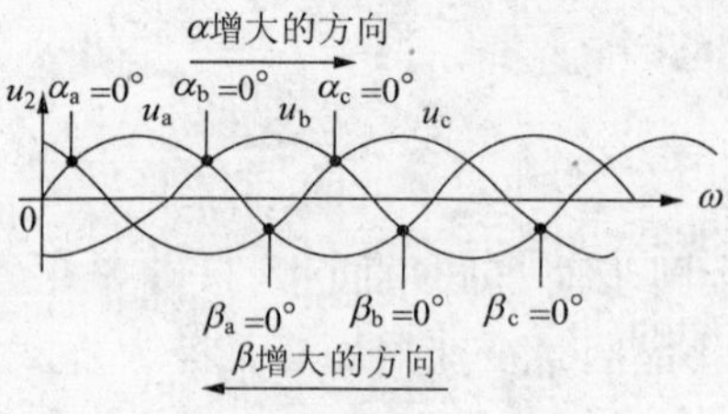

(a) 共阴极组

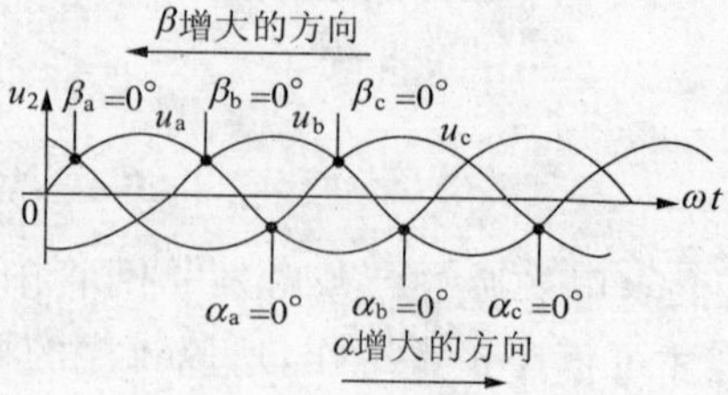

(b) 共阳极组

图 4.10 三相晶闸管变流电路计算 $\alpha=0°$与 $\beta=0°$的起点

轴的正方向，共阴极组 $\alpha=0°$的起点便为共阳极组 $\beta=0°$的起点，而共阳极组 $\alpha=0°$的起点便为共阴极组 $\beta=0°$的起点。

6. 导通角与最大导通角

晶闸管变流器的导通角指电路结构允许晶闸管最大可导通的角度减去触发控制角的电角度，如单相可控整流电路电阻性负载当 $\alpha=0°$时，晶闸管最多可导通的角度为180°，而当 $\alpha=60°$时，导通角为120°(图 4.9)。对三相半波可控整流电路电阻性负载来讲，当 $\alpha=0°$时，晶闸管最大导通角为150°；而当 $\alpha=60°$时，导通角为90°，由此可得出一个结论，那就是某一晶闸管变流电路的导通角为该电路中晶闸管所能导通的最大角度减去触发控制角的角度。

4.2.2 晶闸管的触发器

由于只有在晶闸管阳阴极承受正向电压时，向门阴极加正向触发脉冲，晶闸管才能触发导通，触发脉冲是由触发器产生的，所以不论是什么结构的晶闸管电力电子变流设备，其触发电路总是必不可少的。以前，晶闸管的触发器基本是由分立器件构成的，20 世纪 60 年代，一个晶闸管需要一块专门的触发控制板，多个晶闸管构成主电路的电力电子变流设备都是插件箱式的触发器。20 世纪 70 年代末，集成触发器的产生使人们可以用集成触发器来取代分立器件构成的触发器，由此，晶闸管类电力电子变流设备的触发器从多板结构的插件箱变为单块板结构的触发器。如今，超大规模集成电路的批量生产和应用使晶闸管的触发、控制仅用一小块印刷电路板便可完成。但万变不离其宗，无论技术如何进步，晶闸管的触发器还是由同步环节、移相控制、脉冲形成、脉冲功放、脉冲隔离及脉冲整形五部分组成。另外更应看到，由于触发器技术的不断进步，如今的多相整流系统已应用相序自适应的触发器，并省去了同步变压器，从而使电力电子变流设备的调试人员不必再做选择同步电压、对相序等烦琐工作。

4.2.3 晶闸管的保护

晶闸管类电力电子变流设备以晶闸管为主功率变流器件，为了使设备可靠运行，必须对晶闸管进行过电压、过电流、过热等保护。过电压保护的一般方法是在晶闸管的阳阴极之间与晶闸管并联阻容吸收或压敏电阻网络；过电流保护又分为电子式的过电流保护和应用串联熔断器的保护方法，电子式过电流保护利用过电流检测器件检测出晶闸管电力电子变流设备的实际工作电流，与设定过电流保护的门槛值进行比较，一旦发生过电流，则使保护用比较器动作，封锁触发脉冲，起保护作用。图 4.11 与图 4.12 给出了这几种常用保护方法的原理，而晶闸管的过热保护通常用在散热器或直流母线上安装温度继电器的方法来实现。

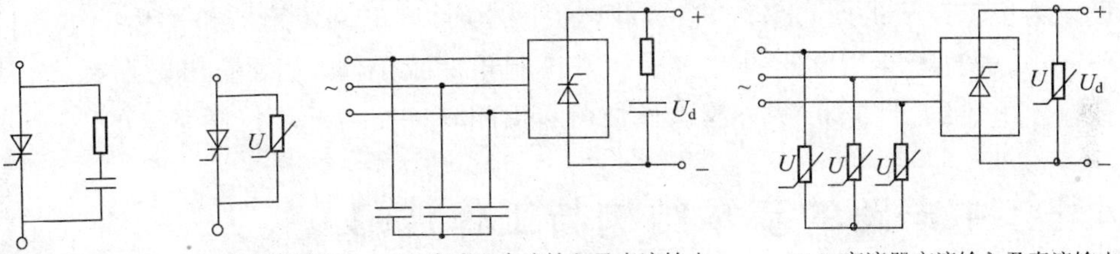

(a) 阳阴极间并联阻容吸收网络 (b) 阳阴极补间并联压敏电阻 (c) 变流器交流输入及直流输出并联阻容吸收网络 (d) 变流器交流输入及直流输出并联压敏电阻网络

图 4.11 晶闸管的过电压保护

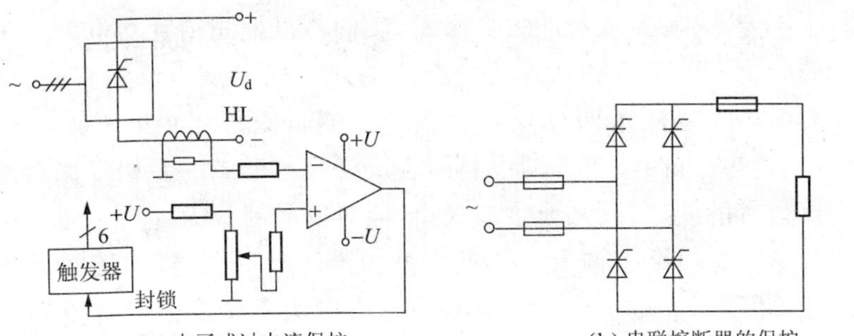

(a) 电子式过电流保护 (b) 串联熔断器的保护

图 4.12 晶闸管类电力电子变流设备的过电流保护原理

4.2.4 开环与闭环控制

所谓晶闸管类电力电子变流设备的开环控制是指当用户把设备的输出调整到某一个设定值时，若负载参数、环境温度、供电电压、某个主要元器件的参数发生变化，晶闸管类电力电子变流设备本身不能把该参数变化引起的误差自动调整到原来运行值的控制方案。例如，单相桥式可控整流电路中，当操作工把输出电压调到220V、负载电流调为50A 时，若负载电流从 50A 减小到 40A，由于电源内部压降减小，晶闸管的触发控制角却没有变化，则输出电压将高于220V，比如变为223V，这便是人们常说的开环控制。

闭环控制也就是人们通常所说的反馈控制，即把输出量通过传感检测器件检测出来，与用户的设定值进行比较，然后根据差值的大小，利用闭环调节器来自动改变晶闸管触发控制角的大小。晶闸管类电力电子变流设备中常需构成输出恒电流或恒电压系统，因而闭环控制是必不可少的。在晶闸管类电力电子变流设备中常用的闭环调节器有比例调节器、积分调节器和比例-积分调节器。电力电子变流设备的调试及维修人员应能根据现场情况综合处理与整定系统闭环调节器的参数，使系统能稳定地运行。同样，对前述的单相桥式可控整流电路而言，若用户设定输出电压为220V，负载电流为50A，当负载减轻、输出电流降为40A时，输出电压将上升，但若为恒压输出，则反馈电压将增加，由于用户的给定并没有改变，从而调节器输出使晶闸管的触发控制角变大，把输出直流电压维持220V不变；若用户设定为恒流运行的闭环系统，当负载电流减小时，则电流传感器检测出的电流反馈值减小，电流闭环调节器的输出使触发控制角 α 减小，把直流输出电压提高，从而使输出电流维持在50A不变，由此便可看出闭环控制与开环控制系统的不同。

4.3 主电路的基本结构与工作波形

晶闸管自从发明至今已有五十多年的历史，人类应用晶闸管作为主功率器件不断研制和生产并正在使用的电力电子变流设备可以说种类繁多，其电路结构与使用场合也千差万别，但从大的方面来看，我们可以把晶闸管类电力电子变流设备分为从交流到直流的整流和从直流到交流的逆变以及从直流到直流、从交流到交流这四种变换类型。从这四种变换所用到交流电压的相数来看，可分为单相、三相，以及以三相为基础、经不同的电路组合或变换而形成的多相变流系统。作为电力电子变流设备的使用、调试或维修人员，应对以晶闸管为主功率器件的各种电力电子变流设备的主电路结构及工作波形甚为熟悉，只有这样才能知道什么波形下设备运行是良好的，什么工作波形表现出这台电力电子变流设备出现了故障或运行不太正常，并能快速从电路中某一点的波形找出设备哪部分出现了故障或哪个器件性能出现了问题。本节专门讨论常用晶闸管类电力电子变流设备的主电路结构与工作波形，这里只给出结论，不做详细的原理分析。

4.3.1 可控整流类

晶闸管可控整流电路种类较多，但从大的方面可把其分为单相、三相及多相可控整流。其中，单相可控整流是最基础的内容，而三相可控整流是多相可控整流的基本构成单元。下面介绍各种可控整流电路的基本特点、应用场合，以及主电路原理图和工作波形。

1. 单相可控整流电路

1）单相半波可控整流电路

这种电路的原理如图 4.13 所示。仅使用一个晶闸管，电路结构简单，要求触发脉冲的移相范围为 0°～180°，晶闸管承受的最高正反向峰值电压均为$\sqrt{2}U_2$。图 4.14 给出了其主要工作波形。主要应用于小功率电解、电镀及小功率直流电源。

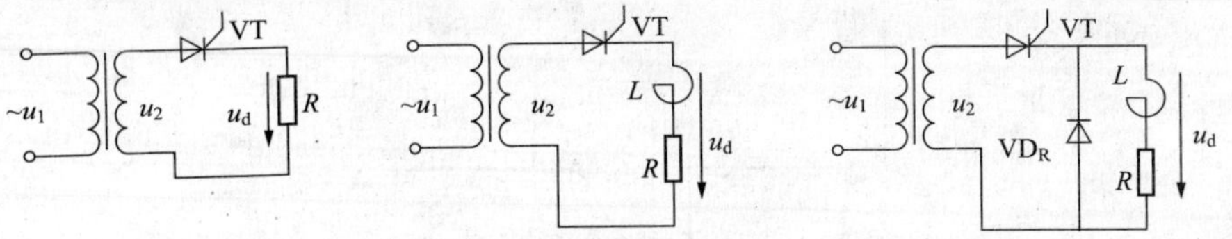

(a) 电阻性负载　(b) 电感性负载（不带续流二极管）　(c) 电感性负载（带续流二极管）

图 4.13　单相半波可控整流电路

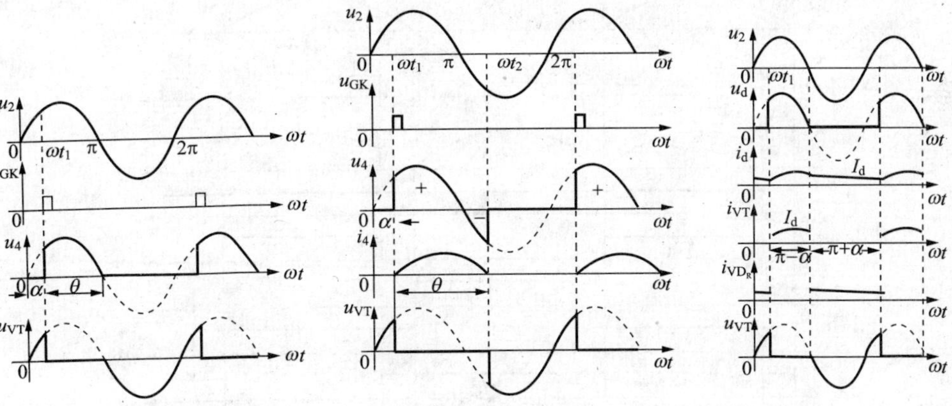

(a) 电阻性负载　(b) 电感性负载（不带续流二极管）　(c) 电感性负载（带续流二极管）

图 4.14　单相半波可控整流电路的工作波形

2）带续流二极管的单相桥式半控整流电路

这种电路的原理如图 4.15 所示，使用两个晶闸管、两个整流二极管，这两个续流二极管位于同一桥臂上，既作整流器件又作续流二极管，所以这种电路既可用于电阻性负载又可用于电感性负载。若用于电阻性负载，则需要控制触发脉冲的移相范围为 0°～180°；若用于电感性负载，则需要控制触发脉冲的移相范围为 0°～90°。图 4.16 给出了这种电路工作时的主要波形。主要用于小功率电解、电镀和直流电源。

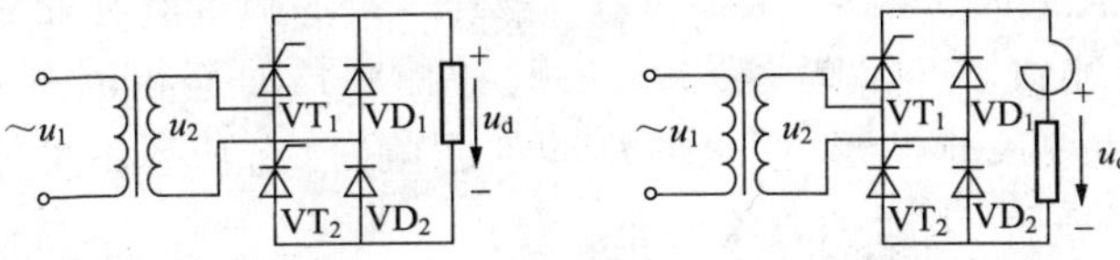

(a) 电阻性负载　(b) 电感性负载

图 4.15　带续流二极管的单相桥式半控整流电路

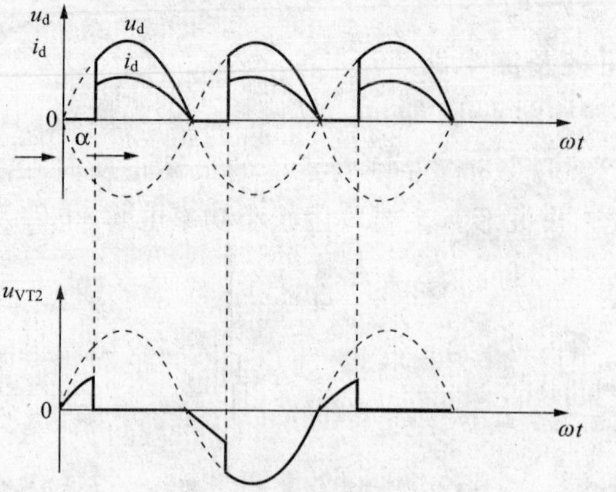

(a) 电阻性负载

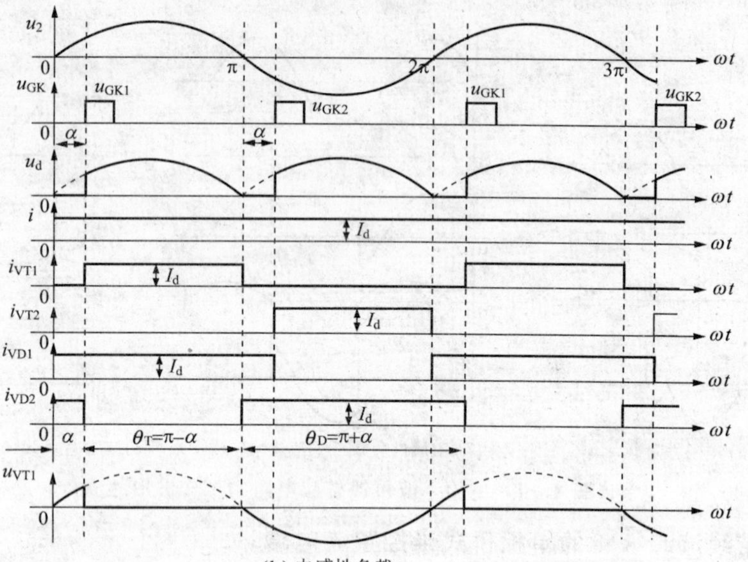

(b) 电感性负载

图 4.16 带续流二极管的单相桥式半控整流电路的工作波形

3）晶闸管共阴极单相桥式半控整流电路

图 4.17 给出了单相桥式半控整流电路的另一种结构，这种电路中使用了两个共阴极的晶闸管及两个共阳极的二极管。用于电感性负载时，为防止深控时的失控，必须增加续流二极管，若不增加续流二极管，要求触发脉冲控制角的移相范围为 0°～90°；用于电阻性负载时，要求触发脉冲控制角的移相范围为 0°～180°。图 4.18 给出了其主要工作波形，受电路结构的影响，输出功率不可能做得很大。主要应用于小功率电解、电镀和直流调速场合。

4）带有续流二极管的单相桥式共阳极半控整流电路

如图 4.19 所示，该电路使用两个共阴极的二极管及两个共阳极的晶闸管。用

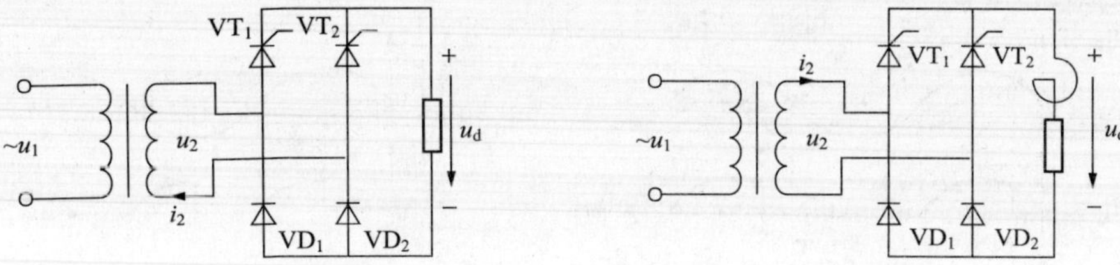

(a) 电阻性负载　　　　(b) 电感性负载

图 4.17　晶闸管共阴极单相桥式半控整流电路

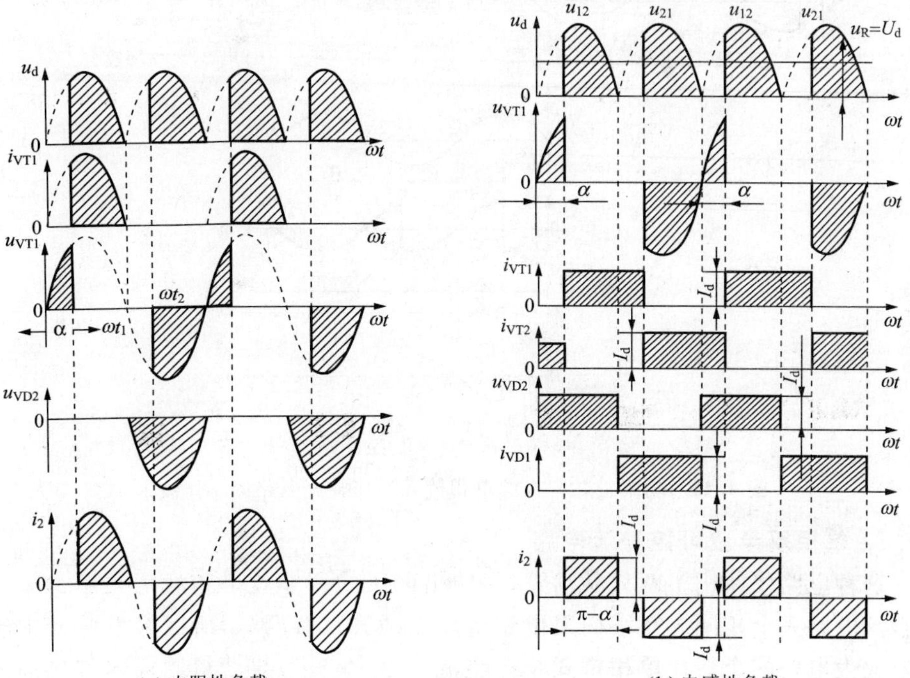

(a) 电阻性负载　　　　(b) 电感性负载

图 4.18　晶闸管共阴极单相桥式半控整流电路的工作波形

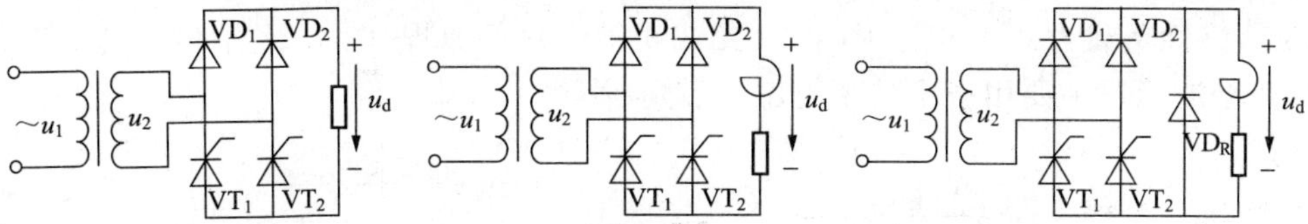

(a) 电阻性负载　　(b) 电感性负载　　(c) 电感性负载(带续流二极管)

图 4.19　晶闸管共阳极的单相桥式半控整流电路

于电感性负载时，为防止深控时的失控，必须增加续流二极管；用于电阻性负载时，要求触发脉冲的控制角的移相范围为 0°～180°。用于电感性负载时，由于增加了续流二极管，所以要求触发脉冲的控制角的移相范围为 0°～180°。图 4.20 给出了其主要工作波形。主要应用于小功率电解、电镀、直流调速场合。

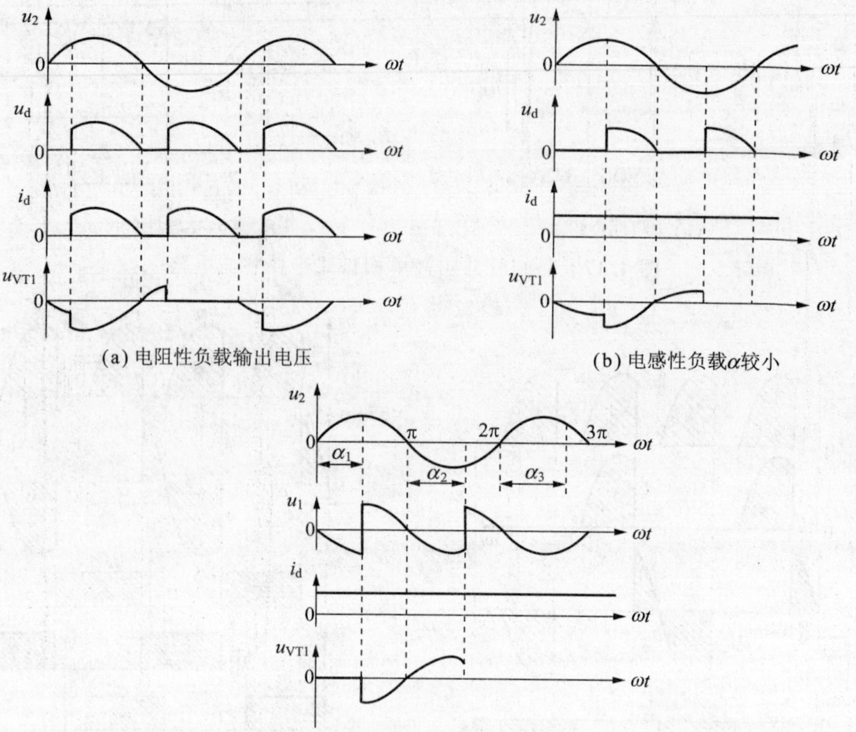

(a) 电阻性负载输出电压

(b) 电感性负载α较小

(c) 大电感负载α过大失控

图 4.20 晶闸管共阳极的单相桥式半控整流电路的工作波形

5）单相双半波可控整流电路

这种电路仅使用了两只晶闸管，但输出电压的调节效果和波形与单相桥式全控整流电路完全相同。在结构上由于所用晶闸管仅有两只，所以触发脉冲末级隔离及放大电路的个数比单相桥式全控整流电路少一半，要获得同样的直流输出电压，晶闸管承受的正反向重复峰值电压U_{DRM}与U_{RRM}比单相桥式全控整流电路大1倍，为$2\sqrt{2}U_2$。对晶闸管触发脉冲移相控制范围的要求为：电阻性负载为$0°\sim180°$，感性负载为$0°\sim90°$。图4.21给出了该电路的原理，图4.22给出了其工作时的典型波形。主要用于小功率电解、电镀及小功率直流电源。

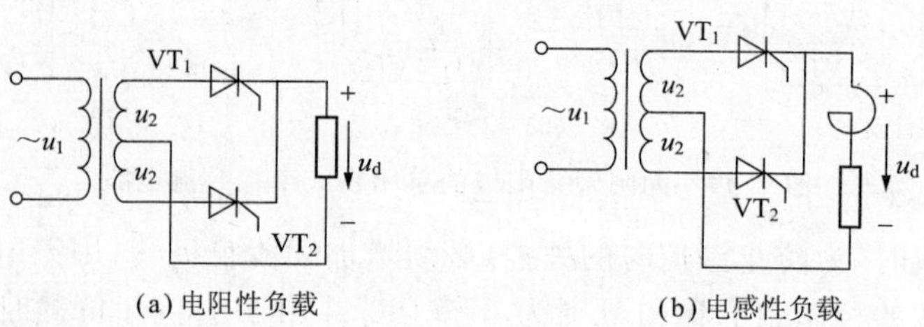

(a) 电阻性负载

(b) 电感性负载

图 4.21 单相双半波可控整流电路

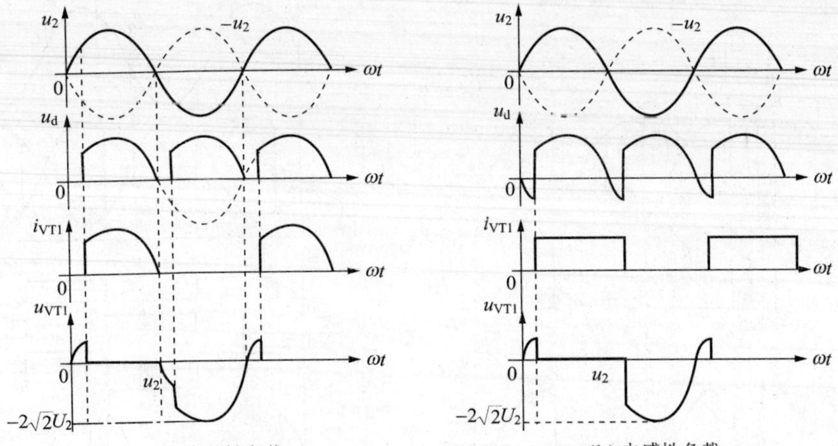

(a) 电阻性负载　　(b) 电感性负载

图 4.22 单相双半波可控整流电路的工作波形

6）**单相桥式全控整流电路**

这种电路如图 4.23 所示，它共用了四只晶闸管，其中 VT_1、VT_4 在交流电压 u_2 的正半周导通，而 VT_2 与 VT_3 在交流电压 u_2 的负半周导通。对触发脉冲的移相控制范围要求为：电阻性负载时为 0°～180°，电感性负载时为 0°～90°。晶闸管承受的正反向最高峰值电压为$\sqrt{2}U_2$。电阻性负载时流过每个晶闸管的电流有效值为 $I_T=(1/\sqrt{2})I_2$，电感性负载时流过每个晶闸管的电流有效值为 $I_T=(1/\sqrt{2})I_d$，此时变压器二次侧的电流有效值 $I_2=I_d$。图 4.24 给出了其主要的工作波形。主要应用于小功率直流调速、励磁、小功率电解、电镀及小功率特种电源等场合。

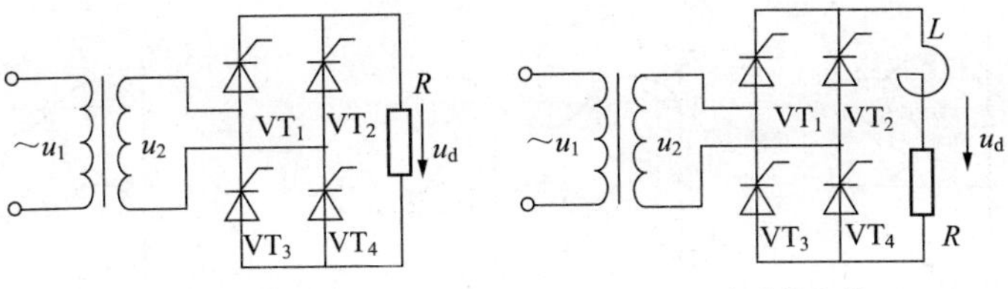

(a) 电阻性负载　　(b) 电感性负载

图 4.23 单相桥式全控整流电路

7）**仅用一个晶闸管的单相桥式可控整流电路**

这是单相桥式全控整流电路的另一种结构，其工作原理如图 4.25 所示，仅使用一个晶闸管，且晶闸管仅承受正向电压或零电压，而不承受反向电压。由于电路的工作是靠晶闸管阳阴极电压过零时关断的，因而仅能用于电阻性负载回路。图 4.26 给出了其工作波形，从该波形可见，换流仅在交流电压过零的一点上，因而极易失控，所以这种电路在实际工程中应用得非常少，主要用于小功率实验室电源。

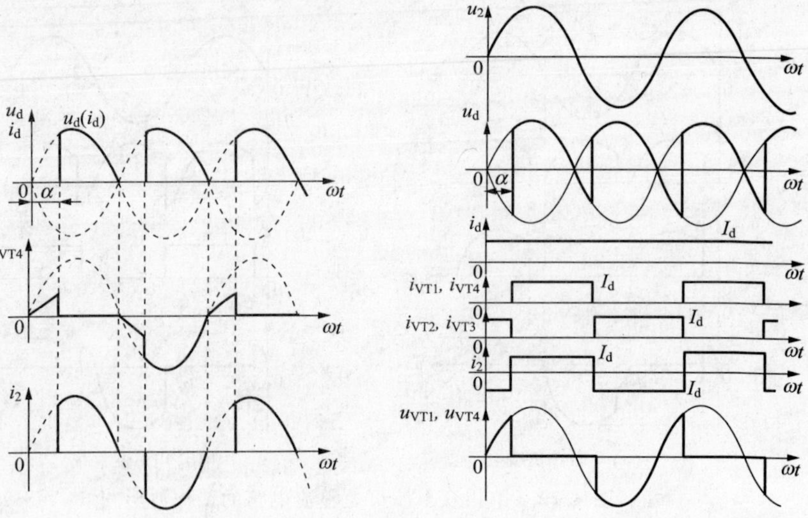

(a) 电阻性负载　　　　(b) 电感性负载

图 4.24　单相桥式全控整流电路的工作波形

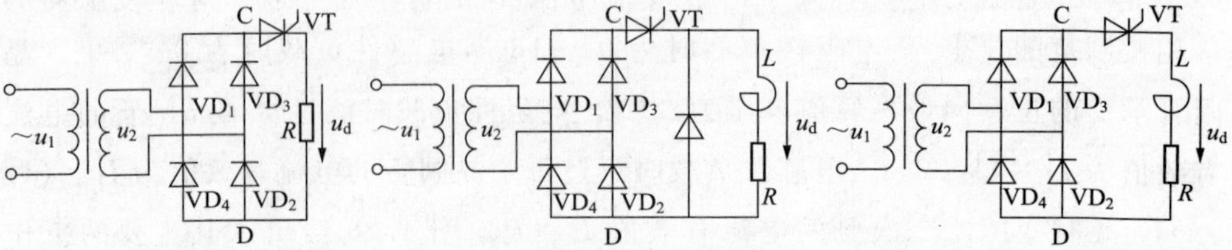

(a) 电阻性负载　　(b) 电感性负载(带续流二极管)　　(c) 电感性负载(不带续流二极管)

图 4.25　仅用一个晶闸管的单相桥式可控整流电路

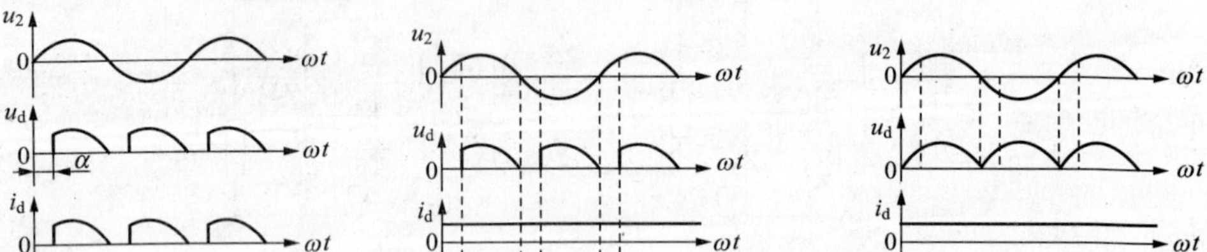

(a) 电阻性负载　　(b) 电感性负载(带续流二极管)　　(c) 电感性负载(不带续流二极管)

图 4.26　仅用一个晶闸管的单相桥式可控整流电路的工作波形

2. 三相可控整流电路

1) 三相半波共阴极可控整流电路

这种电路如图 4.27 所示，使用三个晶闸管，可使输出功率扩大，一般用于较低的直流电压(3～120V)及相对输出较大直流电流范围(50～1000A)的整流设备中，作为可控整流电路。每个晶闸管导通角为 120°，晶闸管承受的最高反向电压为 $\sqrt{6}U_2$，而承受最高正向峰值电压为 $\sqrt{2}U_2$，对触发脉冲的移相范围要求为 0°～150°(电阻性负载)或 0°～90°(电感性负载)。这种电路是三相甚至多相可控整流电路的最基本单元，其他整流电路都可看做这种电路的串联或并联组合。图 4.28 给出了工作波形。这种电路应用于中功率电解、电镀、直流调速、励磁控制等场合。

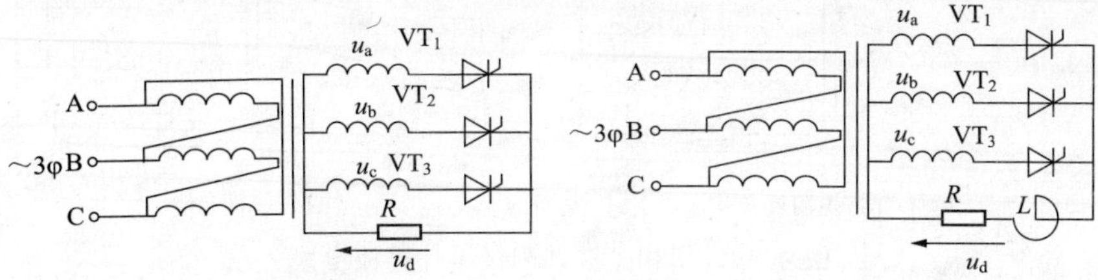

(a) 电阻性负载　　(b) 电感性负载

图 4.27　三相半波共阴极可控整流电路

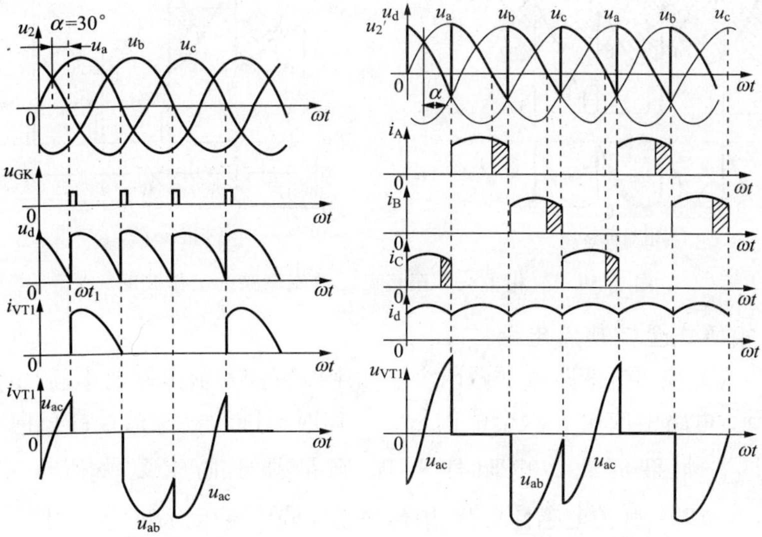

(a) 电阻性负载　　(b) 电感性负载

图 4.28　三相半波共阴极可控整流电路的工作波形

2) 三相半波共阳极可控整流电路

这种电路原理图如图 4.29 所示。该电路中晶闸管是在整流变压器二次侧交流电源相电压的负半周触发导通的，对触发脉冲的移相范围要求为：电阻性负载时为 0°～150°，电感性负载时为 0°～90°。对电阻性负载来说，晶闸管承受的正向最高重复峰值电压为 $\sqrt{2}U_2$；对电感性负载来讲，晶闸管承受的最高正向重复峰值电压为 $\sqrt{6}U_2$。无论是感性还是阻性负载，晶闸管承受的最高反向重复电压都为 $\sqrt{6}U_2$，流过晶闸管的平均电流为 $(1/3)I_d$，整流输出直流电压为 $-1.17U_2$。由于每相电路中晶闸管仅在电网相电压的负半周导通工作，所以流过变压器二次及一次绕组中的电流为直流电，变压器利用率较低，这是这种电路的显著缺点。图 4.30 给出了这种电路工作时的典型波形。主要用于小功率电解、直流调速、直流电源、小功率励磁控制电源等场合。

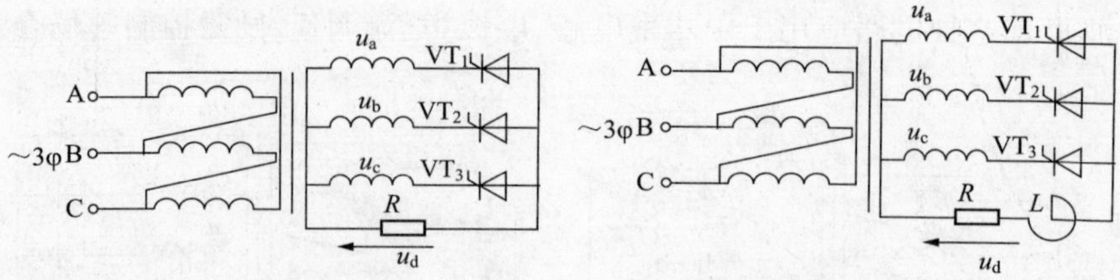

(a) 电阻性负载　　(b) 电感性负载

图 4.29　三相半波共阳极可控整流电路

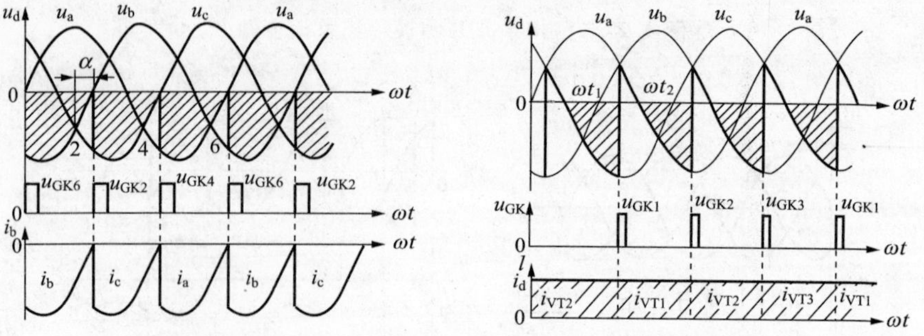

(a) 电阻性负载　　(b) 电感性负载

图 4.30　三相半波共阳极可控整流电路的工作波形

3）三相桥式全控整流电路

三相桥式全控整流电路可看做两个三相半波可控整流电路的串联，电路拓扑如图 4.31 所示，电路中应用了六个晶闸管。工作时晶闸管承受的最高反向重复电压 U_{RRM} 为 $\sqrt{6}U_2$。如果负载为电阻性负载，则最高正向重复峰值电压 U_{DRM} 为 $(\sqrt{3}/2)\sqrt{6}U_2$；如果负载为电感性负载，则最高正向峰值电压为 $\sqrt{6}U_2$。对控制角 α 的移相范围要求为：电阻性负载时为 0°～150°，电感性负载时为 0°～90°。图 4.32 给出了这种电路的工作波形。主要用于中功率电解、电镀、直流调速、励磁控制等场合。

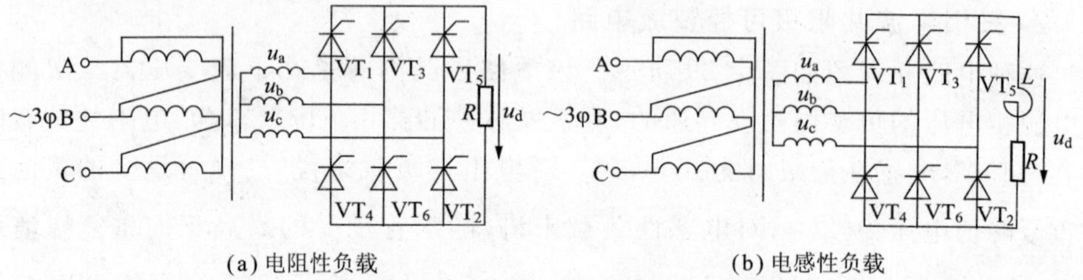

(a) 电阻性负载　　(b) 电感性负载

图 4.31　三相桥式全控整流电路

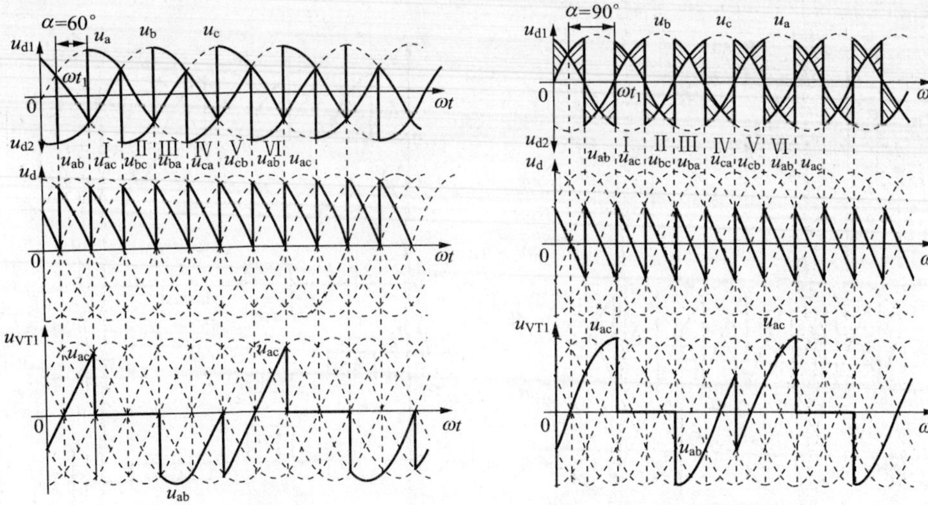

(a) 电阻性负载　　(b) 电感性负载

图 4.32　三相桥式全控整流电路的工作波形

4）**三相桥式共阴极半控整流电路**

三相桥式共阴极半控整流电路可以看做一个共阴极三相半波可控整流电路与一个共阳极三相半波不控整流电路的串联，使触发脉冲从六路变为了三路而得以简化，但存在感性负载深控时的失控问题。对触发控制角的要求为 0°～150°，晶闸管与二极管承受的最大反向电压 U_{RRM} 为$\sqrt{6}U_2$，而晶闸管承受的最高正向峰值电压为$\sqrt{6}U_2$。这种电路如图 4.33 所示，图 4.34 给出了其主要工作波形。从图 4.34 可以看出，该电路整流输出电压波形的波头数和整流输出直流电压的脉动频率与触发控制角的大小关系极大。当触发控制角 α 小于 60°时，整流输出电压波形的波头数为 6，整流输出直流电压的脉动频率为 300Hz；当触发控制角 α 大于 60°时，整流输出电压波形的波头数为 3，整流输出直流电压的脉动频率为 150Hz。这一点应高度注意，其原因在于三相桥式半控整流电路中仅有三个晶闸管，每隔 120°一个晶闸管换相，前者晶闸管的换相时刻能保证共阳极整流管的自然换相，而后者换相时刻不能保证共阳极整流管的自然换相。主要用于中功率电解、电镀、直流调速、励磁控制等场合。

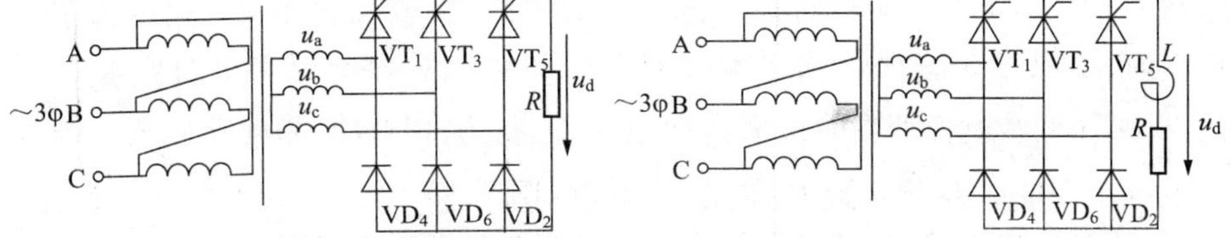

(a) 电阻性负载　　(b) 电感性负载

图 4.33　三相桥式共阴极半控整流电路

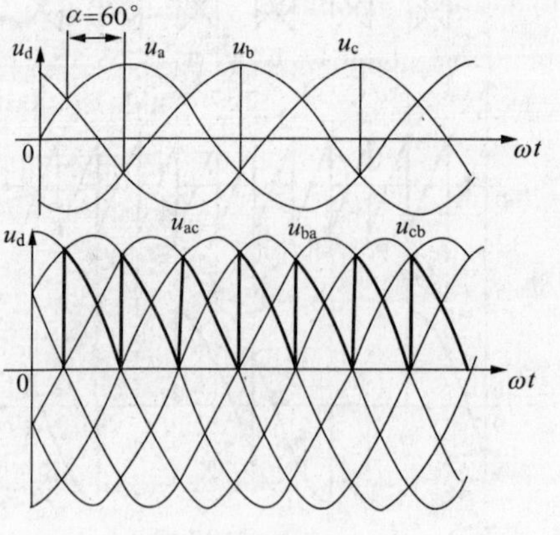

(a) 电阻性负载(α≤60°)

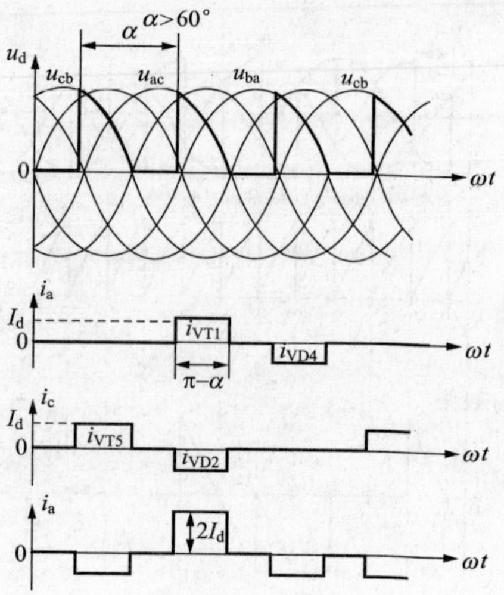

(b) 电感性负载(α>60°)

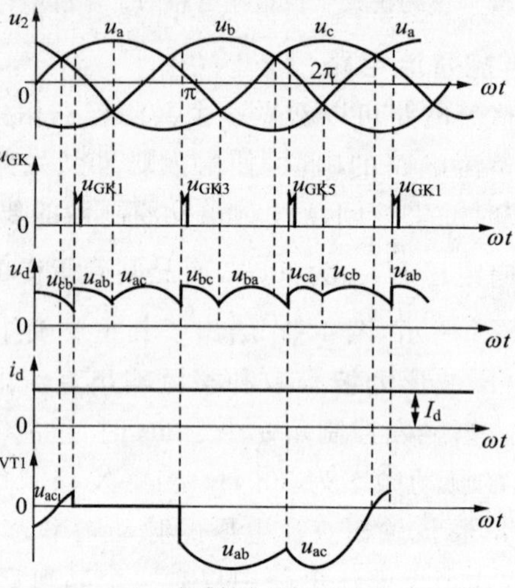

(c) 电感性负载(α≤60°)

图 4.34 三相桥式共阴极半控整流电路的工作波形

5）三相桥式共阳极半控整流电路

晶闸管三相桥式共阳极半控整流电路可以看做一个三相半波共阴极不控整流电路与一个三相半波共阳极可控整流电路的串联，使触发脉冲从六路变为了三路而得以简化，但存在感性负载深控时的失控问题。对触发控制角的要求为 0°～180°，晶闸管与二极管承受的最大反向电压 U_{RRM} 为$\sqrt{6}U_2$，而晶闸管所承受的正反向峰值电压$\sqrt{6}U_2$。这种电路如图 4.35 所示，图 4.36 给出了其主要的工作波形。从图 4.36 可以看出，该电路整流输出电压波形的波头数和整流输出直流电压的脉动频率与触发控制角的大小关系极大，当触发控制角 α 小于 60°时，整流输出电压波形的波头数为 6，整流输出直流电压的脉动频率为 300Hz，而当触发控制角 α 大于 60°时，整流输出电压波形的波头数为 3，整流输出直流电压的脉动频率为 150Hz。这一点应高度注意，其原因在于三相桥式半控整流电路中仅有三个晶闸管，每隔 120°一个晶闸管换相，前者晶闸管的换相时刻能保证共阴极整流管的自然换相，而后者换相时刻不能保证共阴极整流管的自然换相。主要用于中功率电解、电镀、直流调速、励磁控制等场合。

6）**仅控制一个桥臂的三相桥式半控整流电路**

图 4.37 是三相桥式半控整流电路的又一种结构，是单相桥式不控整流电路与一个晶闸管全控桥臂的组合。这种电路使用中仅调节一相的电压，所以存在输出直流电压脉动大、输出电压不能从零开始调节的问题，但具有触发电路简单的优点。

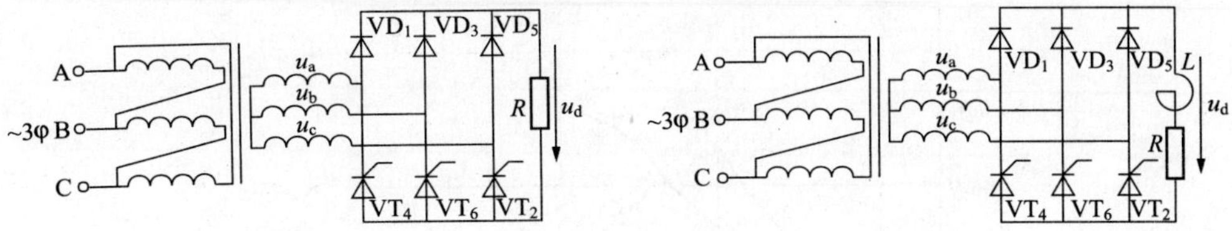

(a) 电阻性负载　　(b) 电感性负载

图 4.35　晶闸管三相桥式共阴极半控整流电路

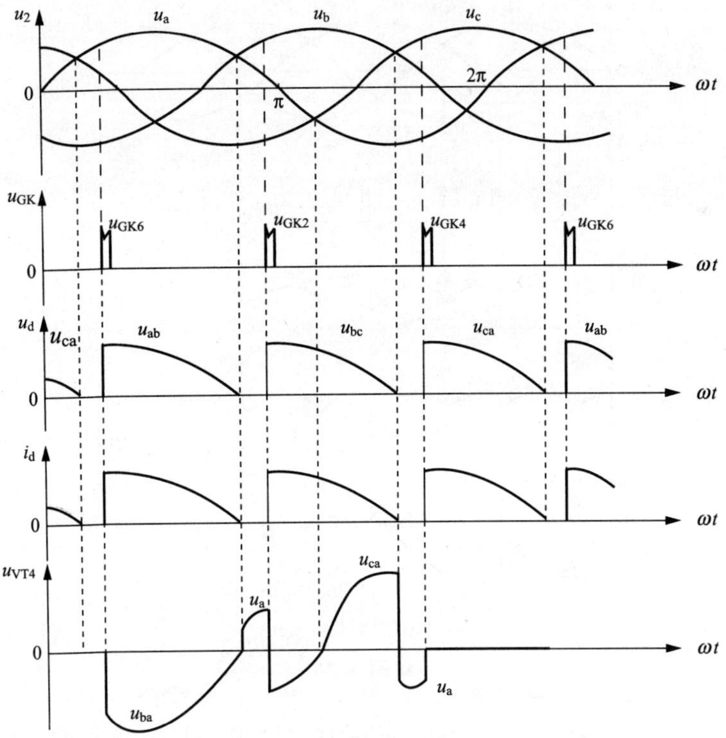

(a) 电阻性负载($\alpha>60°$)

图 4.36　晶闸管三相桥式共阴极半控整流电路的工作波形

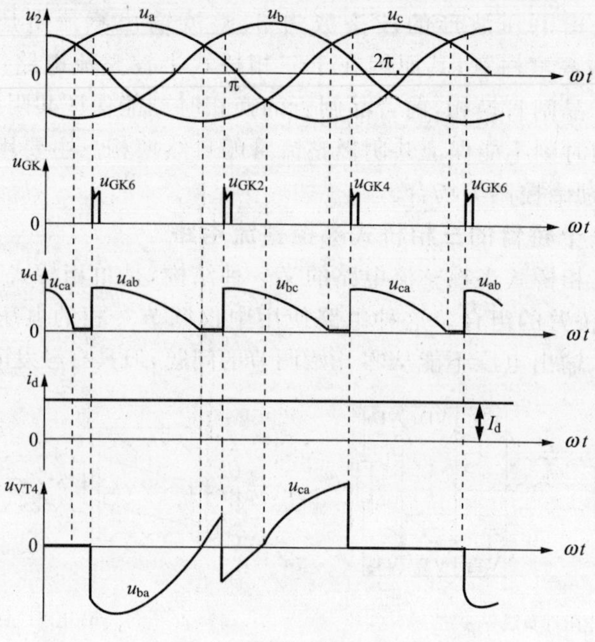

(b) 电感性负载($\alpha>60°$)

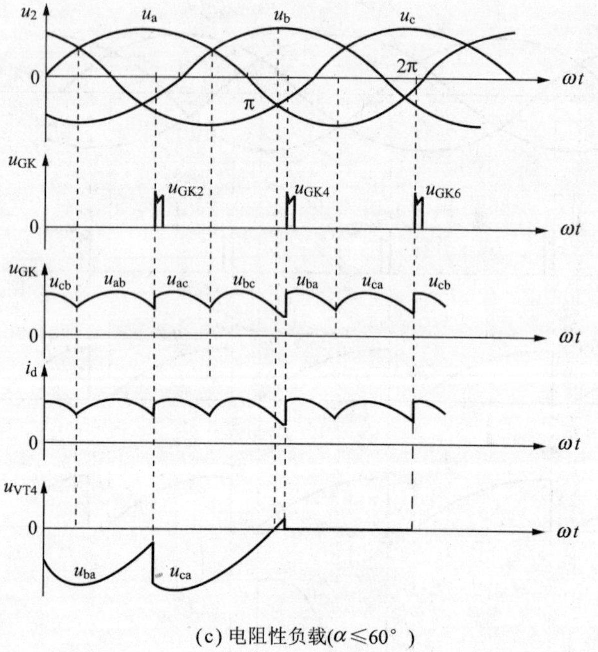

(c) 电阻性负载($\alpha\leqslant60°$)

续图 4.36

输出整流电压的最小值为 $0.9\sqrt{3}U_2$，晶闸管与整流二极管承受最高反向电压为 $\sqrt{6}U_2$，而晶闸管所承受最高正向峰值电压亦为 $\sqrt{6}U_2$。由于有两个整流二极管桥臂，所以不存在用于电感性负载的深控时的失控问题。对晶闸管触发控制角的要求为 0°～180°。图 4.38 给出了其主要的工作波形。主要用于中功率电解、电镀、直流调速、励磁控制等场合。

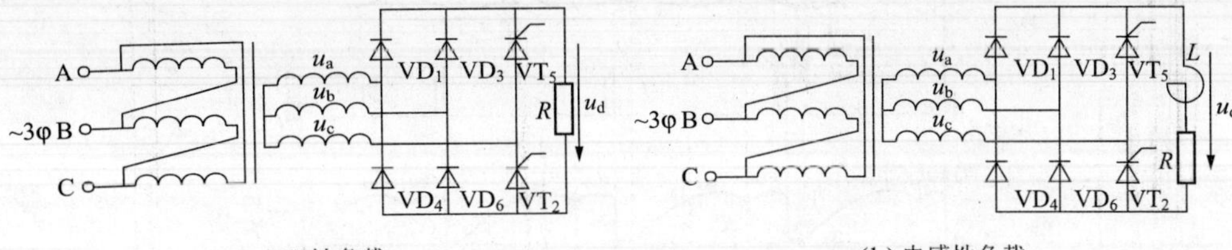

(a) 电阻性负载 (b) 电感性负载

图 4.37 仅控制一个桥臂的三相桥式半控整流电路

3. 三相同相逆并联可控整流电路

1）双反星形同相逆并联可控整流电路

这种电路的主电路共有两组双反星形可控整流电路，最少使用 12 只晶闸管，整流输出仍是六脉波，可通过晶闸管的并联使整流输出电流达到几千至几万安。其对晶闸管触发控制角移相范围的要求同双反星形可控整流电路，晶闸管承受最大正反向峰值电压的幅值亦同双反星形可控整流电路。由于采用双反星形同相逆并联结构，在设计时为使 2 个双反星形可控整流电路中的 12 个整流臂中相邻的整流臂在同一时刻流过大小相等、方向相反的直流电流，所以在保证绝缘的条件下，应尽可能靠近安装，从而解决磁场的干扰及涡流引起的整流柜钢质柜壳发热的问题。这种整流方式要求整流变压器中设计有平衡电抗器，所以同样输出功率下，整流变压器容量要比三相桥式同相逆并联电路的大。这种电路如图 4.39 所示，其工

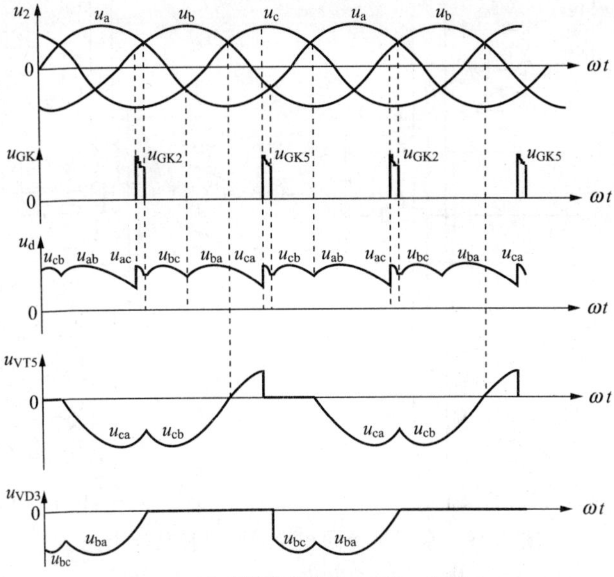

(a) 电阻性负载($R \ll \omega L, \alpha < 60°$)

图 4.38 仅控制一个桥臂的三相桥式半控整流电路的工作波形

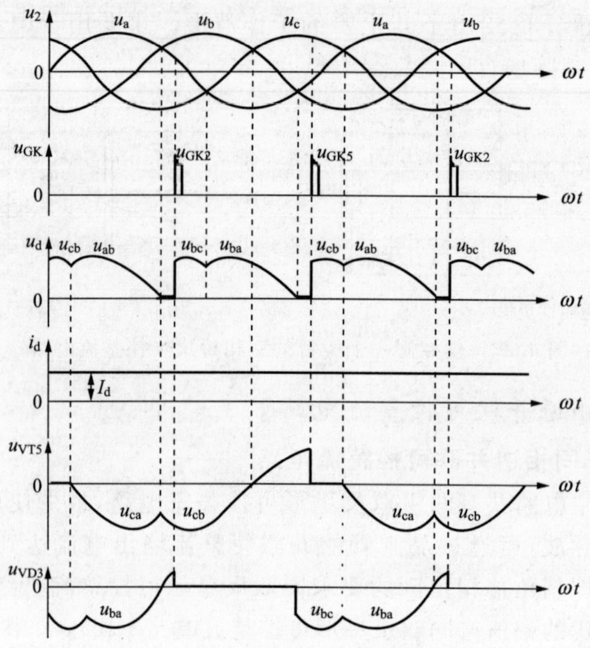

(b) 电感性负载($R \ll \omega L$, $\alpha > 60°$)

续图 4.38

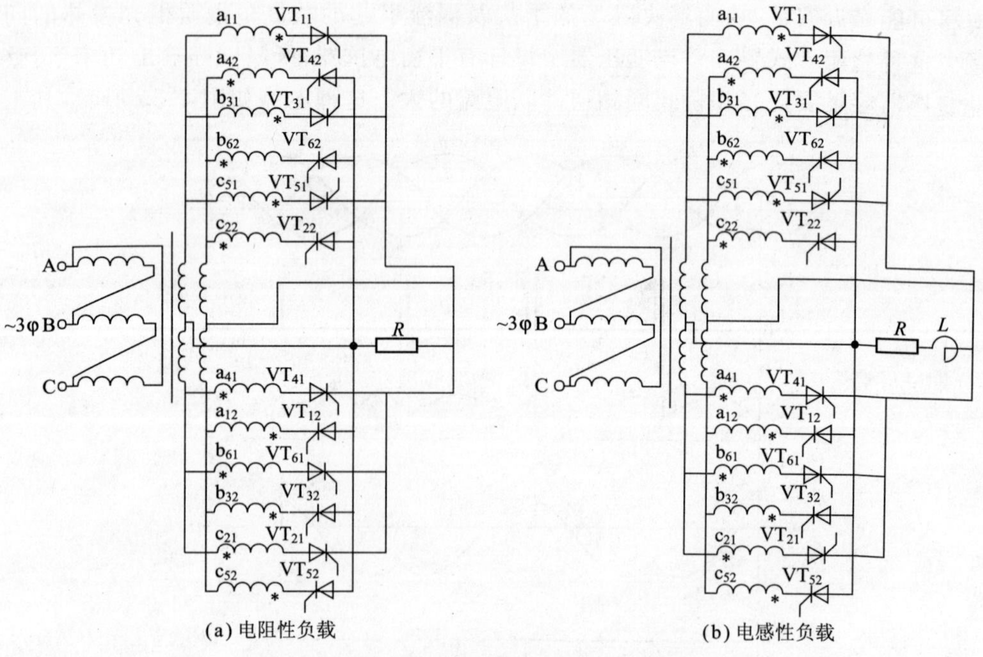

(a) 电阻性负载　　(b) 电感性负载

图 4.39 双反星形同相逆并联可控整流电路

作波形如图 4.40 所示。主要应用于大功率电解、电镀、碳化硅、直流电弧炉电源，适合应用于低压、大电流输出的场合。

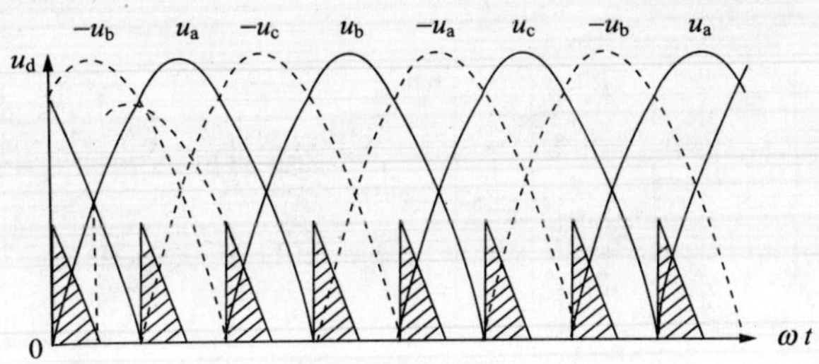

(a) 电阻性负载

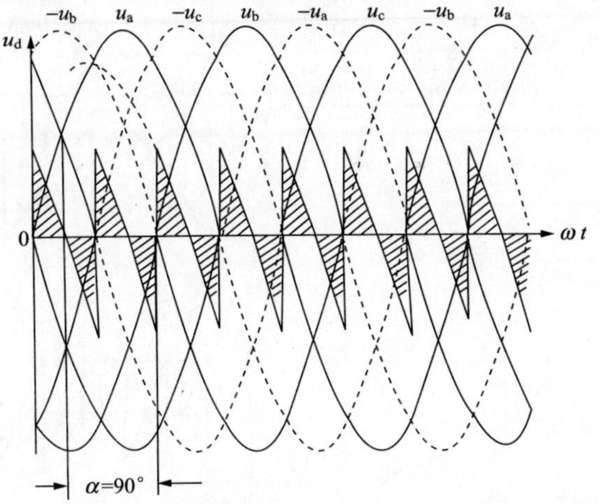

(b) 电感性负载

图 4.40 双反星形同相逆并联可控整流电路的工作波形

2）**三相全控桥同相逆并联整流电路**

这种电路可以看做两个三相桥式全控整流电路的并联，所以应用晶闸管器件数量比三相桥式全控整流电路多一倍。在结构上使流过电流大小相等、方向相反的两个整流臂尽可能靠近安装，同一时刻该两个整流臂流过大小相等、方向相反的电流，使产生的直流磁场相互抵消，同时一般每个整流臂采用多个晶闸管并联，因而可使输出电流容量做得很大，加之又以三相桥式全控整流电路为最基本的可控整流单元，所以输出直流电压可以做得较高。这种电路一般多用于输出电流为10～50kA，输出直流电压为150～1200V的巨型可控整流系统。图4.41给出了这种电路的工作原理，而图4.42给出了其工作波形。应特别注意的是，当输出电压太高时，该电路因绝缘限制无法使流过大小相等、方向相反电流的两个正负整流臂靠近安装，故失去使用意义。若不注意此问题凑合安装，长时间使用会发生爬电短路引起事故，这也是用这种电路的巨型电解铝用电力电子变流设备不断出现爆炸的根本原因。主要应用于巨型电解装置、电工试验装置、电化学、核动力模拟、等离子体试验装置。

4. 多相可控整流电路

多相可控整流电路是利用变压器一次侧的不同连接（如外延三角形或曲折接

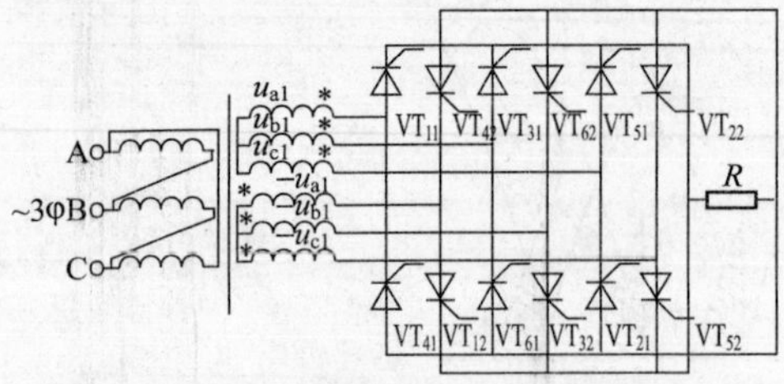

(a) 电阻性负载

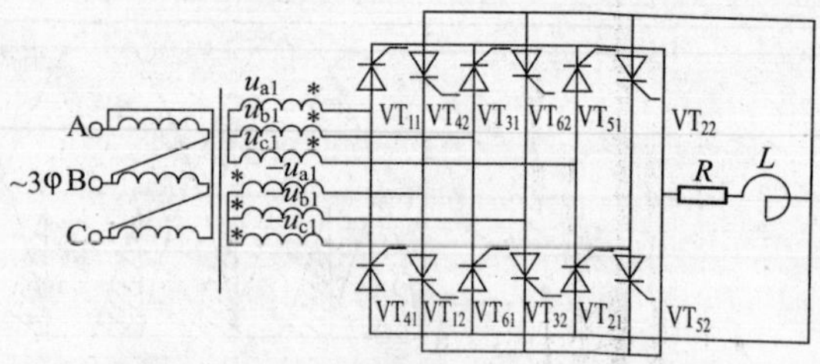

(b) 电感性负载

图 4.41 三相全控桥同相逆并联可控整流电路

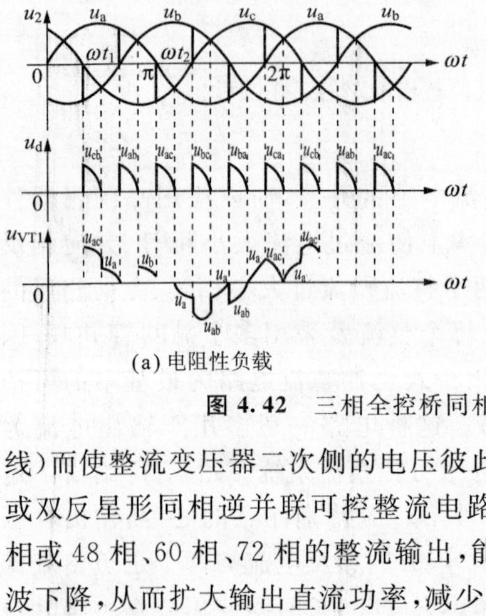

(a) 电阻性负载

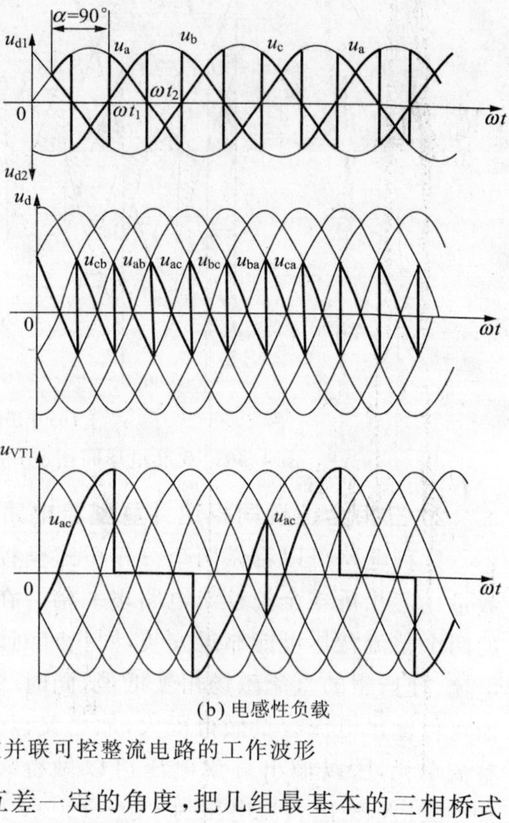

(b) 电感性负载

图 4.42 三相全控桥同相逆并联可控整流电路的工作波形

线)而使整流变压器二次侧的电压彼此互差一定的角度,把几组最基本的三相桥式或双反星形同相逆并联可控整流电路的输出再并联起来,而获得 12 相、24 相、36 相或 48 相、60 相、72 相的整流输出,能使输出直流电压的脉动频率进一步提高,纹波下降,从而扩大输出直流功率,减少注入三相电网的谐波。这种系统是巨型晶闸管类电力电子变流设备的多用方案,具有装置体积庞大、所用晶闸管器件众多等特点。图 4.43 给出了 24 相可控整流电路的原理,其每个单元的工作波形与双反星形或三相桥式同相逆并联电路相同。主要用于巨型电解装置、巨型热工试验装置、电化学、核动力模拟、等离子体试验装置。

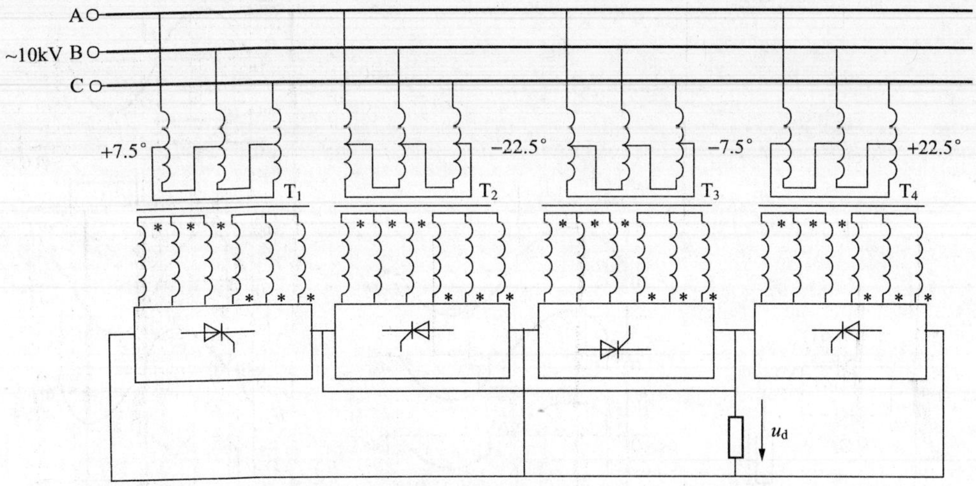

图 4.43 整流变压器一次为外延三角形接线应用四套三相桥式同相逆并联可控整流电路并联构成的 24 相 48kA/600V 系统主电路

4.3.2 交流调压类

晶闸管交流调压类电力电子变流设备常用于工业电炉、调功器、调光灯具等负载场合，其电路结构从大的方面来看有单相、三相两大类。根据在交流电压的正负半周同时调压还是仅在交流电压的正半周或负半周调压，又可分为全控型交流调压与半控型交流调压。下面介绍这种电路的主要性能和特点及应用领域，以及主电路基本电路拓扑和工作波形。

1. 单相交流调压电路

1）单相全控交流调压电路

电路原理及工作波形如图 4.44 所示。这种电路用来实现交流到交流的变换，利用控制电路来控制晶闸管的移相控制角或使晶闸管过零触发来控制其导通和关断的占空比，获得输出交流电压。晶闸管的正反向峰值耐压为$\sqrt{2}U_2$，输出电压可调节范围为 0V～U_2，对触发控制角的移相范围要求为 0°～180°。主要应用于小功率电炉、调功器、调光灯具等。

2）单相半控交流调压电路

单相半控交流调压电路有仅控制交流电压正半周（图 4.45）与仅控制交流电压负半周（图 4.46）两种。这两种电路可实现交流到交流的变换，使触发脉冲的个数得到简化，工作时仅需要一路触发脉冲，但却有输出交流电压正负半波不对称的缺点，因而造成晶闸管不是全导通时，整个电路实际上存在大量的直流分量，所以是比较少用的单相交流调压电路。主要用于小功率控温设备，如电阻炉、烘箱、调光灯具。

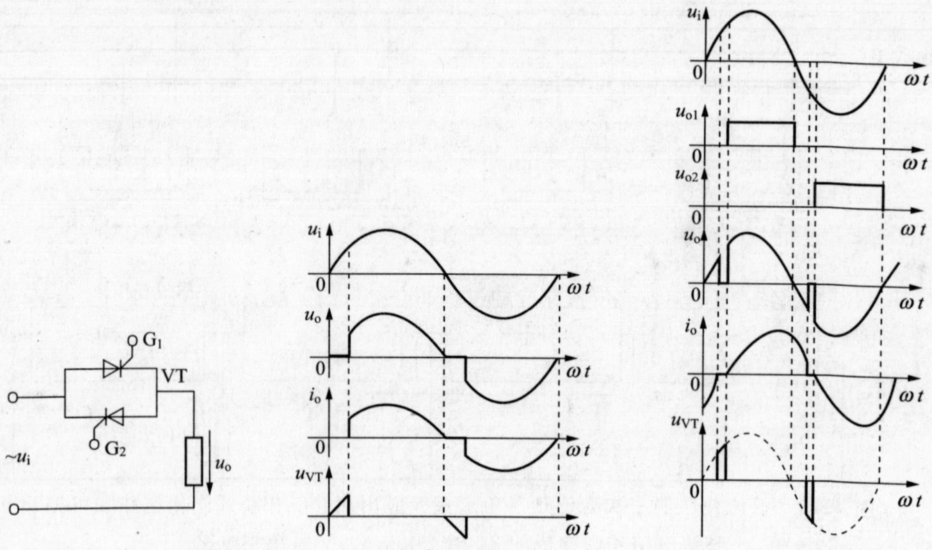

(a) 电 路 (b) 电阻性负载 (c) 电感性负载

图 4.44 单相全控调压电路及 0°<α<180°时的工作波形

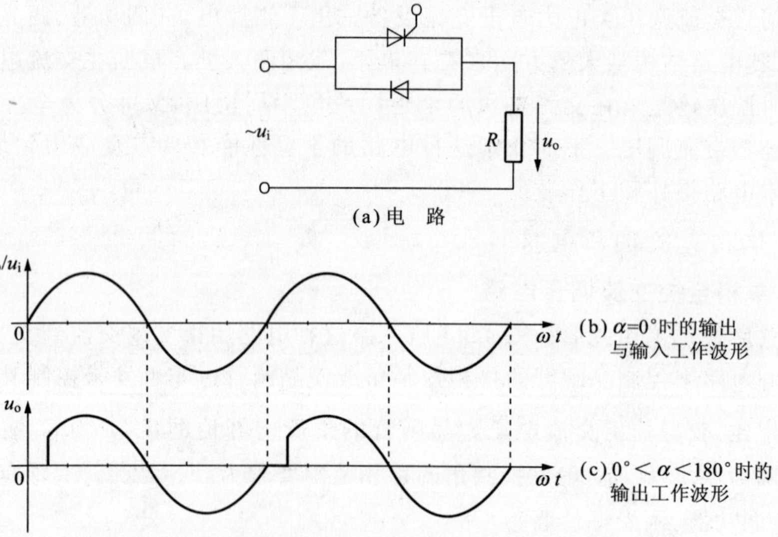

图 4.45 单相半控交流调压电路及工作波形

2. 三相交流调压电路

1) 带中性点的三相全控交流调压电路

这种电路如图 4.47 所示，图 4.48 给出了这种电路的工作波形，它相当于三个单相全控型晶闸管交流调压器的组合。电路中晶闸管所承受的正反向峰值电压为 $\sqrt{2}U_2$，此处 U_2 为交流电网的相电压有效值。流过每个晶闸管的电流有效值为(1/

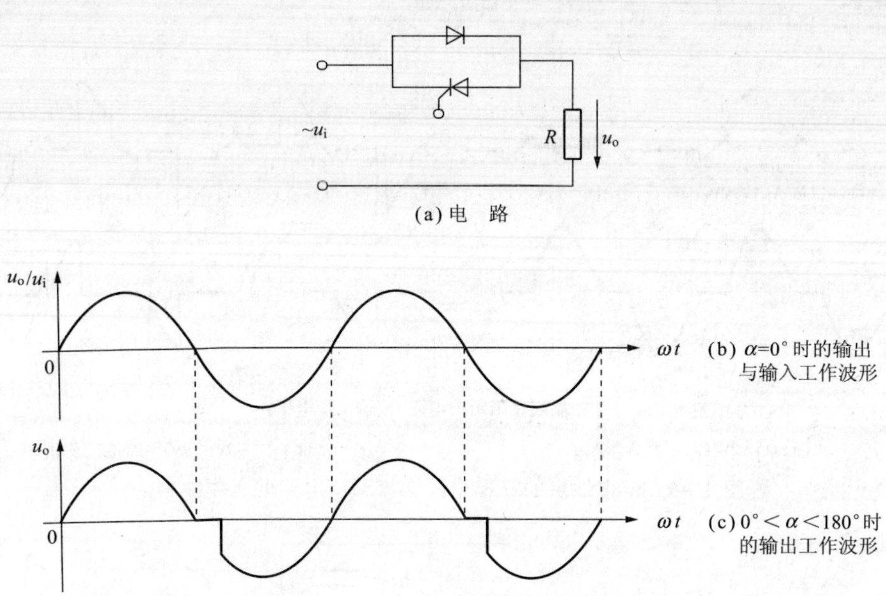

图 4.46 仅控制交流电压负半周的单相半控交流调压电路及工作波形

$\sqrt{2})I_o$，此处 I_o 为每相的相电流有效值。该电路的缺陷是三次谐波在零线中的电流很大，三次谐波属零序分量，它在零线中的电流值为各相三次谐波电流值的代数和，当控制角 $\alpha=90°$ 时，零线电流接近于额定电流，所以要求零线的导线截面要与相线相一致。另外，选用该电路时，还必须考虑供电电源变压器的零线能否通过调压器的额定负载相电流及零线的截面是否足够。主要用于工业电炉、交流调压调速、交流稳压电源。

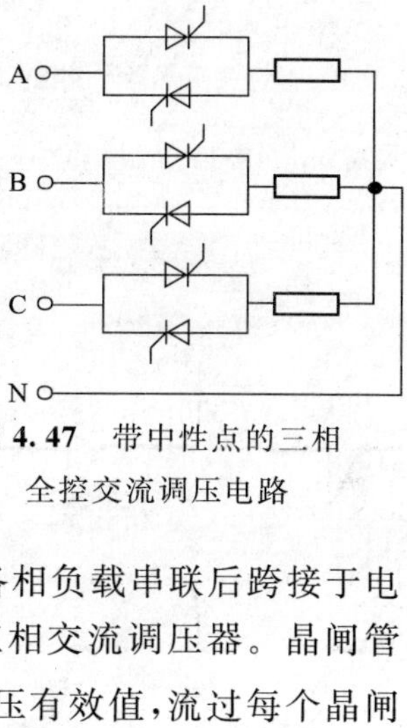

图 4.47 带中性点的三相全控交流调压电路

2) **开三角连接的三相交流调压电路**

开三角连接的三相交流调压电路将反并联晶闸管与各相负载串联后跨接于电源线电压上，也相当于三个单相交流调压器组成了一个三相交流调压器。晶闸管承受的正反向最高重复峰值电压为 $\sqrt{6}U_2$，此处 U_2 为相电压有效值，流过每个晶闸管的电流平均值为 $(\sqrt{2}/\pi)I$，此处 I 为供电电源线电流有效值。由于这种电路只适用于允许打开六根出线的三角形负载，所以其使用领域受到了一定的限制。这种电路对晶闸管触发脉冲的移相角控制范围要求为 0°～180°，图 4.49 给出了主电路结构及工作波形。主要用于工业电炉、交流调压调速、交流稳压电源。

3) **负载为星形连接的不带中性点的三相全控交流调压电路**

这种电路如图 4.50 所示，其工作时晶闸管承受的正反向最高峰值电压为 $\sqrt{6}U_2$，此处 U_2 为相电压有效值，流过每个晶闸管的电流平均值相似，为交流电源线电流的 $(\sqrt{2}/\pi)$ 倍，对晶闸管触发脉冲移相范围的要求为 0°～150°。该电路的特

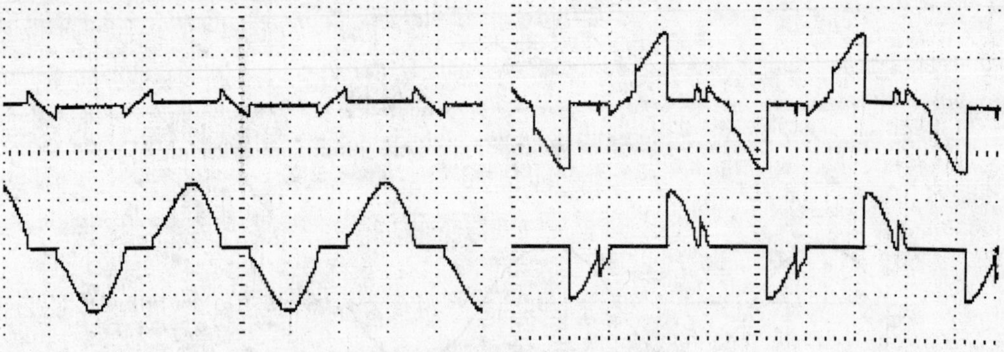

(上:晶闸管阳阴极电压,下:输出线电压)

(a) α较小时的工作波形　　(b) $0^\circ<\alpha<180^\circ$ 时的工作波形

图 4.48　带中性点的三相全控交流调压电路的工作波形

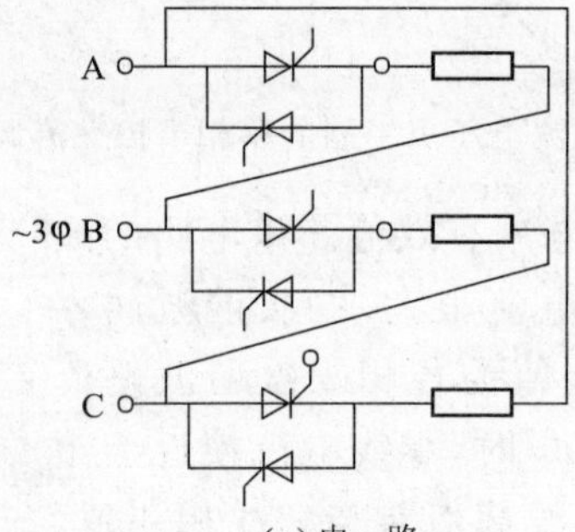

(a) 电　路

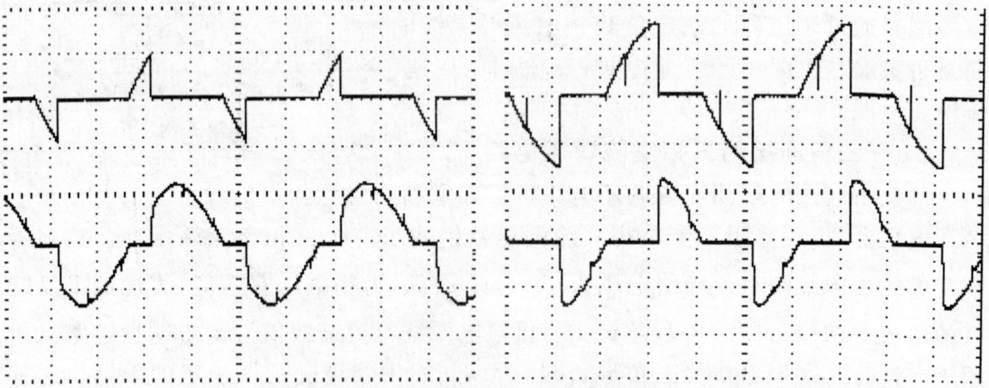

(上:晶闸管阳阴极电压,下:输出线电压)

(b) α较小时的工作波形　　(c) $0^\circ<\alpha<150^\circ$时的工作波形

图 4.49　开三角连接的三相交流调压电路及工作波形

点是两相构成回路,由此可知,该调压电路对触发电路的要求是:触发脉冲必须是双脉冲或者是宽度大于60°的单脉冲。同时,从图4.51所示的波形可以看出,这种电路对晶闸管的耐压和电压上升率相对带中性点的三相交流调压电路都提高了,

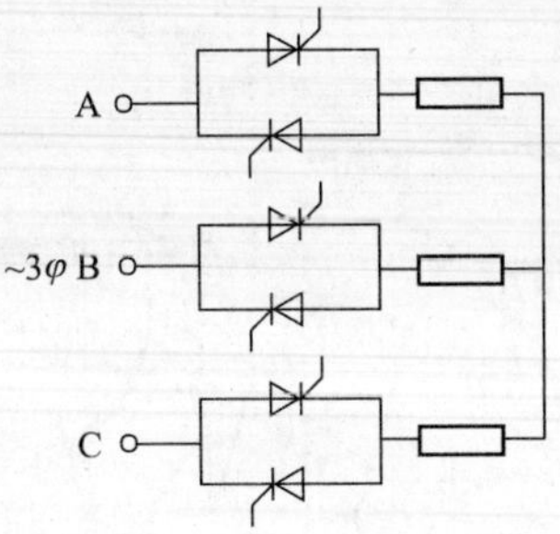

图 4.50 负载为星形连接的不带中性点的三相全控交流调压电路

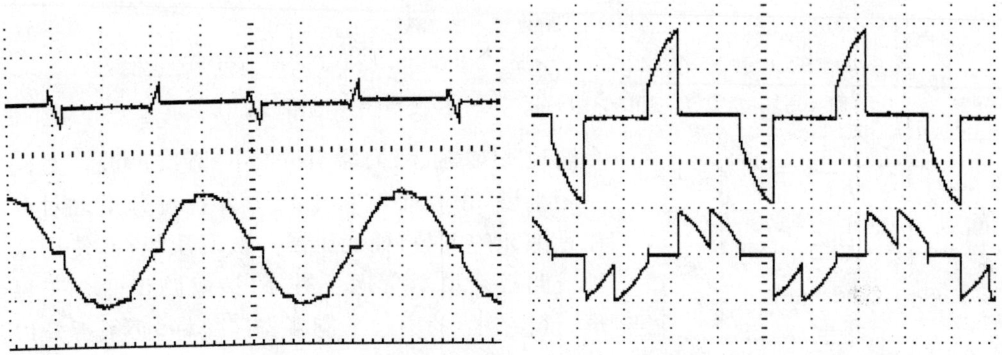

(上:晶闸管阳阴极电压,下:输出线电压)

(a) α接近0°时的工作波形　　(b) $0° < \alpha < 150°$时的工作波形

图 4.51 负载为星形连接的不带中性点的三相全控交流调压电路电阻负载时的工作波形

但由于中性点的漂移,负载中点与接地外壳的耐压水平要按线电压考虑。主要用于工业、农业和电加热的温度控制场合,以及变压器的一次侧控制、调功控制。

4) **负载为三角形连接的三相全控交流调压电路**

这种电路如图 4.52 所示,不存在中性点,同样是通过两相构成回路。要求的触发脉冲为双脉冲或宽度大于 60°的单脉冲。图 4.53 给出了该电路的工作波形。其晶闸管所承受的正反向最高峰值电压也为$\sqrt{6}U_2$,此处U_2为相电压,流过每个晶闸管的电流平均值为$(\sqrt{2}/\pi)I$,这里I为交流电源的线电流有效值,对晶闸管触发脉冲的移相范围要求为 0°～150°。其主要用于工业、农业和电加热的温度控制场合,以及变压器的一次侧控制、调功控制。

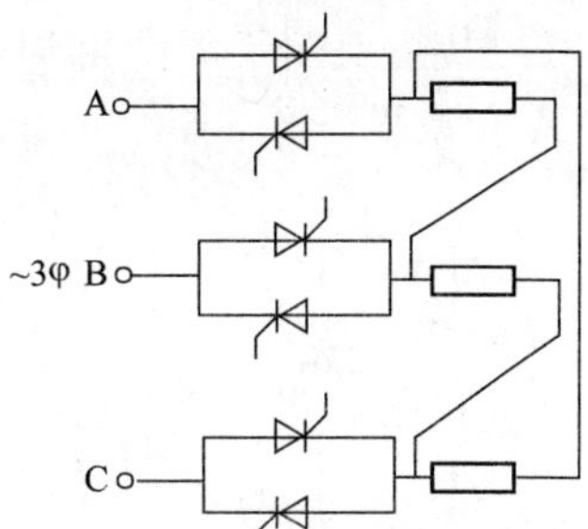

图 4.52 负载为三角形连接的三相全控交流调压电路

5) **星形中心控制连接的三相交流调压电路**

这种电路如图 4.54 所示,它是三相交流调压电路中所用晶闸管器件个数最少的,因此在同样调节功率下,该电路的晶闸管中流过的电流最大,其输出电压正负

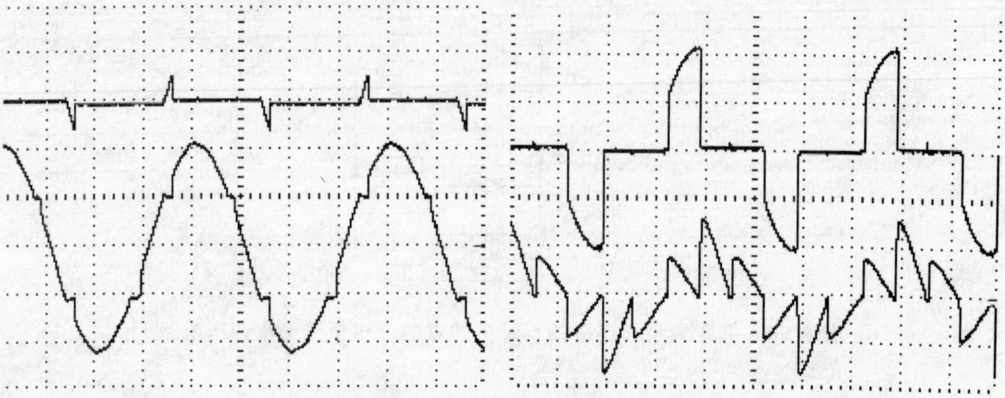

(上:晶闸管阳阴极电压,下:输出线电压)

(a) α接近0°时的工作波形　　(b) 0°＜α＜150°时的工作波形

图 4.53　负载为三角形连接的三相全控交流调压电路的工作波形

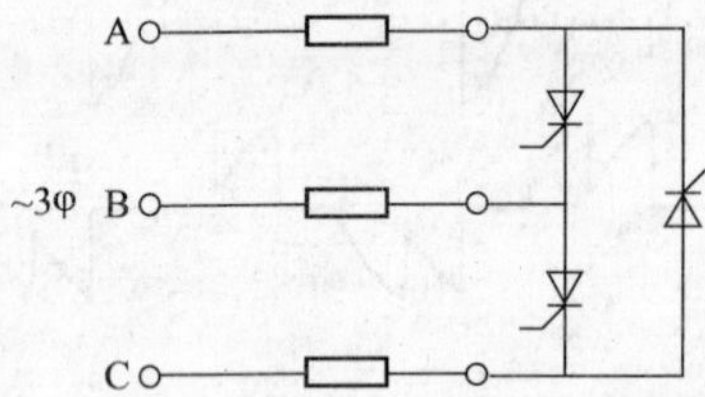

图 4.54　星形中心控制连接(星点三角形电路)的三相交流调压电路

半波也不对称,因而含有一定的诸次谐波。对同一相来讲,相当于输出电压中含直流分量。对存在磁饱和的负载,如变压器一次调压场合,使用这种线路必须慎重考虑。另外,该电路仅适合于星形,且该星形的中心不能事先连接好,必须拆开以六个端子引出接线。再应注意的是,即使这种电路的晶闸管处于阻断状态,各种负载也与电源同电位,这种特殊性限制了这种电路的使用领域。

电路工作波形如图 4.55 所示。其对晶闸管触发脉冲的移相控制范围要求为 0°～210°,工作时晶闸管承受的最高正反向峰值电压为$\sqrt{6}U_2$,此处 U_2 为电源输入相电压,而流过每个晶闸管的电流有效值为$(1/\sqrt{3})I$,此处 I 为供电电源的线电流有效值。其主要用于工业电炉控制、交流调功器。

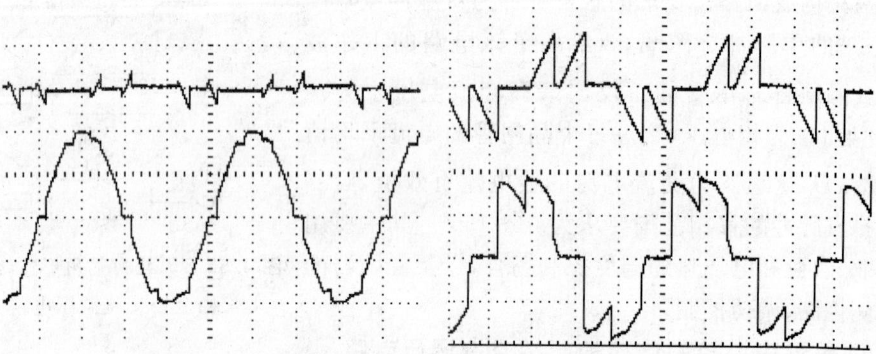

(上:晶闸管阳阴极电压,下:输出线电压波形)

(a) α接近0°时的工作波形　　(b) 0°＜α＜150°时的工作波形

图 4.55　星形中心控制连接(星点三角形电路)的三相交流调压电路的工作波形

6）负载为三角形连接的三相两线控制三相交流调压电路

这种电路的原理电路如图 4.56 所示。在该连接形式的线路中，两根相线各串联一对反并联晶闸管，另一根相线直接连接供电电源与负载，从而实现三相交流调压控制。由于该电路中仅使用四只晶闸管，故使主电路中晶闸管的数量及触发脉冲电路都得以简化，有经济电路的美誉。其显著特点是，当 $\alpha>0°$ 时，三相波形各不相同，因此三相平衡度很不理想，所以仅能用来控制小功率负载。使用时应特别注意的是，这两个单相调压器的电源电压为电源线电压，并且负载允许调压下限大于零，其原因在于 $\alpha=180°$ 时，其中直通相和调压相也有一定的输出电压，晶闸管承受的最高正反向电压为 $\sqrt{6}U_2$，流过每个晶闸管的电流有效值为 $(1/\sqrt{6})I$，此处 I 为电网线电流有效值。这种电路的正常工作波形如图 4.57 所示。主要应用于小功率电炉、小功率调功场合。

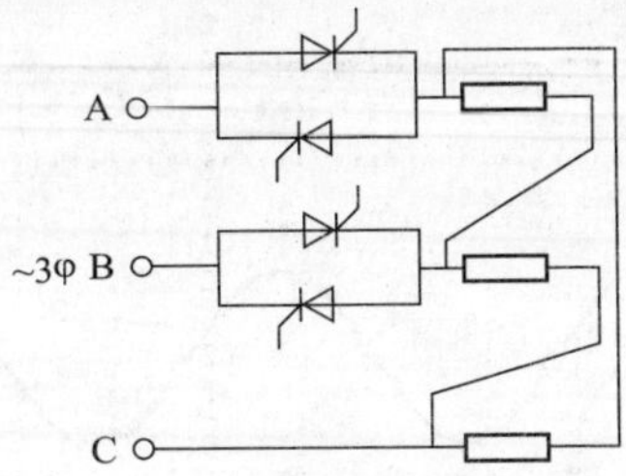

图 4.56 负载为三角形连接的三相两线控制三相交流调压电路

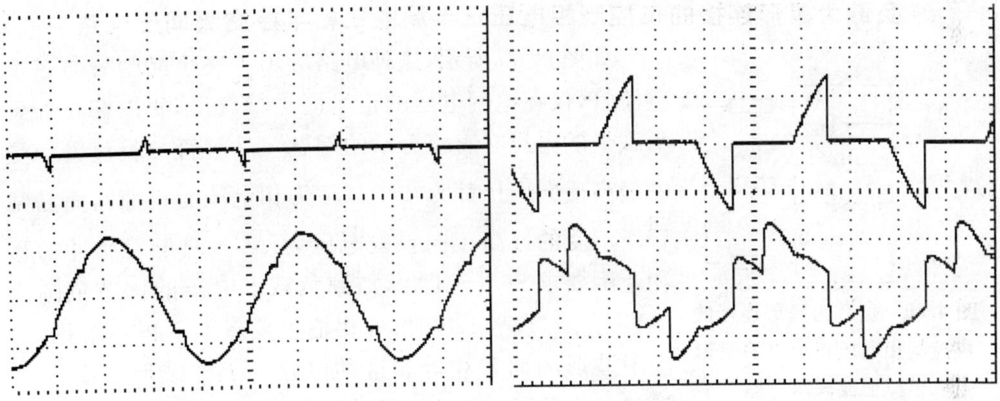

(上:晶闸管阳阴极电压,下:输出线电压)

(a) α接近0°时的工作波形 (b) $0°<\alpha<150°$ 时的工作波形

图 4.57 负载为三角形连接的三相两线控制三相交流调压电路工作波形

7）负载为星形连接的三相两线控制三相交流调压电路

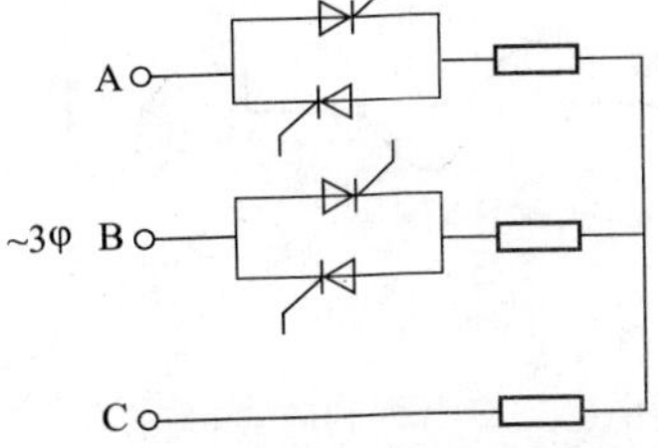

图 4.58 负载为星形连接的三相两线控制三相交流调压电路

这种电路利用四只晶闸管仅控制三相交流电压中的两相，如图 4.58 所示。该电路拓扑使控制电路得以简化，同样达到了三相交流调压的效果，但却具有加到负载上的三相工作电压不对称的缺点。该图中晶闸管承受的最高正反向重复电压为线电压的峰值 $\sqrt{6}U_2$（U_2 为相电压），对触发脉冲的移相范围要求为 0°～180°，流过每个晶闸管的电流有效值为 $(1/\sqrt{2})I_o$。当晶闸管的触发控制角 $\alpha>0°$

时,三相波形各不相同,因此三相平衡度不太理想,负载允许调压下限大于零,图 4.59 给出了其工作波形。主要用于小功率工业电炉。

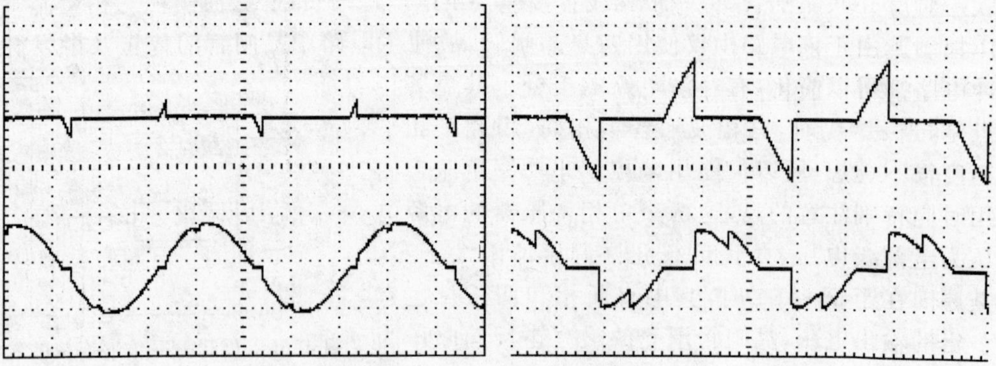

(上:晶闸管阳阴极电压,下:输出线电压)

(a) α接近0°时的工作波形　(b) $0°<\alpha<150°$时的工作波形

图 4.59 负载为星形连接的三相两线控制三相交流调压电路工作波形

8) 负载为星形连接的仅控制相电压正半周的三相半控交流调压电路

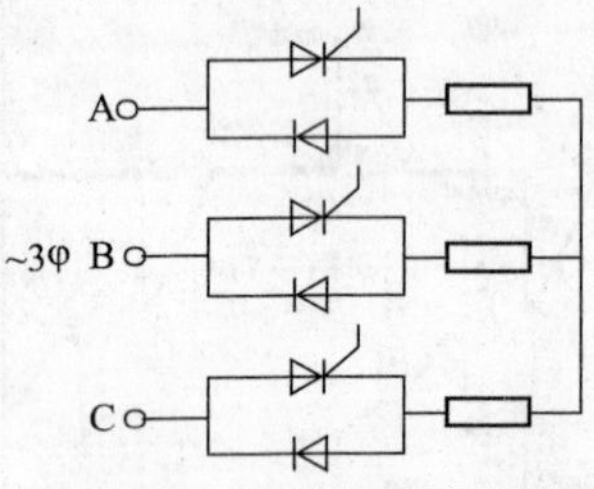

图 4.60 负载为星形连接的仅控制相电压正半周的三相半控交流调压电路

如图 4.60 所示,这种电路应用了三个晶闸管与三个整流管,仅在电网电压的正半周进行调压,所以存在加到负载上的电压有直流分量的问题。晶闸管与整流管承受的最高反向电压都为$\sqrt{6}U_2$(U_2 为相电压有效值),而晶闸管所承受的最高正向重复电压为$\sqrt{6}U_2$,对触发脉冲的移相范围要求为 0°~120°,加到负载上电压的调节范围为 0V~U_2。当 $\alpha<120°$时,各相输出波形上下很不对称,但上下波形的面积相等。这种电路的工作波形如图 4.61 所示。主要用于工业电炉功率和温度控制。

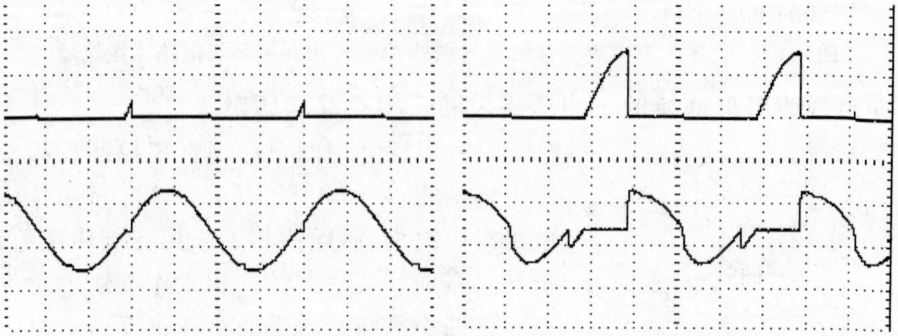

(上:晶闸管阳阴极电压,下:输出线电压)

(a) α接近0°时的工作波形　(b) $0°<\alpha<150°$时的工作波形

图 4.61 负载为星形连接的仅控制相电压正半周的三相半控交流调压工作波形

9）负载为三角形连接的仅控制交流电压正半周的三相半控交流调压电路

如图 4.62 所示，这种电路所用元器件的数量虽与图 4.60 相同，但由于负载为三角形连接，加到负载上的电压为线电压，加到晶闸管上的正反向峰值阻断电压及加到整流管上的反向峰值电压均为 $\sqrt{6}U_2$（U_2 为相电压的有效值），对晶闸管触发脉冲的移相范围要求为 $\alpha=0°\sim210°$。虽然各相输出波形一致，但是在晶闸管的控制角 $\alpha<120°$时，各相输出波形上下很不对称，上下波形的积分面积相等无直流分量，且相间是平衡的。调压范围为 $0V\sim U_{21}$，U_{21}为线电压。电路的工作波形如图 4.63 所示。主要用于工业电炉、温度功率控制。

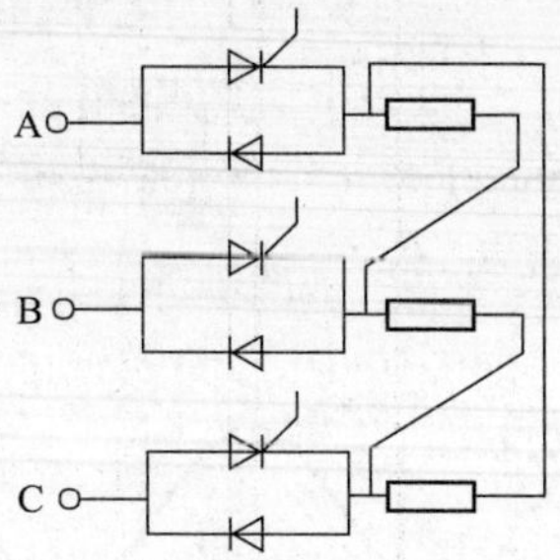

图 4.62　负载为三角形连接的仅控制交流相电压正半周的三相半控交流调压电路

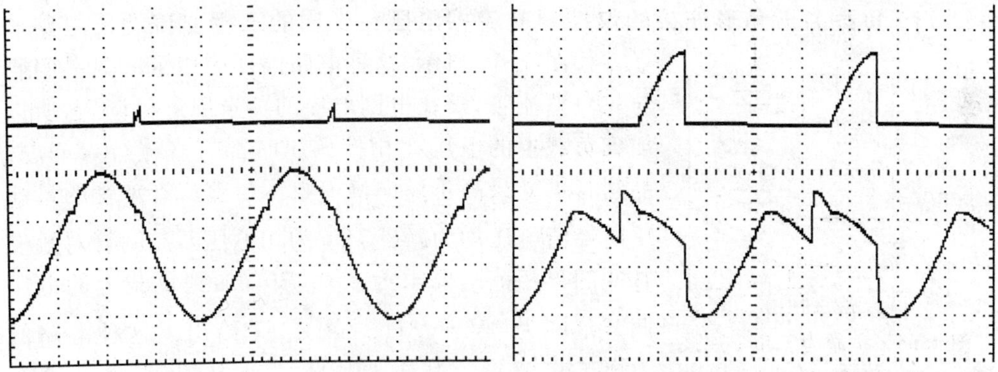

(上:晶闸管阳阴极电压,下:输出线电压)

(a) α接近0°时的工作波形　　(b) $0°<\alpha<150°$时的工作波形

图 4.63　负载为三角形连接的仅控制交流相电压正半周的三相半控交流调压电路工作波形

10）负载为星形连接的仅控制交流相电压负半周的三相交流调压电路

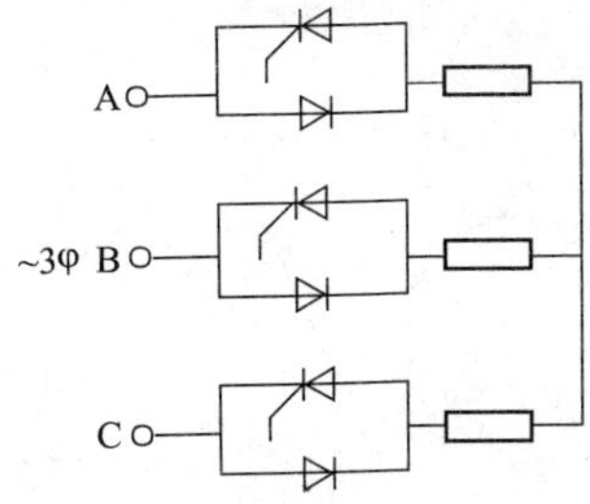

图 4.64　负载为星形连接的仅控制交流相电压负半周的三相交流调压电路

如图 4.64 所示，这种电路应用了三只晶闸管与三只整流管，仅在电网电压的负半周进行调压，所以加到负载上的电压存在直流分量的问题，只有在晶闸管导通角为 180°时，加到负载上的电压平均值才为零。晶闸管承受的最高正向电压为$\sqrt{6}U_2$（U_2 为相电压的有效值），而整流管承受的最高反向峰值电压为$\sqrt{6}U_2$，晶闸管对触发脉冲的移相范围要求为 0°～180°，加到负载上的电压调节范围为 $0V\sim U_2$。图 4.65 给出了这种电路的主要工作波形。主要用于工业电炉、温度功率控制。

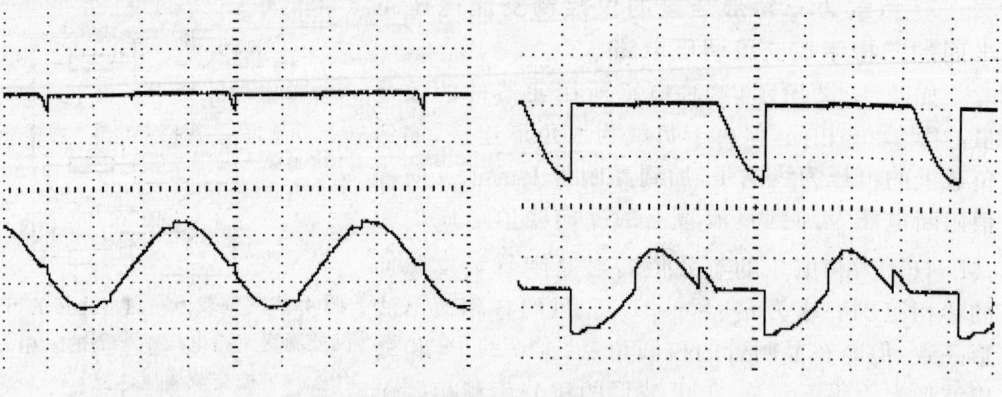

(上:晶闸管阳阴极电压,下:输出线电压)

(a) α接近0°时的工作波形　　(b) 0°＜α＜150°时的工作波形

图 4.65　负载为星形连接的仅控制交流相电压负半周的三相交流调压电路工作波形

11）负载为三角形连接的仅控制交流相电压负半周的三相交流调压电路

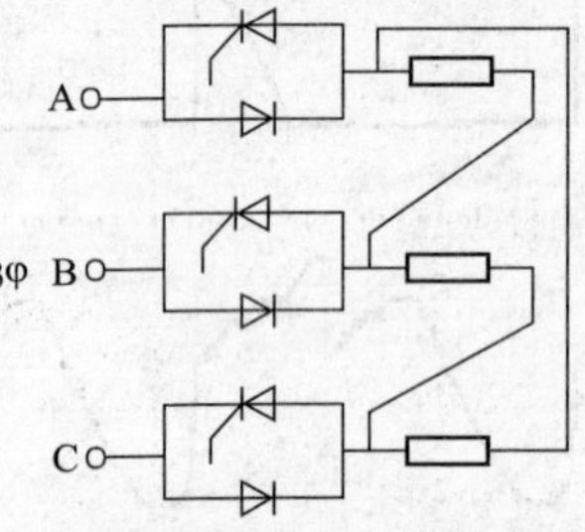

图 4.66　负载为三角形连接的仅控制交流相电压负半周的三相交流调压电路

如图 4.66 所示，这种电路同样应用了三只晶闸管与三只整流管，仅在电网电压的负半周进行调压，所以加到负载上的电压在相控调压时都有直流分量问题。晶闸管承受最高正反向峰值电压与整流管承受的最高反向峰值电压均为$\sqrt{6}U_2$（U_2 为相电压），晶闸管对触发脉冲的移相范围要求为 0°～180°，加到负载上的电压调节范围为 0V～$\sqrt{3}U_2$。图 4.67 给出了这种电路的主要工作波形。其主要用于工业电炉、温度及功率控制。

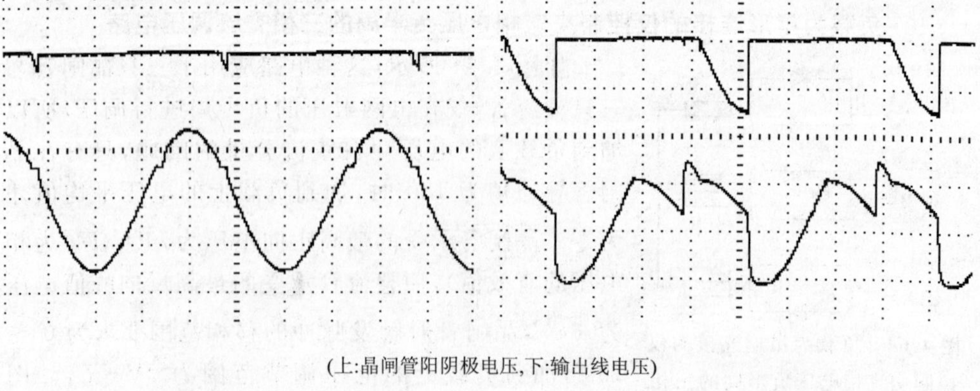

(上:晶闸管阳阴极电压,下:输出线电压)

(a) α接近0°时的工作波形　　(b) 0°＜α＜150°时的工作波形

图 4.67　负载为三角形连接的仅控制交流相电压负半周的三相交流调压电路工作波形

4.3.3 有源逆变类

有源逆变是晶闸管应用的另一个主要领域，由于这种电路利用电网自身电压正负半周变化极性的特点，解决了晶闸管关断时需阳阴极承受反向电压的问题，不需要强迫换相电路，所以其电路结构与全控型可控整流电路相同。不同之处仅在于相对整流电路而言，这种电路在直流侧总得有一个与晶闸管导通方向一致的电势源，为防止逆变失败，应保证最小逆变控制角不能小于一定的电角度，即最大 α 角不能大于一定的电角度，且晶闸管触发脉冲的控制角 α 一般大于 90°，对单相电路而言最大 α 角小于 180°，对三相半波有源逆变电路而言最大 α 角小于 150°，对三相桥式电路而言最大 α 角小于 120°。还应特别注意的是，半控电路是无法实现有源逆变的，晶闸管有源逆变类电力电子变流设备的常见电路拓扑有单相半波、单相桥式、三相半波、三相桥式，而且有源逆变系统同样可以三相桥式同相逆并联及双反星形同相逆并联的方法扩大装置容量，只是至今国内还没有见过如此大容量的应用场合。下面介绍常见的晶闸管有源逆变类电力电子变流设备的电路性能、特点、应用领域，以及电路和工作时的典型波形。

1. 单相有源逆变电路

1）单相半波有源逆变电路

这种电路的原理如图 4.68 所示。仅使用一个晶闸管，电路结构简单，理论上要求触发脉冲的移相范围为 90°～180°，晶闸管所承受的最高正反向峰值电压均为 $\sqrt{2}U_2$，图 4.69 给出了其主要工作波形。实际应用中为了防止逆变颠覆，选用 90°＜α＜180°。主要应用于小功率直流电动机再生制动过程及充放电装置。

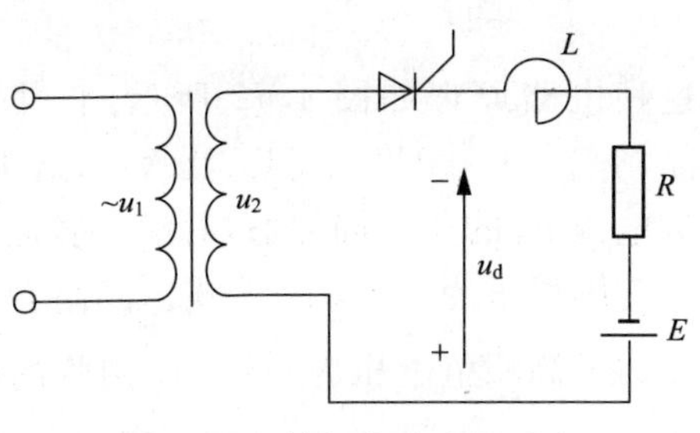

图 4.68 单相半波有源逆变电路的主电路

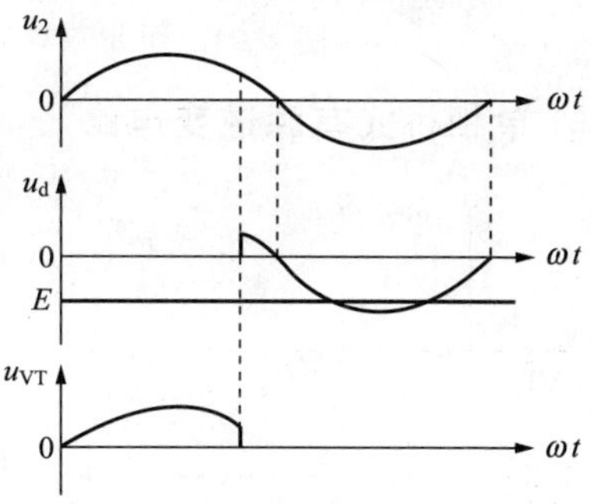

图 4.69 单相半波有源逆变电路的典型工作波形

2）单相双半波有源逆变电路

这种电路仅使用两只晶闸管，但输出电压的调节效果与波形和单相桥式有源逆变电路完全相同，在结构上由于仅使用两只晶闸管，所以触发脉冲末级隔离及放大电路的个数比单相桥式有源逆变电路少一半，但要获得同样的直流输出电压，则晶闸管承受的正反向重复峰值电压 U_{DRM} 与 U_{RRM} 比单相桥式有源逆变电路大一倍，

为 $2\sqrt{2}U_2$。对晶闸管触发脉冲移相控制范围的要求负载同样为 $90°<\alpha<180°$，图 4.70 给出了这类电路共阴极与共阳极的原理结构，而图 4.71 给出了其工作时的典型波形。这种电路主要应用于小功率充放电、小功率直流电动机的再生制动过程。

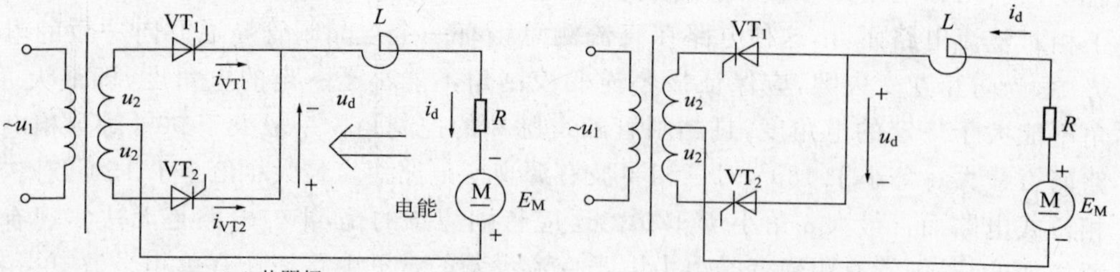

(a) 共阴极　　(b) 共阳极

图 4.70　单相双半波有源逆变主电路

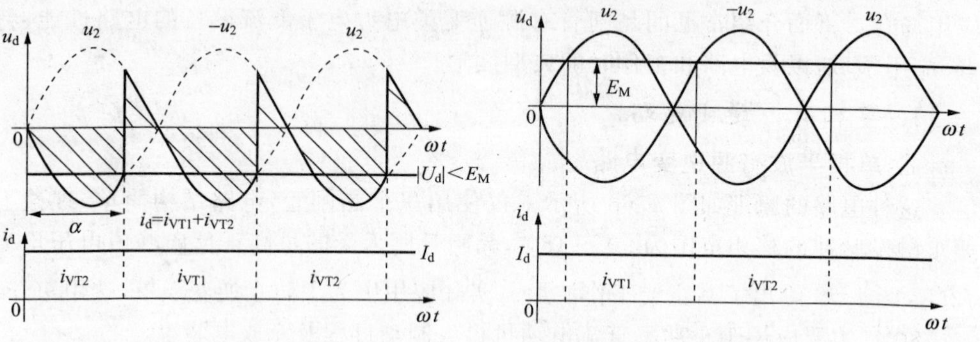

(a) 共阴极　　(b) 共阳极

图 4.71　单相双半波有源逆变电路的典型工作波形

3）单相桥式有源逆变电路

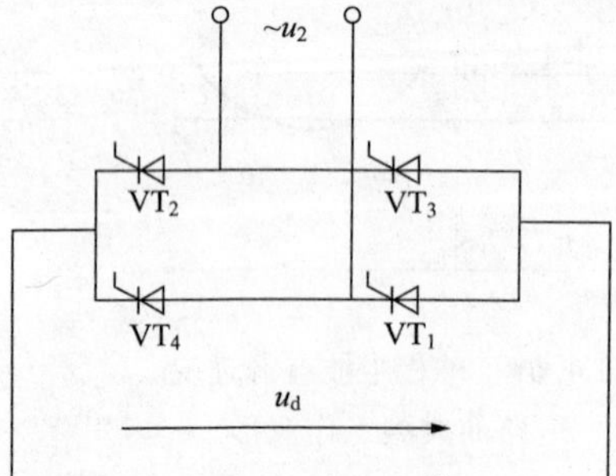

图 4.72　单相桥式有源逆变电路的主电路

这种电路原理如图 4.72 所示，它共用了四只晶闸管，其中 VT_1、VT_3 及 VT_2、VT_4 均在交流电压 u_2 的负半周导通，对触发脉冲的移相控制范围要求为 $90°<\alpha<180°$。晶闸管承受的正反向最高峰值电压为 $\sqrt{2}U_2$，晶闸管的电流有效值为 $I_T=(1/\sqrt{2})I_d$，此时变压器二次侧的电流有效值 $I_2=I_d$。图 4.73 给出了其主要的工作波形。这种电路主要应用于小功率直流调速、中、小功率电力回收类电力电子变流设备以及充放电用电力电子变流设备。

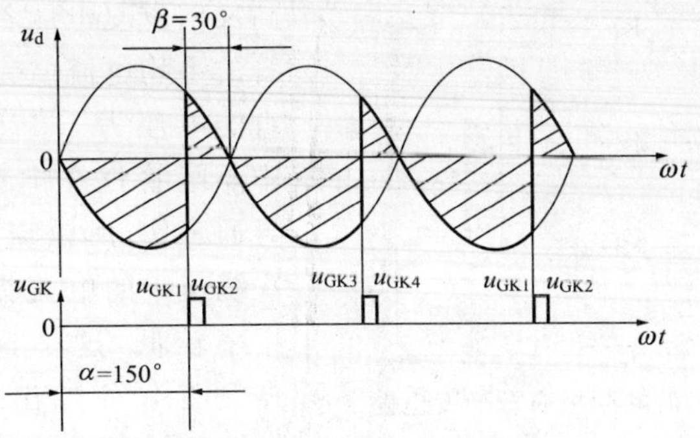

图 4.73 单相桥式有源逆变电路的典型工作波形

2. 三相有源逆变电路

1）三相半波共阴极有源逆变电路

这种电路原理如图 4.74 所示，共使用三只晶闸管，可使输出功率扩大，一般用于较低的直流电压（3～120V）及相对输出较大直流电流范围（50～1000A）的有源逆变类电力电子变流设备中作有源逆变电路。每个晶闸管导通角为 120°，晶闸管承受的最高反向电压为$\sqrt{6}U_2$，最高正向峰值电压为$\sqrt{6}U_2$，对触发脉冲的移相范围要求为 $90°<\alpha<180°$。这种电路是三相甚至多相有源逆变电路的最基本单元，其他有源逆变电路都可以看做这种电路的串联或并联组合。图 4.75 给出了工作波形。这种电路主要应用于中功率电解、电镀、直流调速、励磁控制。

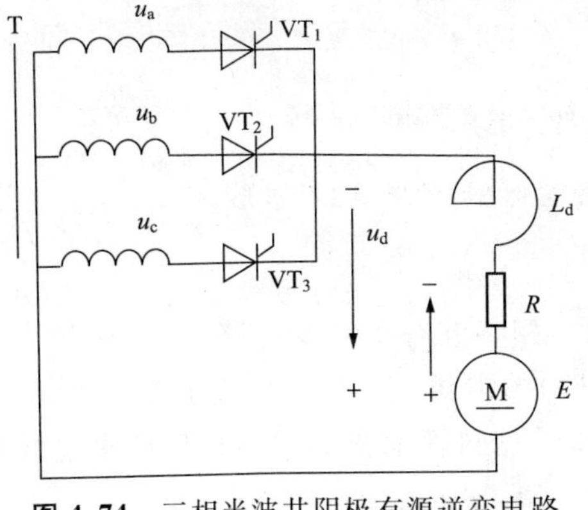

图 4.74 三相半波共阴极有源逆变电路

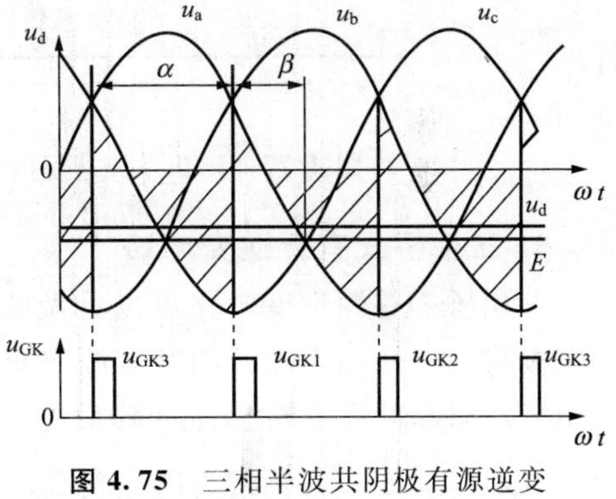

图 4.75 三相半波共阴极有源逆变电路的典型工作波形

2）三相半波共阳极有源逆变电路

如图 4.76 所示，这种电路中晶闸管是在整流变压器二次侧交流电源相电压的正半周触发导通的。对触发脉冲的移相范围要求为 90°～180°。对电阻性负载来说，晶闸管承受的正向最高重复峰值电压为$\sqrt{6}U_2$，而对电感性负载来讲，晶闸管承受的最高正向重复峰值电压为$\sqrt{6}U_2$。无论是感性还是阻性负载，晶闸管承受的最

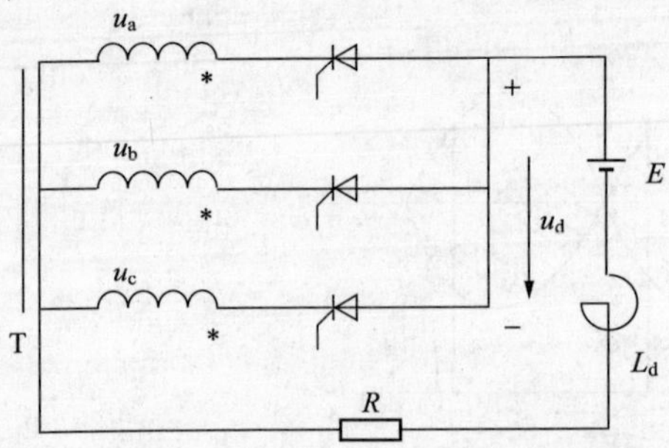

图 4.76 三相半波共阳极有源逆变电路

高反向重复电压都为$\sqrt{6}U_2$，流过晶闸管的平均电流值为$(1/3)I_d$，整流输出直流电压为$1.17U_2$。由于每相电路中晶闸管仅在电网相电压的正半周导通工作，所以流过变压器二次及一次绕组中的电流为直流电，变压器利用率较低，这是这种电路的显著缺点。图4.77给出了这种电路工作时的典型波形。主要应用于中功率直流调速系统、脉冲型充放电电源、电力回收变流设备。

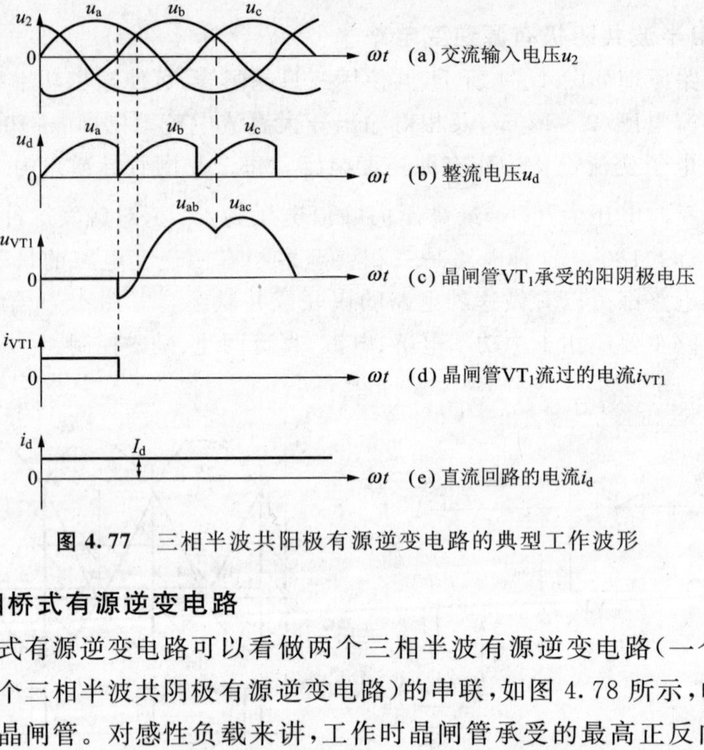

图 4.77 三相半波共阳极有源逆变电路的典型工作波形

3）三相桥式有源逆变电路

三相桥式有源逆变电路可以看做两个三相半波有源逆变电路（一个三相半波共阳极与一个三相半波共阴极有源逆变电路）的串联，如图4.78所示，电路结构中共用了六只晶闸管。对感性负载来讲，工作时晶闸管承受的最高正反向重复峰值电压U_{RRM}为$\sqrt{6}U_2$，若负载为阻性负载，最高正向峰值电压也为$\sqrt{6}U_2$，反向重复峰值电压为$\sqrt{6}U_2$，对控制角α的移相范围要求为$90° < \alpha < 180°$。图4.79给出了这种电路的工作波形。其主要用于中功率直流调速、励磁控制、电力回收变流设备、中频感应加热类电力电子变流设备。

3．三相同相逆并联有源逆变电路

1）双反星形同相逆并联有源逆变电路

这种电路的主电路共有两组双反星形有源逆变电路，最少使用12只晶闸管，

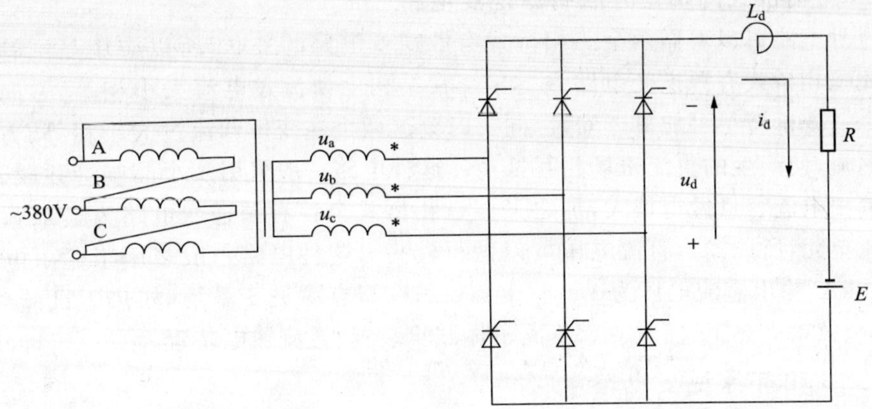

图 4.78 三相桥式有源逆变电路

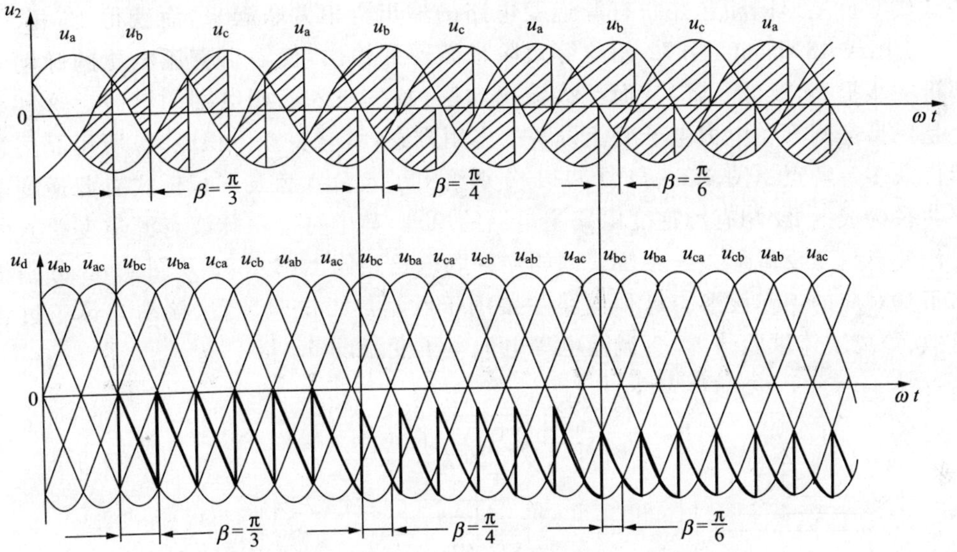

图 4.79 三相桥式有源逆变电路的典型工作波形

整流输出仍是六脉波，但可通过晶闸管的并联使整流输出电流达到几千至几万安。其对晶闸管触发控制角移相范围的要求和承受最大正反向峰值电压的幅值同双反星形有源逆变电路。由于采用双反星形同相逆并联结构，在设计时，为使两个双反星形有源逆变电路中的12个整流臂中相邻的两个有源逆变臂在同一时刻流过大小相等、方向相反的直流电流，所以应在保证绝缘的条件下，尽可能靠近安装，从而解决磁场的干扰及涡流引起的钢质逆变柜柜壳发热问题。这种逆变方式要求逆变变压器中设计有平衡电抗器，所以在同样的输出功率下，整流变压器容量要比三相桥式同相逆并联电路大。这种电路的工作原理及工作波形此处从略。主要用于大功率可逆直流调速场合。

2）三相桥式同相逆并联有源逆变电路

这种电路可以看做两个三相桥式有源逆变电路的并联，所以应用晶闸管器件数量比三相桥式有源逆变电路多一倍。在结构上使流过电流大小相等、方向相反的两个逆变桥臂尽可能靠近安装，同一时刻这两个逆变桥臂流过大小相等、方向相反的电流，使产生的直流磁场相互抵消。这种电路一般采用多个晶闸管并联，因而可使输出电流容量做得很大，加之又以三相桥式全控有源逆变电路为最基本的可控整流单元，所以输出直流电压可以做得较高。这种电路一般多用于输出电流为10～50kA、输出直流电压为150～1200V的巨型有源逆变系统，如热工试验装置、电化学、核动力热工过程模拟、等离子体试验装置、直流输电装置。

4. 多相有源逆变电路

多相有源逆变电路是利用变压器一次侧的不同连接（如外延三角形或曲折接线）而使逆变输出变压器二次侧的电压彼此互差一定的角度，把几组最基本的三相桥式或双反星形同相逆并联有源逆变电路的输出再串并联起来，而获得12相、24相、36相或48相、60相、72相的等效阶梯波逆变输出，使输出直流电压的脉动频率进一步提高，纹波下降，从而扩大输出功率，减少注入三相电网的谐波。这种系统是巨型晶闸管类电力电子变流设备的多用方案，具有装置体积庞大、所用晶闸管器件众多等特点。图4.80与图4.81分别给出了4台六脉波三相桥式有源逆变电路并联构成的24相有源逆变电路主电路的原理，其中每个六脉波有源逆变单元的工作波形与双反星形或三相桥式同相逆并联电路相同。图4.82及图4.83分别给出了其对应的工作波形。这种电路主要用于巨型热工试验装置、核动力热工过程模拟、等离子体试验装置、直流输电等电力电子变流设备。

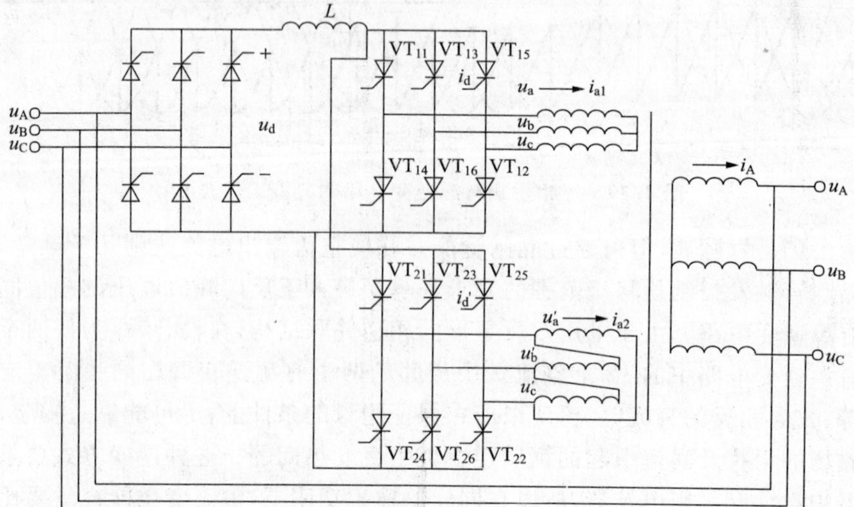

图4.80 两重桥有源逆变电路主电路

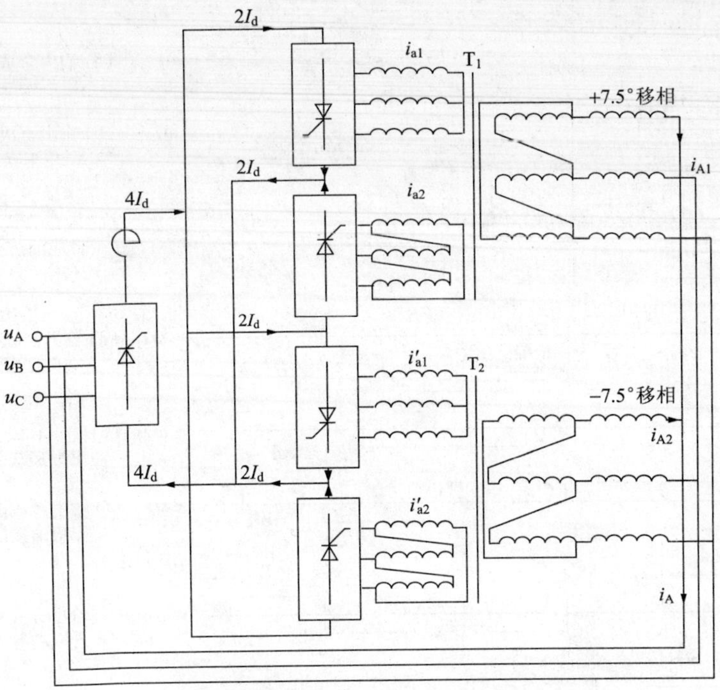

图 4.81 多重桥有源逆变电路

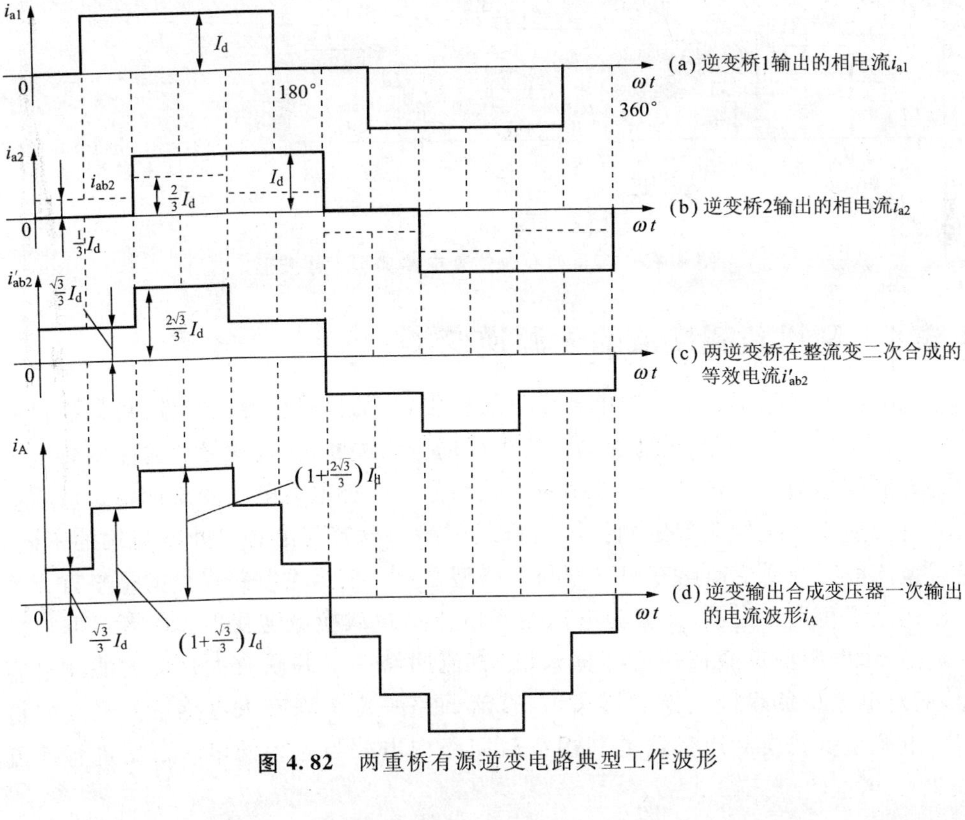

图 4.82 两重桥有源逆变电路典型工作波形

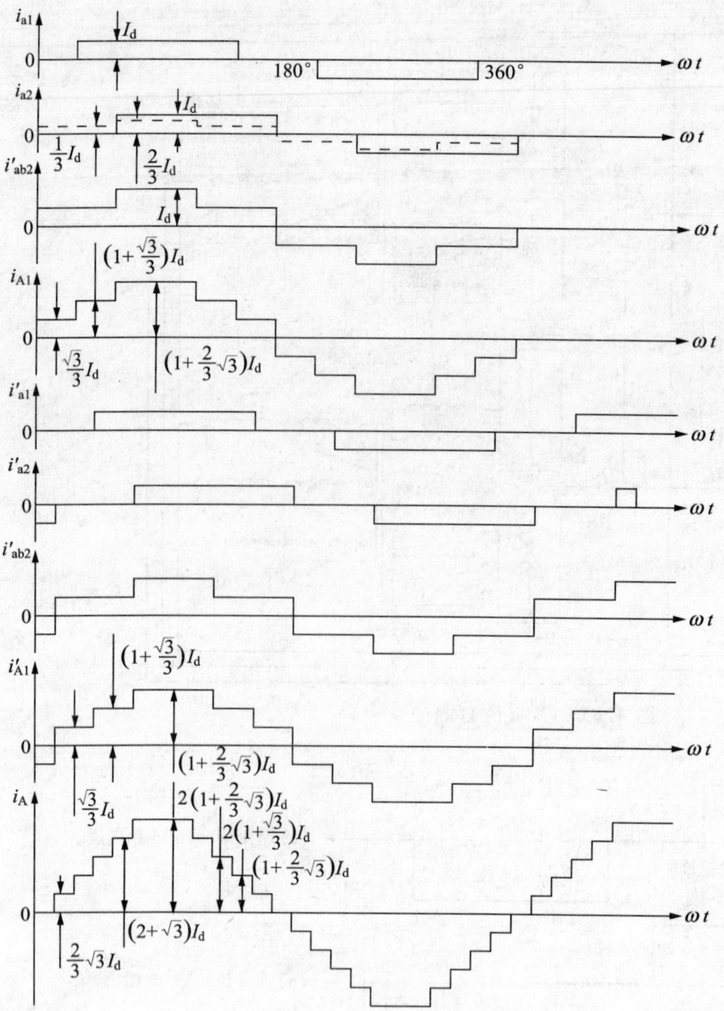

(a) 输出合成变压器T_1二次星形接法绕组的相电流i_{a1}

(b) 输出合成变压器T_1二次三角形接法绕组的相电流i_{a2}

(c) 输出合成变压器T_1二次合成的等效相电流i'_{ab2}

(d) 输出合成变压器T_1一次合成的等效相电流i_{A1}

(e) 输出合成变压器T_2二次星形接法绕组的相电流i'_{a1}

(f) 输出合成变压器T_2二次三角形接法绕组的相电流i'_{a2}

(g) 输出合成变压器T_2二次合成的等效相电流i'_{ab2}

(h) 输出合成变压器T_2一次合成的等效相电流i'_{A1}

(i) 两台输出电压合成变压器同时运行时等效的相电流i_A

图 4.83 多重桥有源逆变电路典型工作波形

4.3.4 利用负载换流的无源逆变类

在无源逆变晶闸管类电力电子变流设备中，有的负载呈容性特性，可以提供超前电流相位的电压，使原导通的晶闸管由导通变为关断，实现正导通的晶闸管电流向要导通的晶闸管的换流。中频感应加热用晶闸管类电力电子变流设备是负载换流的有源逆变系统的典型实例。根据负载回路中电容与电感串并联结构的不同，负载换流的无源逆变电路有串联型与并联型之分。依据主电路提供的是平直直流电压还是平直直流电流，又分为电压型和电流型负载换流逆变器。两者最明显的区别是：对电压型负载换流逆变器来讲，直流回路一定并联有大容量的滤波电容器，而对电流型负载换流逆变器来讲，直流回路一定串联有大电感量的平波电抗器。电压型负载换流逆变器是利用负载回路中电感与电容的串联谐振进行换流的，而电流型负载换流逆变器是利用负载回路中电感与电容的并联谐振进行换流的。另外，在无源逆变电路中，有一种使用于交流电动机调速系统的电路，是利用交流电动机的感应电动势进行换流的，在本书中同样把其归纳为负载换流的一种，表4.2给出了利用负载换流的无源逆变晶闸管类电力电子变流设备的电路结构、特点及适用范围。

表4.2 几种利用负载换流的无源逆变晶闸管类电力电子变流设备的结构、特点及应用场合

类别	电路名称	主要结构及特点	应用领域及场合
并联谐振逆变器	负载回路中电感与电容并联谐振的无源逆变器	这种电路多用在单相无源逆变系统中，其逆变输出直接接负载，利用负载回路中等效电感与电容的并联谐振，而在变流臂中流过超前的电流，使被换流的晶闸管承受反压而关断。按逆变换流桥臂上与换流晶闸管是否串联有限流电感而有不同的电路拓扑结构，图4.84给出了串联有限流电感 L_K 的负载换流逆变器的主电路及工作波形，这种电路比不串联限流电感 L_K 的电路换流要容易，且降低了换流失败的风险	感应加热用电力电子变流设备
串联谐振逆变器	负载回路中电感与电容串联谐振的无源逆变器	这类电路多用在单相无源逆变电路中，其逆变输出直接接负载，利用负载回路中等效电感与电容的串联谐振，使交流臂中流过超前的电流，从而使被换流的晶闸管承受反压而关断。同样，按逆变换流晶闸管是否串联有限流电感而有不同的电路拓扑结构，图4.85给出了其理想等效模型与阻抗幅相频率特征示意图，而图4.86给出了理想条件下负载换流串联谐振逆变器各工作点的工作波形，但实际上各种电力电子器件都存在着开通与关断时间，所以，图4.87给出了考虑晶闸管开通过程时这种串联逆变器的工作波形。串联谐振逆变器输出电压与端口电压有 Q 倍的关系，因而多用于升压场合	可逆交流调速、感应加热用电力电子变流设备，带高压输出的变频电源
电动机反电势换流的逆变器	具有同步电动机负载的三相电流型逆变器	这类逆变器多用在交流电动机的调速系统中，常见的为电流型变频调速，可用于同步电动机调速，也可用于异步电动机调速。图4.88给出了用于同步电动机调速的三相电流型逆变器电路，图4.89给出了在理想状态下逆变控制角 $\beta=0°$ 时的电路中主要点的工作波形。但因电动机的漏感和回路分布电感不可能为零，因而，图4.90给出了考虑同步电动机漏感及换流过程影响时的实际工作波形	交流同步及异步电动机调速

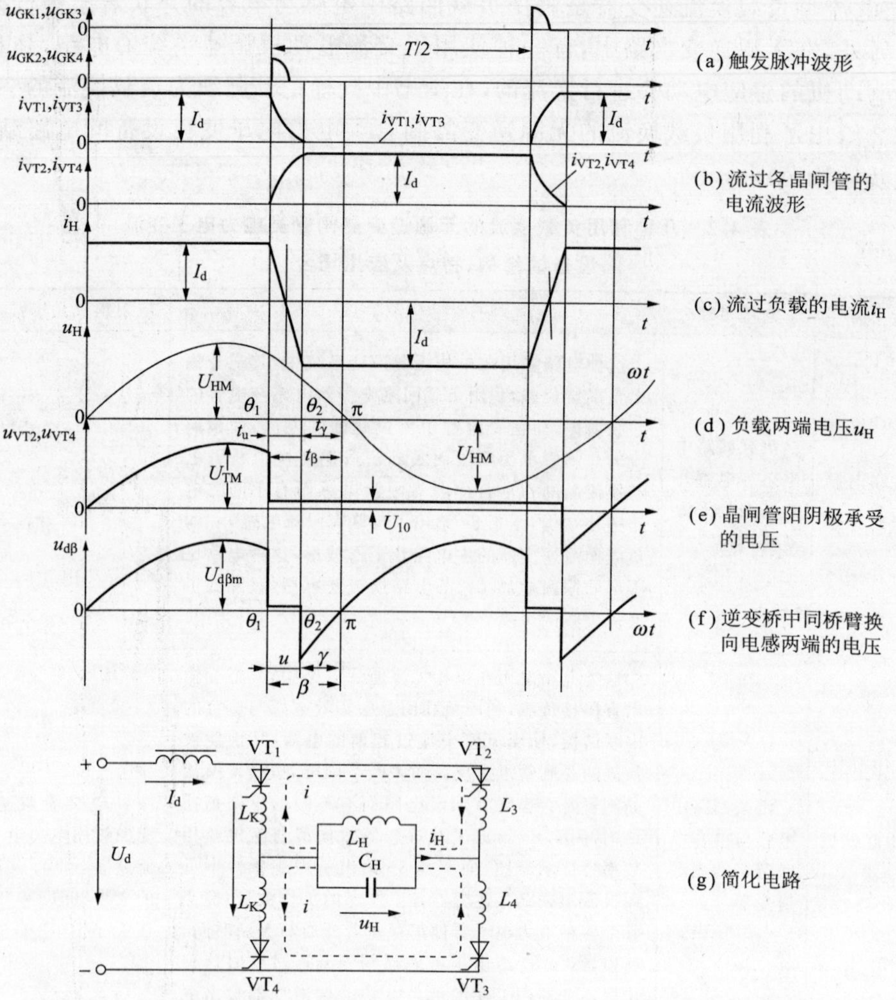

图 4.84 考虑限流电感 L_K 时负载换流并联逆变器的实际工作波形及电流流向

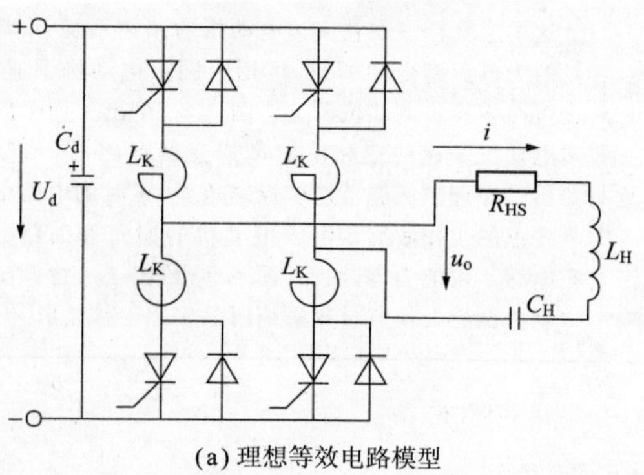

(a) 理想等效电路模型

图 4.85 负载换流串联谐振逆变器之理想等效模型与阻抗幅相频率特征

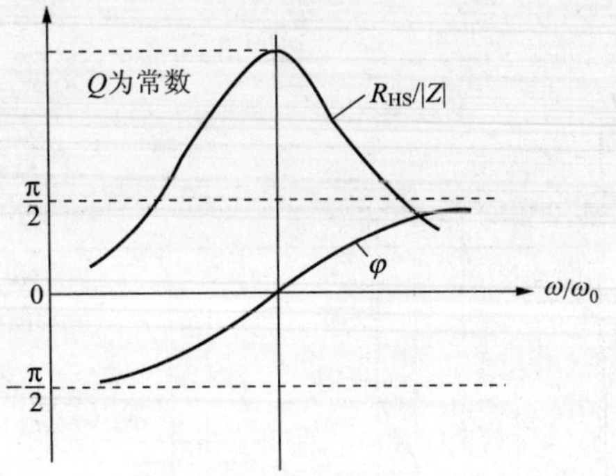

(b) 阻抗幅相频率特征

续图 4.85

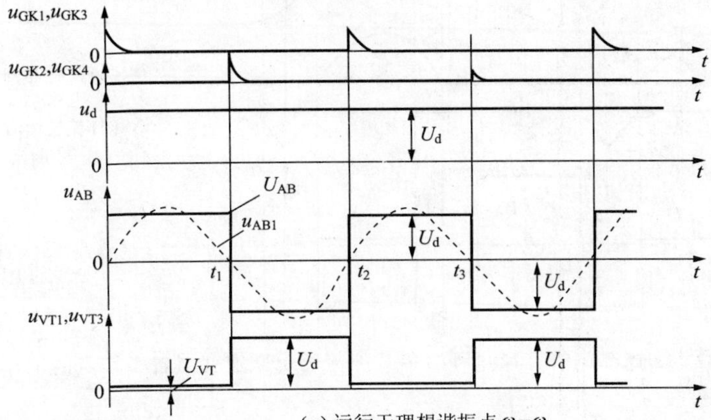

(a) 运行于理想谐振点 $\omega=\omega_0$

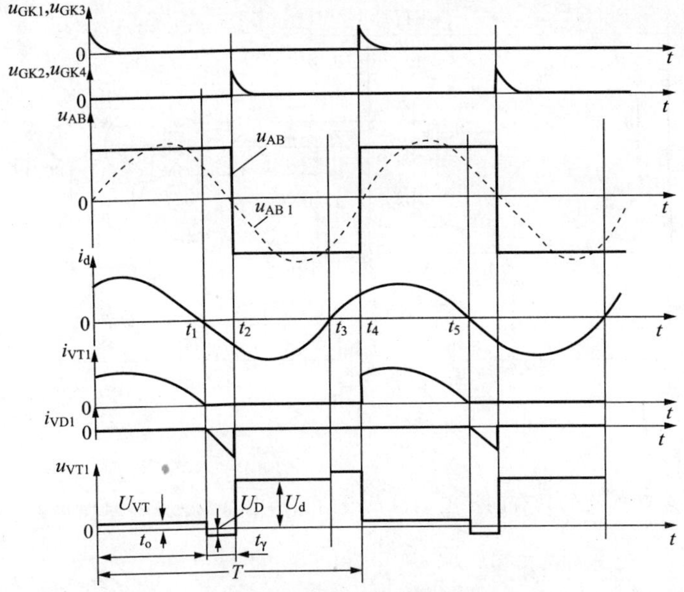

注：u_{GK1}~u_{GK4}为加到各晶闸管VT_1~VT_4内阴极的触发脉冲，u_d为电容C_d两端的电压波形，u_{VT1}和u_{VT3}为晶闸管VT_1与VT_3阴阳极承受的电压波形，u_{AB}为逆变器端口输出的电压波形，i_{VT1}与i_{VD1}分别为流过晶闸管VT_1与续流二极管VD_1的电流，u_{AB1}为电压的基波分量，而u_{VD1}与u_{VT1}分别为VD_1与VT_1的通态压降。

(b) 运行于准谐振点 $\omega<\omega_0$

图 4.86 在理想条件下负载换流串联谐振逆变器各工作点的工作波形

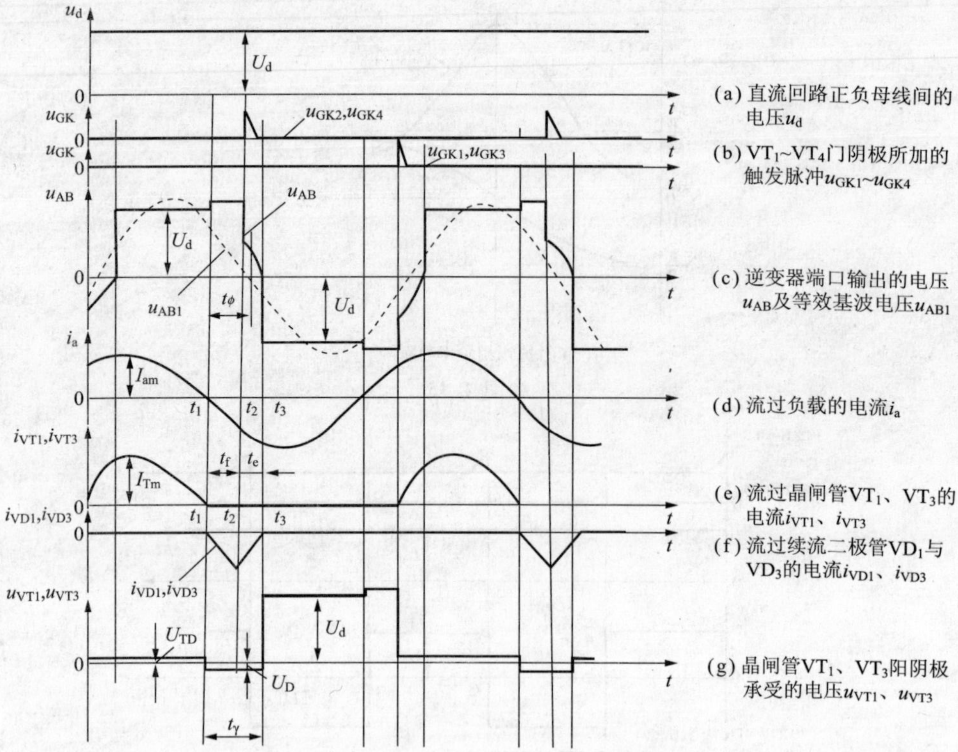

图 4.87　考虑晶闸管开通过程时负载换流的串联逆变器各工作点的工作波形

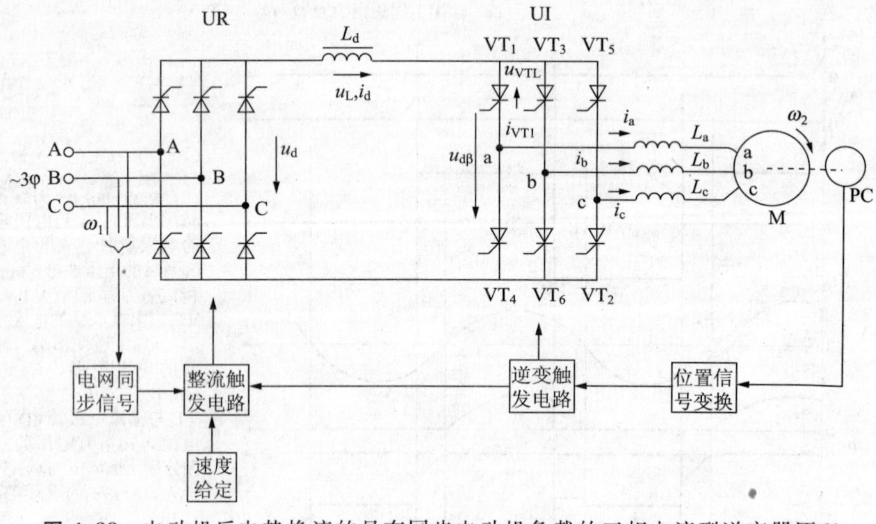

图 4.88　电动机反电势换流的具有同步电动机负载的三相电流型逆变器原理

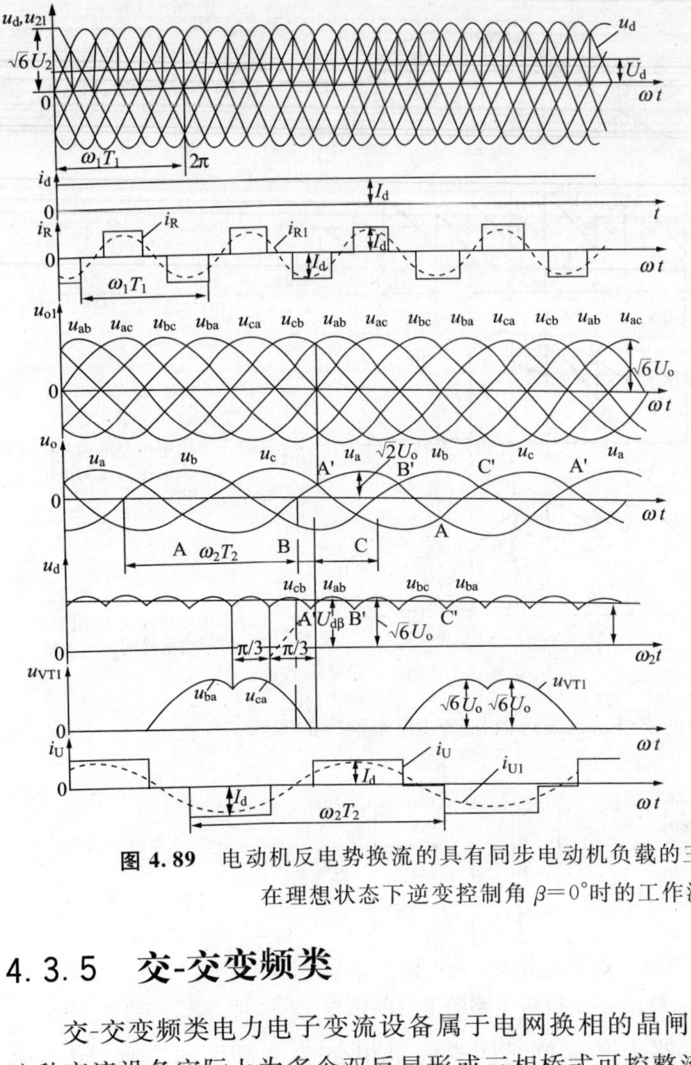

(a) 整流桥输入及输出电压

(b) 直流回路电流i_d

(c) 整流桥输入的相电流i_R及基波分量i_{R1}

(d) 逆变器输出线电压

(e) 逆变器输出相电压

(f) 逆变器输入电压

(g) 晶闸管VT_1阳阴极承受电压波形

(h) 逆变器输出的相电流i_U及基波分量i_{U1}

图 4.89 电动机反电势换流的具有同步电动机负载的三相电流型逆变器在理想状态下逆变控制角$\beta=0°$时的工作波形

4.3.5 交-交变频类

交-交变频类电力电子变流设备属于电网换相的晶闸管类电力电子变流设备，这种变流设备实际上为多个双反星形或三相桥式可控整流电路反并联按一定的电路结构连接而成。按构成的最基本单元来分可分为单相或三相。交-交变频类电力电子变流设备是将供电电网固定频率的交流电直接变换成可调频率的交流电的变流电路，其效率高，输出波形在低频段较好，易于实现功率回馈，因此广泛应用于中、低速大功率交流电动机调速传动系统或低频加热熔炼炉系统。

1. 单相交-交变频电路

图 4.91 给出了以两个单相双半波可控整流电路为基本单元构成的单相交-交变频电路的主电路原理，图 4.92 给出了其工作波形。图 4.93 给出了以两个单相桥式全控整流电路为基本单元构成的单相交-交变频电路的主电路原理，图 4.94 给出了其工作波形。图 4.95 给出了以三相半波可控整流电路为基本单元构成的单相交-交变频电路的主电路原理，图 4.96 给出了其工作波形。图 4.97 给出了以

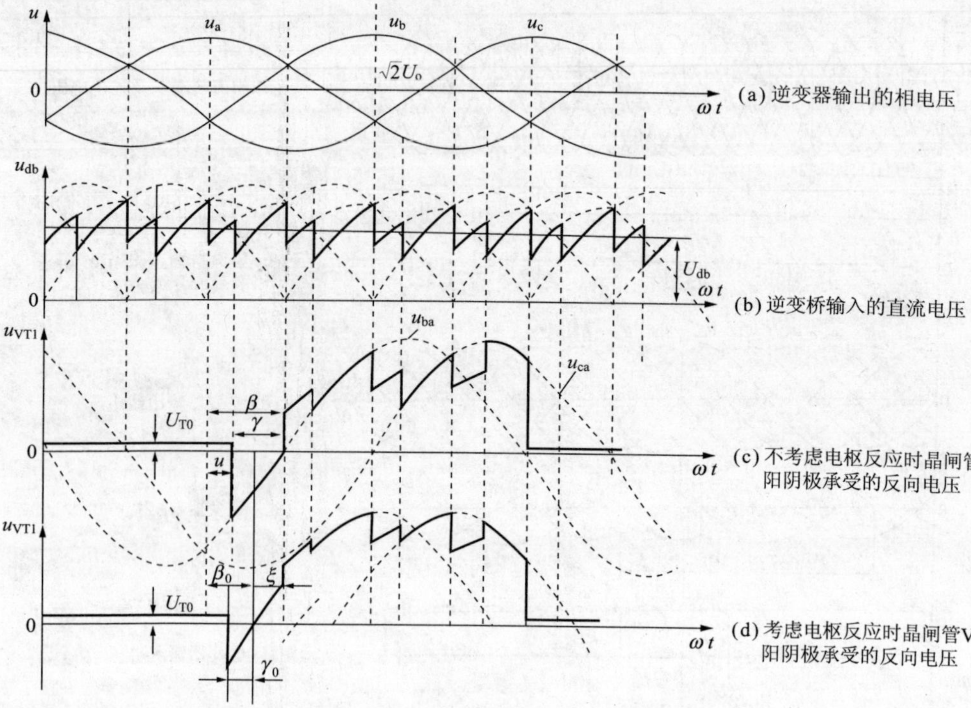

图 4.90 考虑同步电动机漏感及换流过程影响时的实际工作波形

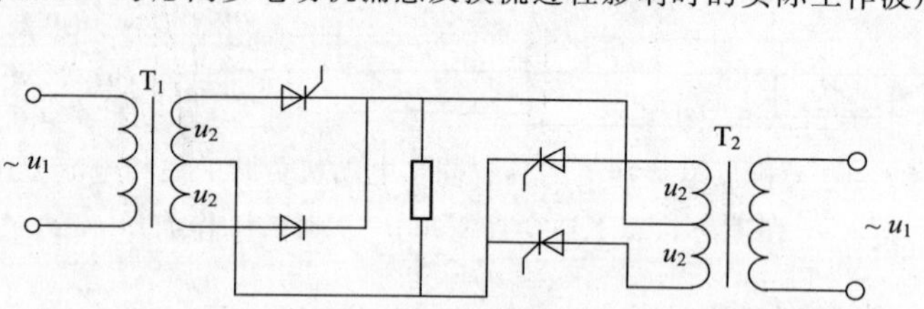

图 4.91 以单相双半波可控整流电路为基本单元构成的单相交-交变频电路的主电路原理

两组三相桥式可控整流电路为基本单元构成的单相交-交变频电路原理，图 4.98 给出了其主要工作波形。

从上述几组电路原理图及工作波形图可以明显看出，单相交-交变频类电力电子变流设备实际上是由两组反并联的晶闸管整流电路组成的，和直流电动机可逆调速用的四象限变流电路完全相同。两组反并联正组和反组都是相控整流电路，正组工作时负载电流为正，反组工作时负载电流为负。若让两组变流器按一定的频率交替工作，在负载上就能得到该频率的交流电。改变两组整流器的切换频率，就可以改变加到负载上的电压频率；改变每组相控整流电路工作时的触发控制角 α，就可以改变交流输出电压的幅值。由此我们可以想到，若对正组与反组可控整流器的触发控制角 α 按正弦规律从 90°逐渐减小到 0°或某个值，然后再使该触发控制角按正弦规律增加到 90°，就可以使正组整流器的输出电压幅值按正弦规律变

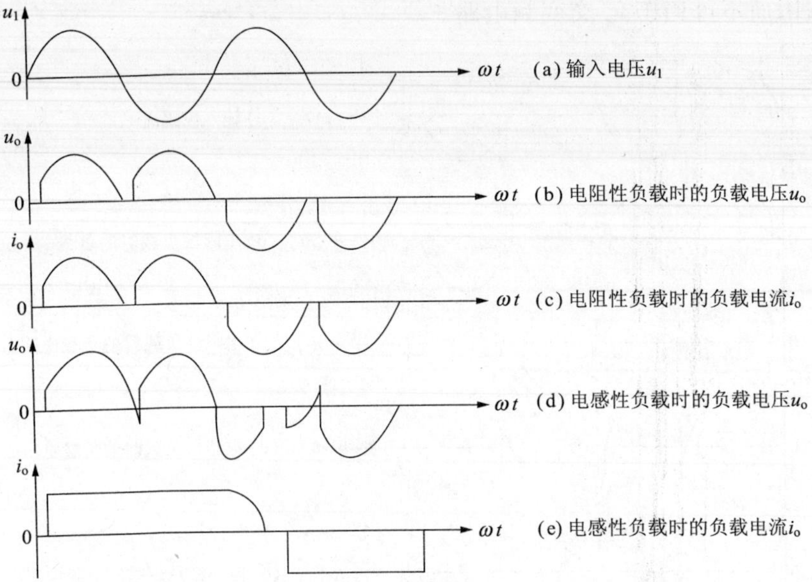

图 4.92　以单相双半波可控整流电路为基本单元构成的单相交-交变频电路的主电路工作波形

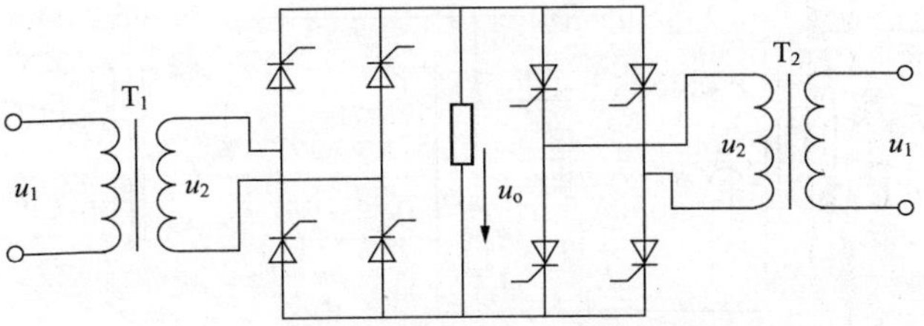

图 4.93　以单相桥式全控整流电路为基本单元构成的单相交-交变频电路的主电路原理

化。按同样的规律控制反组可控整流器，便可以在负载上获得单相“准”正弦波输出的变频电压了，这便是交-交变频的本质之一。交-交变频的本质之二是仅能获得比电网频率低的频率输出，因而交-交变频器的频率一般为零点几赫到 15Hz，且随电路结构拓扑的不同有无环流交-交变频与有环流交-交变频之分。无环流交-交变频类电力电子变流设备的使用频率范围一般为 0～10Hz；而有环流交-交频类电力电子变流设备的使用频率范围一般为 0～15Hz。单相交-交变频类电力电子变流设备的应用场合较少，主要是工业领域需要低频单相交流电源的场合。另应看到，工业中交-交变频类电力电子变流设备主要应用于大功率交流电动机调速或低频交流加热电源（如铁合金熔炼）等场合，在这种场合单相交-交变频类电力电子变流设备因大功率输出与供电系统的不允许三相严重不平衡相抵触，所以工作时单相电流太大，导致供电电网三相严重不平衡，无法满足使用需求。交-交变频的本质之三是所用基本变流器单元必定是全控整流的，半控整流电路内因有不可控制开通的整流管器件，故无法实现正组彻底关断，也无法实现反组从零输出开始导通或反之，因而不可用于交-交变频电路。

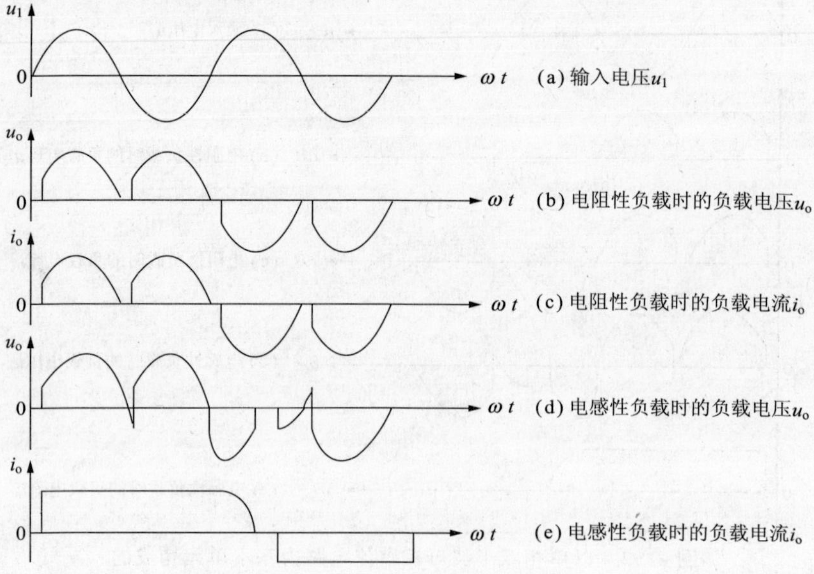

图 4.94　以单相桥式全控整流电路为基本单元构成的单相交-交变频电路主电路工作波形

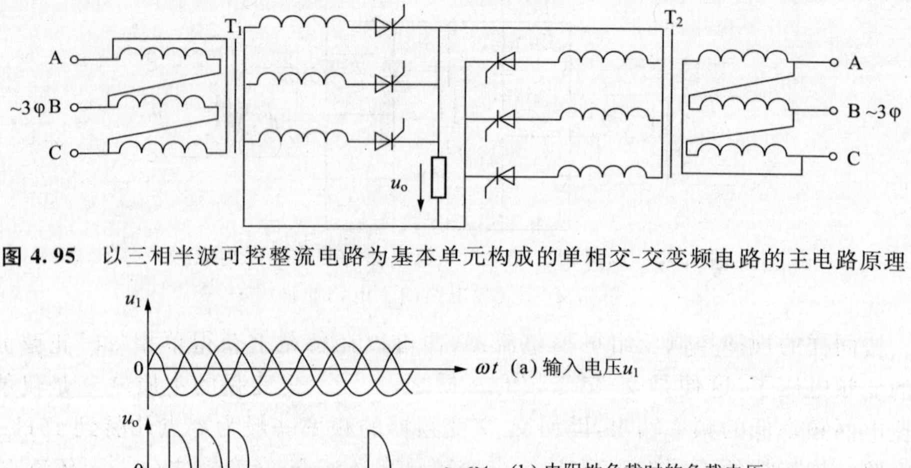

图 4.95　以三相半波可控整流电路为基本单元构成的单相交-交变频电路的主电路原理

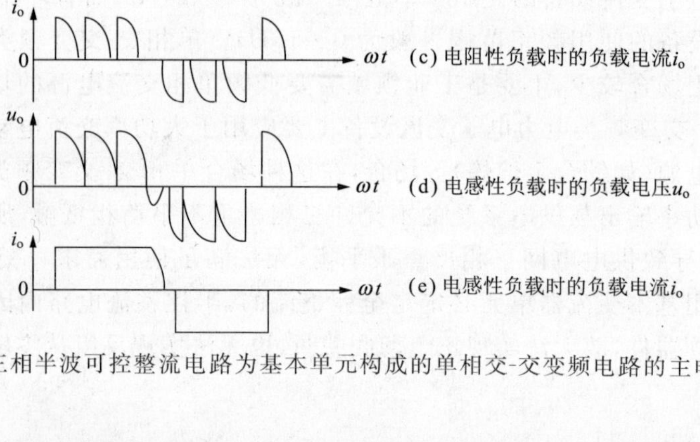

图 4.96　以三相半波可控整流电路为基本单元构成的单相交-交变频电路的主电路工作波形

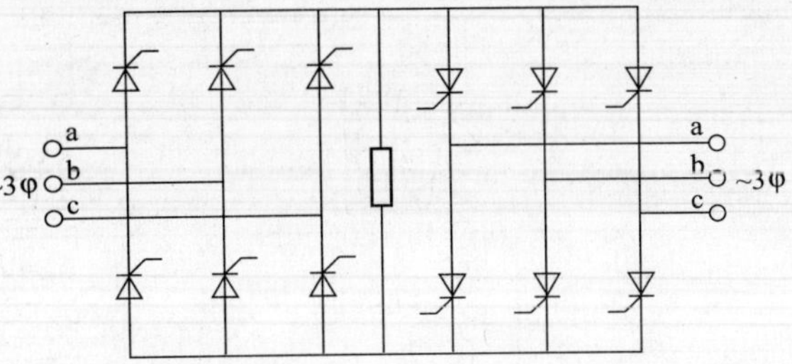

图 4.97 以三相桥式可控整流电路为基本单元构成的单相交-交变频电路的主电路原理

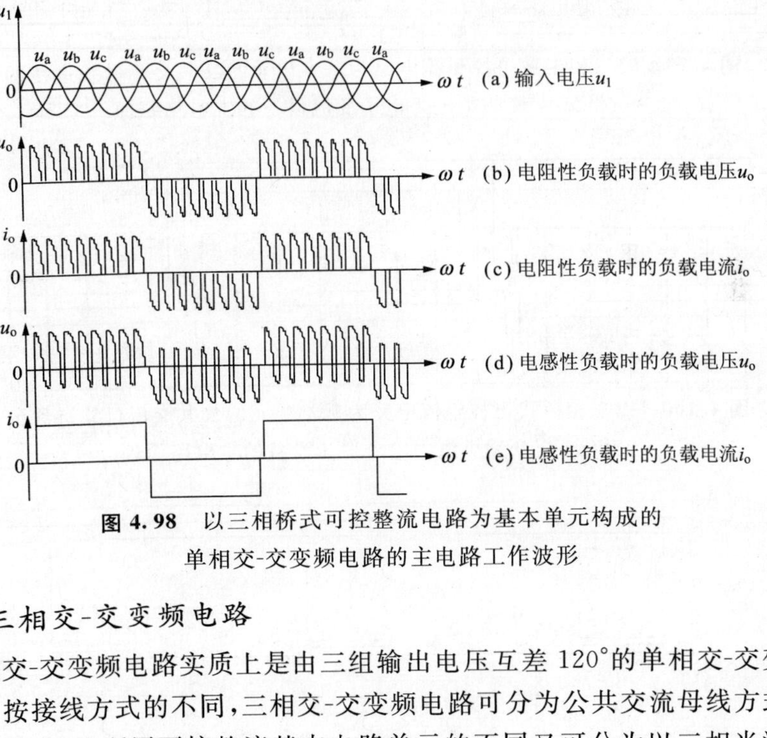

图 4.98 以三相桥式可控整流电路为基本单元构成的单相交-交变频电路的主电路工作波形

2. 三相交-交变频电路

三相交-交变频电路实质上是由三组输出电压互差 120°的单相交-交变频电路组成的。按接线方式的不同,三相交-交变频电路可分为公共交流母线方式和输出星形连接方式;按所用可控整流基本电路单元的不同又可分为以三相半波可控整流电路与以三相桥式可控整流电路为基本单元的两个类别;从正反两组可控整流换流过程中是否存在环流又可把三相交-交变频类电力电子变流设备分为有环流和无环流系统两种。图 4.99 给出了以三相半波可控整流为基本单元的、公共交流母线进线的、三相交-交变频类电力电子变流设备的主电路,图 4.100 给出了以三相桥式可控整流电路为基本单元的、公共交流母线进线的、三相交-交变频类电力电子变流设备的主电路。它们的共同点在于因为电源进线端公共连接,所以三组交-交变频类电力电子变流设备的输出必须隔离,为此三相负载应为三个独立的单相负载,负载对外连接应有六个接线端子,故决定了这种电路主要用于中等容量的交流调速系统或中等容量的低频加热电源系统。

图 4.101 与图 4.102 是输出为星形连接的三相交-交变频类电力电子变流设

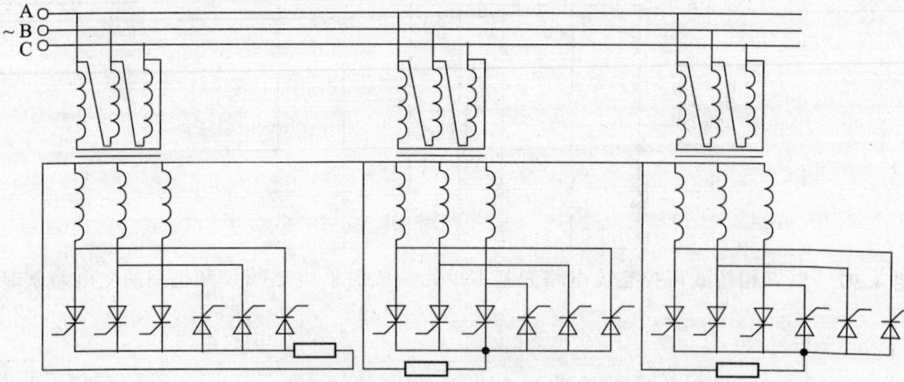

图 4.99　以三相半波可控整流电路为基本单元的公共交流母线进线的三相交-交变频类电力电子变流设备的主电路原理

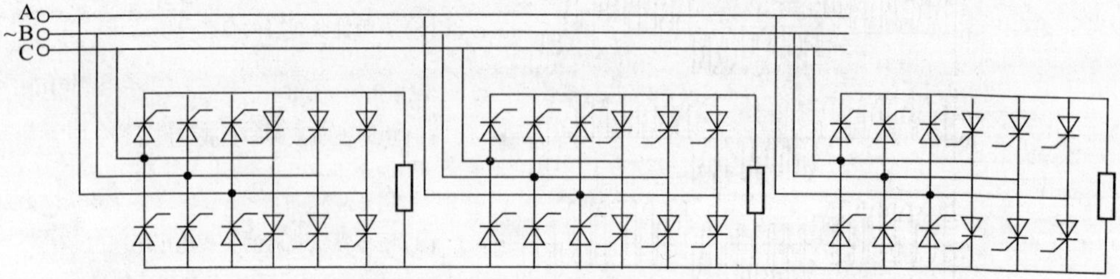

图 4.100　以三相桥式可控整流电路为基本单元的公共交流母线进线的三相交-交变频类电力电子变流设备的主电路原理

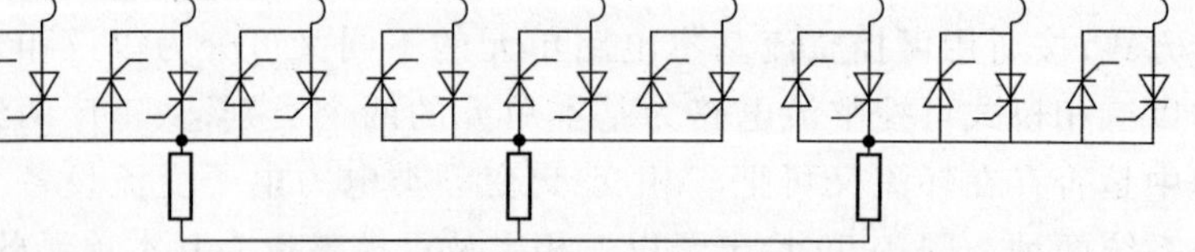

图 4.101　以三相半波可控整流电路为基本单元的输出为星形连接的三相交-交变频类电力电子变流设备主电路原理

备的主电路。其中三组单相交-交变频电路的输出端是星形连接，三相负载也是星形连接，负载中点和变频类电力电子变流设备中点接在一起，负载只引出三根线即可。因为三组单相交-交变频电路输出端中点不和负载中点相连接，所以在构成三相变频电路的六组桥式电路中，至少要有不同输出相的两组桥中的四个晶闸管同时导通才能构成回路形成电流通路。与整流电路一样，同一组桥内的两个晶闸管靠双触发脉冲保证同时导通，而两组桥之间则是靠各自的触发脉冲有足够的宽度才能保证同时导通。

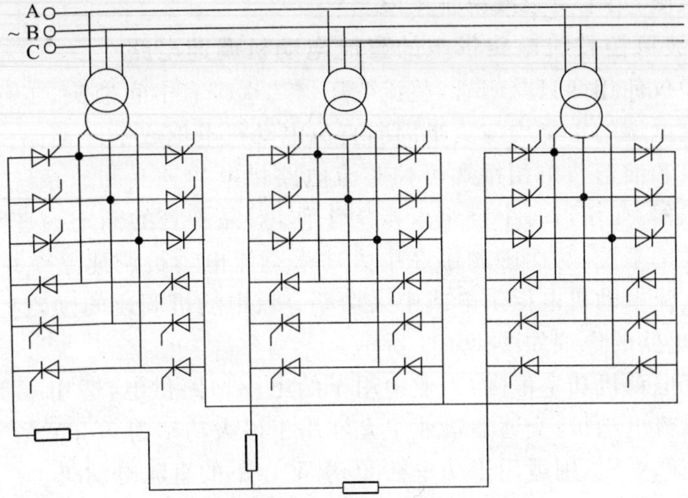

图 4.102 以三相桥式可控整流电路为基本单元的输出为星形连接的三相交-交变频类电力电子变流设备主电路原理

4.3.6 直流传动类

前面介绍的单相半波可控、单相双半波可控、单相桥式全控、单相桥式半控、三相半波可控、三相桥式全控及三相桥式半控整流电路都可以直接用于单象限直流电动机调速系统，作为直流电动机电枢或励磁回路电压调节的主电路。由于直流电动机优良的调速特性，所以在对转速调节性能要求极为严格的场合，仍然是其他电动机所无法取代的，人们不得不继续使用直流电动机。作为对前述可应用于直流电动机调速类电力电子变流设备主电路的补充，本节给出直流电动机调速系统常用的主电路结构、连接形式和各自的特点、适用功率范围和可工作象限，图4.103～图4.128 给出了前面未提到的可逆直流调速系统所应用的主电路结构和工作波形。

1. 单相交流供电

1) **带续流二极管的单相半波可控整流电路**

这种电路极为简单，尽管可以通过在电枢回路串联大电感量平波电抗器扩大电流连续范围，但总不可避免电动机电流的断续，其原因在于无法把电感量做到无穷大。输出直流电压的脉动频率与输入电网频率相同，无法实现回馈制动，对电枢回路供电，只适用几百瓦范围以内的直流电动机。这种电路的主电路如图 4.103 所示，其中，E_a 为直流电动机的感应电势，I_a 为电枢电流。

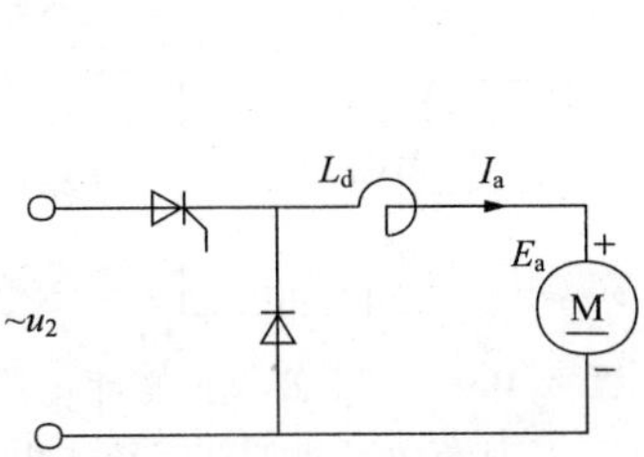

图 4.103 带续流二极管的单相半波可控整流电路供电的直流电动机调速系统主电路

适用直流电动机功率范围：不可逆功率调速系统，直流电动机功率在 0.5kW 以下。

可工作象限：第Ⅰ象限或第Ⅲ象限。

2）**双半波可控整流电路供电的直流电动机调速电路**

该电路中仅使用两只晶闸管，整流变压器二次带有中间抽头，工作时两只晶闸管分别在电网电压的正半周与负半周向直流电动机电枢或励磁回路供电。直流侧电压脉动效果和波形与单相桥式可控整流电路供电的直流调速系统相同，但因需增加整流变压器，变压器每个绕组仅半周工作，对晶闸管的额定耐压要求较高，仅可使用于小功率系统，从而限制了在中大功率直流电动机调速系统中的使用。可用于小功率直流电动机电枢供电或中大功率直流电动机调速的励磁控制系统调节回路中，这种电路的原理如图 4.104 所示。

适用直流电动机功率范围：工业中用于给电枢回路供电，适用于不可逆 10kW 以下功率的直流电动机；交通运输业中允许用于最大功率为 75kW 的直流电动机。但若对励磁回路供电，则适用于功率在 200kW 以下的直流电动机。

可工作象限：第Ⅰ、Ⅱ象限或第Ⅲ、Ⅳ象限。

3）**带续流二极管的单相桥式半控整流电路**

输出直流电压脉动频率为电网输入电压频率的 2 倍，通过在电枢回路串联大电感量平波电抗器可使电流连续，无法实现回馈制动，受电网不允许三相严重不平衡的限制，决定了在工业领域用于对电枢回路供电，仅可用于小功率的直流电动机，但交通运输行业中由于有专用供电系统，且供电本身为单根母线，允许使用功率达到 75kW，若对励磁回路供电则适用于中功率的电动机，这种电路的原理如图 4.105 所示。

适用直流电动机功率范围：工业中用于给电枢回路供电，适用于不可逆 10kW 以下功率的直流电动机；交通运输业中允许用于最大功率为 75kW 的直流电动机。但若对励磁回路供电，则适用于功率为 200kW 以下的直流电动机。

可工作象限：第Ⅰ象限或第Ⅲ象限。

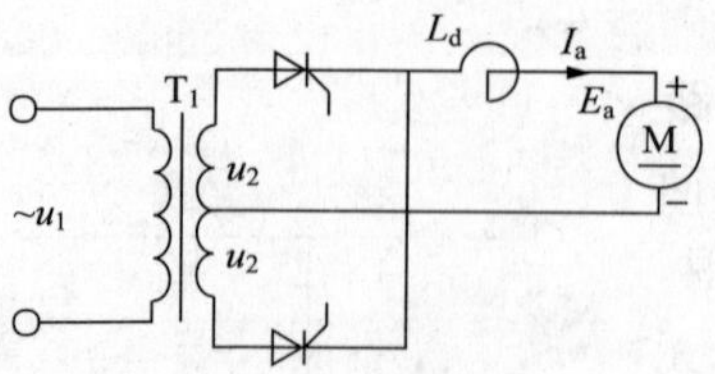

图 4.104 双半波可控整流电路供电的直流电动机调速系统主电路

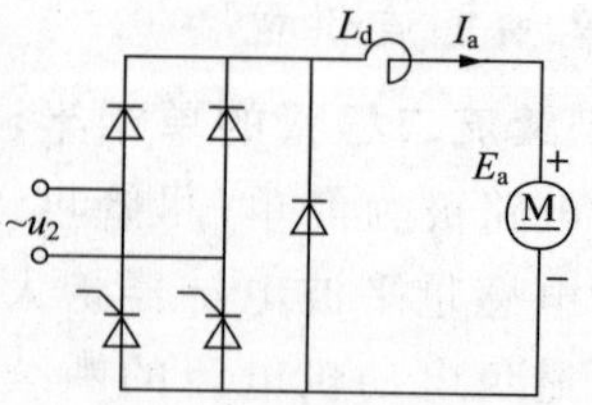

图 4.105 带续流二极管的单相桥式半控整流电路供电的直流电动机调速系统主电路

4）**单相桥式全控整流电路**

这种电路的输出直流电压脉动频率为电网输入电压频率的 2 倍，通过在电枢回路串联大电感量平波电抗器而使电流连续范围扩大，可以实现回馈制动。受电网不允许负载三相严重不平衡的限制，其仅在普通工业领域中使用。若对电枢回路供电，仅可用于小功率的直流电动机；若对中大功率直流电动机的励磁回路供电，则适用于200kW以内的电动机，是电力电子行业推荐的常用于直流电动机调速的八种标准线路之一。其主电路如图4.106所示。对只能单相供电的牵引场合，如电力机车的大功率传动，用单相桥式全控整流电路对900kW的电机供电，实现了5400kW机车由6台900kW直流电机共同传动。

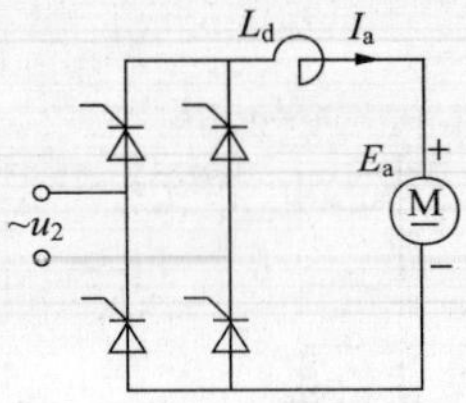

图4.106 单相桥式全控整流电路供电的直流电动机调速系统主电路

适用直流电动机功率范围：工业中用于给电枢回路供电，适用于不可逆10kW以下的电动机；交通运输业中允许用于最大功率为75kW的直流电动机。但若对励磁回路供电，则适用于功率为200kW以下的直流电动机。对只能单相供电的牵引场合，允许使用的功率范围为几百千瓦至几千千瓦。

可工作象限：第Ⅰ象限或第Ⅲ象限。

5）双单相桥式可控整流电路供电的逻辑无环流系统

利用两个单相桥式可控整流电路，通过控制回路对逻辑环流的控制，可以对被调速电动机的四象限运行进行控制，实现回馈制动。加到电动机电枢或励磁回路的直流电压脉动频率为电网电压频率的2倍。受电网不允许负载三相严重不平衡的限制，其在工业领域中用于给小功率直流电动机电枢供电的系统，或用于给大功率直流电动机励磁回路供电，其主电路原理如图4.107所示。

适用直流电动机功率范围：工业中用于给电枢回路供电，适用于不可逆10kW以下的电动机；交通运输业中允许用于最大功率为75kW的直流电动机。但若对励磁回路供电，则适用于200kW以下的直流电动机。

可工作象限：四象限可逆传动系统。

6）双单相桥式可控整流电路供电的可控环流系统

这种电路比无环流可逆调速系统多了两个限制环流的电抗器，使环流得到限制。由于可对环流进行控制，因而缩短了电动机正反向转换之间的时间，加到电动机电枢或励磁回路的电压脉动频率为电网输入频率的2倍。受公共电网不允许三相严重不平衡运行的限制，若直接用于给工业电动机电枢供电，则可用于小功率的直流电动机调速系统，或用于给中功率直流电动机的励磁回路供电，其主电路原理如图4.108所示。

适用直流电动机功率范围：工业中用于给电枢回路供电，适用于不可逆10kW以下的电动机；交通运输行业中允许用于最大功率为75kW的直流电动机。但若对励磁回路供电，则适用于200kW以下的直流电动机。

可工作象限：四象限可逆传动系统。

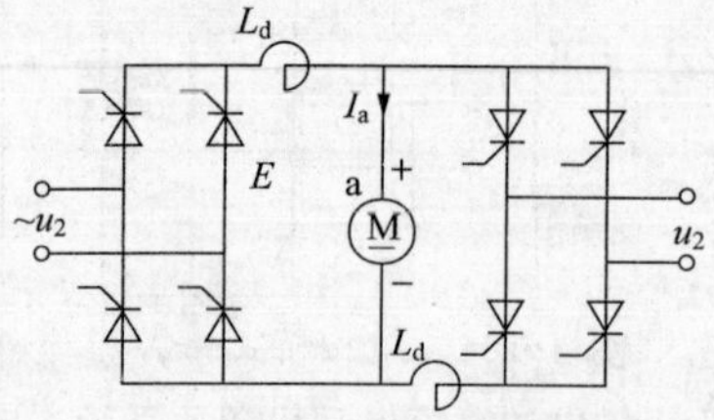

图 4.107 双单相桥式可控整流电路供电的逻辑无环流直流电动机调速系统主电路

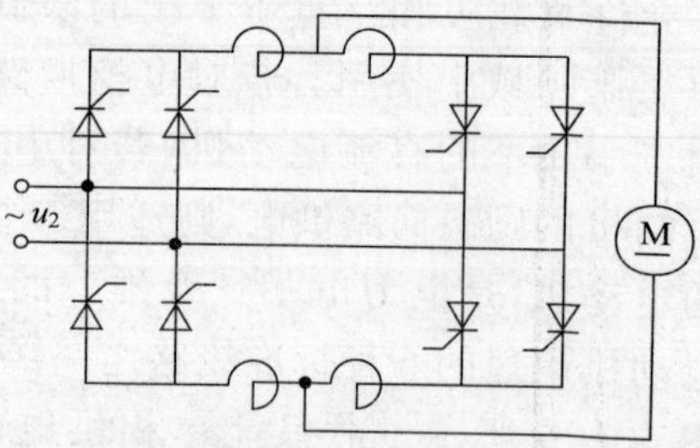

图 4.108 双单相桥式可控整流电路供电的可控环流直流电动机调速系统主电路

2. 三相交流输入供电

1）**三相半波可控整流电路**

这种电路加到直流电动机电枢或励磁回路的直流电压脉动频率为电网供电电压频率的3倍，用于电枢控制时，可通过在电枢回路中增加平波电抗器而使直流电流平直且连续，不能实现回馈制动。由于电源回路中有直流分量，一般很少用于给较大功率的直流电动机电枢回路供电，有时用于给大功率直流电动机的励磁回路供电，是电力电子行业推荐的常用于直流电动机调速的八种线路之一。其主电路如图4.109所示。

适用直流电动机功率范围：若用于电枢回路控制，适用于功率为10～50kW的直流电动机；若用于励磁控制，适用于功率10～2000kW的直流电动机。

可工作象限：第Ⅰ、Ⅲ象限。

2）**带续流二极管的三相桥式半控整流电路**

这种电路加到直流电动机电枢或励磁回路的直流电压脉动频率为电网进线频率的6倍，供电电源正负半周均有电流流过，电源利用率高，不存在造成供电电源回路中的直流分量的问题，可用于不可逆直流传动系统。若用于给直流电动机的电枢供电，则可控制10～2000kW的直流电动机；若用于对直流电动机励磁系统进行控制，则可控制的电动机功率更大。其主电路如图4.110所示。

适用直流电动机功率范围：若用于电枢回路控制，适用于功率10～2000kW的直流电动机；若用于励磁控制，适用于功率大于200kW的直流电动机。

可工作象限：第Ⅰ、Ⅲ象限。

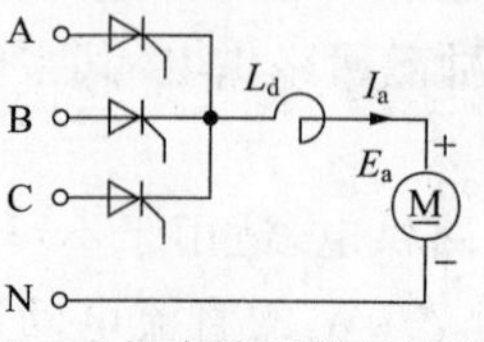

图 4.109 三相半波可控整流电路供电的直流电动机调速系统主电路

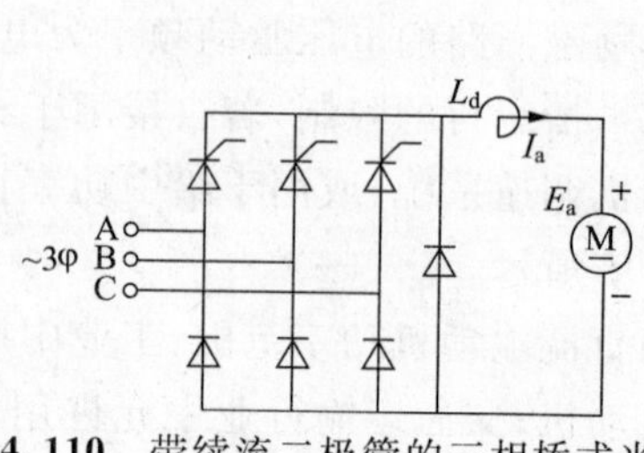

图 4.110 带续流二极管的三相桥式半控整流电路供电的直流电动机调速系统主电路

3）**三相桥式全控整流电路**

这种电路除具有三相桥式半控整流电路供电的直流电动机调速系统所具有的一切性能之外，还可实现回馈制动，是电力电子行业推荐的常用于直流电动机调速系统的八种线路方案之一。通常与电动机额定电压配套，只需加隔离或降（升）压变压器。一般变压器一次接为三角形、二次接为星形或一次接为星形、二次接为三角形。其主电路如图 4.111 所示。

适用直流电动机功率范围：用于电枢回路控制时适用于功率为 10～2000kW 的直流电动机，用于励磁控制时适用于功率大于 200kW 的直流电动机。

可工作象限：第Ⅰ、Ⅱ象限或第Ⅲ、Ⅳ象限。

4）**六相半波可控整流电路**

这种电路也是电力电子行业推荐的常用于直流电动机调速的八种线路方案之一。每个晶闸管导通 60°，提供电动机电枢电流或励磁电流的 1/6，通常需加隔离或降（升）压整流变压器，以与电动机的额定电压相匹配。一般变压器一次侧为三角形或星形接法，二次侧为双反星形接法，主电路如图 4.112 所示。

适用直流电动机功率范围：适用于功率为 10～50kW 的直流电动机。

可工作象限：第Ⅰ、Ⅱ象限或第Ⅲ、Ⅳ象限。

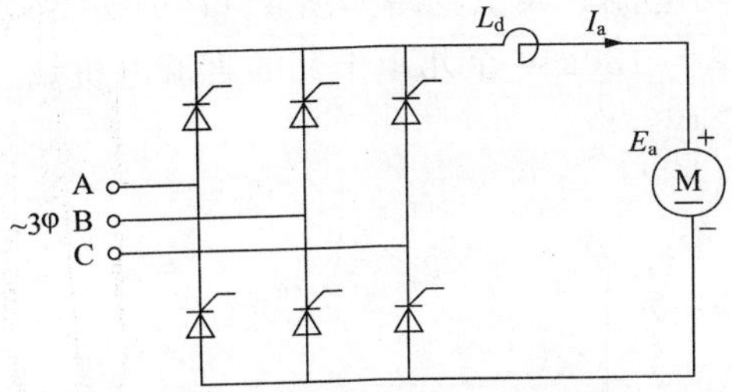

图 4.111 用三相桥式全控整流电路供电的直流电动机调速系统主电路

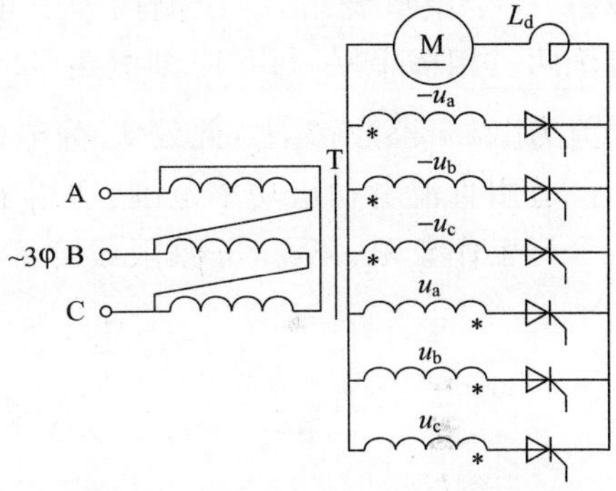

图 4.112 六相半波可控整流电路供电的直流电动机调速系统主电路

5）**可提供 12 脉波输出的两三相桥并联的可控整流电路**

这种电路利用整流变压器二次侧一个三角形绕组、一个星形连接绕组，使加到电动机电枢两端的直流电压为 12 脉波。通常整流变压器一次侧为三角形接法，二次侧一个三角形、一个星形接法，由于二次侧星形与三角形接法线电压有 0.732 匝电压供电的误差，所以为保证两个桥输出电流均衡，需在主电路中串联平衡电抗器。这也是电力电子行业推荐的八种直流调速主电路结构方案之一，电路如图 4.113 所示。

适用直流电动机功率范围：适用于功率为 100～1000kW 的直流电动机。

可工作象限：第Ⅰ、Ⅱ象限或第Ⅲ、Ⅳ象限。

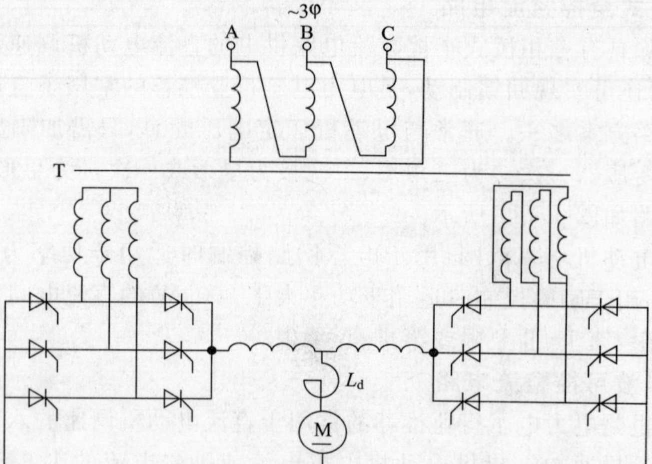

图 4.113 可提供 12 脉波输出的两三相可控整流桥并联供电的直流电动机调速系统主电路

6）**可提供 12 脉波输出的两三相全控桥串联可控整流电路**

作为两象限调速的直流电动机调速方案，通常变压器二次侧接为一个三角形绕组、一个星形绕组，一次侧接为三角形绕组，用于高压直流电动机的调速系统。由于两三相桥串联，每一时刻电路中应同时有四只晶闸管导通，电网侧交流电流有效值为$[(1+\sqrt{3})/\sqrt{3}]I_d$，此处 I_d 为电枢平均电流。其主电路如图 4.114 所示。

适用直流电动机功率范围：适用于功率为 100kW 至几千千瓦的直流电机。

可工作象限：第Ⅰ、Ⅱ象限或第Ⅲ、Ⅳ象限。

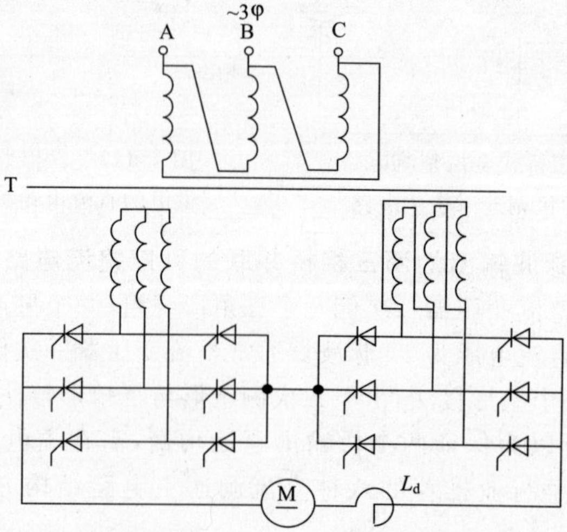

图 4.114 可提供 12 脉波的两三相可控整流桥串联供电的直流电动机调速系统主电路

7）三相带中线的有环流可逆调速系统

在这种系统中，正反两组变流器同时加上触发脉冲使两种变流器均处于工作状态，其中一组为整流，另一组为逆变。图4.115给出了这种电路按自然换相$(\alpha=\beta)$控制原则供电时，系统产生环流的原理。当正组变流器处UF处于整流工作时，其输出电压u_{dF}如图4.115(b)中的黑粗线所示，通过粗线包的阴影面积可求出两组变流器输出电压的平均值，由于每时每刻都保持$\alpha_F=\beta_R$，且总保持$u_{dR}=u_{dF}>E_m$，而u_{dF}与u_{dR}的极性相反，故不会造成直流短路，这仅是对平均值而言的。由于u_{dF}与u_{dR}瞬时值不可能相同而相互抵消，图4.115(d)清楚表示出u_{dF}和u_{dR}之差值正是产生环流的交变脉动电压，所以决定了环流i_c也是一个脉动电流，其平均值是一个大于0的值。图4.116给出了这种电路在$\alpha_F=\beta_R=0°$、30°、60°和90°四种情况下产生环流的瞬变电压与环流的变化情况，由图4.116(d)可见，当$\alpha_F=\beta_R=90°$时，尽管u_{dF}和u_{dR}的平均数为0，但由于瞬时值不为0，所以环流仍然存在。

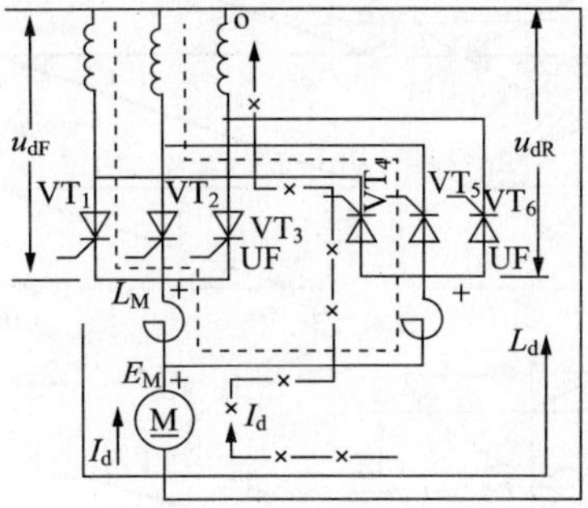

(a) 主电路

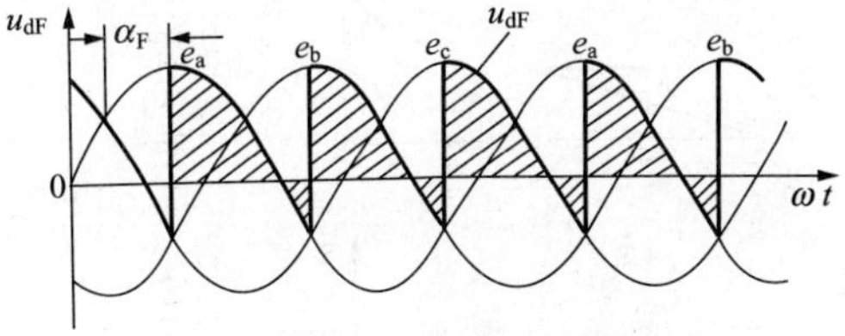

(b) α_F=60°时正向组UF输出电压波形

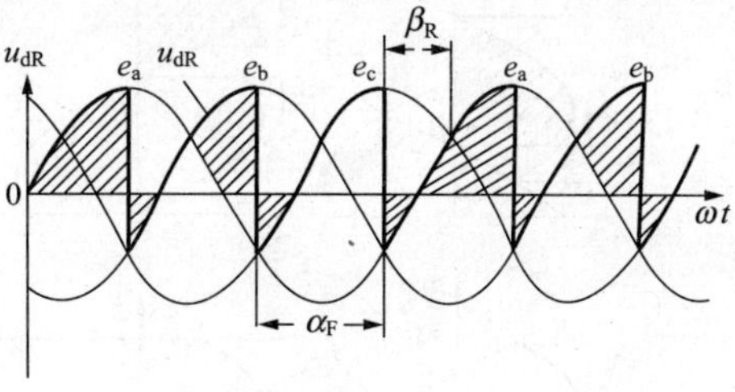

(c) β_R=60°反向组UR逆变输出电压波形

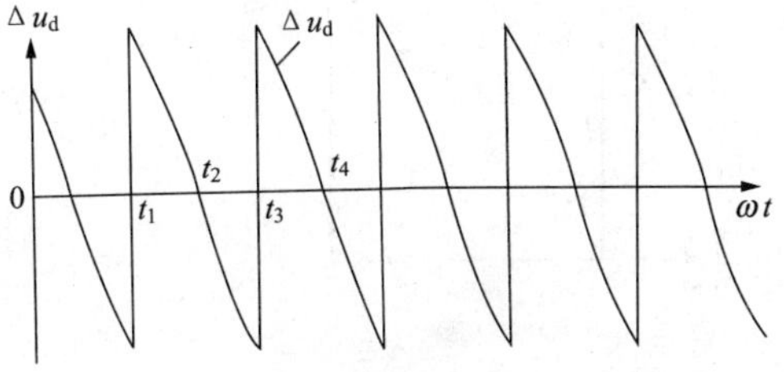

(d) 产生环流的脉动电压

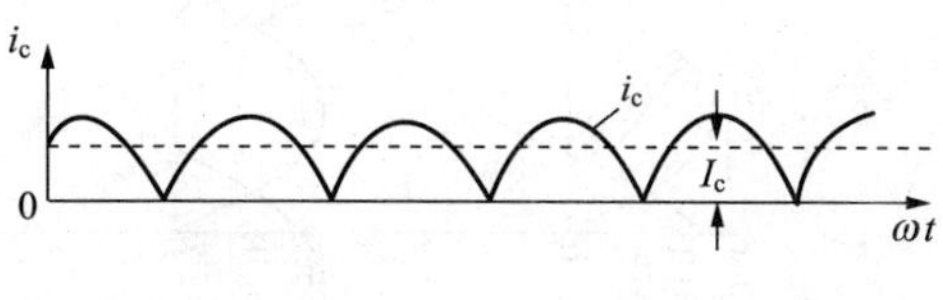

(e) 环流电流波形(i_c:脉冲环流，I_c:平均环流)

图4.115 三相带中线的有环流可逆直流电动机调速系统的主电路及$\alpha_F=\beta_R=60°$时的环流

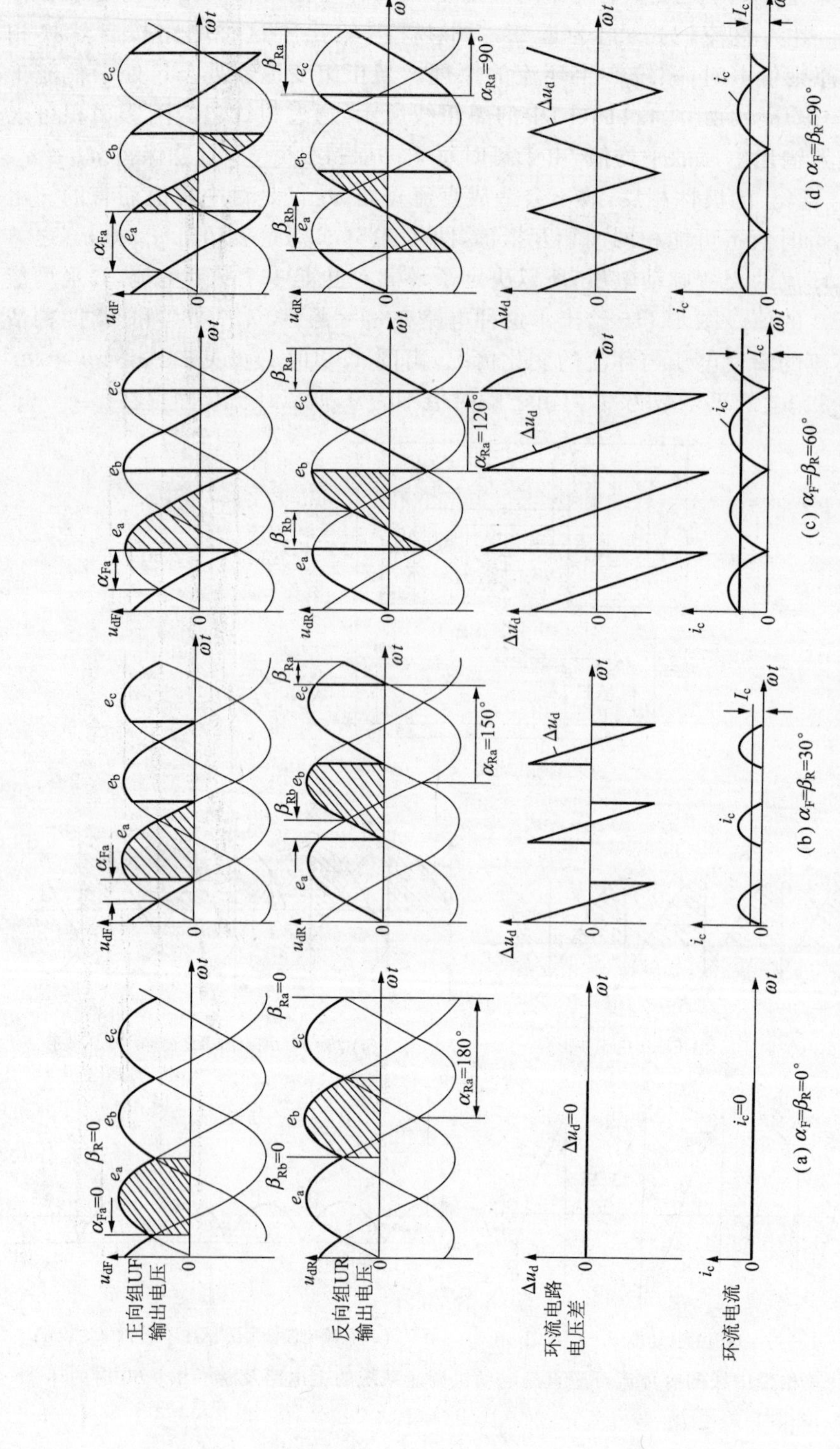

图4.116 三相带中线的有环流可逆直流电动机调速系统不同α角时的环流变化情况

适用直流电动机功率范围:适用于功率为 100～1000kW 的直流电动机。

可工作象限:四象限可逆直流调速。

8) **三相桥式无环流可逆系统**

这种电路最常用无环流工作,存在零电流死区,是日前用得比较多的一种线路。它采用正组与反组之间无环流切换的控制方法,即正组封锁后,反组才开始导通,因此仅能用于不要求直流电动机经常正反向旋转的控制场合,作为直流电动机的调速控制系统,其电路如图 4.117 所示。

适用直流电动机功率范围:用于直流电动机电枢供电电压控制,适用于功率为 100kW 至几千千瓦的直流电动机。

可工作象限:四象限可逆直流调速。

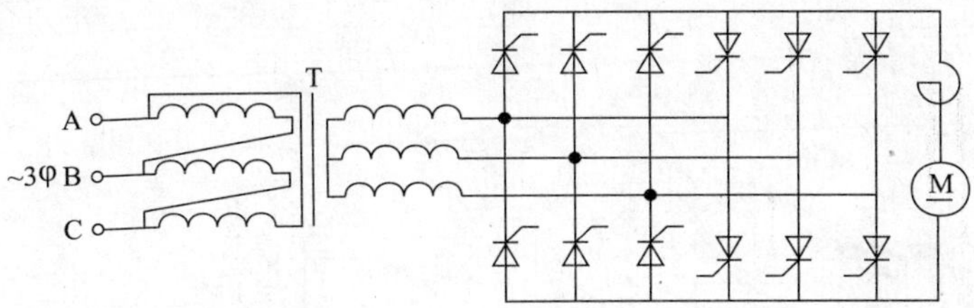

图 4.117 由两个三相桥式可控整流电路供电的无环流可逆直流电动机调速系统主电路

9) **三相桥式有环流可逆系统**

这种电路以三相桥式可控整流电路为最基本单元,常用主电路如图 4.118 所示。图 4.118(a)采用两个三相桥式可控整流电路,使用两个限制环流的电抗器,图 4.118(b)同样采用两个三相桥式可控整流电路,使用四个限制环流的电抗器,所以图 4.118(b)所示电路的环流抑制效果比图 4.118(a)好。这两种电路中两个三相桥式可控整流电路输入共用一个整流变压器二次侧的三相绕组供电,相互干扰较大,可靠性比图 4.118(c)所示电路稍差些。图 4.118(c)采用交叉连接,使限制环流的电抗器数目减小了一倍,同时利用两台变压器或一个变压器的两个二次绕组给两个三相桥式可控整流电路供电,相互干扰少,可靠性较高。这三种电路都可以用于配合控制的自然环流($\alpha=\beta$)和可控环流的直流电动机调速系统,其有关环流的分析与图 4.115 所示的三相带中线可逆直流调速系统基本类似,此处从略。

适用直流电动机功率范围:用于直流电动机电枢供电电压控制,适用于功率为几百至几千千瓦的直流电动机。

可工作象限:四象限可逆直流调速。

除前述常用的以晶闸管为主功率器件的电力电子变流设备外,还有机车牵引变流器、中频感应加热用电力电子变流设备、功率因数补偿、电焊机用整流器、蓄电池充电用直流屏电力电子变流设备、交流电动机的串级调速用电力电子变流设备等,但这些电力电子变流设备的主电路都可以看做前述几大类电力电子变流设备在不同场合直接应用或前述几种电力电子变流设备主电路的组合,因而本书不再专门讨论这些电力电子变流设备的主电路结构性能特点和工作波形。

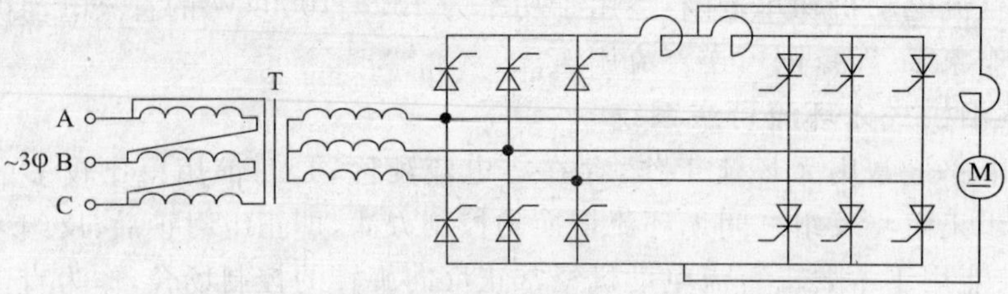

(a) 反并联连接使用两个环流抑制电抗器

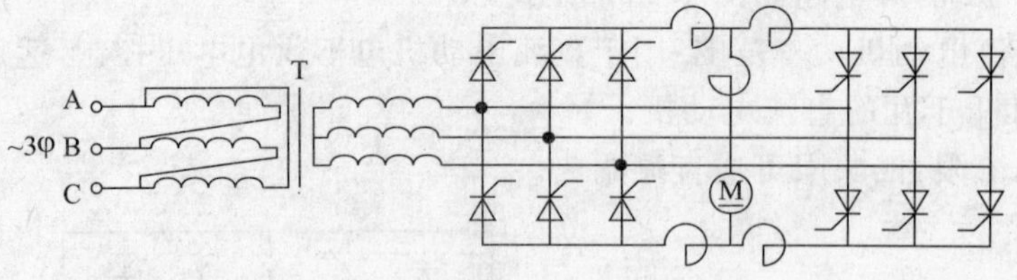

(b) 反并联连接使用四个环流限制电抗器

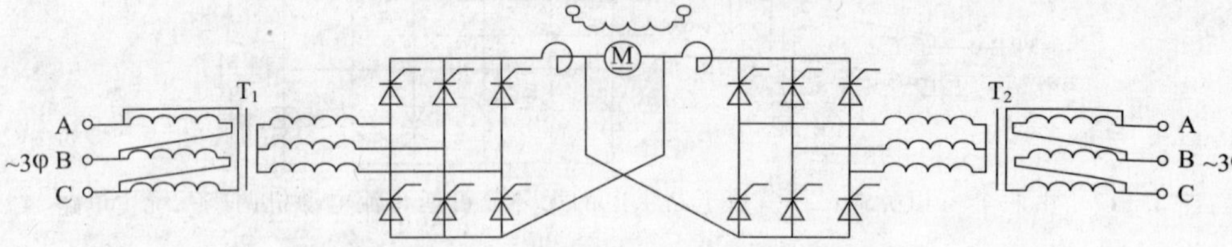

(c) 交叉连接使用两个环流抑制电抗器

图 4.118 由两个三相桥式可控整流电路供电的有环流可逆直流电动机调速系统主电路

第5章 变频类电力电子变流设备

5.1 概 述

变频技术的发明,实现了人类从一个固定频率交流电或直流电到另一个频率连续或有级可调的交流电变换的梦想,使旋转变频机组直接被静止变频器所取代而退出了历史舞台。如今,可供电力电子行业的工程师选用的电力电子器件达40多种,所以变频器所用电力电子器件已从20世纪70年代的单一普通晶闸管(SCR)变为快速晶闸管(Fast Thyristor)、非对称晶闸管(Asymmetrical-Thyristor)、门极可关断晶闸管GTO、绝缘栅控双极型晶体管IGBT、电力场效应晶体管MOSFET、注入增强栅晶体管IEGT、集成门极换向晶闸管IGCT、静电感应晶体管SIT、静电感应晶闸管SITH等。各种电力电子器件随变频类电力电子变流设备的输出频率高低及变频类电力电子变流设备额定功率容量的不同而展现了各自的优势。另一方面,受益于控制技术与主电路拓扑的长足进步,SPWM变频器不但输出波形与标准正弦波所差无几,而且多电平变频器提高了变频器输出电压,使应用全控型电力电子器件的变频器打破了以往高压变频器仅使用GTO与晶闸管作为主功率器件的单调局面。如今,应用多电平级联技术,主功率器件为IGBT的变频器功率已达几千千瓦,而输出电压已达10kV。本章在第4章介绍过的晶闸管类有源逆变电路拓扑及无源逆变(中频感应加热用)电力电子变流设备的基础上,首先讨论变频类电力电子变流设备的分类,然后介绍有关变频类电力电子变流设备的基本问题。

5.2 变频类电力电子变流设备的分类

变频类电力电子变流设备种类繁多,应用领域千差万别,主电路拓扑也各有千秋,本节介绍常见的分类方法。

5.2.1 按主电路获得交流输出是否要经过中间环节来分类

此种分类方式可把变频类电力电子变流设备分为交-交变频器及交-直-交变频器两类。现投运及批量生产的交-交变频器多以晶闸管为主功率器件,投运较少或正在开发的有以IGCT及IEGT为主功率器件,而交-直-交变频器在中小功率领域多以全控型电力电子器件(如GTR、IGBT、MOSFET、GTO)为主,大功率(500kW以上)领域多以晶闸管、GTO或IGCT、IEGT为主功率器件。图5.1及图5.2分别给出了两种交-交变频器及交-直-交变频器的主电路。由于交-交变频类电力电子变流设备仅可输出比供电电源频率低的交流，所以其应用领域受到限制，但由于这类电力电子变流设备所使用的电力电子器件多为晶闸管、IGCT、IEGT、GTO等，这些器件本身容量可以做得较大，所以交-交变频器的输出功率容量可以做得很大，达到数千千瓦甚至数百兆瓦。

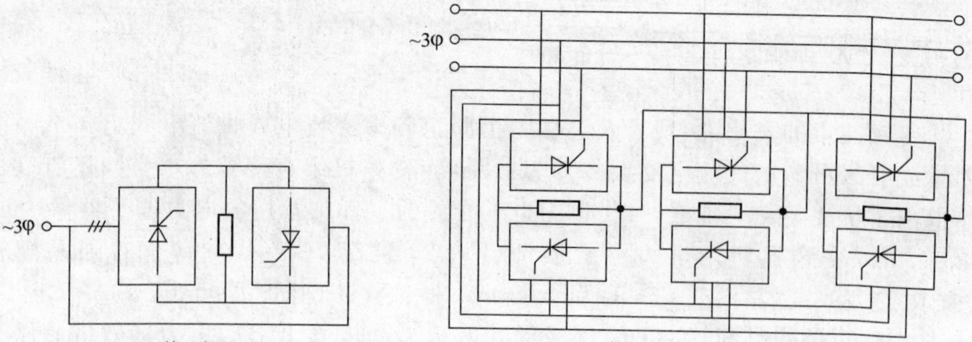

(a) 单　相　　　　(b) 三相负载星形连接

图 5.1　应用晶闸管三相桥式可控整流电路为基本单元构成的交-交变频器主电路

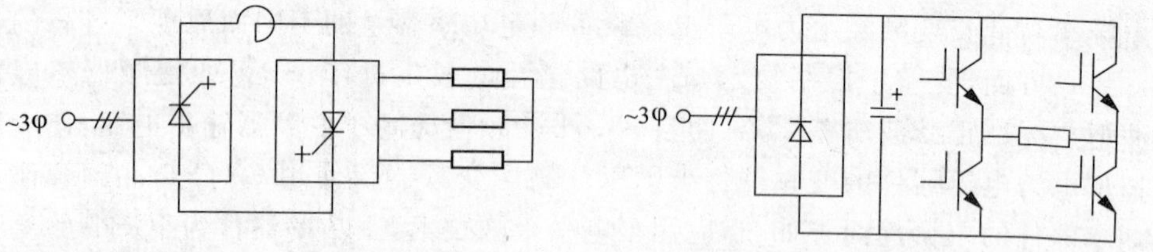

(a) 主功率器件为GTO的三相电流型变频器　　　　(b) 主功率器件为IGBT的单相电压型变频器

图 5.2　交-直-交变频类电力电子变流设备的主电路

5.2.2　按输出交流电压的相数来分类

按此种分类方法可以把变频类电力电子变流设备分为单相、三相或多相变频器，其中单相变频器是最基本的单元，三相或多相变频器可以看做单相变频器通过串联、并联或串并联连接的组合。单相变频器同样分电流型与电压型两种，所使用的逆变用主功率器件有晶闸管、SIT、SITH、GTO、IGBT、MOSFET、IGCT、IEGT等。可按最终用户对变频类电力电子变流设备输出功率容量、工作频率、电压等级等指标的不同要求和设计者的习惯，以及对电力电子器件的熟悉程度和爱好进行选用和设计。但应注意的是，以晶闸管为主功率器件的变频类电力电子变流设备主电路除了主逆变用电力电子器件外，还因晶闸管自身不可控制关断而必须应用辅助换流电路。该电路在需要逆变用主晶闸管关断时给其阳阴极施加反向电压强迫其关断。常用的换流电路有麦克墨莱电路、电容换流电路、电感换流电路和负载换流电路，此处不做详细介绍。图 5.3～图 5.5 分别给出了主功率器件为晶闸管、

IGBT 及 MOSFET 构成的单相、三相和多相变频类电力电子变流设备的主电路，为画图的简单，本来图中每个主电力电子器件（晶闸管、整流管）旁都有电阻与电容串联构成的尖峰过电压吸收环节，而图中进行了简化，仅在晶闸管 VT_5 与 VT_2 旁画出了尖峰电压吸收网络，以后吸收缓冲网络多不再重复画出，这一点请千万注意。

图 5.3(a)给出了应用电感进行换流的电流型单相晶闸管变频类电力电子变流设备的主电路，该主电路是在感应加热用晶闸管中频电力电子变流设备中常用的方案，$L_1 \sim L_4$ 为换流电感，而 L 与 C 为负载。在感应加热用晶闸管中频类电力电子变流设备中，C 用来提高负载的功率因数，是在设计和生产时由电力电子变流设备制造商配套提供的电容器组，俗称电容柜。图 5.3(b)给出了应用麦克墨莱辅助换流电路的电压型晶闸管单相桥式逆变器的主电路，L_1、C_1 及 L_2、C_2 为换流电容和电感，$VT_1 \sim VT_4$ 为主逆变用电力电子器件，而 $VT_1' \sim VT_4'$ 为辅助换流用晶闸管器件。

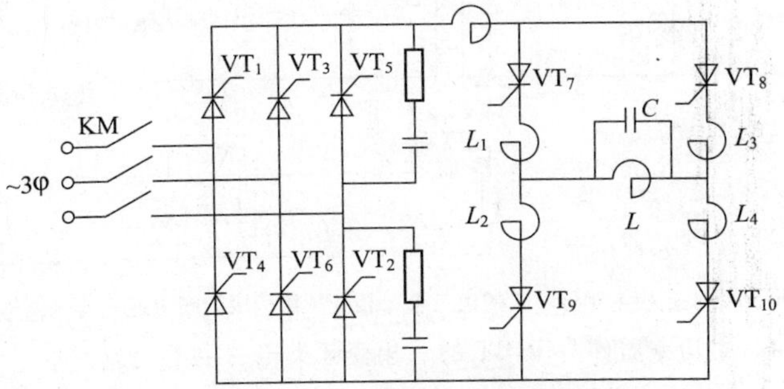

(a) 采用电感换流电路的电流型

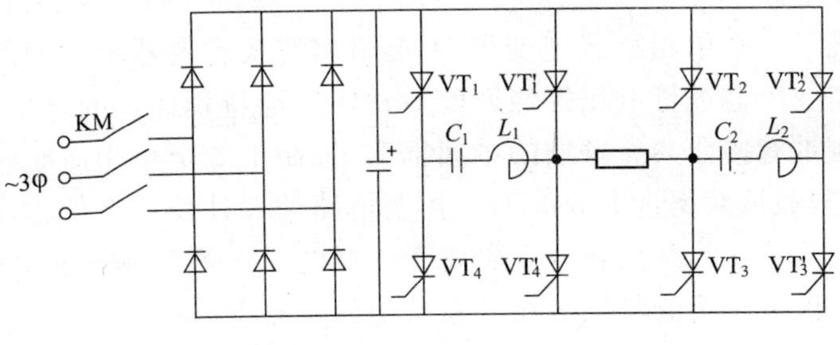

(b) 采用麦克墨莱辅助换流电路的电压型

图 5.3 主功率器件为晶闸管的单相变频类电力电子变流设备主电路

图 5.4 给出了以 IGBT 为主功率器件的三相桥式变频类电力电子变流设备的主电路。图 5.4(a)为应用三个逆变桥臂构成的三相逆变器，这种电路多用在三相负载对称且平衡的场合，而图 5.4(b)给出了应用三个单相逆变器构成的三相逆变类电力电子变流设备的主电路，这种电路拓扑在三相负载不平衡的使用场合具有很好的负载适应性，该主电路应用三个单相变压器进行负载匹配和隔离。

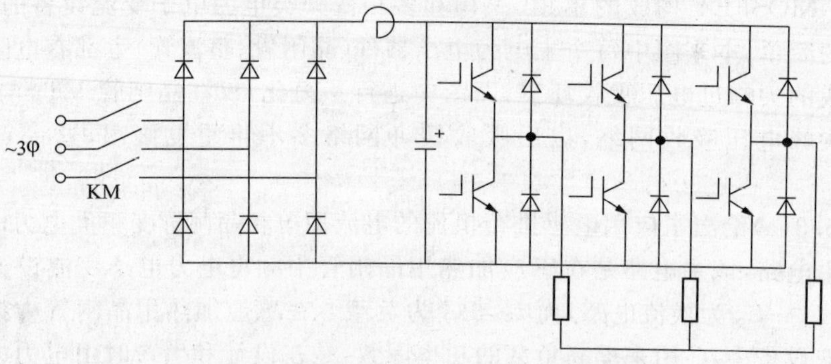

(a) 适用于三相对称负载的三桥臂三相逆变器主电路

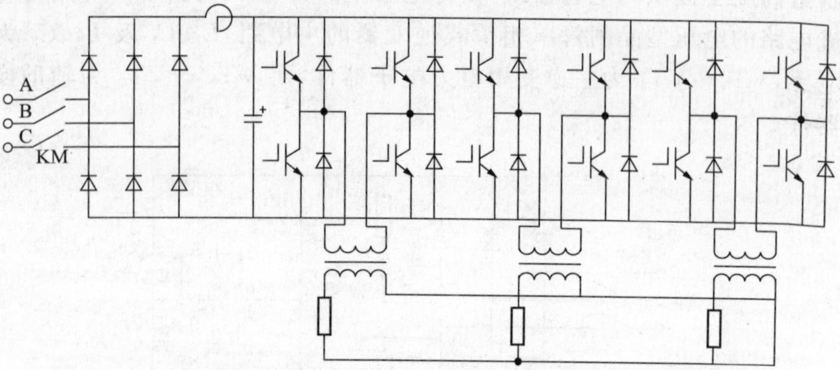

(b) 适用于三相不对称负载的由三个单相变频器构成的三相逆变器主电路

图 5.4 主功率器件为 IGBT 的三相变频类电力电子变流设备主电路

图 5.5 给出了应用 4 个单相场效应晶体管变频器构成的 8 相变频类电力电子变流设备的主电路，$VF_1 \sim VF_4$、$VF_5 \sim VF_8$、$VF_9 \sim VF_{12}$、$VF_{13} \sim VF_{16}$ 共 16 个场效应晶体管构成了 4 个单相桥式逆变器，4 个单相桥式逆变器输出的单相交流电压经各自的隔离变压器进行电压等级匹配后输出。应特别注意的是，该隔离匹配变压器的二次侧带有接公共参考地的中间抽头，控制上 4 个单相逆变器的基波频率为 1～6kHz，其载波频率选为 30kHz。控制电路的设计使 4 个单相逆变器的参考基波相位彼此互差 45°，从而在 4 个隔离变压器的二次侧形成了 8 路相位互差 45°的交流电压。该 8 路交流电压接在 8 路共地的负载上，进而在负载上获得了把一个圆周 8 等分、彼此相位互差 45°的 8 相交流电压，此多相变频器是陕西高科电力电子有限责任公司为某国防试验而研制的功率为 6kW 的多相多频率变频类电力

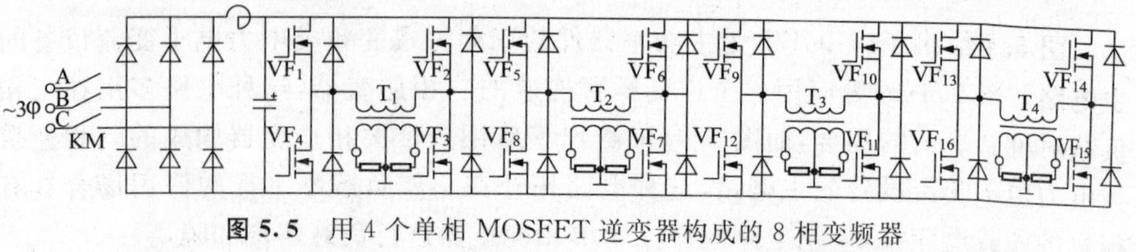

图 5.5 用 4 个单相 MOSFET 逆变器构成的 8 相变频器

电子变流设备的主电路，该电力电子变流设备已成功交付使用，最高输出电压为6kV，可使用输出基波调频范围为1～6kHz。

5.2.3 按控制脉冲的产生方式来分类

按此种分类方法可把变频类电力电子变流设备分为PWM型、SPWM型及PAM型三种。PWM型变频类电力电子变流设备仅以调节控制脉冲的宽度来改变输出电压和频率，通常其输出频率(也就是载波频率)与PWM脉冲频率(也就是基波频率)为同一频率，且多用在输出为方波的变频系统中，输出频率随PWM脉冲的宽度变化。SPWM型变频器的控制脉冲为宽度不等的PWM脉冲，其脉冲宽度是随正弦波的幅值变化的，多用在对输出电压或电流波形有正弦性要求的场合，诸如交流电动机的变频调速场合，这种变频器的基波与载波的频率是不同的，使用中基波频率变化，而载波频率通常不变化。图5.6与图5.7分别给出了PWM与SPWM控制脉冲作用下的输出电压波形。

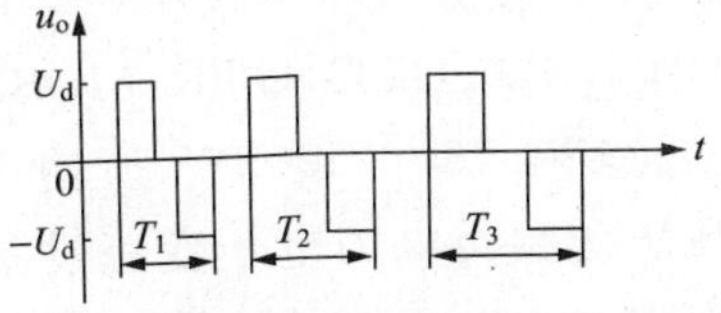

图 5.6 PWM逆变器输出的相电压

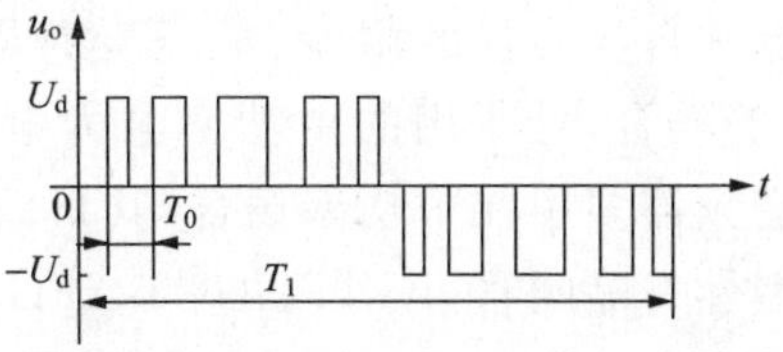

图 5.7 SPWM逆变器输出的相电压

图5.6中的三个不同周期T_1、T_2及T_3对应三个不同的频率，可见，其工作是随着改变输出脉冲的脉宽来调节输出交流电压的频率和电压大小的。但图5.7所示的SPWM控制中对应周期T_0的载波频率却不改变，而输出频率的调节是通过改变基波周期T_1对应图5.7中周期T_1的倍率完成的。从这两个波形可以看出，在图5.6中相电压的波形远离正弦，因而其非正弦量的谐波含量较大，而图5.7所示的SPWM控制输出交流电压波形，载波频率越提高，所包含的宽度按正弦波变化的方波个数就越多，且其越接近正弦波，故其所包含谐波的含量便很小。

PAM变频类电力电子变流设备主要用在要求逆变类电力电子变流设备输出频率固定的场合，但随着负载功率的不同，要求其输出电压的幅值可调，固定频率的磨床用中频逆变器便属于这种变流设备。图5.8给出了以GTR为主功率器件的磨床变频器的主电路实例，VT_1～VT_6为逆变用电力晶体管，而VT_7为斩波电力晶体管，用来调压实现电压幅值的调节，该主电路以VT_7调节输出交流电压幅值的大小，而以VT_1～VT_6构成的三相桥式逆变器按某个设定的固定频率(该固定频率可分挡调整，调整好后便不再改变)工作，这种设计使变频器输出电压与频率独立解耦可调，从而满足了当时磨床拖动电动机电压分145V、200V、220V、245V、275V、300V、330V、380V，而工作频率分200Hz、400Hz、600Hz、700Hz、1000Hz、1200Hz、1500Hz、2000Hz等规格的不同组合需要。

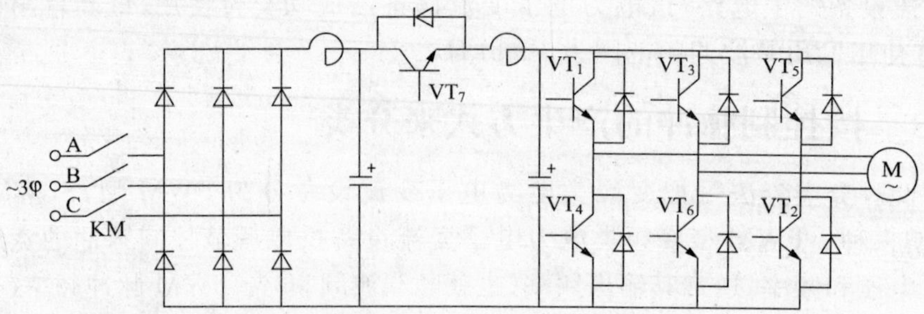

图 5.8 主功率器件为 GTR 的磨床变频器的主电路原理

5.2.4 按输出电压的高低来分类

按这种分类方法可把变频类电力电子变流设备分为低压、中压、高压三类，通常若变频器输出电压在 500V 以内时称为低压变频器，而输出电压在 500～3000V 时称为中压变频器，当变频器输出电压在 3000V 以上时称为高压变频器。受电力电子器件自身容量的限制，低压变频器用在负载需求功率容量较小（多在 150kW 以内）的场合，且所用的主功率电力电子器件有 IGBT、GTO、GTR、MOSFET 等；中压变频器多用在中功率场合，其负载功率容量多在 150～500kW，所使用的电力电子器件有晶闸管、IGBT、IGCT、IEGT 等；高压变频类电力电子变流设备仅用在负载需求大功率容量的场合，其适用负载功率多在 500kW 至几千千瓦，所使用的电力电子器件有晶闸管、GTO、IEGT、IGCT 等。应当特别指出的是，高压大容量多电平变频器已经得到广泛应用，6kV 与 10kV 高压变频器容量在 1000kW 以上的级联多电平变频设备已用于风机与水泵类负载的节能传动，级联变频器的变频单元由三相整流桥及单相 IGBT 逆变桥构成，6kV 高压变频器采用 5～6 个单元串联，三相共 15～18 个变频单元，每个变频臂承受的相电压为 $6\text{kV}/\sqrt{3}$，5～6 个单元串联时采用 1700V 的 IGBT，8～9 个单元串联时可采用 1200V 的 IGBT。

5.2.5 按变频器自身输出功率容量的大小来分类

按此种分类方法可把变频类电力电子变流设备分为小功率、中功率、中大功率及大功率四类。小功率通常指输出功率为 100W～10kW 的变频类电力电子设备，所用的主功率器件有 IGBT、GTR、MOSFET；中功率通常指输出功率为 10～100kW 的变频类电力电子设备，应用的主功率器件有 GTR、IGBT；中大功率变频器指额定功率为 100～500kW 的变频类电力电子设备，应用的主功率器件有晶闸管、IGBT、IGCT、IEGT 等；大功率指输出功率容量为 500kW 至几千千瓦的变频类电力电子变流设备，这类变频器一般应用的主功率器件有晶闸管、GTO、IGCT、IEGT 等。

5.2.6 按变频器输出电压的基波频率来分类

这种分类方法可把变频类电力电子变流设备按额定运行频率分为超低频、低频、中频和高频四类。输出额定运行频率为 0.01～1Hz 的通常称为超低频变频类电力电子变流设备，这类电力电子设备多用在大功率铁合金加工等行业，进行熔炼加工，所用的主功率器件多为晶闸管；低频是指输出额定频率为 1～100Hz 的变频类电力电子变流设备，如交流电动机的变频调速设备，可供选用的主功率器件有晶闸管、GTO、GTR、IGBT、IGCT、IEGT 等；中频输出的变频类电力电子变流设备是指变频器输出运行频率为 100Hz～10kHz 的设备，多用在中频感应加热等电力电子系统中，所用的电力电子器件有快速晶闸管、GTO、IGBT、IGCT 及 IEGT 等；高频变频类电力电子变流设备通常指输出电压频率在 10kHz 以上的变频类电力电子变频设备，多用在超音频电力电子变流系统中，所用的电力电子器件几乎只有 IGBT、SIT、MOSFET 及 SITH 了。

5.2.7　按工作时是单电平还是多电平来分类

按这种分类方法可把变频类电力电子变流设备分为单电平及多电平变频器。单电平变频器的输出电压仅有一个电平，而多电平变频器的发明，一方面是为了更好地改善输出电压波形，把谐波含量减到最少，另一方面是为了解决现在电力电子器件额定电压远低于高压负载的实际工作电压的问题。图 5.9 与图 5.10 分别给出了一种单电平与多电平变频器的主电路。从图 5.9 和图 5.10 可见，多电平变频器也可看做单电平变频器按一定的拓扑结构的组合。

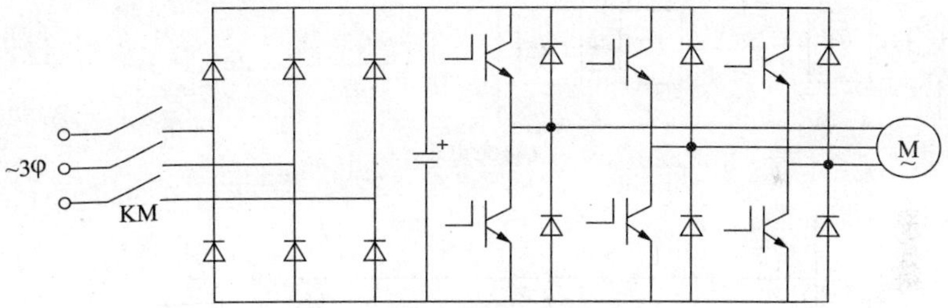

图 5.9　主功率器件为 IGBT 的单电平变频器主电路

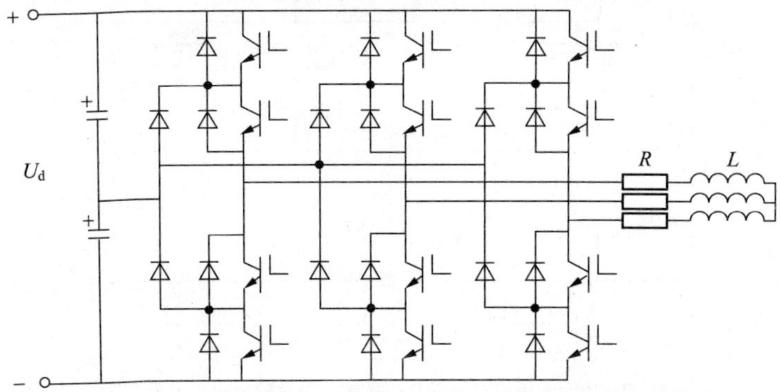

图 5.10　主功率器件为 IGBT 的三电平变频器主电路

5.2.8 按输出电压波形是否为正弦来分类

按这种分类方法可把变频类电力电子变流设备分为方波逆变器与正弦波逆变器。方波逆变器输出交流电压为方波，而正弦波逆变器输出电压(或电流)波形为正弦波或接近正弦波，因而正弦波逆变器与方波逆变器相比较具有更好的输出波形、更低的谐波含量和更高的效率，但其控制技术比方波逆变器复杂，通常方波逆变器多以晶闸管为主功率电力电子器件，而正弦波逆变器多用全控型电力电子器件如GTR、IGBT、GTO、IEGT、IGCT等作为主功率电力电子器件。图5.11(a)给出了陕西高科电力电子有限责任公司1997年为国内某直流电动机调速装置厂研制的200kW直流调速装置功率试验系统所应用的方波逆变器的主电路，该变频器

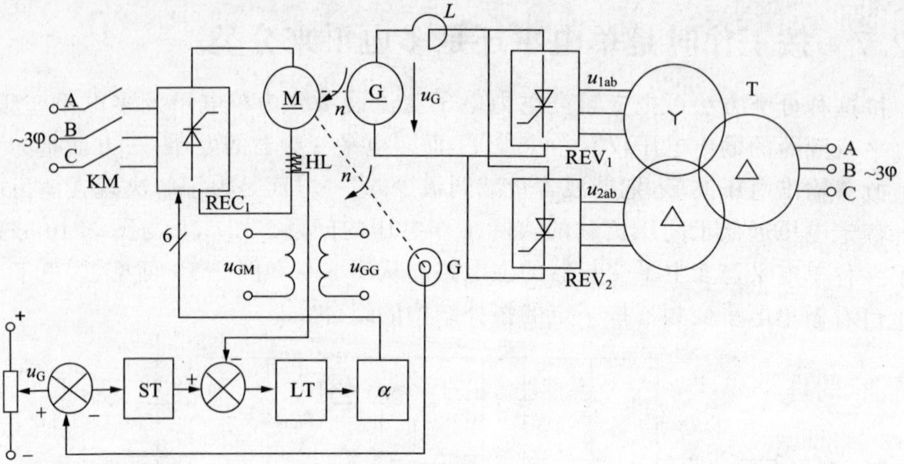

(a) 主电路

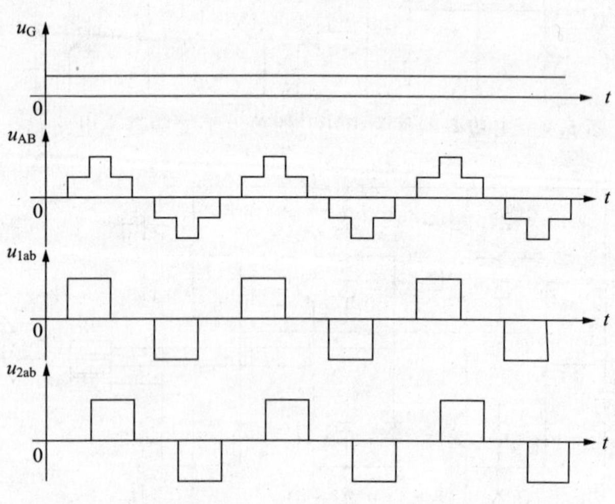

(b) 各逆变桥输出的工作电压波形及总输出电压波形

图5.11 用于直流电动机调速装置功率试验系统的方波逆变器主电路及工作波形

的输入电压来自直流发电机G，输出经有源逆变器后回馈给公用电网，系统试验中仅消耗各部分损耗的功率，因而具有较高的运行效率，从图可见，为改善输出波形，图中应用了变压器T实现多重化有源逆变，图5.11(b)给出了该方波逆变器的输出电压波形。

5.2.9 按逆变器输出是接负载还是接电源来分类

按这种分类方法可把变频类电力电子变流设备分为无源逆变器和有源逆变器。逆变器输出直接接负载的变频类电力电子变流设备称为无源逆变器，这种逆变器的输出直接向负载供电，采用负载换流或器件自身换流，也有采用辅助关断电路进行强迫换流的；逆变器输出直接接供电电源的变频类电力电子变流设备称为有源逆变器，多以电源换流方式工作，图5.11所示主电路便为有源逆变的一个实例。

5.2.10 按逆变器是全桥还是半桥来分类

按这种分类方法可把变频类电力电子变流设备分为半桥逆变器及全桥逆变器。半桥逆变器中一个逆变桥臂为电力电子器件，而另一个桥臂应用电容或其他器件来代替电力电子器件，所以，工作时所用电力电子器件及驱动电路的数量比全桥逆变器少一半，故具有输出电压为全桥逆变器一半的特点，同样输出功率条件下，所需电力电子器件的电流容量比全桥逆变器大一倍。图5.12(a)给出了以IGBT为主功率器件的电压型单相半桥逆变器的主电路，图中应用两只电容 C_1 与 C_2 代替了两只电力电子器件。工作时，在正半周 VT_1 导通，C_1 放电，同时给 C_2 充电，在负半周 VT_2 导通，C_2 通过 VT_2 放电，同时 C_1 充电。图5.12(b)给出了该电路的工作波形，u_{VT1} 与 u_{VT2} 分别为IGBT的 VT_1 与 VT_2 栅-射极的驱动电压波形。

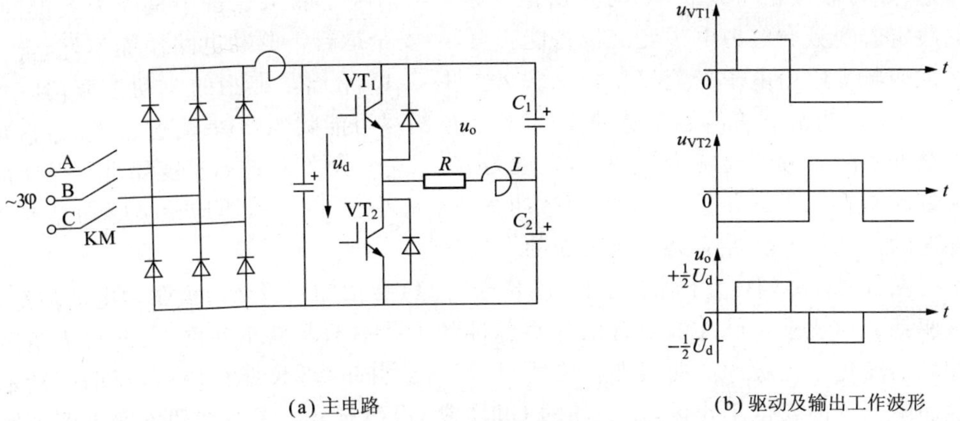

(a) 主电路　　(b) 驱动及输出工作波形

图5.12 主功率器件为IGBT的单相半桥逆变器主电路及工作波形

全桥逆变器是相对半桥逆变器而言的，这种逆变器主电路中逆变用器件均为电力电子器件，通常需要用与所使用电力电子器件一样多的驱动电路，其输出电压幅值比半桥逆变器高一倍，具有更好的波形对称性。前述图5.3～图5.5、图5.8～图5.10都为全桥逆变器主电路的实例。

5.2.11 按主电路逆变桥所用电力电子器件的种类来分类

这种分类方法可根据主电路中逆变桥所用电力电子器件为晶闸管、IGBT、MOSFET、IEGT、GTO、IGCT、SIT、SITH等的不同，而将变频类电力电子变流设备分为晶闸管变频器、IGBT变频器、MOSFET变频器、IEGT变频器、GTO变频器、IGCT变频器、SIT变频器、SITH变频器，因这种分类方法仅说明了变频类电力电子变流设备中所用电力电子器件的类别，未说出其相数及其他特征，所以是一种很粗略的分类方法。

5.3 变频类电力电子变流设备中的几个关键概念

变频类电力电子变流设备与整流类电力电子变流设备的工作机理完全不同，它工作在逆变方式，因而其保护、驱动等要求远高于整流类电力电子变流设备，所以本节把变频类电力电子变流设备中的几个关键概念专门列出，以便引起读者的重视。

5.3.1 驱　动

变频类电力电子变流设备的驱动是指把控制电路产生的控制脉冲信号经驱动电路进行隔离及电平匹配和功率放大后，提供给被驱动的电力电子器件，使其以最低压降导通(对晶闸管与IGCT为可靠导通，对MOSFET、IGBT及IGCT为饱和导通)或可靠截止与关断，驱动问题在变频类电力电子变流设备中是极为关键的，它决定着变频类电力电子变流设备能否可靠、安全运行。驱动电路性能不好，常会造成变频类电力电子变流设备永久失效。图5.13给出了典型的驱动波形，其中，图5.13(a)为晶闸管的触发脉冲波形，要求前沿尽可能陡峭，且具有强触发，该强触发脉冲的最大幅值通常为4～6A，宽度为10～50μs，触发脉冲总宽度要足以保证被触发晶闸管的可靠导通(其平台期脉冲宽度不应小于30°)，在不应使被驱动晶闸管导通的区间触发脉冲应无一点附加的干扰信号。

图5.13(b)与(c)分别给出了GTR与GTO常用的基极及门极驱动电流波形，该驱动波形要求正脉冲的上升沿与负脉冲的下降沿有足够的陡度，其从最大负脉冲峰值变化至正脉冲的曲线形状要适当，否则会引起GTR或GTO因反向驱动不良而降低反向安全工作区，使驱动的GTR或GTO损坏。笔者在西安电力电子技术研究所从事国家“七五”攻关项目“大功率GTO应用共性技术研究”时，为摸索GTO的门极驱动电流波形的合理形状，研制200A/1200V的GTO驱动器，几乎烧

了近百只 GTO 器件，价值数十万元。

图 5.13(d)给出了 IGBT 及 MOSFET 等电压型驱动器件常用的栅-射极或栅-源极的驱动电压波形，要求正向与反向驱动脉冲上升与下降前沿与后沿陡度要陡，du/dt 应在合理范围内，且驱动脉冲的正向与反向最大幅值不应超过±20V，否则会人为造成 MOS 栅极的损坏。

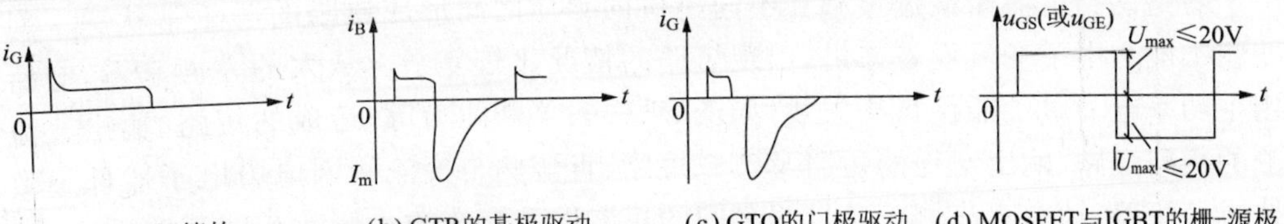

图 5.13 不同电力电子器件常用的驱动脉冲波形

5.3.2 互锁(死区)时间

由于逆变类电力电子变流设备常以一个或多个逆变桥臂构成半桥或全桥逆变器进行工作，按控制电路的要求每一时刻使同桥臂中的上(或下)电力电子器件驱动导通(或关断)工作，为确保每一个时刻同桥臂仅有上(或下)电力电子器件导通，而另一个下(或上)电力电子器件可靠关断工作，除选用具有与变频类电力电子变流设备工作频率相适应的尽可能短的开通与关断时间的电力电子器件外，还人为地在控制脉冲形成电路中增加使同桥臂中上下两个电力电子器件都不导通工作的时间间隔作为安保措施，从而确保应驱动导通的电力电子器件在原导通的器件可靠关断后再开始导通，该时间间隔称为互锁时间，亦称死区时间。图 5.14 以图 5.12 所示单相 IGBT 半桥逆变器中同桥臂上下两个 IGBT 的栅极驱动脉冲波形为

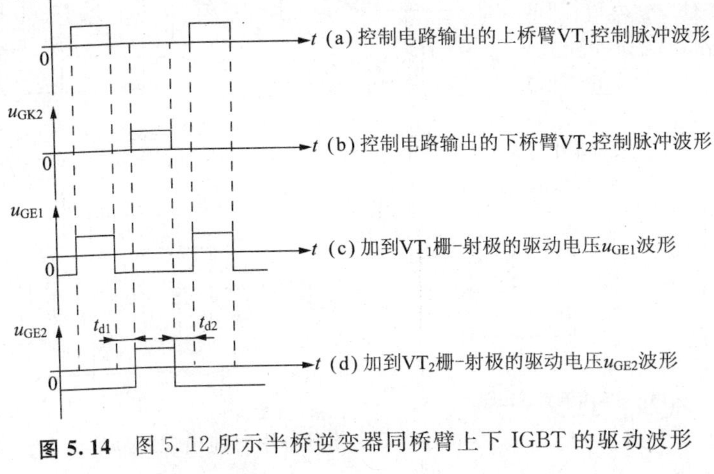

图 5.14 图 5.12 所示半桥逆变器同桥臂上下 IGBT 的驱动波形

例，用栅-射极驱动的典型波形说明了该时间的含义，t_{d1} 与 t_{d2} 为死区时间。应特别强调的是，死区时间一般随着电力电子器件的不同而不同，通常最大死区时间选为所应用电力电子器件的最大开通时间与关断时间之和并稍留有安全裕量。定性地讲，开关频率高的电力电子器件的死区时间便短，反之亦然。

5.3.3 短 路

短路是指电流未经过负载在不同电位的导体之间形成通路的非正常状况。对变频类电力电子变流设备来讲，出现短路的情况比较复杂。从大的方面来看，有所用主功率电力电子器件自身失效（如击穿、失去关断能力等）造成的短路、输出交流侧的相间短路、输出对地的短路及负载短路、直流侧与交流侧因电力电子器件失效造成的短路、还有直流侧正负母线之间的短路以及交流输入侧的相间短路等多种，图 5.15 示出了常见的短路故障。

由于短路后变频类电力电子变流设备的电流会急剧增大，有可能变为原正常运行时的数十倍，所以，合理的逆变类电力电子变流设备的设计，应能保证在短路

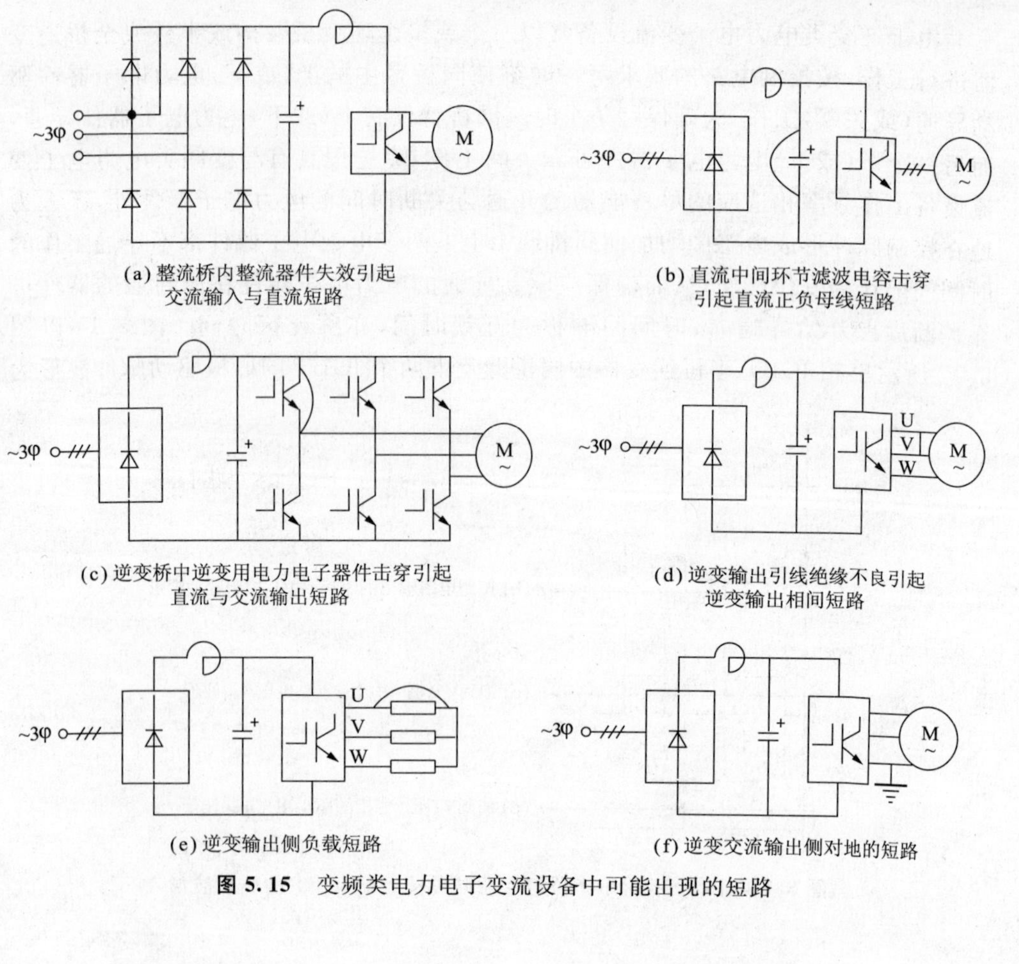

(a) 整流桥内整流器件失效引起交流输入与直流短路

(b) 直流中间环节滤波电容击穿引起直流正负母线短路

(c) 逆变桥中逆变用电力电子器件击穿引起直流与交流输出短路

(d) 逆变输出引线绝缘不良引起逆变输出相间短路

(e) 逆变输出侧负载短路

(f) 逆变交流输出侧对地的短路

图 5.15 变频类电力电子变流设备中可能出现的短路

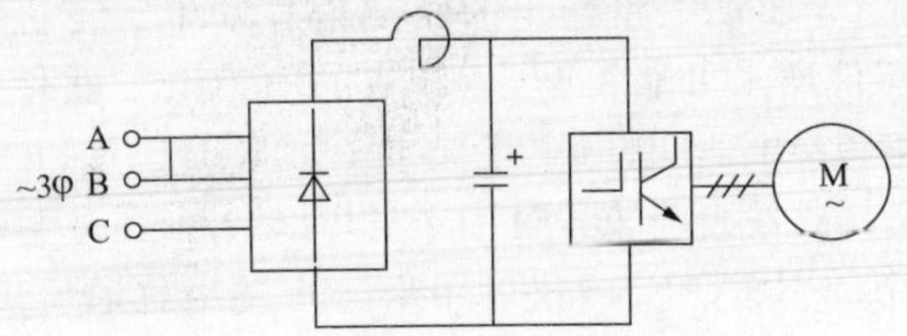

(g) 交流输入相间的短路

续图 5.15

发生时及时迅速地对变频类电力电子变流设备中的主功率电力电子器件进行有效的保护。

5.3.4 直 通

变频类电力电子变流设备中的直通，专指逆变器中同一桥臂上下两个电力电子器件出现同时导通，使电流不经过负载而仅通过该桥臂直接短路流动的非正常状况，如图 5.16 所示。对电流型逆变器来讲，由于主电路中串联有大电感量的电感，故障时不可用封锁逆变桥触发脉冲的方法进行保护。有时我们从控制上还要人为制造直通，以进行拉逆变，防止主电路因电流变化剧烈而引起严重过电压 Ldi/dt。而对电压型逆变器来讲，直通这种故障的危害是极为严重和恶劣的。其原因在于电压型逆变器中电解电容一般都在几千微法以上，加之电压较高，电容上存储的能量极大，而发生直通时桥臂内阻又极小，且多为同一个两单元模块内的直通，线路阻抗甚小，所以，短路电流为正常工作电流的数十倍甚至上百倍，对故障的检测与保护时间要求甚短，特别是对应用高频电力电子器件（如 IGBT、MOSFET）的变频类电力电子变流设备，要求检测与保护的时间应在故障发生后的 1～2μs 之内。若保护不及时，过大的短路电流将导致所使用电力电子器件的功耗快速达到并远远超过其安全工作区所允许的最大极限，导致该电力电子器件严重损坏。常见到的现象是电力电子器件的外壳炸裂，产生这种直通故障的原因主要有两个：一是同桥臂上（或下）电力电子器件已击穿失效，同桥臂的另一个下（或上）电力电子

(a) 电压型逆变器

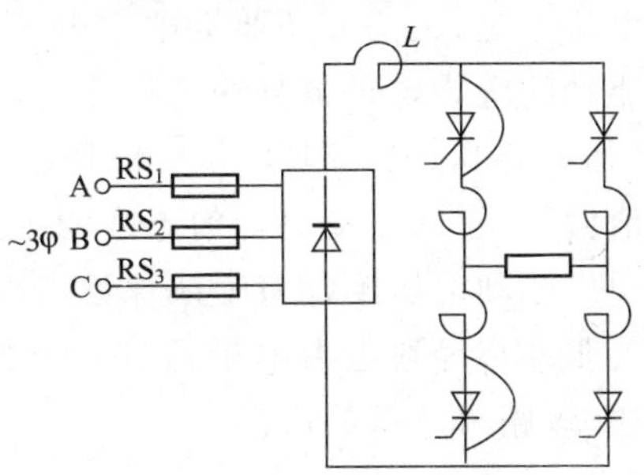

(b) 电流型逆变器

图 5.16 变频类电力电子变流设备中同桥臂上下两电力电子器件同时导通造成的直通

器件又被驱动导通；二是驱动电路输出的驱动信号发生了不正常状况导致同桥臂应关断的电力电子器件还未可靠关断，应导通的电力电子器件就已驱动导通。应特别注意的是，对高频全控型电力电子器件(如IGBT、GTR、MOSFET、IGCT、IEGT等)来讲，由于其器件自身安全工作区相对较小，因而主电路中串联的快速熔断器(如图5.16中的$RS_1 \sim RS_3$)仅可用来防止发生直通后事故的扩大(如波及整流桥中的电力电子器件损坏)，而无法对逆变桥臂中的电力电子器件进行有效的保护，这一点一定要明确。

5.3.5 保 护

变频类电力电子变流设备的保护是指在该电力电子变流设备的运行状况超出了原设计正常状态，继续运行会导致该变频类电力电子变流设备或用户设备损坏，而通过检测电路对故障信号的检测及处理，进而由判断执行电路工作，中断该电力电子变流设备的运行或通过调整与控制使其运行状况回到原正常状态或使运行参数降低运行的整个过程。对变频类电力电子变流设备来讲，这种保护有过流、过压、欠压、直通、短路、缺相、驱动不良、冷却系统故障等，保护后的处理措施有截流、截压、封脉冲及跳闸四种。封脉冲是指封锁电力电子器件的驱动脉冲，而跳闸是分断主电路的供电电源，截流与截压是指通过保护电路将该电力电子变流设备的输出电流或电压限制在安全范围内继续运行。究竟选用何种保护方式，要根据不同的负载与使用要求而定。一般是先进行截流或截压，若截流或截压还不能使故障回复到允许运行状态，则选用封脉冲。在电力电子器件已失效，封脉冲还不能停止其导通而进行故障保护时，则只能采取跳闸分断主电路。

5.3.6 欠驱动

变频类电力电子变流设备的欠驱动是指驱动电路输出的电压(或电流)幅度不足，不能使被驱动电力电子器件进入最佳工作状态。对电流型控制的电力电子器件(如GTR、GTO)而言，欠驱动是指驱动电路输出的驱动电流幅值太小，正向驱动电流不足，无法使所驱动电力电子器件可靠导通，而反向驱动电流不足，无法使所驱动的电力电子器件快速退出导通区而可靠截止；对电压型控制的电力电子器件(如IGBT、MOSFET、IGCT、IEGT)而言，欠驱动是指驱动电路输出的驱动电压幅值偏低，正向驱动时幅值不高的驱动电压不能使所驱动电力电子器件可靠导通，而反向驱动电压不足将无法保证所驱动电力电子器件快速退出导通区而可靠截止。欠驱动将导致电力电子器件运行时压降增加，损耗增大，在桥式逆变器中诱发直通、短路等严重故障。

5.3.7 过驱动

变频类电力电子变流设备的过驱动是指驱动电路输出的电压(或电流)幅值太

大，使被驱动的电力电子器件进入过饱和或增加了控制极损耗的不理想工作状态。对于电流型控制的电力电子器件（如 GTR、GTO）而言，过驱动是指驱动电路输出的驱动电流幅值太大，正向电流使被驱动电力电子器件（如 GTR）过饱和导通或使其控制极损耗过大，影响控制极寿命，而反向驱动电流过大，则会降低被驱动的电力电子器件的反向安全工作区；对电压型控制的电力电子器件（如 IGBT、MOSFET、IGCT、IEGT）而言，过驱动是指驱动电路输出的电压幅值过高，正向驱动时使被驱动电力电子器件（如 IGBT、MOSFET）过饱和或使其控制极损耗过大造成控制极正向击穿（如 IGBT、MOSFET、IGCT、IEGT 的栅-源极驱动电压超过+20V 便击穿），而反向驱动电压幅值太高，会降低被驱动电力电子器件的反向安全工作区或导致被驱动电力电子器件控制极反向击穿（如 IGBT、MOSFET、IGCT、IEGT 的栅-源极反向电压超过－20V 便击穿）。过驱动将降低被驱动电力电子器件的工作开关频率，或因控制极损耗过大缩短被驱动电力电子器件的寿命或使其直接击穿损坏，在桥式逆变器中诱发直通、短路等严重故障。

5.4 变频类电力电子变流设备的维修

由于变频类电力电子变流设备种类众多，所用电力电子器件有几十种，随着应用场合及负载的不同，设备的故障类型可以说多种多样，要分门别类地归纳总结写出其详细故障类型和维修方法是十分困难的，也是无法真正实现的，本节做些简单的探讨。

5.4.1 常见故障及产生原因

变频类电力电子变流设备常见故障的原因，可从大的方面分为：驱动电路不良、主功率器件本身故障、负载短路或断路及接地、电力电子变流设备运行的外部环境变化等。

1. 驱动电路不良引起的故障

1）驱动电路输出信号高电平与低电平状态不正常

这种故障指正向或反向驱动电压或电流信号幅值不足，导致被驱动的电力电子器件工作时不是在导通与截止（关断）两个状态之间迅速切换，而是进入了放大工作区，引起被驱动电力电子器件正向或反向工作状态超出安全工作区，导致瞬时承受的功率超出安全极限而发生击穿、烧断或炸裂等损坏。

2）驱动电路输出信号过大

该故障会导致被驱动电力电子器件（如 IGBT、GTR 等）进入深度饱和区，造成其开关频率严重降低，影响正常使用。对晶闸管及其派生器件，过大的驱动信号会造成门极引线与晶闸管管芯内部点焊或压接的门极脱焊或松动而失去导通功能，引起逆变失败。

3）驱动电路输出信号相位或频率不正常

因驱动电路中某个元器件损坏引起驱动电路输出驱动信号的相位或频率发生变化，导致被驱动电力电子器件提前或推迟导通，引发主电路中的直通短路故障，造成电力电子变流设备损坏。

4）驱动电路输出驱动信号突然消失

对主功率器件为半控型电力电子器件（如晶闸管或GTO）的电力电子变流设备，由于驱动电路输出信号的消失，导致被驱动的应当导通的电力电子器件不导通工作，而原导通的电力电子器件（本应关断）继续导通工作，使整个电力电子变流设备的工作逻辑变得混乱，造成主电路直通或短路故障的发生。

2. 主功率器件本身的故障引起的电力电子变流设备故障

1）电力电子器件因承受瞬态过电压而击穿

由于电力电子器件长期热疲劳、本身性能的下降或因瞬时承受尖峰过电压而发生击穿失效，这种故障的直观现象是两个主电极之间相通，该器件因被击穿无法通过封锁驱动脉冲而退出运行，当同桥臂的另一个电力电子器件导通时便直接发生直通、短路等故障。

2）主电极承受过大电流而损坏

主电极承受过大电流引起损耗增加，发热不能及时散去，引起热积累，造成该电力电子器件主电极"先烧穿后烧断"的现象。

3）控制极断路或短路

电力电子器件的这种故障导致即使驱动电路自身的工作正常，也会因控制极断路（又称开路）或短路发生故障。当被驱动的电力电子器件控制极断路时，尽管驱动电路输出的驱动电压信号波形正常，但驱动电流却为0；当被驱动的电力电子器件控制极短路时，则输入驱动信号电压波形幅值接近0；而驱动电流却变得很大，极有可能损坏驱动电路，即使不损坏驱动电路，也会因被驱动的电力电子器件无法导通而使设备主电路的工作状态极不正常，引起严重的直通或短路。

3. 负载短路、断路及接地引起的故障

1）负载短路引起短路或过流动作

在保护电路可靠及有效时，负载短路引起短路或过流频繁动作；当保护电路不灵敏或不可靠时，这种故障有可能会造成变频类电力电子变流设备中逆变桥内的电力电子器件损坏，甚至导致整流输入侧过流保护熔断器熔断。

2）负载回路接地导致接地保护动作或损坏逆变桥中的电力电子器件

负载回路接地时，当接地保护可靠或动作迅速时，引起接地保护电路频繁动作，在保护电路不可靠或不迅速时，会造成电压型逆变桥中的续流二极管烧坏，或导致逆变桥中的电力电子器件自身的续流管或整流电路中的电力电子器件损坏。

4. 电力电子设备运行的外部环境变化引起的故障

1) **冷却不良、散热效果变差**

各种变频类电力电子变流设备的正常工作,是需要外部的冷却介质(如水、风、空气)的流动,将电力电子器件工作时的损耗、发热及时散发带走而保证的,若因某种原因(如风道堵塞、水流不畅、空气不流通)引起冷却不良或过热保护动作,动作不及时便会导致变频类电力电子变流设备中的电力电子器件热疲劳或承受热应力使结温超过允许极限值而损坏。

2) **供电电源缺相**

当变频类电力电子变流设备的供电电源因某种原因发生断相或缺相运行时,常会引起欠压保护动作或继电操作回路误动作,当所缺相是保证散热条件的那相供电电源时,若保护不及时,则有可能对电力电子变流设备造成更大的损害。

3) **同电网其他较大功率电力电子变流设备的投入或切除**

由于电网上传输线总存在着分布电感,较大功率的电力电子变流设备的投入或切除常常会因电流突变引起 Ldi/dt,在线路上造成尖峰过电压,该过电压会引起变频类电力电子变流设备的误跳闸,甚至击穿电力电子器件。

4) **控制供电电源突然停电**

对于主电路为电压型逆变器的变频类电力电子变流设备,主电路一般并联有大容量的电解电容,电压相对较高,电容量又很大,其积累的电荷量较大,放电所需要时间较长,而控制电路中控制脉冲形成及驱动电路中的工作电源电压相对较低,电容量又不太大,其积累的电荷量相对较小,放电所需要时间较短。控制供电电源突然停电,会造成在主电路电压还未降到安全值以下时,控制电路电源就已无法保证驱动电路输出驱动信号的正常工作逻辑电平,引起高低电平状态不明确,即高电平不高,低电平不低,导致同桥臂电力电子器件发生直通。因此时保护电路已无正常工作电源,所以直通与短路保护无法动作,引起严重的故障。在主电路供电与控制电路供电不是同一电源的应用场合,这种故障具有更大的危险性。

5.4.2 故障点的查找及故障原因判别方法

由于变频类电力电子变流设备控制技术比整流类的复杂,所用控制及主电路器件较多,使用中的故障点的迅速查找确实不是一件容易的事。一般对主电路可通过眼睛直接观测、仪表仪器测量查找出故障,而对控制电路则应以仪器测试为主,以眼睛直接观测为辅。

1. 主电路中明显故障的直接观测

主电路中有些故障点是可以直接看到的,如带有指示熔断器或报警开关的快速熔断器熔断,指示熔断器或报警开关会弹出。一般,逆变输出侧串联的快速熔断器熔断表示负载有过流或短路故障发生,而整流桥输入侧串联的快速熔断器熔断则说明整流桥或直流中间回路或逆变桥中有过流或直通发生。

2. 按电力电子器件的外壳及管芯状态判断故障点

对使用模块型电力电子器件的变频类电力电子变流设备，若发生故障后拆下的已坏双单元电力电子器件模块中有一个元器件是损坏的，另一个是好的，则可以断定是电力电子器件(如GTR)承受过压击穿或二次击穿故障；若已坏的双单元电力电子器件外壳炸裂，则可以断定是同桥臂两个电力电子器件发生了直通故障。当主功率器件为晶闸管时，无论发生什么故障，晶闸管的外观都不会有明显的变化，必要时可砸开已坏的晶闸管器件管壳，从管芯的外观上发现故障点而判断出故障原因。当点焊于管芯中央的门极线开路时，可以得出故障原因为门极控制电流过大，引起门极触发功率超出上限允许功率，造成门极点焊点脱落；当管芯中间位置有明显烧灼点时，则为通态临界电流上升率 di/dt 或电流过大造成的损坏；当在管芯边缘有烧灼点或放电痕迹时，则为过电压击穿所为。

3. 应用万用表测试查找故障点

快速熔断器是否熔断可用万用表电阻挡测量，电阻电容好坏也可用万用表相应电阻挡位来测试，电力电子器件是否损坏可用万用表在该器件不带电时测试其续流二极管正向导通特性及主电极之间的电阻(如晶闸管阳阴极电阻几百千欧)来判别，电容是否损坏也可用万用表电阻挡测电容的充放电特性来判别电容有否损坏。

4. 借助示波器观测波形分析故障点

在主电路不带电时，用示波器观测控制板或末级驱动板的输入与输出电压波形，判断故障点的位置。当某一电子元器件输入波形正常，而输出波形不正常时，则可以肯定此元器件本身损坏或外围元器件损坏。

5. 借助于专用测试仪器测试电力电子器件判断其性能

有条件时可用专用的测试仪器测试电力电子器件的触发特性(或驱动特性)、伏安特性，由此可以对该电力电子器件的性能正常与否进行准确的判断。

5.4.3 变频类电力电子变流设备故障的一般维修步骤

当变频类电力电子变流设备发生故障后，一般可按下列步骤进行维修：

① 采用"望闻问切"四种手段查找出故障点。

"望"指用眼睛观看，在切断其工作电源的条件下，开箱对变频类电力电子变流设备主电路的电力电子器件及外围元器件直接进行观察，检查有否明显的外形异常，如管壳炸裂、放电击穿闪烁引起的碳积、导线烧毁、电解电容外壳炸开(一般电解电容外壳炸开，电解电容纸粉碎，电容四周都飞淬有电解液及电容纸)，熔断器或熔断指示开关动作与否，缓冲电路中的电阻、电容及二极管有否连接不可靠或损坏。

"望"的第二个方面是对控制系统进行观测，是否有集成电路损坏，其外壳是否有明显的凸起或炸裂(一般电力电子器件损坏后相应的驱动电路外壳会炸裂,而集成电路输出短路或其他故障时,外壳会凸起或有严重发黑点),控制或驱动线路板的印刷引线铜皮是否烧断或起皮(脱离绝缘板凸起),及明显的由放电闪烁打火引起的发黑点。

"闻"指打开机箱,闻有否明显的焦煳味,若有焦煳味则可以断定是电力电子器件或导线因长时间承受较大工作电流引起绝缘皮烧焦,散发出焦煳味。

所谓"问"即指查找设备运行记录,向值班人员了解故障原因及当时发生的故障现象,有否焦煳味,有否"放炮"的较大声响。

"切"是指用专用的仪表及仪器(如万用表、示波器)、测试仪对不能通过前述步骤判断出故障点的电力电子器件或电子器件进行准确判断,通常在主电路或控制电路不带电的情况下,用万用表欧姆挡测试,而用专用测试仪时要拆下电力电子器件或拆开电力电子器件的外围连接线进行测试,用示波器测试需要主电路或控制电路局部带电时才可检测,这样可准确地判断出故障点。

② 对上述查出的明显已损坏或性能不良的电力电子器件或外围元器件及导线进行更换,恢复主电路及控制电路的正常接线,并反复核对确保无误,已发生放电闪烁引起积碳的场合用酒精擦除干净碳化点。

③ 先不给变频类电力电子变流设备的主电路加电,仅给控制板供电,用万用表检测控制板工作电源,然后用示波器逐点检测控制板的关键点工作波形,特别是驱动板输入输出波形,核对其频率相位、幅值应确保无误。

④ 重新检测保护门槛(过压、过流、短路),应正确无误。

⑤ 通过调压器先给主电路加一较小电压,用示波器观测控制电路作用下的主电路输入与输出波形及电力电子器件两主电极(如晶闸管的阳阴极、IGBT 与 GTR 集-射极、MOSFET 的漏-源极)之间的导通与关断波形及通态压降,应正常无误。

⑥ 逐步增大主电路电压至额定值,证明各工作点输入与输出波形均正常无误。

⑦ 人为设置过压、过流及短路故障,证明保护无误后,将该电力电子设备重新投入运行。

参考文献

[1] 李宏. 电力电子设备用器件应用指南(第 1 册):电力半导体器件及其驱动集成电路. 北京:机械工业出版社,2001
[2] 李宏. 电力电子设备用器件应用指南(第 2 册):控制用集成电路. 北京:机械工业出版社,2001
[3] 李宏. 电力电子设备用器件应用指南(第 3 册):传感、保护用和功率集成电路. 北京:机械工业出版社,2001
[4] 谢厚燕. 变流装置调试方法及原理. 北京:机械电子工业部第一装备司,1988
[5] 黄俊,王兆安. 电力电子变流技术. 第 3 版. 北京:机械工业出版社,1999
[6] 王兆安,张明勋. 电力电子设备设计和应用手册. 第 2 版. 北京:机械工业出版社,2002
[7] 郑澍,李宏. 一种主开关器件为功率 MOSFET 的新型开关电源. 机械工业自动化,1992,(3)
[8] 李宏,郑澍. 一种新型的中频晶体管逆变器. 电工技术杂志,1992,(9)
[9] 盛祖权,李宏等. 一种新型的串联变频方案. 冶金自动化,1990,(3)
[10] 李宏,赵栋等. 60kW 无刷直流电动机调速装置的研制. 变频技术应用,2007,(5)
[11] 李宏,李武周等. 一种具有可变频与调相位试验电源的研制. 变频技术应用,2007,(6)
[12] 李岩,李宏等. 多相位电源信号发生器的设计. 电力电子技术,2007,(3)
[13] 张忠民. 可控硅整流传动系统及其检修 100 例. 北京:水利电力出版社,1987
[14] 姜化善. 电力半导体变流装置的调试与维修. 北京:机械工业出版社,1990
[15] 张海山等. 晶闸管串级调速技术问答. 北京:石油工业出版社,1993
[16] 何希才等. 电动机控制与维修技术. 北京:人民邮电出版社,1998
[17] 杨思俊,朱伯年. 晶闸管中频电源基本知识. 杭州:浙江科学技术出版社,1989
[18] 厚魁,刘伟强. 变频器基础及应用. 北京:冶金工业出版社,1997
[19] 莫正康. 半导体变流技术. 第 2 版. 北京:机械工业出版社,2005
[20] 吕家元. 半导体变流技术. 天津:天津大学出版社,1988
[21] 赵广涛. 可控硅电源. 北京:人民邮电出版社,1982
[22] 何希才. 新型开关电源设计与维修. 北京:国防工业出版社,2001
[23] 冯垛生,张森. 变频器的应用与维护. 广州:华南理工大学出版社,2001
[24] 王晓明,王玲. 电动机的 DSP 控制——TI 公司 DSP 应用. 北京:北京航空航天大学出版社,2004
[25] 李宏,于苏华. 浅析大电流晶闸管直流电力电子成套装置的均流问题. 电气传动自动化(增刊),2001
[26] 李宏. 一种高精度低纹波晶闸管直流稳流电源. 电工技术杂志,2001,(7)
[27] 李宏. 带有电流微分闭环控制的 20kA 电弧炉直流电源. 电工技术杂志,2001,(3)
[28] 张明勋. 电力电子设备设计和应用手册. 北京:机械工业出版社,1990
[29] 张子旭. 自动控制系统分析与设计. 西安:陕西科学技术出版社,1997
[30] 李宏等. 浅谈高电压电力电子变流器中串联电力半导体器件的均压问题. 电气应用,2005,(12)
[31] 李宏等. 基于 CPLD 的相序自适应晶闸管数字触发器设计. 电气应用,2008,(1)
[32] 李宏. 全控型电力电子器件驱动技术的新进展. 电工技术杂志,2000,(10)

附录　电力电子变流设备介绍及选型

附录1　电力电子变流设备举例

下面介绍一些常用电力电子变流设备及其特点，这些设备均由陕西高科电力电子有限责任公司生产。

1. 晶闸管(二极管)直流电弧炉电源

如附表1和附图1所示，该设备吸收了德国AEG、SIMENS、美国ALD等世界著名公司的直流电弧炉电源技术的优点，是我国第一台大功率(75V/20kA)晶闸管直流电弧炉电源，一改传统的二极管整流带饱和电抗器调压方案，使我国直流电弧炉电源技术水平上了一个新台阶。经几代改型完善，现已系列化批量化生产，并为北京621所、宝鸡有色金属加工厂、中国航空材料研究院、山东枣庄钛业股份有限公司、宝鸡钛业股份有限公司等国内多家有色冶金行业配套。该电源具有效率高、调节精度高、响应速度快、均流效果好、稳定性高的优点，总成本较二极管整流带饱和电抗器调压方案低廉，工况PLC监控，状态全中文显示，且过载能力强，在2/3的主元器件损坏的情况下仍可满功率运行不停机，完全满足电弧炉熔化、起弧及补缩等工艺过程要求。

附表1　晶闸管(二极管)直流电弧电源参数

型　号	整流变压器交流输入		整流柜额定直流输出电压		整流柜主电路连接方式	外形尺寸(mm)		
	相　数	电压(kV)	电压(V)	电流(kA)		宽	深	高
KHST-65000/75	3	6,10,35	75	65	两双反星形同相逆并联框并联	6000	1000	2200
KHST-35000/75	3	6,10,35	75	35	双反星形同相逆并联	3000	1000	2200
KHST-30000/75	3	6,10,35	75	30	双反星形同相逆并联	3000	1000	2200
KHST-25000/75	3	6,10,35	45	25	双反星形同相逆并联	3000	1000	2200
KHST-20000/75	3	6,10,35	45	20	双反星形同相逆并联	3000	1000	2200
KHST-15000/75	3	6,10,35	75	15	双反星形同相逆并联	3000	1000	2200
KHST-12000/75	3	6,10,35	75	12	双反星形同相逆并联	3000	1000	2200
KHST-10000/75	3	6,10,35	75	10	双反星形同相逆并联	3000	1000	2200

续附表 1

型号	整流变压器交流输入		整流柜额定直流输出电压		整流柜主电路连接方式	外形尺寸(mm)		
	相数	电压(kV)	电压(V)	电流(kA)		宽	深	高
KHST-8000/75	3	0.38,6,10,35	75	8	双反星形	1600	1000	2200
KHST-6000/75	3	0.38,6,10,35	75	6	双反星形	1000	1000	2200

(a) 电弧炉电源

(b) 1t真空自耗电弧炉系统

附图 1 晶闸管(二极管)直流电弧炉电源

2. KGPS(KGPF)中频感应加热电源

如附表 2 及附图 2 所示,本系列产品是最新研制的第 6 代和第 7 代中频感应加热设备,应用拥有自立知识产权的全数字化扫频控制板,其最大功率容量已达5000kW,先后在国内目前最大的弯管系统之一——中国石化集团公司的 Φ720mm 弯管线及多家大型钢铁公司的炼钢炉上使用。采用优质快速晶闸管或高频晶闸管,具有稳压、稳流、恒功率调节功能及可靠性高、装置容量大、频率控制范围宽、重炉启动容易、对负载变化及种类适应性强等优点,可广泛应用于晶体生长、金属熔炼、淬火、透热、弯管等领域。

附表 2 KGPS(KGPF)中频感应加热电源参数

型号	交流输入电压(V)	交流输入相电流(A)	中频输出电压(V)	中频输出功率(kW)	频率范围(kHz)	外形尺寸(mm)		
						宽	深	高
KGPF-25/2.5	三相 380	三相 48	300	25		800	600	1800
KGPF-50/2.5	三相 380	三相 90	450	50		800 (1000)	600 (800)	1800 (2000)

续附表 2

型 号	交流输入电压(V)	交流输入相电流(A)	中频输出电压(V)	中频输出功率(kW)	频率范围(kHz)	外形尺寸(mm)		
						宽	深	高
KGPF(S)-100/2.5	三相 380	三相 180	750	100	0.4,0.5,1,25,4,8	1000	800	2000
KGPS-160/1.0	三相 380	三相 300	750	160		1200	1000	2200
KGPS-250/1.0	三相 380	三相 420	750	250		1200	1000	2200
KGPS-500/1.0	三相 380	三相 840	750	500		1600	1000	2200
KGPS-800/1.0	三相 660	三相 1148	1000	800		2400	1000	2200
KGPS-1000/0.5	三相 660	三相 1440	1000	1000		2400	1000	2200
KGPS-1500/0.5	三相 660	三相 1830	1200	1500		2400	1000	2200

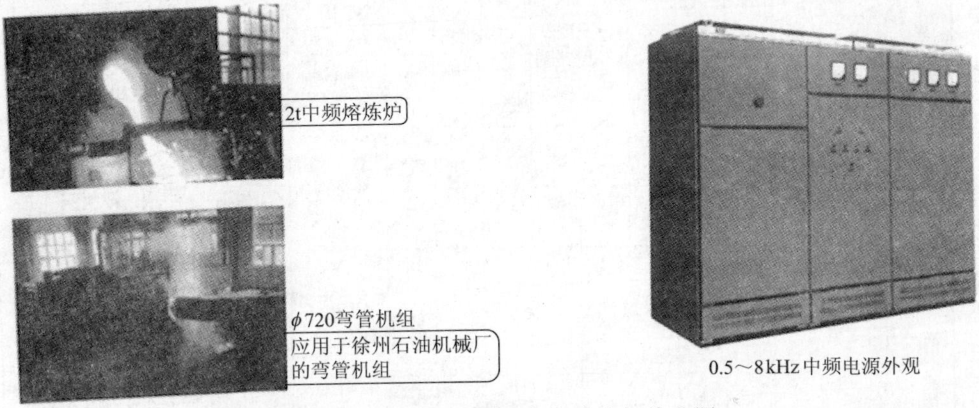

附图 2 KGPS(KGPF)中频感应加热电源

3. 大功率电解、碳化硅、电镀电源

大功率电解、碳化硅、电镀电源(附表 3 和附图 3)分油浸型、油浸水冷型和柜式水冷型三种,采用引进的美国 GE 公司生产线生产的整流管或晶闸管,其管芯应用丹麦进口的硅单晶制作,分不可控二极管硅整流型和晶闸管可控整流型。不可控二极管硅整流型外配多级有载调压整流变压器粗调,而以饱和电抗器细调或直接以增加有载调压开关级数细调来调节整流输出直流电压。晶闸管可控整流型输出电压的调节通过改变晶闸管的导通角直接完成,对用户要求调压范围宽的场合,亦可与整流变压器中的有载调压开关配合调压。晶闸管可控整流装置应用陕西高科电力电子有限责任公司的专利产品——模块型末级触发单元,可保证各并联晶闸管触发的同时性,实现良好的动态均流效果。各系列产品均具有过流保护、冷却系统故障、过压、元器件失效、水温过高、母线温度过高、熔断器熔断等保护及报警功能,各种保护及报警均应用西门子 PLC 监控,全中文界面,人机对话功能极强。

附表 3 大功率电解、碳化硅、电镀电源参数

型号	配套整流变压器交流输入		直流输出		主电路连接方式	外形尺寸(mm)			备注
	相数	电压(kV)	电压(V)	电流(kA)		宽	深	高	
Z(K)HS-45000/XXX	3	6,10,35	350～150	35	三相桥式同相逆并联	3200	1200	2600	用于电解、碳化硅系统、整流变压器外附
			150～30		双反星形同相逆并联				
Z(K)HS-40000/XXX	3	6,10,35	350～150	30	三相桥式同相逆并联	3200	1200	2600	
			150～30		双反星形同相逆并联				
Z(K)HS-35000/XXX	3	6,10,35	350～150	35	三相桥式同相逆并联	3000	1200	2600	
			150～30		双反星形同相逆并联				
Z(K)HS-30000/XXX	3	6,10,35	350～150	30	三相桥式同相逆并联	3000	1200	2600	
			150～30		双反星形同相逆并联				
Z(K)HS-28000/XXX	3	6,10,35	350～150	28	三相桥式同相逆并联	3000	1200	2600	
			150～30		双反星形同相逆并联				
Z(K)HS-20000/XXX	3	6,10,35	350～150	20	三相桥式同相逆并联	3000	1200	2200	
			150～30		双反星形同相逆并联				
Z(K)HS-15000/XXX	3	6,10,35	350～150	15	三相桥式同相逆并联	3000	1200	2200	
			150～30		双反星形				
Z(K)HS-12500/XXX	3	6,10,35	350～150	12.5	三相桥式同相逆并联	3000	1200	2200	
			150～30		双反星形				
Z(K)HS-12500/XXX	3	6,10,35	350～150	12.5	三相桥式同相逆并联	1600	1200	2200	
			150～30		双反星形				

续附表 3

<table>
<tr><th rowspan="2">型　号</th><th colspan="2">配套整流变压器交流输入</th><th colspan="2">直流输出</th><th rowspan="2">主电路连接方式</th><th colspan="3">外形尺寸(mm)</th><th rowspan="2">备　注</th></tr>
<tr><th>相　数</th><th>电压(kV)</th><th>电压(V)</th><th>电流(kA)</th><th>宽</th><th>深</th><th>高</th></tr>
<tr><td rowspan="2">Z(K)HS-10000/XXX</td><td rowspan="2">3</td><td rowspan="2">6,10,35</td><td>350～150</td><td rowspan="2">10</td><td>三相桥式</td><td rowspan="2">1600</td><td rowspan="2">1200</td><td rowspan="2">2200</td><td rowspan="8">用于电解、碳化硅系统、整流变压器外附</td></tr>
<tr><td>150～30</td><td>双反星形</td></tr>
<tr><td rowspan="2">Z(K)HS-8000/XXX</td><td rowspan="2">3</td><td rowspan="2">6,10,35</td><td>350～150</td><td rowspan="2">8</td><td>三相桥式</td><td rowspan="2">1600</td><td rowspan="2">1000</td><td rowspan="2">2200</td></tr>
<tr><td>150～30</td><td>双反星形</td></tr>
<tr><td rowspan="2">Z(K)HS-6000/XXX</td><td rowspan="2">3</td><td rowspan="2">0.38,6,10,35</td><td>350～150</td><td rowspan="2">6</td><td>三相桥式</td><td rowspan="2">1000</td><td rowspan="2">800</td><td rowspan="2">2200</td></tr>
<tr><td>150～30</td><td>双反星形</td></tr>
<tr><td rowspan="2">Z(K)HS-5000/XXX</td><td rowspan="2">3</td><td rowspan="2">0.38,6,10,35</td><td>350～150</td><td rowspan="2">5</td><td>三相桥式</td><td rowspan="2">1000</td><td rowspan="2">800</td><td rowspan="2">2200</td></tr>
<tr><td>150～30</td><td>双反星形</td></tr>
<tr><td>Z(K)DS-5000/XXX</td><td>3</td><td>0.38</td><td>3～30</td><td>5</td><td>双反星形</td><td>1000</td><td>800</td><td>2200</td><td rowspan="3">用于电镀系统变压器外附</td></tr>
<tr><td>Z(K)DS-4000/XXX</td><td>3</td><td>0.38</td><td>3～30</td><td>4</td><td>双反星形</td><td>1000</td><td>800</td><td>2200</td></tr>
<tr><td>Z(K)DS-3000/XXX</td><td>3</td><td>0.38</td><td>3～30</td><td>3</td><td>双反星形</td><td>800</td><td>800</td><td>2200</td></tr>
<tr><td>Z(K)DS-1500/XXX</td><td>3</td><td>0.38</td><td>3～30</td><td>1.5</td><td>双反星形</td><td>800</td><td>800</td><td>2200</td><td rowspan="2">用于电镀系统变压器柜内</td></tr>
<tr><td>Z(K)DS-1000/XXX</td><td>3</td><td>0.38</td><td>3～30</td><td>1</td><td>双反星形</td><td>800</td><td>800</td><td>2200</td></tr>
</table>

附图 3 大功率电解、碳化硅、电镀电源

附图 4 直流调速装置

4. 直流调速装置

如附图 4 及附表 4 所示，直流调速装置包括直流电动机励磁控制和直流电动机电枢供电控制两类，应用全进口控制软件，全数字化控制，具有性能稳定、控制精度高、抗干扰能力强、调速范围宽、控制方式灵活等优点。

5. 同步机及直流电动机励磁装置

本系列装置是吸收国内外先进技术研发出的供同步发电机、同步电动机、直流电动机励磁的装置，采用单一控制板、模块化结构，具有调试维护方便、结构紧凑、抗干扰性强、强励倍数可调及失频整步等优点，见附表 5、附表 6 及附图 5。

附表 4 直流调速装置参数

型号	整流变压器交流输入		整流柜额定直流输出		速度调节范围	整流变压器	整流柜外形尺寸(mm)		
	相数	电压(V)	电压(V)	电流(A)			宽	深	高
KSF-200/XXX	3	380	230/460	200	1∶50	内置/外附	800	800	2200
KSF-300/XXX	3	380	230/460	300	1∶50	内置/外附	800	800	2200
KSF-400/XXX	3	380	230/460	400	1∶50	外附	800	800	2200
KSF-500/XXX	3	380	230/460	500	1∶50	外附	800	800	2200
KSF-800/XXX	3	380	230/460	800	1∶50	外附	800	800	2200
KSF-1000/XXX	3	380	230/460	1000	1∶50	外附	1000	800	2200

附表5　同步发电机及直流发电机励磁装置参数(部分)

型　号	发电机电压(V)	额定直流输出		整流变压器	整流柜外形尺寸(mm)		
		电压(V)	电流(A)		宽	深	高
KGLF-100/40	6300	40	100	柜　内	1000	800	2200
KGLF-100/200	6300	200	100	外　附	1000	800	2200
KGLF-300/200	6300	200	300	外　附	1000	800	2200
KGLF-400/170	6300	170	400	外　附	1000	800	2200
KGLF-500/200	6300	200	500	外　附	1000	800	2200

附表6　同步电动机及直流电动机励磁装置参数(部分)

型　号	整流变压器交流输入		整流柜额定直流输出		强励倍数	整流变压器	整流柜外形尺寸(mm)		
	相　数	电压(V)	电压(V)	电流(A)			宽	深	高
KGLF-130/50	3	380	50	130	1.2～1.8	柜　内	800	800	2200
KGLF-200/90	3	380	90	200	1.2～1.8	柜　内	800	800	2200
KGLF-300/170	3	380	170	300	1.2～1.8	柜　内	800	800	2200
KGLF-450/170	3	380	170	450	1.2～1.8	外　附	800	800	2200
KGLF-600/75	3	380	75	600	1.2～1.8	外　附	800	800	2200

6. 交流调压(调功)装置

交流调压(调功)装置(附图6)具有高度稳压(恒功率)控制效果,采用进口高性能绝缘式晶闸管模块或引进美国GE公司生产线生产的平板型大功率晶闸管,全集成电路与数字化配合控制,具有电路简单、体积小、效率高、稳压精度高及抗干扰性能强等优点,功率范围可达3～2500kW。

7. 直流合闸(直流屏)电源装置

如附图7所示,本装置是专为供配电系统中高压开关合、分闸及故障保护系统

附图5　同步电动机及直流电动机励磁装置外观

附图6　交流调压(调功)装置

设计的电源，有晶闸管整流及高频开关直流模块两种方案，两种方案均可实现对蓄电池的恒电流充电、稳压充电和自动浮充充电功能。可按用户要求配备免维护电池或镉镍电池，应用陕西高科电力电子有限责任公司的专用控制板作为核心单元，具有恒流、恒压、浮充三种状态，三种状态可全自动切换，无需人工操作，便于实现自动化。产品设有过流和短路保护指示，并具有手动、自动调节功能。在额定容量范围 10～400A・h 内有多种规格供用户选择，输入供电电压为双交流。

8. 同步电动机及异步电动机软启动装置

在 8096 单片机系统控制下，采用晶闸管按可控调压方案实现电机的软启动，可降低启动电流，以保证供电电网电压稳定，可用于频繁启动的大功率交流电动机系统中。现已批量生产，并配套中国石化集团、中国石油天然气集团公司、鞍山钢铁公司、首都钢铁公司、攀枝花钢铁公司等国内大中型企业，功率范围 7.5～680kW(附图 8)。

附图 7 直流合闸(直流屏)电源装置

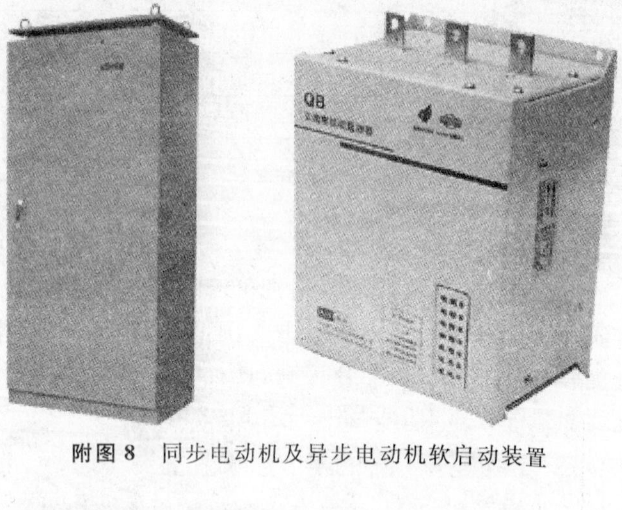

附图 8 同步电动机及异步电动机软启动装置

附图 9 功率因数补偿及滤波装置

9. IGBT 或 MOSFET 开关型直流稳压电源

该电源主电路采用电力半导体器件 IGBT 或 MOSFET，因此具有工作频率高、滤波器尺寸小、重量轻及效率高等优点，是取代线性晶体管稳压电源的新一代产品。额定输出电压在 24～1800V 范围内数挡可选，纹波含量低于 0.01%，是陕西高科电力电子有限责任公司拥有自主知识产权的产品，已配套中国人民解放军空军导弹部队。

10. 功率因数补偿及滤波装置

本装置(附图 9)是与电弧炉电源及电解、电镀电源配套的设备，用来对整流装置的功率因数和产生的高次谐波进行补偿和滤波，以改善电网质量，提高电网功率因数，实现电网的绿色化。产品分全自动补偿和手动补偿两种系统，应用陕西高科电力电子有限责任公司专门设计的控制器及滤波器多路切换装置，可保证电网功率因数范围为 0.92～1.0，从而实现最大节能。容量范围 100～50 000kvar。

附录 2　电力电子变流设备控制板和电力电子器件驱动板选型指南

在国内，许多公司都已开发出了各种电力半导体器件的系列控制板和驱动板，附表 7～附表 10 给出了如今已在国内有一定使用量，并已定型系列化生产的产品型号、性能特点及主要参数。

1. 晶闸管的触发控制板

附表 7 给出了常用的晶闸管触发控制板和晶闸管类电力电子变流设备控制板(陕西高科电力电子有限责任公司生产)的主要型号及性能参数。

附表 7　常用晶闸管触发控制板

分类	型号	性能特点	主要参数
单相触发控制板	JQC1.0	采用平面安装方式的单相全控、单相半控桥或双半波及半波晶闸管整流的移相触发控制板，内含 PI 调节器、脉冲功率放大电路、过压和过流保护、给定积分器及控制板自身工作的电源，该电源可供用户作给定、保护及取样电路使用，需外配脉冲变压器和整形电路才可触发晶闸管	工作电压：交流双 18V 输入同步电压：AC 30V 输入移相电压 U_K 范围：0～10V 移相范围：0°～178° 反馈信号幅值 U_f：AC 0～10V 保护输出接点容量：220V/1A 外形尺寸(长×宽×高)：170mm×105mm×22mm
	JQC1.1	该板应用 TCA785 作为主要芯片，是专为单相调功控温系统设计开发的晶闸管触发控制板。采用电子开关控制输出脉冲的通断，其余性能同 JQC1.0。可用于工业电炉及其他需调功控温的场合	工作电压：交流双 18V 输入同步电压：AC 30V 输入移相电压 U_K 范围：0～10V 移相范围：0°～178° 保护输出接点容量：220V/1A 外形尺寸(长×宽×高)：147mm×157mm×25mm
	KCZ2	主芯片为 TCA785，是晶闸管单相开环触发板。适用于主电路为单相桥式全控、单相桥式半控、单相双半波整流等系统作晶闸管的触发，输出为脉冲列，内含工作电源部分。可用于单相直流或交流调压、调速装置	工作电压：交流双 18V 输入移相电压 U_K 范围：0～10V 移相范围：0°～178° 保护输出接点容量：220V/1A 外形尺寸(长×宽×高)：147mm×86mm×30mm
	KCZ4-1T	主芯片为 TCA785，是晶闸管单相闭环触发板。在使用中，它不需外接同步变压器、电源变压器及脉冲变压器，可用于单相桥式全控、半控、半波整流及调压系统作晶闸管的触发，所以可用于电动机励磁、小功率直流调速、小功率电解和电镀及直流电源等系统	工作电压：交流双 18V 输入移相电压 U_K 范围：0～10V 移相范围：0°～180° 外形尺寸(长×宽×高)：260mm×155mm×55mm

续附表 7

分类	型号	性能特点	主要参数
单相触发控制板	KCZ4-1TS2	弥补了 KCZ4-1T 控制板只能用于单闭环系统的不足，既可用于单闭环系统，又可用于双闭环系统，是保护功能完善的晶闸管三相多功能闭环控制板。它在 KCZ4-1T 控制板的基础上增加了较多功能，可直流反馈，亦可交流反馈，可电压反馈，亦可电流反馈，灵活性强。板内含有保护后的复位环节	工作电源电压：220V 反馈信号幅值：电压反馈为 0～10V，电流反馈为 0～100mA 输入移相控制电压范围：直流 0～10V 移相范围：0°～180° 保护后输出节点容量：220V/1A 或 380V/0.5A 外形尺寸(长×宽×高)：260mm×155mm×55mm
	KBC2M-1	单相闭环控制触发板，具有稳压、稳流、限压、限流等功能，板内带有双闭环 PI 调节器，锯齿波脉冲形成电路，自身带工作电源和脉冲变压器。适用于单相半控桥式整流电路	交流供电电压：交流双 18V 电压反馈电压：直流 12V 单端输入移相范围：0°～180° 脉冲宽度：25° 外形尺寸(长×宽×高)：208mm×125mm×35mm
	KKC2M-1	单相开环过零触发板，可用于交流调压、调功、整流系统，带软启动功能，可相控或过零触发用，还可与自动化仪表接口，实现闭环控制	外形尺寸(长×宽×高)：205mm×140mm×30mm 其余参数同 KBC2M-1 板
	KBC4M-1	单相全桥闭环控制触发板，有稳压或稳流、限压或限流等功能，可控制单相全桥进行有源逆变，自身带有软启动功能，可用于充、放电或单相稳压、稳流电源系统	外形尺寸(长×宽×高)：208mm×165mm×30mm 其余参数同 KBC2M-1 板
	KCZB	通用三相晶闸管触发控制板，内含给定积分、过压、过流、电流截止、缺相等保护功能，板内自带脉冲功率放大和整形电路。输出可直接触发三相电路中的晶闸管。板内还含有一个闭环调节器，可按用户的设定，对控制系统的输出电压(或电流)或其他参数进行闭环调节，可从多个实施给定信号的控制台位进行控制	电源电压：两组三相交流 9V 同步电压：三相交流 30V 输出最大脉冲峰值电流：400mA 外形尺寸(长×宽×高)：255mm×190mm×30mm
	KCZB1.1	在 KCZB 板的基础上增加了保护自复位功能，其余指标同 KCZB 板。特别适用于晶闸管三相全控桥、三相半控桥、三相半波、双反星形系统中使用，已出口到东南亚等国	保护后继电器输出接点容量：220V/1A、380V/0.5A 外形尺寸(长×宽×高)：242mm×203mm×30mm

续附表 7

分 类	型 号	性能特点	主要参数
三相触发控制板	KCZ6-1T	主芯片为 TC787,使用中不需要外配同步变压器及电源变压器,具有自对相及相位自适应功能,板内含脉冲形成、整形、功率放大、脉冲隔离、可直接触发晶闸管。板内还含有给定积分、过电压和过电流、电流截止、负载短路等保护功能,板内应用 IP 闭环调节器,使比例和积分部分单独解耦调节,其性能比常规使用的 PI 调节器要优越得多,而且在工程实际应用中调节更为方便。可在三相全控桥、三相半控桥、三相半波、双反星形整流系统、直流电动机调速系统及三相交流调压系统中用作晶闸管的触发	工作电源电压:单相交流 220V 同步输入电压:三相交流 30~380V 内的任意值 输出脉冲移相范围:0°~177° 移相控制电压:0~12V
	KCZ6-1TS2	在 KCZ6-1T 板的基础上增加了很多功能,既可用于单闭环系统,又可用于双闭环系统	工作电源电压:单相交流 380V 同步电压:24~660V 线电压的使用范围 输入移相控制电压范围:直流 0~10V 输出脉冲移相范围:0°~177° 外形尺寸(长×宽×高):280mm×190mm×52mm
	KCZ6-2T	该板需外配脉冲末级板(一单元六个或三单元两个),可满足不同容量晶闸管及不同晶闸管变流装置触发的要求。使用同一种控制板,通过改变脉冲变压器类型,使其可满足单个晶闸管或多个晶闸管并联系统的需要。其余指标同 KCZ6-1T 控制板。适用于三相全控(半控)桥、三相零式、双反星形及三相交流可控开关,根据不同的反馈信号,可组成直流调速系统、恒电压系统、恒电流及温控系统	工作电源电压:单相交流 380V 同步输入电压:三相交流 30~380V 内的任意值 输出脉冲移相范围:0°~177° 移相控制电压:0~12V
	KCZ6-3T	该板主芯片为三只 TCA785 和一只 KJ041,具有同步电压频率自动跟踪与自适应功能,输出六路相位互差 60°的触发脉冲,输出脉冲为双窄脉冲,脉冲宽度可以通过改变板内的电容进行调节,输出六路触发脉冲的不平衡度或不对称度小,板内含有电源变压器、脉冲功放单元,具有适应同步电压幅值范围宽、留有故障时封锁输出脉冲的接口等优良性能。可用于三相全控或三相半控系统作为晶闸管的触发控制单元	工作电源电压:单相 380V,50Hz 输出脉冲幅值:六路双窄脉冲,幅值 24V 输出脉冲电流峰值:每路最大 200mA 可自跟踪与自适应同步电压频率变化范围:45~160Hz 保护后输出继电器触点容量:直流 24V/5A 或交流 220V/2A 移相控制电压 U_K 范围:0~10V 外形尺寸(长×宽×高):310mm×190mm×55mm

续附表 7

分类	型号	性能特点	主要参数
三相触发控制板	KCZ6-3T	该板主芯片为三只 TCA785 和一只 KJ041，具有同步电压频率自动跟踪与自适应功能，输出六路相位互差60°的触发脉冲，输出脉冲为双窄脉冲，脉冲宽度可以通过改变板内的电容进行调节，输出六路触发脉冲的不平衡度或不对称度小，板内含有电源变压器、脉冲功放单元，具有适应同步电压幅值范围宽、留有故障时封锁输出脉冲的接口等优良性能。可用于三相全控或三相半控系统作为晶闸管的触发控制单元	工作电源电压：单相 380V，50Hz 输出脉冲幅值：六路双窄脉冲，幅值 24V 输出脉冲电流峰值：每路最大 200mA 可自跟踪与自适应同步电压频率变化范围：45～160Hz 保护后输出继电器触点容量：直流 24V/5A 或交流 220V/2A 移相控制电压 U_K 范围：0～10V 外形尺寸(长×宽×高)：310mm×190mm×55mm
	KCZS6M-1	采用 SGK-198 专用集成电路芯片开发的全数字式晶闸管开环触发控制板，它具有数字化控制，输出脉冲对称性好，具有缺相、外部故障(如冷却水系统故障)、自身工作电源欠压保护功能。使用中可用同步变压器也可不用同步变压器，具有自对相序功能等优良性能，可用来取代模拟式 KCZ6.0 控制板	供电电源 380V，负载电流最大 0.1A 同步输入电压范围：30～380V/0.1A 输出脉冲移相范围：0°～150° 移相控制电压：0～12V 外形尺寸(长×宽×高)：195mm×245mm×55mm
	KCZS6M-2	是在 KCZ6SM-1 数字式开环晶闸管触发控制板上增加过压、过流保护及给定积分功能而开发的控制板，其余指标同 KCZS6M-1 板，可用于三相可控整流及三相交流调压系统	外形尺寸(长×宽×高)：215mm×260mm×55mm 其余参数同 KCZS6M-1
	KCZS6M-3	是在 KCZ6SM-2 数字式带有保护功能的晶闸管触发控制板的基础上增加一个闭环调节器而开发的控制板，其余指标同 KCZS6M-1。该控制板可用来取代 KCZ6.2、KCZ6-1T、JQC3.1 型三相晶闸管全桥控制板而用于三相可控整流及三相交流调压系统	外形尺寸(长×宽×高)：230mm×255mm×55mm 其余参数同 KCZS6M-1
	KCZ6F-1	是在 KCZS6M-3 数字式带有保护功能的闭环晶闸管触发控制板的基础上增加许多直流电弧炉工艺的特殊要求而开发的控制板，该控制板既可用于直流电弧炉电源控制系统，也可用来取代 KCZ6.2、KCZ6-1T、JQC3.1 型三相晶闸管全桥控制板而用于三相可控整流及三相交流调压系统	外形尺寸(长×宽×高)：270mm×210mm×55mm 其余参数同 KCZS6M-1

续附表 7

分　类	型　号	性能特点	主要参数
三相触发控制板	JQC-3.1	三相半控晶闸管触发控制板，具有稳压、稳流供选择，主芯片为 TCA785，板内含有脉冲封锁单元，保证启动或停机时主电路中主接触器在零电流下合闸及分闸。具有可进行过压、过流保护及保护后延时自动复位等功能，保护到延时复位的时间可以调节	工作电压：三路交流 8V、9V 及 30V 给定积分时间：0～30s 内可调 保护后自动复位时间：0～10s 移相范围：0～10V 外形尺寸（长×宽×高）：220mm×217mm×38mm
	KCZ6.0	采用平面式安装的开环三相晶闸管触发板，用 TC787 作为主控制芯片，输出为脉冲列，板内含有脉冲功率放大及为自身工作提供直流电源的整流电源部分，具有独立封脉冲端。可用于三相桥式全控、半控及三相半波或双反星形电路中作晶闸管的移相触发用	工作电压：交流双 18V 及三相 30V 移相控制电压 U_K 范围：12～0V 外形尺寸（长×宽×高）：152mm×68mm×23mm
	KCZ6.1	开环三相晶闸管触发板，与 KCZ6.0 板相比，增加了差分器，控制逻辑为正逻辑，同时增加了给定积分器、过流（或过压）保护功能，给定积分时间可由用户整定，输出同样为脉冲列	工作电压：交流双 18V 输入同步信号：三相 30V 输入移相控制电压 U_K：0～12V 保护输出接点容量：220V/2A 外形尺寸（长×宽×高）：152mm×112mm×22mm
	KCZ6.2	单闭环三相晶闸管触发板，在 KCZ6.1 的基础上增加了一路保护功能和 PI 调节器，有最大 α 和最小 α 角限制功能，板内含有脉冲功率放大、反馈系数调节、保护门槛可按用户要求整定等功能	工作电压：交流双 18V 及三相 30V 控制电压 U_{CC}：0～12V 移相范围：0°～177° 外形尺寸（长×宽×高）：144mm×103mm×22mm
	KCZ6.3	开环三相晶闸管触发板，性能与 KCZ6.1 的差别仅在于 KCZ6.3 为反逻辑（即给定 U_K 最大，控制角 α 最大）工作，而 KCZ6.1 板给定 U_K 最大，控制角 α 最小	输入信号 U_f 范围：0～10V 允许最大脉冲电流：150mA 保护输出接点容量：交流 220V/1A 外形尺寸（长×宽×高）：152mm×95mm×22mm
	KCZ6.4	在 KCZ6.2 的基础上改 PI 调节器为开关控制而开发设计的，在反馈回路中增加低零漂高放大倍数的放大器，特别适用于在低反馈取样值（如 mV 级）的系统中进行闭环调节和控制，可用于交流调压控温系统作温度控制和调节用	输出电源电压：±15V，+24V 输入工作电压：双交流 18V 输入同步工作电压：三相 30V 移相控制电压范围 U_K：0～12V 反馈取样信号范围：0～75mV 外形尺寸（长×宽×高）：142mm×128mm×22mm

续附表 7

分类	型号	性能特点	主要参数
三相触发控制板	KCZ6.5	具有相位自适应功能的数字化三相全控（半控）触发控制板，使用中不需要确定三相电压的相位，无需外配同步变压器和电源变压器，内含脉冲变压器，具有故障封锁、缺相检测判断和保护功能，输出为脉冲列。可直接触发 2500A 以下的六个晶闸管	输入电源电压范围：AC 单相 220V 同步电压范围：三相 24～380V 移相范围：0°～178° 控制电压 U_K：0～5V 外形尺寸（长×宽×高）：192mm×154mm×45mm
	KBSC3M-1	三相半控桥控制触发板，内含 PI 调节器，限压、限流、过流保护等功能，板内主要由电源、闭环调节器、移相控制、脉冲形成、脉冲功率放大及脉冲变压器组成。适用于三相半控桥及三相半波控制系统	移相范围：0°～210° 外形尺寸（长×宽×高）：275mm×205mm×35mm 其余指标同 KFSC6M-1
	KKSC6M-1	三相开环过零触发板，适用于三相交流调压、调功、整流系统，带软启动，可相控和过零触发，输出为双窄脉冲，占空比可调，板内带有故障指示发光二极管，可配自动化仪表使用，可以组成闭环控制系统	给定电压：1～5V 或直流 4～20mA 外形尺寸（长×宽×高）：295mm×200mm×30mm 其余指标同 KFSC6M-1
	KBSC6M-1 KBSC6F-1	三相闭环触发控制板，内含 PI 调节器，具有限压、限流、过流、缺相等多种保护和指示功能，适用于三相交流调压、整流及有源逆变系统，KBSC6M-1 与 KBSC6F-1 的差别在于前者带脉冲变压器，后者不带	外形尺寸（长×宽×高）： KBSC6M-1 为 340mm×205mm×35mm KBSC6F-1 为 310mm×205mm×35mm
晶闸管类中频电力电子成套装置控制板	KGPSⅢ	专为中频电源开发的零压启动板，内含三相晶闸管整流桥和单相晶闸管逆变桥触发控制电路及保护电路。适用于工作频率为 400Hz～2.5kHz、功率为 250～1000kW 的晶闸管中频电源系统作控制核心使用，采用零压启动方式，单块大板结构	工作电源电压：交流双 18V 及一路独立的交流 18V 给定电压：直流 0～10V 取样信号：交流 0～10V
	KGPSⅣ型控制板	应用专利技术开发的晶闸管中频电源触发控制板，它由三个获专利的专用模块单元构成，具有过压、过流、截压、截流保护功能，启动方式为撞击式，采用单块大板结构	工作电源电压：交流双 18V 同步工作电源电压：交流三相 30V 及直流 20V 移相电压范围：0～10V 外形尺寸（长×宽×高）：97mm×120mm×20mm
	KGPSⅤ型控制板	单块大板结构，采用扫频启动方式，是应用锁相环构成的晶闸管中频扫频式控制板，具有使用调试方便、保护功能齐全、调整方便等优点	工作电源电压：交流双 18V 移相电压范围：直流 0～10V

续附表7

分类	型号	性能特点	主要参数
晶闸管类中频电力电子成套装置控制板	KGPSⅥ	单块大板结构,应用可编程逻辑智能化控制芯片 SGK199,自对相,扫频启动,数字触发,具有可靠性高、脉冲对称度好、抗干扰能力强、反应速度快等特点,又由于有相序自适应电路,所以无需同步变压器	主电路进线额定电压:100～660V(50Hz) 控制供电电源:单相 17V/2A 整流触发脉冲移相范围:0°～130° 逆变频率:400Hz～8kHz 外形尺寸(长×宽×高):246mm×180mm×30mm
	KGPSⅦ	该板为12脉波晶闸管中频电源控制板,控制核心由两个可编程逻辑智能化控制芯片 SGK199 组成,自对相,扫频启动,具有可靠性高、脉冲对称度高、抗干扰能力强、反应速度快等特点,又由于有相序自适应电路,无需同步变压器	外形尺寸(长×宽×高):295mm×246mm×30mm 其余指标同 KGPSⅥ
晶闸管类电力电子成套装置控制板	KGS	专为直流电动机调速而设计的专用控制板,内含双闭环调节器,具有过压、过流、缺相、错相、电流截止等保护功能。输出八路触发脉冲,可触发给电动机电枢供电电路中的六个晶闸管及控制电动机励磁的单相桥式半控励磁回路中的两个晶闸管	输入三相同步电压:三相 30V 输入控制电压:交流两组 16V 及 14V 输入给定控制电压:0～10V 外形尺寸(长×宽×高):327mm×202mm×30mm
	KCZ1	专为小功率直流电动机调速而开发的专用控制板,应用 TCA785 为主芯片,内含双闭环调节器,过流保护单元,并带有脉冲隔离、脉冲整形及抗干扰环节。输出可直接触发四个晶闸管,可方便地用于单相全控桥、单相半控桥式及双半波电路作晶闸管的触发用	输入工作电压:交流双 18V、0.5A 输入移相电压 U_K 范围:0～12V 移相范围 α:0°～170° 输入反馈电压或转速值:0～－12V直流 输入反馈电流 I_f 范围:交流 0～10V/0.1A 外形尺寸(长×宽×高):164mm×149mm×30mm
	TDLF	专为同步电动机励磁而开发的专用控制板,板内含有 PI 调节器,可进行恒流或恒压控制。内含脉冲形成、脉冲功率放大、脉冲整形、脉冲变压器及失步保护、失步自整定、过压、过流、负载短路等保护与报警显示功能	工作电源电压:单相 220V 同步电压:三相 3～380V 移相控制电压范围:0～10V 反馈电压(或电流):0～10V
	KC-13A	专为晶闸管镍镉直流屏开发的专用控制板,板内含有脉冲形成、脉冲功率放大及整形部分,并含给定积分、单闭环 PI 调节器。它能自动对直流屏系统的电池电压进行采样。当电池电压＜210V 时进行恒流充电,当电池电压充到 270V 以上时自动切换到恒压充电。恒压充电 7h 后自动转入浮充状态	供电电压:三相 17V(相电压) 输出最大脉冲电流:400mA 电流取样输入值:直流 75mV 电池电压取样值:直流 0～260V

续附表 7

分类	型号	性能特点	主要参数
晶闸管类电力电子成套装置控制板	KFSC6M-1	专为蓄电池充、放电电源设计的控制板，内含给定积分、PI调节器、限压、限流、过流、缺相等多种保护及指示功能。适用于三相全控桥式及三相反并联交流调压系统	供电电压：交流三路18V 交流同步电压：三相四线制10V，0.5A 电压、电流反馈信号幅值分别为12V及0～1V 外形尺寸(长×宽×高)：45mm×205mm×35mm
	KDSC6M-1	是专为稳压或稳流电源而设计的触发控制板，内含给定积分器、PI调节器，触发脉冲形成、脉冲功率放大和隔离单元，输出可直接触发晶闸管。适用于主电路为三相桥式全控的系统	外形尺寸(长×宽×高)：80mm×205mm×35mm 其余参数同KKSC6M-1
	KZSC6M-1 KZSC6F-1	是专为直流电机调速系统开发的双闭环控制板，内含自身工作电源形成的整流环节、给定积分、双闭环PI调节器、电压和电流反馈、移相控制、脉冲形成、脉冲功率放大等单元，并有丢脉冲自动补偿、故障检测、综合逻辑控制等功能。KZSC6M-1板上直接带有脉冲变压器，输出可直接触发晶闸管；而KZSC6F-1板上不带脉冲变压器，需外配脉冲末级板才可触发晶闸管	电流反馈信号：直流2V或交流100mA 外形尺寸(长×宽×高)： KZSC6M-1：70mm×205mm×40mm KZSC6F-1：340mm×205mm×40mm
	KZC2M-2	是为单相直流调速开发设计的触发控制板，既可用于单相系统直流电机的电枢控制，还可用于其励磁控制回路。板内含速度闭环、电流闭环的双闭环调节器及脉冲形成电路、直流工作电源及脉冲变压器	供电电源电压：交流双18V、0.5A 电流反馈信号：单端输入直流2V或直流75mV 外形尺寸(长×宽×高)：205mm×145mm×30mm
	KRSC6M-1 KRSC6F-1	是为三相交流电动机软启动装置而设计开发的专用控制板，亦可用于需要软启动功能的晶闸管交、直流电源系统。脉冲的移相、定宽调制均实现数字化，触发器部分在使用中不需要任何调整，用户使用中仅需调整保护门槛设定电位器。KRSC6M-1与KRSC6F-1的区别是前者带有脉冲变压器，而后者不带	脉冲信号宽度：70° 故障及启动完成输出信号接点容量：48V/2A直流 外形尺寸(长×宽×高)： KRSC6M-1：355mm×205mm×40mm KRSC6F-1：325mm×205mm×40mm
	KLSC6M-1 KLSC6F-1	是为三相交流同步电动机设计的励磁控制触发板，具有全数字化、触发部分使用时不需任何调整、可靠性高、脉冲对称度好、抗干扰能力强及反应速度快等优点。采用测滑差投励方式，保证了投励转速为额定转速的95%，提高了投励成功率	电压反馈信号：直流50V 脉冲信号宽度：12° 双窄脉冲间隔：60° 外形尺寸(长×宽×高)： KLSC6M-1：305mm×205mm×40mm KLSC6F-1：275mm×205mm×40mm

续附表 7

分 类	型 号	性能特点	主要参数
晶闸管类电力电子成套装置控制板	KHSC6M-1 KHSC6F-1	是专为电化学整流器如电解、电镀系统而设计的控制板，是在 KBSC6M-1 及 KBSC6F-1 的基础上改进形成的，增加了电流、电压给定积分器、外部开环给定等功能。适用于三相桥式全控整流及双反星形晶闸管整流类电力电子设备中作控制单元使用。同样，KHSC6M-1 自身带有脉冲变压器和整形电路，输出可直接触发晶闸管，而 KHSC6F-1 不带脉冲变压器	脉冲对称度<0.5° 软启动时间：5～15s 故障保护接点输出容量：直流 48V/2A 外形尺寸(长×宽×高)： KHSC6M-1：340mm × 205mm × 35mm KHSC6F-1：310mm × 205mm × 35mm
	KZSC6M-2	是为他励直流电动机恒转矩调速和恒功率调速而开发的非独立励磁控制板，板内含给定积分器、速度调节器、电流调节器、电枢电势检测、移相控制脉冲功率放大及脉冲变压器等功能单元，输出可直接触发晶闸管。适用于三相桥式全控晶闸管整流系统	移相范围 α：0°～150° 外形尺寸(长×宽×高)：370mm×205mm×40mm 其余参数同 KFSC6M-1

2. 晶闸管类电力电子变流设备配套件

附表 8 给出了晶闸管类电力电子变流设备配套件(陕西高科电力电子有限责任公司生产)的型号、性能特点及主要参数。

附表 8 晶闸管类电力电子变流设备的配套件型号、性能特点及主要参数

分 类	型 号	性能特点	主要参数
脉冲变压器	MB1	外壳为塑料压模件，可直接焊接在印刷板上使用，可按用户的要求制成变比为 1∶1、2∶1 或 3∶1。适用于调制脉冲列工作	工作调制脉冲频率：5～10kHz 一次侧、二次侧耐压及其对外壳耐压：2500V_{RMS}，1min 外形尺寸(长×宽×高)：25mm×25mm×25mm 安装孔距：50mm
	MB2	应用 E 型铁心绕制，线圈采用软线引出，使用中需用螺钉固定，有二次侧单绕组和双绕组两种类型，宽脉冲及调制脉冲均可工作	一次侧、二次侧耐压及其对外壳耐压：2500V_{RMS}，1min 外形尺寸(长×宽×高)：38mm×30mm×32mm 安装孔距：50mm×50mm
同步变压器	MB	有三相、单相两种类型，适用于单相及三相晶闸类电力电子变流设备中作同步电源，单相变比分 380V/30V 和 220V/30V 两种。三相一次侧、二次侧为开口接线，用户可按主电路的主变压器接法将同步变压器接为△/Y或Y/Y形式，并可随绕组头尾相连次序的不同而满足不同接法点数的需要	铁心形式：单相 C 型铁心 容量：单相为 15V·A，三相为 25V·A 外形尺寸：三相类型的长×宽×高为 74mm×40mm×60mm 安装孔距：50mm×50mm

续附表 8

分类	型号	性能特点	主要参数
脉冲末级板	MJ1	是为单个晶闸管配套的一单元脉冲及脉冲整形板，可用来触发电流容量在2500A以下的一个晶闸管	脉冲变压器变比：1∶1、2∶1或3∶2 外形尺寸（长×宽×高）：100mm×75mm×34mm 安装尺寸：93mm×68mm
	MJ2	是两个单独晶闸管脉冲隔离与整形环节的集成，可用来触发两个容量在1650A以下的晶闸管，调制脉冲工作，带有脉冲正常指示。可用在单相桥式半控或单相桥式全控电路中与不带脉冲变压器的晶闸管控制板配合使用	脉冲变压器变比：2∶1 一次侧、二次侧隔离电压：2500V_{RMS} 外形尺寸（长×宽×高）：90mm×68mm×28mm 平面安装孔距：80mm×56mm，四孔4-Φ3.5
	MJ3	是三个单独晶闸管脉冲隔离与脉冲整形环节的集成，可用来触发容量在1650A以下的晶闸管，调制脉冲工作，带有脉冲正常指示。可用在三相桥式全控及三相桥式半控整流或三相交流调压晶闸管类电力电子变流设备中，与不带脉冲变压器的多种触发控制板如KCZ6.0、KCZ6.2、KHSC6F-1配套使用	脉冲变压器变比：2∶1 输出最大脉冲电流：600mA 一次侧、二次侧隔离电压：2500V_{RMS} 外形尺寸（长×宽×高）：98mm×90mm×28mm 平面安装孔距：88mm×80mm，四孔4-Φ3.5
	MJ4	可看做两块MJ2的合成，广泛用于单相桥式全控或单相全控交流调压系统，与不带脉冲变压器的晶闸管触发控制板如JQC1.0、KJZ2等配套使用	外形尺寸（长×宽×高）：128mm×90mm×28mm 平面安装孔距：118mm×80mm，四孔4-Φ4.5 其余参数同MJ2
	MJ6	可看做两块MJ3的集成，广泛应用于三相桥式全控或三相全控交流调压系统，与不带脉冲变压器的晶闸管触发控制板如KCZ6.0、KCZ6.1、KCZ6.3、KHSC6F-1等配套使用	外形尺寸（长×宽×高）：191mm×96mm×28mm 平面安装孔距（长×宽）：181mm×82mm，四孔4-Φ4.5 其余参数同MJ3
	MJ1.1～MJ6.1	是专为触发大电流晶闸管如电流容量在3000A以上的晶闸管设计的，采用光电隔离技术，省去了常规的脉冲变压器。工作时每路需独立的电源，从而构成电子式触发电路，且触发脉冲带有强触发功能，脉冲前沿<0.4μs，MJ1.1～MJ6.1分别对应触发1～6个并联晶闸管的范围。特别适用于电化学等晶闸管电力电子变流设备中作多个并联晶闸管的触发用，从而保证各个并联晶闸管触发导通时刻彼此误差极小	工作供电电源电压：AC 14V 强触发脉冲幅度：≥6A 输出脉冲上升沿最大延时：0.4μs 可触发晶闸管的最大电流容量：4500A，最多可同时触发6个4500A的晶闸管 一次侧、二次侧隔离电压：$U_{iso}\geq$ 2500V_{RMS}

续附表 8

分类	型号	性能特点	主要参数
脉冲末级板	KMF-1 KMF-2	一单元脉冲末级板，性能指标类似MJ1板	工作电源电压：DC 24V/0.5A 最大触发脉冲电流：1A 外形尺寸(长×宽×高)： KMF-1：85mm×60mm×45mm KMF-2：80mm×60mm×45mm
	KMF-4	是为并联应用而设计的脉冲触发模块，外壳为ABS塑料，环氧树脂封装，带有脉冲指示端，对外接线端子连接，使用极为方便，性能类似于MJ1.1	强触发脉冲电流：1A 脉冲前沿上升时间<1μs 外形尺寸(长×宽×高)：80mm×60mm×45mm
	KMF-5 KMF-7	均为适应双窄脉冲触发板配套使用而开发的，所以脉冲不调制。采用塑料压模件外壳，环氧树脂封装，具有前沿陡度好、高可靠性、防震、防潮等特点	工作电源电压：24V/0.5A 最大触发脉冲电流：1A 外形尺寸(长×宽×高)：80mm×60mm×45mm
	KMF-6 KMF-8	是在KMF-5与KMF-7的基础上改型而成的，所以适用于宽脉冲列工作，脉冲宽度可达90°，其余指标同KMF-5、KMF-7	工作电源电压：24V/0.5A 工作调制频率：30kHz 外形尺寸(长×宽×高)：80mm×60mm×45mm
取样及保护板	KYB-1	是专为电力电子变流设备中电压取样而设计的，由高阻输入网络和差模运算放大器组成，所需工作电源可由系统中应用的触发板提供。用于将主电路的直流高压变换成控制板所需要的电压反馈信号	工作电源：DC±15V/20mA 输入额定电压：DC 440V、220V或110V 最大输出电压：DC 8V 外形尺寸(长×宽×高)：140mm×120mm×30mm
	KLB-1	无功电流检测板，用于将同步电动机的无功电流信号转换成电压信号	输入额定电压：DC 440V、220V或110V 输入额定电流：AC 5A 输出电压信号：DC 5V 外形尺寸(长×宽×高)：140mm×130mm×30mm
	KLMC-1	主要用于同步电动机直流励磁回路的自动灭磁保护系统	额定励磁电压<200V 最大外形尺寸(长×宽×高)：150mm×140mm×40mm
直流屏配套控制板	JC-13A	专为KC-13型镉镍屏控制板配套的输出直流电压稳压切换板，用来控制串在主电路中硅链的个数，以实现输出直流电压的稳定	工作电源电压：DC±15V 输入电压：DC+220～+260V 输出接点容量：DC+24V/5A、+220V/0.1A分为5路

3. 电力晶体管(GTR)驱动板

电力晶体管应用的关键问题是其基极驱动电路与保护电路的合理设计。为防止驱动电路不良而造成GTR二次击穿等故障引起的损坏，陕西高科电力电子有限责任公司开发出GTC系列电力晶体管专用GTR基极驱动板。附表9给出了它们的型号、设计特点和性能、主要参数及应用领域。

附表9 电力晶体管GTR基极驱动板简表

型 号	设计特点和性能	主要参数	应用领域
GTC3.0	是单相半桥多功能电力GTR基极驱动板，用HL202作为核心控制单元。内含积分器和PWM脉冲形成电路，积分上升和下降时间可调，具有退饱和及负电源欠压就地分散保护和过压、欠压、过流、直通、短路集中式保护功能，且各自的保护门槛可人为调节与设定。可以直接驱动额定容量为100A/1200V以下的双单元GTR模块	工作电源电压：3路独立的AC 18V/0.5A；2路电位彼此隔离的AC 9V和2路电位彼此隔离的AC 7V 外形尺寸(长×宽×高)：198mm×140mm×40mm	单相直流PWM调速系统，单相半桥逆变器及开关电源等
GTC3.1	以自保护型GTR基极驱动厚膜集成电路HL202为核心单元，具有对被驱动GTR退饱和及负电源欠压就地分散式保护功能。可用于额定容量为100A/1200V的一单元GTR模块之直接驱动	工作电源电压：DC+15V、AC 9V及AC 7V共3个电位彼此隔离的电源 驱动GTR最大容量：100A/1200V以内 外形尺寸(长×宽×高)：130mm×65mm×30mm	GTR斩波器，多块使用，可用于单相和三相逆变系统
GTC3.2	可以看做2个GTC3.1控制板的集成，需要5个独立电源才可工作。可以用来驱动额定容量为100A/1200V以内的单相半桥逆变器中的2个GTR模块，2个或3个同样的控制板同时使用，可用于单相或三相桥式逆变器	工作电源电压：DC+15V、双AC 9V及双AC 7V或DC+15V、双DC+11V及双DC+9V共5个电位彼此隔离的电源 外形尺寸(长×宽×高)：110mm×130mm×30mm	GTR单相或GTR三相逆变系统
GTC3.4	可以看做4块GTC3.1控制板的集成，可对被驱动GTR进行退饱和及负电源欠压就地分散保护。可用来实现额定容量在100A/1200V以内的单相全桥逆变器中4个GTR的直接驱动	工作电源电压：1路DC+15V、4路AC 9V及4路AC 7V，或1路DC+15V、4路DC+9V，4路DC+11V共9个电位彼此隔离的电源 外形尺寸(长×宽×高)：220mm×130mm×30mm	GTR单相桥式逆变器
GTC3.6	内部含有6个独立的可驱动200A/1200V以内GTR模块的全部电路及提供工作电源的整流部分。输入可直接接用户的控制脉冲形成电路，可对被驱动的6个GTR中的每一个进行有效快速的过流、欠驱动、过驱动及本驱动单元欠压的就地分散保护。输出可直接与主电路中GTR的基极、集电极及发射极相连	工作电源：共13个电位彼此隔离的电源，其中1路DC+15V，6路AC 9V、6路AC 7V；亦可6路DC 11V、6路DC 9V 外形尺寸(长×宽×高)：310mm×130mm×30mm	主电路为三相桥式GTR逆变器的开关电源及变频器等

4. IGBT 栅极驱动板

IGBT 因驱动功率小、工作频率高，是当今大量应用的电力电子器件。IGBT 应用的关键问题之一同样是驱动问题。附表 10 给出了陕西高科电力电子有限责任公司应用 HL402 和 HL403 开发并得到众多用户肯定的系列 IGBT 栅极驱动板的型号、设计特点和性能、主要参数及可应用领域。

附表 10　系列 IGBT 栅极驱动板的性能

型　号	设计特点和性能	主要参数	应用领域
IGC-2.1	一单元 IGBT 驱动板，它可以直接与用户控制脉冲形成电路接口，两独立电源工作。具有降栅压、软关断双重保护功能，在降栅压和软关断的同时能输出报警信号，可用来封锁用户脉冲形成部分的输出，又可给出一触点信号，使用户用来分断自己系统的主电路。同时降栅压延迟时间、降栅压时间及软关断斜率均可通过外接电容器进行整定，适用于不同饱和压降 IGBT 的驱动和保护	供电电源电压：一路独立的 AC 18V/0.1A 及一路独立的 DC 15V/0.1A 可驱动 IGBT 的最大容量：200A/1200V 或 400A/600V 保护后输出接点容量：AC 220V /1A 外形尺寸(长×宽×高)：94mm×70mm×26mm	用于 IGBT 斩波器实现主斩波管 IGBT 的驱动和保护
IGC-2.2	是在 IGC2.1 的基础上改进的，保护输出一路，该输出是两个对应驱动器独立的输出信号线“与”。从输出级来看可驱动两个独立的一单元 IGBT 模块，亦可驱动单相半桥桥臂中的两个 IGBT 或两个共阴极、两个共阳极的 IGBT 模块	供电电源电压：两路独立的 AC 18V/0.1A 及一路独立的 DC 15V/0.1A 外形尺寸(长×宽×高)：126mm×93mm×26mm 其余参数同 IGC-2.1 板	用于单相桥式 IGBT 逆变器或三相桥式 IGBT 逆变器
IGC3.2	是在 IGC2.2 的基础上改进的，以自保护型 IGBT 栅极驱动厚膜集成电路 HL403B 为核心单元，在 HL403B 脉冲输出端外加一对由 PNP 和 NPN 晶体管构成的推挽电路，以扩大其输出脉冲电流，使输出驱动电流峰值达到±6A，再外配以高性能电子元器件。可用于额定容量为 600A/1200V 以内的双单元 IGBT 模块的直接栅极驱动	供电电源电压：两路独立的交流 20V/0.1A 及一路直流 15V/0.1A 电源 保护后输出接点容量：交流 380V/0.5A 或 220V/1A 其余参数同 IGC-2.2 板	用于单相桥式 IGBT 逆变器或三相桥式 IGBT 逆变器
IGC-2.4	是在 IGC2.2 的基础上改进的，输入与用户控制脉冲形成电路兼容，输出可直接驱动 IGBT 模块。从输出级来看，相当于两个 IGC2.2 的功能，可驱动四个独立的一单元 IGBT 模块，亦可驱动单相全桥逆变器中的四个 IGBT	工作电源：一路 DC+15V、四路交流 18V/0.1A，共五路电位彼此隔离的电源 外形尺寸(长×宽×高)：168mm×148mm×25mm 其余参数同 IGC-2.1 板	用于单相桥式 IGBT 逆变器

续附表 10

型　号	设计特点和性能	主要参数	应用领域
IGC3.4T	是在 IGC2.4 的基础上改进的，以自保护型 IGBT 栅极驱动厚膜集成电路 HL403B 为核心单元，在 HL403B 脉冲输出端外加一对由 PNP 和 NPN 晶体管构成的推挽电路，以扩大其输出脉冲电流，使输出驱动电流峰值达到±6A，再外配以高性能电子元器件。可用于额定容量为 600A/1200V 以内的两个双单元或四个独立的 IGBT 模块的直接栅极驱动	工作电源：一路 DC＋15V、四路交流 20V/0.1A，共五路电位彼此隔离的电源 保护后输出接点容量：交流 380V/0.5A 或 220V/1A 外形尺寸（长×宽×高）：220mm×150mm×30mm	用于单相桥式 IGBT 逆变器
IGC-2.6	是为三相全桥 IGBT 逆变器中的六个 IGBT 驱动而设计的专用控制板，可对被驱动 IGBT 进行降栅压和软关断双重保护，降栅压延迟时间、降栅压时间及软关断斜率均可通过外接电容器进行整定，从而实现对不同饱和压降 IGBT 的栅极最优驱动和保护。可完成从用户脉冲形成部分到被驱动 IGBT 之间的最优驱动匹配	工作电源：一路 DC＋15V、六路 AC 18V/0.1A，共七路电位彼此独立的电源 外形尺寸（长×宽×高）：238mm×148mm×30mm 其余参数同 IGC-2.1 板	用于三相全桥 IGBT 逆变器
IGC3.6	是在 IGC2.6 的基础上改进的，以自保护型 IGBT 栅极驱动厚膜集成电路 HL403B 为核心单元，在 HL403B 脉冲输出端外加一对由 PNP 和 NPN 晶体管构成的推挽电路，以扩大其输出脉冲电流，使输出驱动电流峰值达到±6A，再外配以高性能电子元器件。可用于额定容量为 600A/1200V 以内的三个双单元或六个独立的 IGBT 模块的直接栅极驱动	工作电源：一路 DC＋15V、六路 AC 20V/0.1A，共七路电位彼此独立的电源 保护后输出接点容量：交流 380V/0.5A 或 220V/1A	用于三相全桥 IGBT 逆变器
IGC-2.7	是专为大功率斩波器中的 IGBT 驱动而设计的，应用国家“八五”攻关成果 HL403B 作为主驱动芯片，与 IGC2.1～IGC2.6 系列驱动板相比，板内增加了 PWM 脉冲形成、可内控或外控 PWM 脉冲的频率，具有过流或过压及短路集中式保护等功能，可实现对被驱动 IGBT 单管的软关断、降栅压及欠饱和等保护，并可对保护进行记忆和自保，可驱动 IGBT 模块的最大容量为 600A/1200V	工作电源电压：三路交流双 18V/0.2A 及一路 20V/0.1A 输出最大负载能力：±15V/20mA 占空比调节范围：10%～100% 外形尺寸（长×宽×高）：190mm×107mm×25mm 安装尺寸（长×宽）：177mm×94mm，四孔 Φ4.5	用于大功率 IGBT 斩波器或交流调速或直流调速的能耗制动回路中驱动 IGBT 开关